第二大地边值问题

魏子卿　著

科学出版社

北　京

内 容 简 介

本书是关于以地心参考椭球面为边界面的重力第二大地边值问题的专著，包括 14 章和 6 个附录，涵盖了第二大地边值问题原理、边值问题解式、地形压缩、地形影响、大气影响、残余地形位、Helmert 扰动位模型生成、重力扰动延拓、Hotine 积分、椭球改正、旋转椭球面大地边值问题、边值数据准备和数值实验等。本书系统地介绍了用第二大地边值问题确定大地水准面和似大地水准面的最新理论和研究进展，以及作者的理论与实践创新。本书力求体系结构完整，阐述清晰明了，公式推导详尽，数值实验充分，理论联系实际，学术意义与实用价值并重。

本书可作为高等院校大地测量专业及地学相关专业高年级本科生、研究生的读物与物理大地测量专业教师的教学参考书，也可作为相关领域科研人员的参考书。

图书在版编目(CIP)数据

第二大地边值问题 / 魏子卿著. —北京：科学出版社，2021.6
ISBN 978-7-03-069128-6

Ⅰ. ①第… Ⅱ. ①魏… Ⅲ. ①边值问题–研究 Ⅳ. ①O175.8

中国版本图书馆 CIP 数据核字(2021)第 109260 号

责任编辑：彭胜潮 籍利平 / 责任校对：何艳萍
责任印制：吴兆东 / 封面设计：铭轩堂

科 学 出 版 社 出版
北京东黄城根北街 16 号
邮政编码：100717
http://www.sciencep.com
北京建宏印刷有限公司 印刷
科学出版社发行 各地新华书店经销
*
2021 年 6 月第 一 版 开本：787×1092 1/16
2022 年 6 月第四次印刷 印张：17
字数：403 000
定价：168.00 元
(如有印装质量问题，我社负责调换)

前　言

20 世纪中期，大地测量进入空间时代。空间技术的冲击引发大地测量发生一系列重大变革。大地测量从二维测量变成三维测量，地心坐标的测定精度也提升到以往难以想象的厘米级水平。空间技术不仅改变了大地高的测量方式，而且使海拔高的测量方式正在由传统的几何水准测量走向一种全新的大地水准面高组合 GNSS 测量方式。高精度大地水准面无疑是这种测量方式变革的关键。这也是许久以来学界大地边值问题研究的重要背景之一。

测量技术变革为大地边值问题研究提供了新机遇。正是这种技术变革，使大地高测量成为现实，从而使重力扰动成为直接观测量；另一方面，正是这种技术变革，使地心参考椭球的大小及其定位如此精确，以致令其作为大地边值问题的边界面成为实际可能。于是，以重力扰动为边界数据，以地形面或地心参考椭球面为边界面的第二大地边值问题，应运由后台走到了前台。第二大地边值问题是固定边值问题，而熟知的第三大地边值问题是自由边值问题。正像传统的二维大地测量时代属于自由边值问题一样，三维大地测量时代终将属于固定边值问题。基于这样的观察与思考，我们近年开展了以重力扰动为边界数据、以地心参考椭球面为边界面的第二大地边值问题的研究。我们相信，这样的研究符合大地边值问题的研究方向，符合大地测量学的发展方向。

本书是我们第二大地边值问题研究的进展报告，包括正文部分和附录部分，共 14 章和 6 个附录。正文部分在扼要介绍了 Stokes 问题和 Molodensky 问题之后，论述了第二大地边值问题原理、Helmert 第二压缩法、地形影响、大气影响、Helmert 扰动位及其场量、Hotine 积分、内区计算去奇异方法、重力扰动向下延拓、椭球改正、重力数据准备与数据流程、数值实验，与旋转椭球面第二大地边值问题等。附录部分包含正文部分的必要支撑材料和补充资料，如计算地形质量引力公式、调和函数的球面径向导数的积分公式、勒让德函数及其导数与积分的递推公式、椭球几何及法线导数与扰动位场量等。

本项研究得到国家自然科学基金(41674025、41174018)的资助与所属系统包括科研经费在内的全面支持。参与本项研究的先后有任红飞博士、吴富梅博士、翟振和博士与马健博士，他们在地形数据准备、数据编辑、残余地形位计算等方面做出了非常出色的工作，为本项研究作出了重要贡献；马健博士还绘制了本书插图，校阅了部分手稿；吴富梅博士协助整理了文稿，负责同出版社签约与联络工作。本项研究还得到武汉大学晁定波教授的热情鼓励，得到自然资源部大地数据处理中心郭春喜高级工程师的技术支持，以及中国测绘科学研究院张利明研究员的大力协作。在此谨向他们一并表示衷心的感谢，并致以诚挚的敬意。最后还要特别感谢相关部门提供使用实验数据的便利。

作　者

2020 年五一节于西安

目　　录

第1章 导 论

1.1 边值问题一般陈述

如果一个函数 V 及其一阶和二阶导数在封闭面 S 包围的空间 Ω 内连续，并满足 Laplace 方程 $\nabla^2 V = 0$，我们称它为正则调和函数。如果 Ω 是 S 的外部空间，还要求它在无穷远处也是正则的。边值问题研究的是，给定函数 V 在边界面 S 上的函数值或法线导数（边界条件），确定作为 Laplace 方程解的正则调和函数 V，这里 V 还必须满足边界上的额外条件。其理论基础是，如果给定整个边界面上的函数值，或者它的法线导数，这个调和函数可以唯一地确定。实践中，经常遇到以下三个边值问题。

第一边值问题　设 f 是 Ω 的边界 S 上的连续函数，那么第一边值问题可以这样陈述：确定 Laplace 方程 $\nabla^2 V = 0$ 的解 V，它在 Ω 内正则，在 $\Omega+S$ 上连续，且在 S 上取给定的值 f，即满足边界条件

$$V\big|_S = f \tag{1.1}$$

这里边界条件的解释是，当从内部或从外部逼近 S 时，V 达到值 f。第一边值问题也叫 Dirichlet 问题。

第二边值问题　第二边值问题是寻求 Laplace 方程的解 V，它在 Ω 内正则，它及其法向导数在 $\Omega+S$ 上连续，且法向导数逼近 Ω 的边界面 S 上的给定值 f，即满足边界条件

$$\frac{\partial V}{\partial n}\bigg|_S = f \tag{1.2}$$

因为对于在其内 V 是调和的任意封闭面，$\iint \dfrac{\partial V}{\partial n}\mathrm{d}S = 0$，所以函数值 f 这里不完全是任意的，而是必须满足条件

$$\iint_S f\mathrm{d}S = 0$$

第二边值问题也叫 Neumann 问题。

第三边值问题　第三边值问题是寻求 Laplace 方程的解 V，使其满足 S 上的边界条件

$$\left(hV + k\frac{\partial V}{\partial n}\right)\bigg|_S = f \tag{1.3}$$

即在 S 上 V 及其法线导数的线性组合取给定值 f。第三边值问题叫做 Robin 问题。因为第一和第二边值问题是第三边值问题当 $k=0$ 或 $h=0$ 时的特殊情形，我们说第三边值问题是混合边值问题。

依据 Ω 是 S 的内部或外部空间，这三个问题都有内问题和外问题之说。

三个边值问题的解是存在的，而且是唯一的、稳定的。关于解的存在性和唯一性，

请参见文献(例如,朱长江和邓引斌,2007;Sigl,1985;Sternberg and Smith,1964)。

1.2 大地边值问题概论

1. 大地边值问题一般原理

边值问题在理论物理的许多分支常常见到。三个边值问题,特别是它们的外问题,对物理大地测量学亦非常重要。例如,质量外部空间的位 V 为一正则调和函数。若不考虑离心力和大气质量,这对地球也是适用的。如果 S 为地球表面,Ω 为地球外部空间,它们就是大地边值问题(Sigl,1985)。

下面我们参考 Moritz 等的论述说明大地边值问题的一般原理(Moritz,1980a;Hofmann-Wellenhof and Moritz,2006)。如所周知,重力矢量 $\vec{g}$ 是重力位 W 的梯度,即

$$\vec{g} = \operatorname{grad} W = \left[\frac{\partial W}{\partial x}, \frac{\partial W}{\partial y}, \frac{\partial W}{\partial z} \right] \tag{1.4}$$

令 S 为地球的地形面,W 和 $\vec{g}$ 为地形面上的重力位和重力矢量,那么存在关系

$$\vec{g} = f(S, W) \tag{1.5}$$

就是说,S 上重力矢量 $\vec{g}$ 为面 S 与面上重力位的函数。由此式可知,假定给定面 S 及其上的重力位 W,从 W 中减去离心力位 Φ,便得到了引力位 V

$$V = W - \Phi \tag{1.6}$$

在地球外部的引力位 V 是 Laplace 方程 $\nabla^2 V = 0$ 的解,因而是调和的。这样,知道了 S 上的 V,通过解 Dirichlet 边值问题即第一边值问题可以得到 S 外部的 V。那么,我们可以根据下式计算 S 外部的重力矢量

$$\vec{g} = \operatorname{grad} V + 离心力 \tag{1.7}$$

利用 $\vec{g}$ 的 1 阶导数的连续性,也可以将 $\vec{g}$ 延拓到 S 上。这样,S 上的 $\vec{g}$ 便由 S 与其上的 W 唯一地确定了,所以式(1.5)成立。就是说,给定 S 及其上的 W,可以唯一地计算 S 上的 $\vec{g}$。注意,这里 f 并不是初等意义上的函数,而是一非线性算子,这一点可以暂且不管。由此,我们可以将大地边值问题归纳如下。

(1)Molodensky 边值问题 这一边值问题是假定已知边界面上的 $\vec{g}$ 和 W,确定 S,即地球表面。形式上可以表示为用式(1.5)解 S:

$$S = F_1(\vec{g}, W) \tag{1.8}$$

就是说,我们由重力得到了几何。

(2)GPS 边值问题 因为有 GPS 测量,我们可以认为 S 是已知的。在这种情况下,几何是已知的,形式上可以表示为由式(1.5)解 W:

$$W = F_2(S, \vec{g}) \tag{1.9}$$

就是说,我们由重力得到了位。这一点看似平常,实则不然,这意味着我们已找到了用快速而现代化的 GPS 水准技术代替费力而耗时的传统水准测量的方法。

上面我们假定 S 面为地球地形面,产生了 Molodensky 边值问题和 GPS 边值问题。现在

我们假定地形面不存在(即计算中已经除去或移去),并且假定 S 面为大地水准面,此时式(1.8)和式(1.9)照样成立,于是我们就有了 Stokes 边值问题和 Neumann 边值问题。前者是假定已知大地水准面 S 上的 $\bar{g}$ 和 W,确定 S,而后者则是已知 S 及其上的 $\bar{g}$,确定 W。

同样,我们假定地形面不存在,并假定 S 面为地球体内另一个物理或几何面(例如地心参考椭球面),此时式(1.8)和式(1.9)照样成立,于是我们就有相应的大地边值问题。

式(1.8)和式(1.9)尽管均源自式(1.5),形式也类似,然而它们有一个根本区别:式(1.9)解一个固定边值问题(面 S 给定),而式(1.8)解一个自由边值问题,即边界面 S 是事先未知的(自由的)。固定边值问题一般比自由边值问题简单些。

Molodensky 问题和 Stokes 问题均属于自由边值问题,即第三大地边值问题。GPS 问题和 Neumann 问题均属于固定边值问题,即第二大地边值问题。

大地边值问题要确定的未知数,概括来说有 4 类,即地球外部的重力位 W,与表征地球形状的大地经纬度 λ, φ 和大地高 h。对于固定边值问题,待确定的未知数仅有外部重力位 W。对于自由边值问题,有两种情况。当三维位置完全未知时,称为矢量自由边值问题,未知数数目是 4,即 W, λ, φ 和 h;当大地经纬度 λ, φ(水平位置)已知,而大地高 h 未知时,称为标量自由边值问题,未知数数目是 2,即 W 和 h(Heck, 1997)。Stokes 问题和 Molodensky 问题通常当成标量自由边值问题。在 Stokes 问题中,正高 H 已经给定,首先确定 W(实际为扰动位 T)得到大地水准面高 N,然后通过关系式 $H+N=h$,进一步得到大地高 h。在 Molodensky 问题中,正常高 H^* 已经给定,首先确定 W(实际为扰动位 T)得到高程异常 ζ,然后通过关系式 $H^*+\zeta=h$,进一步得到大地高 h。

大地边值问题通过边界数据 L 确定地球外部重力位 W 和地球形状 S。未知参数 W, S 与边界数据 L 之间的关系,叫做边界条件(boundary conditions)。理论上,边界数据假设是连续的、全球分布的。而现实数据则是离散的、局部或地区分布的。边界条件一般是非线性的,需要通过泰勒级数展开化为线性的。

用大地观测量确定地球外部重力场,实际上就是以边值问题的形式,解 Laplace-Poisson 方程。依据边界数据的类型与边值问题解算的未知函数数目,可以构成不同的大地边值问题。除了重力位差、重力和天文经纬度等经典观测数据外,近年随着新测量技术出现,产生了新型的观测数据,于是涌现出一些新的大地边值问题,如卫星测高边值问题、混合及过定边值问题。不同类型的边值问题各有其本身的性质,每类边值问题都值得专门分析与研究。本书仅限于实践中常遇到的重力大地边值问题。

下面将扼要介绍重力大地边值问题的第三大地边值问题(标量自由边值问题)、第二大地边值问题(固定边值问题)和第一大地边值问题。

2. 第三大地边值问题

1)Molodensky 问题

边界条件

在 Molodensky 问题中,在地面 S 上每一点 P 的水平位置假设是给定的。所以,未知数除边界面外的重力位 W 之外,还有 P 点垂直位置参数(Heck, 1997; Seitz, 2003)。

为了解两类未知数，需要两类边界数据，假设它们是地面重力位 $W(P)$ 和重力异常

$$\Delta g(P)=g(P)-\gamma\,(Q)=|\operatorname{grad} W(P)\,|-|\operatorname{grad} U(Q)\,|$$

式中，Q 为 P 在似地形面的映射点，位于 P 点的椭球面法线上。假设地球为以常速度 ω 旋转的刚体，导致非调和的离心力位 Φ。这样，我们可以将非线性的标量边值问题公式化为：假定给定 $S\ni P$ 上的边界数据 $W(P)$ 和 $\Delta g(P)$，确定未知重力位 $W(x)$，使其满足 S 外的无质量空间 Ω 的 Laplace 方程，并且当 $r=|x|$ 趋于无穷远时，引力位 V 趋于 0：

$$\nabla^2 W(x)=2\omega^2, \qquad x\in\Omega$$
$$V(x)\approx 1/r+\boldsymbol{O}(1/r^3), \qquad r\to\infty$$
$$W(P)=V(P)+\Phi\,(P), \qquad P\in S \tag{1.10}$$
$$\Delta g(P)=|\operatorname{grad} W(P)|-|\operatorname{grad} U(Q)|, \qquad P\in S$$

式中，∇^2 为 Laplace 算子。为使问题线性化，我们引入未知数的近似值，$W(r,\varphi,\lambda)$ 用正常位 $U(r,\varphi,\lambda)$ 近似，U 为等位参考椭球的重力场(Somigliana-Pizzetti 正常场)：

$$U(r,\varphi)=V^e(r,\varphi)+\Phi\,(r,\varphi) \qquad (V^e\text{ 代表参考椭球的引力位})$$
$$V^e(r,\varphi)\approx 1/r+\boldsymbol{O}(1/r^3), \qquad r\to\infty \tag{1.11}$$

另外，根据 Molodensky 映射方程，我们有

$$W(P)-W(P_0)=U(Q)-U(Q_0) \tag{1.12}$$

这里，P 为水准路线上一点，P_0 为水准原点；Q 和 Q_0 为 P 和 P_0 在似地形面的映射点。于是，引入参考重力场之后，我们的边值问题(1.10)线性化为以下形式

$$\nabla^2 T(x)=0, \qquad x\in\Omega$$
$$\Delta g(P)=|\operatorname{grad} W(P)|-|\operatorname{grad} U(Q)|, \qquad P\in S \tag{1.13}$$
$$T(x)=0, \qquad |x|\to\infty$$

其中，$T(x)$ 为扰动位，定义为空间任一点的实际位 $W(x)$ 与同一点的正常位 $U(x)$ 之差：

$$T(x)=W(x)-U(x) \tag{1.14}$$

现在我们将边界条件线性化。已知

$$\Delta g(P)=|\operatorname{grad} W(P)|-|\operatorname{grad} U(Q)| \tag{1.15}$$

令

$$\delta U=W(P)-U(Q) \tag{1.16}$$

则

$$W(P)=U(Q)+\delta U \tag{1.17}$$

由此，我们有

$$\Delta g(P)=\left|\operatorname{grad}\left(U(Q)+\delta U\right)\right|-\left|\operatorname{grad} U(Q)\right|$$

$$=\left(\left|\operatorname{grad} U(Q)\right|^2+2\operatorname{grad} U(Q)\cdot\operatorname{grad}\delta U+\left|\operatorname{grad}\delta U\right|^2\right)^{1/2}-\left|\operatorname{grad} U(Q)\right|$$

$$=\gamma(Q)\left(1-\frac{2\vec{\gamma}(Q)\cdot\operatorname{grad}\delta U}{\gamma^2(Q)}+\frac{\left|\operatorname{grad}\delta U\right|^2}{\gamma^2(Q)}\right)^{1/2}-\gamma(Q)$$

$$= \gamma(Q)\left(1 - \frac{\vec{\gamma}(Q) \cdot \mathrm{grad}\, \delta U}{\gamma^2(Q)}\right) - \gamma(Q) + O\left(\frac{|\mathrm{grad}\, \delta U|^2}{2\gamma(Q)}\right)$$

$$= -\frac{\vec{\gamma}(Q) \cdot \mathrm{grad}\, \delta U}{\gamma(Q)} + O\left(\frac{|\mathrm{grad}\, \delta U|^2}{2\gamma(Q)}\right)$$

$$\doteq -\vec{n} \cdot \mathrm{grad}\, \delta U \tag{1.18}$$

式中，$\vec{n}$ 代表 Q 点的单位椭球面法线向量。此式略去项小于 $5\mu\mathrm{Gal}$ $\left(= \dfrac{100^2}{2 \times 10 \times 10^5} = 0.005\ \mathrm{mGal}，\ 假设 |\mathrm{grad}\, \delta U| = \Delta g = 100\ \mathrm{mGal}\right)$。

由于 $\vec{n} = \begin{pmatrix} \vec{n}_x & \vec{n}_y & \vec{n}_z \end{pmatrix}^{\mathrm{T}}$，$\mathrm{grad} = i\dfrac{\partial}{\partial x} + j\dfrac{\partial}{\partial y} + k\dfrac{\partial}{\partial z}$，式 (1.18) 可以写成

$$\Delta g(P) = -\frac{\partial W(P)}{\partial n} + \frac{\partial U(Q)}{\partial n} \tag{1.19}$$

地面 $U(P)$ 在似地形面 Q 点展开，

$$U(P) = U(Q) + \left.\frac{\partial U}{\partial n}\right|_Q (h(P) - h(Q)) + \cdots \tag{1.20}$$

$$= U(Q) - \gamma(Q)(h(P) - h(Q)) + \cdots$$

上式两端对 n 取偏导数，得

$$\frac{\partial U(Q)}{\partial n} = \frac{\partial U(P)}{\partial n} + \frac{\partial \gamma(Q)}{\partial n}(h(P) - h(Q)) \tag{1.21}$$

根据式 (1.20)，并注意到 $T(P) = W(P) - U(P)$，得

$$h(P) - h(Q) = \frac{U(Q) - U(P)}{\gamma(Q)} = \frac{T(P) + (U(Q) - W(P))}{\gamma(Q)}$$

根据 Molodensky 映射，$U(Q) = W(P)$，$\varphi(P) = \varphi(Q)$，$\lambda(P) = \lambda(Q)$。所以，我们有 Bruns 公式

$$h(P) - h(Q) = \zeta = \frac{T(P)}{\gamma(Q)} \tag{1.22}$$

此式代入式 (1.21)，并将结果代入式 (1.19)，再次注意到 $T(P) = W(P) - U(P)$，则得

$$\Delta g(P) = -\frac{\partial T(P)}{\partial n} + \frac{1}{\gamma(Q)}\frac{\partial \gamma(Q)}{\partial n}T(P) \tag{1.23}$$

式 (1.23) 就是自由边值问题的边界条件。该式通常叫做物理大地测量的基本方程 (fundamental equation of physical geodesy)。

现在我们考虑球近似。假使参考椭球为非旋转的球，则

$$\gamma(Q) = \frac{GM}{r^2} \tag{1.24}$$

式中，G 为引力常数；M 为总质量；r 为球心到考虑点的向径。那么，我们有

$$\frac{1}{\gamma(Q)}\frac{\partial\gamma(Q)}{\partial r}=-\frac{2}{r} \tag{1.25}$$

将此式代入式(1.23)，我们即得球近似关系：

$$\Delta g(P)=-\frac{\partial T(P)}{\partial r}-\frac{2}{r}T(P) \tag{1.26}$$

至此，标量自由边值问题可以公式化为

$$\begin{cases} \nabla^2 T(x)=0, & x\in\Omega \\ \Delta g(P)=-\dfrac{\partial T(P)}{\partial n}+\dfrac{1}{\gamma(Q)}\dfrac{\partial\gamma(Q)}{\partial n}T(P), & P\in S \\ T(x)=0, & |x|\to\infty \end{cases} \tag{1.27}$$

球近似解

球近似 Molodensky 问题是求扰动位 T，使得

$$\begin{cases} \nabla^2 T(P)=0, & P\in\Omega \\ \dfrac{\partial T(P)}{\partial r}+\dfrac{2}{r}T(P)=-\Delta g, & P\in S \\ T(P)=O\left(r_p^{-1}\right), & r_p\to\infty \end{cases} \tag{1.28}$$

扰动位 T 的球近似级数解是(Sünkel, 1997)

$$T=\sum_{n=0}^{\infty}T_n \tag{1.29}$$

T_n 的通式是

$$T_n=\frac{R}{4\pi}\int_{\Omega_0}G_n S(\psi)\mathrm{d}\Omega \tag{1.30}$$

式中，G_n 由一积分方程定义(见李建成等，2003)，当 $n=0$，1 时

$$G_0=\Delta g$$

$$G_1=R^2\int_{\Omega_0}\frac{h-h_P}{\ell_0^3}\chi_0\mathrm{d}\Omega \tag{1.31}$$

其中

$$\ell_0=2R\sin(\psi/2) \tag{1.32}$$

$$\chi_0=\frac{1}{2\pi}\left(\Delta g+\frac{3}{2}\frac{T_0}{R}\right) \tag{1.33}$$

$S(\psi)$ 为 Stokes 函数，用后面的式(1.42)计算，ψ 为计算点与积分点之间的角距。Molodensky 问题的解为扰动位 T 与由它转换得的高程异常 ζ 。

关于级数解的详情，参见李建成等(2003)和 Moritz(1980a)。

还有一种所谓解析延拓解也是球近似解。其原理是点水准面概念(Heiskanen and

Moritz, 1967; Hofmann-Wellenhof and Moritz, 2006）。

设想将地球表面 S 上观测重力异常 Δg 解析延拓到计算点 P 的水准面 Δg^{*}（见图 1.1）

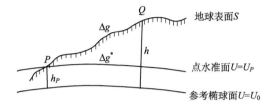

图 1.1　由地面到点水准面的解析延拓

$$\Delta g^{*} = \Delta g + g_1 \tag{1.34}$$

这里 g_1 为 Molodensky 改正

$$g_1 = -\frac{\partial \Delta g}{\partial h}\left(h - h_P\right) \approx -\frac{\partial \Delta g}{\partial r}\left(h - h_P\right) \tag{1.35}$$

其中重力异常径向导数

$$\frac{\partial \Delta g}{\partial r} = \frac{R^2}{2\pi} \int_{\Omega_0} \frac{\Delta g - \Delta g_Q}{\ell_0^3} \mathrm{d}\Omega' \tag{1.36}$$

高程异常解 ζ 是

$$\zeta = \zeta_0 + \zeta_1 \tag{1.37}$$

这里

$$\zeta_0 = \frac{R}{4\pi\gamma_0} \int_{\Omega_0} \delta g S(\psi) \mathrm{d}\Omega' \tag{1.38}$$

ζ 的 Molodensky 改正是

$$\zeta_1 = \frac{R}{4\pi\gamma_0} \int_{\Omega_0} g_1 S(\psi) \mathrm{d}\Omega' \tag{1.39}$$

这就是高程异常 ζ 的 1 阶解，即线性解。关于解析延拓解，详见 Moritz（1980a）或 Sünkel（1997）。

以上是 Molodensky 问题球近似解。关于它在旋转椭球面的解，可参见文献（Heck and Seitz, 2003；Martinec and Grafarend, 1997）。

2）Stokes 问题

Stokes 问题的边界面 S 是大地水准面，边界数据是大地水准面 S 上的重力异常 Δg，它被定义为大地水准面上的重力 g 与参考椭球面上的正常重力 γ 之差，其数学表示（球近似）是 $\Delta g = -\partial T/\partial r - 2T/r$，其中 T 为 S 上扰动位，r 为地心向径。所以，Stokes 问题可以公式化为确定大地水准面 S 外部空间 Ω 的扰动位 T，使得

$$\nabla^2 T(P) = 0, \quad P \in \Omega$$

$$\frac{\partial T(P)}{\partial r} + \frac{2}{r}T(P) = -\Delta g, \quad P \in S \tag{1.40}$$

$$T(P) = O(r_P^{-1}), \quad r_P \to \infty$$

扰动位 T 的球近似解是 (Heiskanen and Moritz, 1967):

$$T = \frac{R}{4\pi} \int_{\Omega_0} \Delta g S(\psi) \mathrm{d}\Omega' \tag{1.41}$$

式 (1.41) 叫做 Stokes 公式，$S(\psi)$ 称为 Stokes 函数

$$S(\psi) = \frac{1}{\sin(\psi/2)} - 6\sin\frac{\psi}{2} + 1 - 5\cos\psi - 3\cos\psi \ln\left(\sin\frac{\psi}{2} + \sin^2\frac{\psi}{2}\right) \tag{1.42}$$

Stokes 函数的勒让德函数表示是 (Heiskanen and Moritz, 1967)

$$S(\psi) = \sum_{n=2}^{\infty} \frac{2n+1}{n-1} P_n(\cos\psi) \tag{1.43}$$

3. 第二大地边值问题

边界条件

在固定边值问题中，在地面 S 上一点 $P \in S$ 的三维位置假设是给定的。为了解算唯一的未知数 W，假设给定的边界数据是重力扰动 $\delta g(P) = g(P) - \gamma(P) = |\mathrm{grad}\ W(P)| - |\mathrm{grad}\ U(P)|$，$U(P)$ 为 P 点的正常位。假设地球为以常速度 ω 旋转的刚体，导致非调和的离心力位 Φ。那么，我们的非线性的固定边值问题可以公式化为：假定给定地面 $S \ni P$ 上的边界数据 $W(P)$ 和 $\delta g(P)$，确定未知的重力位 $W(x)$，使其满足 S 外的无质量空间 Ω 的 Laplace 方程，并且当 $r = |x|$ 趋于无穷远时，引力位 V 趋于 0 (Heck, 1997):

$$\nabla^2 W(x) = 2\omega^2, \qquad x \in \Omega$$
$$V(x) \approx 1/r + O(1/r^3), \qquad r \to \infty \tag{1.44}$$
$$W(P) = V(P) + \Phi(P), \qquad P \in S$$
$$\delta g(P) = |\mathrm{grad}\ W(P)| - |\mathrm{grad}\ U(P)|, \qquad P \in S$$

式中，∇^2 为 Laplace 算子。我们引入 Somigliana-Pizzetti 参考重力场，并引入扰动位 $T(x) = W(x) - U(x)$，则固定边值问题 (1.44) 线性化为以下形式

$$\nabla^2 T(x) = 0, \qquad x \in \Omega$$
$$\delta g(P) = |\mathrm{grad}\ W(P)| - |\mathrm{grad}\ U(P)|, \qquad P \in S \tag{1.45}$$
$$T(x) = 0, \qquad |x| \to \infty$$

现在我们将边界条件线性化。令

$$T(P) = W(P) - U(P)$$

则

$$W(P) = U(P) + T(P)$$

由此

$$\delta g(P) = \left|\mathrm{grad}(U(P) + T(P))\right| - \left|\mathrm{grad}\ U(P)\right|$$

$$= \left(\left|\mathrm{grad}\ U(P)\right|^2 + 2\left|\mathrm{grad}\ U(P)\right| \cdot \left|\mathrm{grad}\ T(P)\right| + \left|\mathrm{grad}\ T(P)\right|^2\right)^{1/2} - \left|\mathrm{grad}\ U(P)\right|$$

$$= \left| \text{grad } U(P) \right| \left(1 + \frac{2 \text{grad } U(P) \cdot \text{grad } T(P)}{\left| \text{grad } U(P) \right|^2} + \frac{\left| \text{grad } T(P) \right|^2}{\left| \text{grad } U(P) \right|^2} \right)^{1/2} - \left| \text{grad } U(P) \right|$$

$$= \gamma(P) \left(1 - \frac{2 \vec{\gamma}(P) \cdot \left| \text{grad } T(P) \right|}{\gamma^2(P)} + \frac{\left| \text{grad } T(P) \right|^2}{\gamma^2(P)} \right)^{1/2} - \gamma(P)$$

$$= \gamma(P) \left(1 - \frac{\vec{\gamma}(P) \cdot \left| \text{grad } T(P) \right|}{\gamma^2(P)} \right) + O\left(\frac{\left| \text{grad } T(P) \right|}{2\gamma(P)} \right) - \gamma(P)$$

$$= -\vec{n} \cdot \left| \text{grad } T(P) \right| + O\left(\frac{\left| \text{grad } T(P) \right|^2}{2\gamma(P)} \right)$$

$$\doteq -\frac{\partial T(P)}{\partial n} \tag{1.46}$$

假定 δg=100 mGal，此式的省略项小于 5 μGal。该式就是固定边值问题的线性化边界条件。这样，固定边值问题可以公式化为

$$\nabla^2 T(x) = 0, \qquad x \in \Omega$$
$$\partial T(P) / \partial n = -\delta g(P), \qquad P \in S \tag{1.47}$$
$$T(x) = 0, \qquad |x| \to \infty$$

球近似解

固定边值问题的公式化表示见式(1.47)。扰动位 T 的球近似解为(Hofmann-Wellenhof and Moritz, 2006)

$$T = \frac{R}{4\pi} \int_{\Omega_0} \delta g H(\psi) \mathrm{d} \Omega' \tag{1.48}$$

式中

$$H(\psi) = \sum_{n=0}^{\infty} \frac{2n+1}{n+1} P_n(\cos\psi) \tag{1.49}$$

这里 R 为地球平均半径；$P_n(\cos\psi)$ 为勒让德函数；或为(Hotine, 1969；Hofmann- Wellenhof and Moritz, 2006)

$$H(\psi) = \frac{1}{\sin(\psi/2)} - \ln\left(1 + \frac{1}{\sin(\psi/2)} \right) \tag{1.50}$$

式中，ψ 为计算点与积分点之间的角距。$H(\psi)$ 称为 Hotine 函数。

4. 第一大地边值问题

第一边值问题是：给定边界面 S 上的任意函数 f，要求一个函数 V，使其在 S 外部(或内部)调和，在 S 上取给定的函数值。用公式表示是(Heiskanen and Moritz, 1967)

$$\nabla^2 V(x) = 0, \qquad x \in \Omega$$

$$V(P) = f, \qquad P \in S \tag{1.51}$$

$$V(x) = O(r^{-1}), \qquad |x| \to \infty$$

假定边界面 S 是半径为 R 的球面，则第一边值问题容易借球谐函数来解。令边界值 $f(R, \theta, \lambda) = \sum_{n=0}^{\infty} Y_n(\theta, \lambda)$，这里 θ, λ 为余纬度和经度，则第一边值问题的球谐解是（Heiskanen and Moritz, 1967）

$$V_e(r, \theta, \lambda) = \sum_{n=0}^{\infty} \left(\frac{R}{r} \right)^{n+1} Y_n(\theta, \lambda) \tag{1.52}$$

$$V_i(r, \theta, \lambda) = \sum_{n=0}^{\infty} \left(\frac{r}{R} \right)^{n} Y_n(\theta, \lambda) \tag{1.53}$$

V 的下标 e、i 分别表示球面的外部和内部。

第一边值问题对球总是可解的。显然，这是与下面的情况紧密相关的：球上一个任意函数可能展开为面球谐级数，空间的调和函数可能展开为体球谐级数。

业已证明，对于半径为 R 的球面边界，第一边值问题的解是 Poisson 积分（Heiskanen and Moritz, 1967）

$$V_e(r, \theta, \lambda) = \frac{R(r^2 - R^2)}{4\pi} \int_{\Omega_0} \frac{V(R, \theta', \lambda')}{\ell^3} d\Omega', \qquad r > R \tag{1.54}$$

$$V_i(r, \theta, \lambda) = \frac{R(R^2 - r^2)}{4\pi} \int_{\Omega_0} \frac{V(R, \theta', \lambda')}{\ell^3} d\Omega', \qquad r < R \tag{1.55}$$

式中

$$\ell = \sqrt{r^2 + R^2 - 2Rr\cos\psi} \tag{1.56}$$

式中，θ'、λ' 为积分点的余纬度和经度；$d\Omega' = \sin\theta' d\theta' d\lambda'$；$\psi$ 为计算点和积分点之间的角距。显解式 (1.54) 和式 (1.55) 叫做 Poisson 积分。

第一边值问题在大地测量中常用于地球外部引力位的球谐表示，边界面上函数多是引力位。

1.3　本书大地边值问题研究思路

前面我们简要介绍了 Molodensky 问题和 Stokes 问题，并给出了它们的球近似解。关于这两个边值问题的详细推导，读者可参考有关文献，如 Moritz (1980a)、Heiskanen and Moritz (1967)。本节将就个别问题作一补充说明，并着重说明本书的第二大地边值问题研究思路。

Stokes 问题是给定大地水准面上的重力数据，确定大地水准面相对参考椭球面的高度；而 Molodensky 问题则是用地面重力数据确定地球自然表面相对似地形面的高度，专业术语叫高程异常。值得指出的是，大地水准面高和高程异常，是在不同高度上的两个几何量。相对似地形面的距离为高程异常的地面点沿其参考椭球面法线下移一个所谓正常高的距离而构成的连续曲（关于似地形面、高程异常和正常高的解释见附录 F），面称为似大地水准面，它仅是一几何曲面。还要指出，大地边值问题的大地水准面高的球近似解的参考面是椭球面，而决不是球面。所谓球近似解，只是在求解过程中引入球近似，即在原来的椭球面关系中忽略了地球扁率，从而导致扁率级误差（≈3‰）。

大地边值问题假定边界面外部没有任何质量。Stokes 问题通过重力归算把大地水准面外部存在的质量消除，将归算至大地水准面上的重力与参考椭球面上正常重力之差，即大地水准面重力异常作为边界数据。重力归算需要假设地球质量分布或地壳密度。地壳密度存在的误差，势必导致确定的大地水准面产生误差。这被认为是 Stokes 理论的缺陷。Molodensky 问题的边界面为地球物理表面，边界数据为地面重力异常，被定义为地球表面上的重力与似地形面上正常重力之差。重力数据无需归算，因而不存在因此引起的误差。Molodensky 理论的创新与进步之处，不仅表现于此，更重要的是，它允许人们用地球表面的重力数据，可以成功地确定复杂的地球外部重力场。详见莫洛金斯基等（1960）和 Moritz（1980a）等文献。

在传统大地测量时代，相对于平均海水面的海拔高（正高或正常高）是人们唯一能够精确测量（用几何水准测量手段）的高程。这一事实决定了人们只能选择大地水准面（近似于平均海水面）或地球物理表面作为边值问题的边界面。边界面一经如此确定，大地水准面重力异常或地面重力异常，自然就成为边界数据的不二选择。因此边界面也就成了 Stokes 问题和 Molodensky 问题的重要时代标记。这两个边值问题理论产生于常规测量时代，适应了那个时代的技术发展水平，也满足了当时实践应用提出的需求。以大地测量数据归算（天文大地网平差应用）为例，地面边长归算到参考椭球面对高程异常（或大地水准面高）的精度要求也不过是 6.4 m。大地边值问题的产出满足这一精度要求绰绰有余。

空间技术大大改变了大地测量的面貌。最主要的是，它使地面水平二维位置测量和几何水准测量变成三维位置的一体测量；特别是，相对地心参考椭球面的大地高变成了可观测量。而且，空间技术更使相对地心的三维坐标的测量精度达到了厘米级，甚至更好水平。空间技术的冲击，使三角测量几乎销声匿迹，几何水准测量陷入被全新的海拔高测量模式取而代之的境地。新测量模式许可用大地水准面高（或高程异常）与 GNSS 大地高组合生成海拔高（正高或正常高）。如果事先制备的大地水准面产品有足够高的精度，用高效的 GNSS 测量取代高强度的水准测量无疑是海拔高测量领域的一场革命。

空间技术为大地边值问题带来的变化是显而易见的。地面三维位置的精密测定使自由边值问题确定地球形状的任务变得失去意义，而使固定边值问题的地位变得日益重要起来：第一，引用 Molodensky 映射，它可以确定似大地水准面；第二，以地心参考椭球为边界面，它可以直接确定大地水准面。而似大地水准面高（高程异常）或大地水准面高与 GNSS 测定的大地高组合便生成正常高或正高，这就是前面提到的海拔高作业的新模式。毫无疑问，大地边值问题提供的大地水准面高解的精度，将决定这种新作业模式的成败。

今天已是固定边值问题走向前台的时候了。一方面，空间技术为它准备好了边界数据——重力扰动。重力扰动被定义为实际重力与同一点正常重力之差。正常重力可以大地高为引数用公式计算出来,而实际重力是百分之百的直接观测量。另一方面,空间技术也为固定边值问题准备好了边界面。固定边值问题的边界面可能有以下两种现实的选择。

第一　地球物理表面

首先通过解 Laplace 方程确定边界面处的扰动位。为了得到似大地水准面,需要引入 Molodensky 映射,然后通过 Bruns 公式,将边界面扰动位转换为高程异常。映射方程是:

似地形面 Q 点为地面 P 点的映射点,Q 点大地经纬度 λ_Q, φ_Q 等于 P 点的大地经纬度 λ_P, φ_P: $\lambda_Q = \lambda_P$, $\varphi_Q = \varphi_P$; Q 点的正常重力位 U_Q 等于 P 点的实际重力位 W_P: $U_Q = W_P$。

第二　地心参考椭球面

选择地心参考椭球为边界面的理由是:

(1)地心参考椭球的形状、大小及其空间定位,已极其接近实际地球;

(2)地心参考椭球为水准椭球,椭球面为等重力位面,正常重力场接近地球外部重力场;

(3)地心参考椭球为旋转椭球,表面规则光滑,1 阶和 2 阶法线导数连续;

(4)地心参考椭球面为大地高的参考面;

(5)地心参考椭球面为边值问题待求的大地水准面之参考面。

以地心参考椭球面为边界面有另一好处:既可确定大地水准面高,也可确定高程异常。换言之,可以确定大地水准面,也可确定似大地水准面。

作为固定边值问题的第二边值问题是经典的 Neumann 问题,其边界条件是边界面外法线的导数。对于重力边值问题,这意味着边界数据为重力扰动,从而使固定边值问题实际应用于大地测量变成了可能。固定边值问题有许多优点,明显的是,计算简单,不需要迭代,方法严格,误差源少;从理论上说,它解算出的地球形状参数解会比自由边值问题更精确。

近年来固定边值问题研究引起学者们的广泛关注。例如,Koch(1978),Bjerhammar 等(1983)证明了解的存在性、唯一性和稳定性,研究了扰动位、垂线偏差的解法,Hofmann-Wellenhof and Moritz(2006)给出了 Hotine 公式的应用,Zhang 等(1992)对 Stokes 和 Hotine 方法进行了比较。李斐等(2003a, b)和李斐等(2005)研究了 GPS/重力边值问题;张利明、李斐、章传银(2008)给出了该问题一阶解的实用公式;于锦海和张传定(2003)给出了以参考椭球面为边界面用椭球坐标系坐标表示的解析解,等等。

综上所述,不难得出结论,随着测量技术的发展变化,大地边值问题已经发生并正经历着深刻变化过程。目前尽管还不能说自由边值问题已走向衰落,但是可以断定的是,固定边值问题正从后台走向前台。可以说,空间技术为固定边值问题的兴起和应用创造了条件和机遇,开辟了光明前景。大概由于实际方面的原因,特别是由于到目前为止 GNSS 技术测定的重力数据不多,固定边值问题的应用还受到限制。然而我们相信,随着 GNSS 技术的日益普及,数据方面情况将会大大改观,第二大地边值问题在大地测量领域的应用前景是可以期待的。着眼未来,面向未来,探讨固定边值问题的理论和应用,开展第二大地边值问题研究是必要的、值得的。

据作者所知，现有第二大地边值问题的文献，多半按 Molodensky 问题的思路选择了地球物理表面作为边界面。在我们的研究中，更愿意选择地心参考椭球面作为边界面。

我们研究的第二边值问题，应当说是典型的椭球大地边值问题（Martinec and Grafarend, 1997; Claessens, 2006）。严格的椭球解是不容易求出的。到目前为止，有用研究成果似乎并不多见。本书的研究大体仍然限于椭球近似解，采取了两种解法：

第一，两步解。第一步，采用球近似边界条件，得到球近似解；第二步计算椭球改正，将球近似解加椭球改正，得到椭球近似解。大地水准面高 N 或高程异常 ζ 的球近似解的相对误差为地球扁率级（$\approx 3 \times 10^{-3}$），绝对误差约 0.3 m；椭球近似解的相对误差为扁率的平方级，绝对误差不超过 2 mm（Martinec and Grafarend, 1997）。N 或 ζ 的椭球近似解的残余误差大约 1 cm 以内。许多作者给出了他们的椭球改正公式，例如，Rapp（1981），Cruz（1986），Petrovskaya 等（2001）与 Sjöberg（2003）等。针对重力扰动的边界条件，在本书第 10 章，我们给出了我们的球近似的椭球改正公式。

第二，单步椭球近似解。边界条件采取球近似加椭球改正，其余数学关系采用严格的椭球公式。

两种解法的执行过程中均采用了移去-恢复技术。

我们的数值实验表明，两种解法是等效的，在规定的数值精度范围内结果是等价的。

为使在边界面外部 Laplace 方程成立，边界面外部的地形质量需要在计算中除去。为此我们借助 Helmert 第二压缩法，将地形质量压缩到边界面上，以压缩质量代替实际地形质量。移去-恢复地形质量将引起重力变化（地形对重力的直接影响）和水准面的变化（地形对位的间接影响）。这些影响需要在计算中加以顾及。具体而言，地面重力扰动需要加上地形对重力的直接影响；得到的大地水准面高（或高程异常）解，需要顾及地形对位的间接影响。垂线偏差的情况，也是如此。

我们采取的边值问题解算程序是，地面重力扰动加地形对重力的直接影响，使问题由实际空间变换到 Helmert 空间，然后将 Helmert 地面重力扰动延拓到边界面（参考椭球面），接着进行扰动位计算，并将其转换为大地水准面高、高程异常、参考椭球面垂线偏差和地面垂线偏差。最后将这些 Helmert 扰动位场量解加上地形对位的间接影响，便得到真正的地球重力场参数解。

我们的边值问题与近年流行的 Stokes-Helmert 问题（Vaníček and Martinec，1994；Martinec，1998；Vaníček et al.，1999；Novak, 2000；李建成，2012）在不少方面有相近之处，后者的解决方案对我们的问题颇有参考价值。

为验证我们的大地边值问题解法的可行性，以及检验我们边值问题解的精度，我们拟采用实际数据进行必要的数值实验。

第 2 章 Helmert 第二压缩法

2.1 Helmert 压 缩

在大地测量学中，为模型化地球表面和地球外部重力场，为线性化非线性的大地测量问题，需引入一个模型地球。这个模型地球在几何属性上应该最近似大地水准面，在重力场属性上应该最接近地球外部重力场。一个被适当定义的两轴旋转椭球被选作模型地球。当强调几何属性时，这个椭球叫参考椭球；当强调重力场属性时，叫做正常椭球或水准椭球。水准椭球是正常重力场的一个等位面的旋转椭球(Heiskanen and Moritz, 1967)。这个椭球由 4 个常数定义，即椭球长半轴 a、几何扁率 f(或椭球短半轴 b)、地心引力常数 GM 和旋转角速度 ω。并假设模型地球质量 M 与实际地球质量(包括大气与海洋)相等；它的几何中心与实际地球的质量中心重合，其短半轴(旋转轴)与地球自转轴重合；并假定与地球一起旋转。此外还假定模型地球是一刚体，其正常重力场也是恒定的。

地球空间一点的重力位 W 被定义为引力位 V 与离心力位 Φ 之和，即

$$W = V + \Phi \tag{2.1}$$

地球空间一点的正常重力位 U 被定义为模型地球产生的正常引力位 V_n 与离心力位 Φ 之和，即

$$U = V_n + \Phi \tag{2.2}$$

那么，地球空间一点的扰动位 T(或称异常位)被定义为重力位 W 与正常重力位 U 之差，即

$$T = W - U \tag{2.3}$$

扰动位 T 为一小量，由地球质量分布不均匀造成。T 是一基础物理量，由 T 可以导出一系列扰动位场量，重力扰动就是其中之一。地球空间一点的重力扰动被定义为该点的实际重力与正常重力之差，即

$$\delta g = g - \gamma \tag{2.4}$$

后面将会看到，大地水准面起伏、高程异常和垂线偏差等量都可以由 T 导出。

在大地边值问题中，为使待求的扰动位 T 在边界面外部调和，不允许边界面外部存在质量，存在的地形质量必须除去或移去。在 Stokes-Helmert 问题(例如，Vaníček and Martinec, 1994)中，边界面为大地水准面，大地水准面外的地形质量被压缩到大地水准面上。在我们的边值问题中，边界面为参考椭球面，参考椭球面外部的地形质量沿椭球面法线方向垂直向下压缩为一无限薄层覆盖于椭球面上。这就是 Helmert 第二压缩法。这种压缩法采用的压缩原则是，在平面近似下，压缩层的面密度应使局部质量保持不变；在球近似下，压缩层面密度或者使地球质量保持不变，或者使地球质量中心保持不变。

我们将经 Helmert 第二压缩法压缩的虚拟地球称为 Helmert 地球。显然，它既不同于真实地球，也不同于前面说的模型地球即参考椭球或正常椭球。我们将会发现，引入 Helmert 地球的概念是有用的，在以后的大地边值问题研究中，会常常遇到这一概念。

在此特别指出，因为我们问题的边界面是参考椭球面，所说的地形并非从平均海水面(大地水准面)起算，而是从参考椭球面起算。就是说，所谓地形是从参考椭球面沿其法线方向到地球表面的地壳部分。以参考椭球面起算的地形高度，等于以平均海水面起算的高度加上大地水准面高。简单地说，我们所说的地形高，是指地形面的大地高(或称椭球高)。当今重力点高程测量一般用 GNSS 进行，这样测得的大地高正是我们所需要的地形高。

假定 V^{t} 为实际地形质量在一点产生的引力位，V^{c} 为压缩层质量在该点产生的引力位，那么，该点的残余地形位是

$$\delta V = V^{\mathrm{t}} - V^{\mathrm{c}} \tag{2.5}$$

由残余地形位 δV 产生的重力变化 δG(注意，勿与重力扰动 δg 混淆!)是

$$\delta G = -\frac{\partial \delta V}{\partial H} \tag{2.6}$$

式中，H 代表正高(铅垂线方向)。

一点观测重力 g 减去重力变化 δG 所得到的重力，定义为该点的 Helmert 重力 g^{h}，即

$$g^{\mathrm{h}} = g + \frac{\partial \delta V}{\partial H} \tag{2.7}$$

Helmert 重力 g^{h} 之定义的正当性是显而易见的。由 g^{h} 出发可以导出以下有关定义。

式(2.7)两边均减去正常重力 γ，考虑到式(2.4)，我们引出 Helmert 重力扰动 δg^{h} 的定义，即

$$\delta g^{\mathrm{h}} = g^{\mathrm{h}} - \gamma = \delta g + \frac{\partial \delta V}{\partial H} \tag{2.8}$$

此式等价于 $-\partial W^{\mathrm{h}}/\partial H = -\partial W/\partial H + \partial \delta V/\partial H$，据此我们引出 Helmert 重力位 W^{h} 的定义：

$$W^{\mathrm{h}} = W - \delta V \tag{2.9}$$

该式两边均减去正常位 U，立马我们可引出 Helmert 扰动位 T^{h} 的定义，即

$$T^{\mathrm{h}} = W^{\mathrm{h}} - U = W - U - \delta V \tag{2.10}$$

注意到式(2.3)，T^{h} 可表示成另一形式

$$T^{\mathrm{h}} = T - \delta V \tag{2.11}$$

两点讨论：

①式(2.9)表示任意点的 Helmert 重力位 W^{h}，那么对于与大地水准面 W_0 对应的调整大地水准面位是，$W_0^{\mathrm{h}} = W_0 - \delta V_0$；对于与似大地水准面 W_{qg} 对应的调整似大地水准面位是，$W_{\mathrm{qg}}^{\mathrm{h}} = W_{\mathrm{qg}} - \delta V_{\mathrm{qg}}$，这里下标 qg 表示似大地水准面。

②式(2.11)表示任意点的 Helmert 扰动位 T^{h}，那么参考椭球面(真正边界面)一点的

Helmert 扰动位是 $T_E^h = T_E - \delta V_E$，这里下标 E 表示参考椭球面。调整边界面一点的 Helmert 扰动位 $T_{CE}^h = T_{CE} - \delta V_{CE}$，这里下标 CE 代表调整边界面。调整边界面相对于参考椭球面（真正边界面）的高差是$-\delta V_E / g_0$，这里 g_0 代表参考椭球面处的重力，调整边界面上的 Helmert 重力扰动是 $\delta g_E^h + \Delta \delta g^h$（见 3.1 节）。

Helmert 第二压缩法是以参考椭球面为边界面的第二大地边值问题的重要组成部分。正是借助第二压缩法除去边界面外部的地形质量，才使大地边值问题可解。经过 Helmert 压缩，参考椭球面外部的地形质量已不复存在，在那里 Helmert 扰动位 T^h 是调和的（对实际扰动位 T 而言，在参考椭球面与地形面之间的空间是不调和的），Laplace 方程 $\nabla^2 T^h = 0$ 成立，从而边值问题可解；另一方面，Helmert 压缩又为问题引入一些新情况，解边值问题时应予以妥善应对。

顺便指出，除 Helmert 第二压缩法外，还有很少用到的 Helmert 第一压缩法。Helmert 将地形压缩到大地水准面以下 21 km 处（椭球长半轴–椭球短半轴）平行平面上，以避免位的球谐级数收敛方面的问题。

2.2　地形压缩原则

前面已经提到，解算大地边值问题要求边界面外部不存在质量，地形质量必须移去（通过计算），以保证 Laplace 方程成立。我们的边值问题既然选择参考椭球面作为边界面，那么参考椭球面外部的地形质量必须移去。然而，地形质量在计算点是产生引力效应的，所以移去的质量必须在适当的地方以适当方式加以恢复，使恢复地形质量与原地形质量的引力效应接近或相差不大。地形均衡补偿是一种质量补偿方法，它按一定的均衡模型（如 Pratt-Hayford 模型与 Airy-Heiskanen 模型，见 Heiskanen and Moritz, 1967），补偿除去的地形质量。Helmert 第二压缩法（实际上可以看做 Pratt-Hayford 均衡模型的一种特殊情况）则是按一定的原则将地形质量压缩到参考椭球面的另一种质量补偿方法。这些原则包括，压缩是严格局部性的，即地形质量一定垂直向下压缩；此外还包括压缩薄层面密度 κ 的选择要求。三种最可能的选择是：①局部质量守恒（Heiskanen and Moritz, 1967; Heck, 2003）；②地球质量守恒（Martinec, 1998）；③地球质量中心守恒（Vaníček et al., 1995）。这三种密度选择，以后我们会遇到。下面我们就每一种密度选择分别进行讨论。

1. 局部质量守恒

这种地形质量压缩原则是，将地形质量沿铅垂线以面密度

$$\kappa = \rho h \tag{2.12}$$

或

$$\kappa = \rho \int_{r=R}^{R+h} \mathrm{d}r \tag{2.13}$$

压缩到地形棱柱或圆柱的底部。面密度[式(2.12)]由 Helmert 引入，它是同在垂直柱体的无穷小水平底部的局部质量守恒之假设相一致的。这种质量守恒仅限于无限小局部，

而且局限于平面，在地球表面大范围，压缩质量与实际质量并不相等。

在球近似下，按照这一原则压缩地形，引起的实际地形质量 M^t 和压缩层质量 M^c 之差 δM 是

$$\delta M = M^t - M^c = \int_{\Omega_0}\int_{r=R}^{R+h}\rho r^2 \mathrm{d}r\mathrm{d}\Omega - \int_{\Omega_0}\kappa R^2 \mathrm{d}\Omega \tag{2.14}$$

将式(2.13)代入上式右端第二个积分，有

$$\delta M = \int_{\Omega_0}\int_{r=R}^{R+h}\rho r^2 \mathrm{d}r\mathrm{d}\Omega - R^2 \int_{\Omega_0}\int_{r=R}^{R+h}\rho \mathrm{d}r\mathrm{d}\Omega \tag{2.15}$$

对 r 求定积分得

$$\delta M = R^2 \int_{\Omega_0}\rho h\left(\frac{h}{R} + \frac{h^2}{3R^2}\right)\mathrm{d}\Omega \tag{2.16}$$

δM 引起 Helmert 地球的大地水准面产生位移

$$\delta N_0 = \frac{G\delta M}{R\overline{\gamma}} = \frac{G}{\overline{\gamma}}\int_{\Omega_0}\rho h^2\left(1 + \frac{h}{3R}\right)\mathrm{d}\Omega \tag{2.17}$$

式中，$\overline{\gamma}$ 为平均正常重力。换言之，按 $\kappa = \rho h$ 原则压缩，将使 Helmert 地球的大地水准面高及其他扰动位场量包含 0 阶球谐项。

根据我们研制的全球地形高 h(从参考椭球面起算)及密度 ρ 的数字模型(分辨率 2.5′)，并取 $R = 6\,371$ km，$G = 6.673 \times 10^{-11}\,\mathrm{m}^3/(\mathrm{kg} \cdot \mathrm{s}^2)$，$\overline{\gamma} = 9.797\,643$ m/s^2，式(2.17) 给出：

$$\delta N_0 = 83.7 \times 10^{-3}\ \mathrm{m} \to 8.37\ \mathrm{cm}$$

按照 $\kappa = \rho h$ 压缩地形，其实不只大地水准面高等扰动位场量产生 0 阶项，还使它们产生 1 阶项。下面我们讨论 Helmert 扰动位的 1 阶项，它代表 Helmert 地球的中心相对实际地球质心的几何偏差。用 $\vec{r}$ 表示 Helmert 地球任一点相对地球质心的位置向量，则 Helmert 地球的质心相对地球质心的位置向量为

$$\vec{X}^h = \frac{\iiint \vec{r}\mathrm{d}m}{\iiint \mathrm{d}m} = \frac{1}{M}\left[\int_{\Omega_0}\int_{r=0}^{R}\rho\vec{e}_r\left(\Omega\right)r^3\mathrm{d}r\mathrm{d}\Omega + \int_{\Omega_0}\kappa\vec{e}_r\left(\Omega\right)R^3\mathrm{d}\Omega\right] \tag{2.18}$$

式中，M 为地球质量；$\vec{e}_r\left(\Omega\right)$ 为 $\Omega\left(\theta, \lambda\right)$ 方向的单位向量

$$\vec{e}_r\left(\Omega\right) = \sin\theta\cos\lambda\vec{e}_x + \sin\theta\sin\lambda\vec{e}_y + \cos\theta\vec{e}_z \tag{2.19}$$

实际地球的质量中心在地心坐标系中的坐标为 0，即

$$\vec{X} = \frac{1}{M}\left[\int_{\Omega_0}\int_{r=0}^{R}\rho\vec{e}_r r^3\mathrm{d}r\mathrm{d}\Omega + \int_{\Omega_0}\int_{r=R}^{R+h}\rho\vec{e}_r r^3\mathrm{d}r\mathrm{d}\Omega\right] = \vec{0} \tag{2.20}$$

所以

$$\int_{\Omega_0}\int_{r=0}^{R}\rho\vec{e}_r\left(\Omega\right)r^3\mathrm{d}r\mathrm{d}\Omega = -\int_{\Omega_0}\int_{r=R}^{R+h}\rho\vec{e}_r\left(\Omega\right)r^3\mathrm{d}r\mathrm{d}\Omega \tag{2.21}$$

将式(2.21)的右端项代替式(2.18)的第一个积分，将表示 κ 的式(2.13)代入式(2.18)

的第二个积分，得

$$\vec{X}^{h} = \frac{1}{M} \int_{\Omega_0} \int_{r=R}^{R+h} \rho \vec{e}_r(\Omega)(R^3 - r^3) \mathrm{d}r \mathrm{d}\Omega \tag{2.22}$$

令 $\rho = \bar{\rho} =$ 平均地壳密度，ρ 可以提到积分号外。上式对 r 求定积分得

$$\vec{X}^{h} = -\frac{R^2 \bar{\rho}}{M} \int_{\Omega_0} h^2 \left(\frac{3}{2} + \frac{h}{R} + \frac{h^2}{4R^2}\right) \vec{e}_r(\Omega) \mathrm{d}\Omega \tag{2.23}$$

将式 (2.19) 代入上式，得到 Helmert 地球体质心的地心坐标：

$$x^{h} = -\frac{R^2 \bar{\rho}}{M} \int_{\Omega_0} h^2 \left(\frac{3}{2} + \frac{h}{R} + \frac{h^2}{4R^2}\right) \sin\theta \cos\lambda \mathrm{d}\Omega \tag{2.24}$$

$$y^{h} = -\frac{R^2 \bar{\rho}}{M} \int_{\Omega_0} h^2 \left(\frac{3}{2} + \frac{h}{R} + \frac{h^2}{4R^2}\right) \sin\theta \sin\lambda \mathrm{d}\Omega \tag{2.25}$$

$$z^{h} = -\frac{R^2 \bar{\rho}}{M} \int_{\Omega_0} h^2 \left(\frac{3}{2} + \frac{h}{R} + \frac{h^2}{4R^2}\right) \cos\theta \mathrm{d}\Omega \tag{2.26}$$

利用我们研制的全球地形高 h（从椭球面起算）及密度 ρ 的数字模型（分辨率 2.5′），取 $M = 5.97 \times 10^{24}\,\mathrm{kg}$，$R = 6\,371\,\mathrm{km}$，式 (2.24)～式 (2.26) 给出：

$$\vec{X}^{h} = (-8.238, -17.162, -9.890) \times 10^{-3}\,\mathrm{m} \rightarrow |\vec{X}^{h}| = 21.453 \times 10^{-3}\,\mathrm{m}$$

可见，按照 $\kappa = \rho h$ 原则压缩地形，Helmert 地球"偏心"大约 2 cm。所以，Helmert 地球的大地水准面高及其他扰动位场量均包含 0 阶和 1 阶项。

2. 地球质量守恒

所谓地球质量守恒，就是地形质量压缩后，地球总质量保持不变。下面我们推求按这一原则压缩的地形质量薄层的面密度。用 κ 代表压缩薄层的面密度，h 代表地形质量的厚度（高度），$\bar{\rho}$ 代表地形质量的平均体密度。在球近似情况下，无限薄层质量等于厚度为 h 的球壳质量，所以地球质量守恒条件可以表示为

$$4\pi R^2 \kappa = \bar{\rho} \frac{4}{3} \pi \left((R+h)^3 - R^3\right) \tag{2.27}$$

式中，R 代表地球平均半径。这一条件的积分形式是

$$\int_{\Omega_0} \kappa R^2 \mathrm{d}\Omega = \bar{\rho} \int_{\Omega_0} \int_{r=R}^{R+h} r^2 \mathrm{d}r \mathrm{d}\Omega \tag{2.28}$$

或

$$\kappa = \frac{\bar{\rho}}{R^2} \int_{r=R}^{R+h} r^2 \mathrm{d}r \tag{2.29}$$

由式 (2.27) 和式 (2.29) 均得到

$$\kappa = \bar{\rho}\, h \left(1 + \frac{h}{R} + \frac{h^2}{3R^2}\right) \tag{2.30}$$

式中，平均密度 $\bar{\rho}$ 可以表示为

$$\bar{\rho} = \frac{1}{h}\int_{r=R}^{R+h}\rho\mathrm{d}r \tag{2.31}$$

其中，ρ 为柱体任一点的体密度。这样，将式 (2.31) 代入式 (2.30)，即得 κ 的表示式：

$$\kappa = \left(1 + \frac{h}{R} + \frac{h^2}{3R^2}\right)\int_{r=R}^{R+h}\rho\mathrm{d}r \tag{2.32}$$

于是，实际地形质量 M^{t} 和压缩层质量 M^{c} 之差 δM 可以表示为

$$\delta M = M^{\mathrm{t}} - M^{\mathrm{c}} = \int_{\Omega_0}\int_{r=R}^{R+h}\rho r^2\mathrm{d}r\mathrm{d}\Omega - \int_{\Omega_0}\kappa R^2\mathrm{d}\Omega \tag{2.33}$$

将式 (2.32) 代入该式右端第二个积分，有

$$\delta M = \int_{\Omega_0}\int_{r=R}^{R+h}\rho r^2\mathrm{d}r\mathrm{d}\Omega - R^2\int_{\Omega_0}\left(1 + \frac{h}{R} + \frac{h^2}{3R^2}\right)\int_{r=R}^{R+h}\rho\mathrm{d}r\mathrm{d}\Omega \tag{2.34}$$

令 $\rho = \bar{\rho} = \mathrm{const.}$，对 r 求定积分得

$$\delta M = 0 \tag{2.35}$$

所以，Helmert 地球的大地水准面高无 0 阶位移，即

$$\delta N_0 = \frac{G\delta M}{R\bar{\gamma}} = 0 \tag{2.36}$$

式中，$\bar{\gamma}$ 为平均正常重力。

地球质量守恒意味着 Helmert 地球的扰动位及其他扰动位场量不包含 0 阶球谐项，但却包含 1 阶球谐项。下面我们讨论按地球质量守恒原则压缩地形质量引起的 Helmert 地球的质心相对实际地球质心的偏差。Helmert 地球体包括椭球面以下的地球质量和椭球面上的地形压缩质量。用 $\vec{r}$ 表示 Helmert 地球体任一点相对地球质量中心的位置向量，则 Helmert 地球的质心相对地球质心的位置向量为

$$\vec{X}^{\mathrm{h}} = \frac{\iiint \vec{r}\mathrm{d}m}{\iiint \mathrm{d}m} = \frac{1}{M}\left[\int_{\Omega_0}\int_{r=0}^{R}\rho\vec{e}_r(\Omega)r^3\mathrm{d}r\mathrm{d}\Omega + \int_{\Omega_0}\kappa\vec{e}_r(\Omega)R^3\mathrm{d}\Omega\right] \tag{2.37}$$

式中，M 为地球质量，可用下式表示：

$$M = \iiint \mathrm{d}m = \int_{\Omega_0}\int_{r=0}^{R}\rho(\Omega)r^2\mathrm{d}r\mathrm{d}\Omega + \int_{\Omega_0}\int_{r=R}^{R+h}\rho(\Omega)r^2\mathrm{d}r\mathrm{d}\Omega \tag{2.38}$$

$\vec{e}_r(\Omega)$ 为方向 $\Omega(\theta,\lambda)$ 的单位向量，用式 (2.19) 表示，即

$$\vec{e}_r(\Omega) = \sin\theta\cos\lambda\vec{e}_x + \sin\theta\sin\lambda\vec{e}_y + \cos\theta\vec{e}_z \tag{2.39}$$

实际地球的质量中心在地心坐标系中的坐标应为 0，即

$$\vec{X} = \frac{1}{M}\left[\int_{\Omega_0}\int_{r=0}^{R}\rho\vec{e}_r r^3\mathrm{d}r\mathrm{d}\Omega + \int_{\Omega_0}\int_{r=R}^{R+h}\rho\vec{e}_r r^3\mathrm{d}r\mathrm{d}\Omega\right] = \vec{0} \tag{2.40}$$

由此，得到

$$\int_{\Omega_0}\int_{r=0}^{R}\rho\vec{e}_r(\Omega)r^3\mathrm{d}r\mathrm{d}\Omega=-\int_{\Omega_0}\int_{r=R}^{R+h}\rho\vec{e}_r(\Omega)r^3\mathrm{d}r\mathrm{d}\Omega \tag{2.41}$$

将式(2.41)代入式(2.37)右端的第一个积分，κ的表示式(2.32)代入式(2.37)右端的第二个积分，得到

$$\vec{X}^{\mathrm{h}}=\frac{1}{M}\int_{\Omega_0}\int_{r=R}^{R+h}\rho\vec{e}_r(\Omega)\left[R^3\left(1+\frac{h}{R}+\frac{h^2}{3R^2}\right)-r^3\right]\mathrm{d}r\mathrm{d}\Omega \tag{2.42}$$

令$\rho=\bar{\rho}$，$\bar{\rho}$为常数，可提到积分号外，对r求定积分得

$$\vec{X}^{\mathrm{h}}=-\frac{R^2\bar{\rho}}{2M}\int_{\Omega_0}h^2\left(1+\frac{4h}{3R}+\frac{h^2}{2R^2}\right)\vec{e}_r(\Omega)\mathrm{d}\Omega \tag{2.43}$$

将式(2.39)代入上式，得 Helmert 地球体质心的地心坐标：

$$x^{\mathrm{h}}=-\frac{R^2\bar{\rho}}{2M}\int_{\Omega_0}h^2\left(1+\frac{4h}{3R}+\frac{h^2}{2R^2}\right)\sin\theta\cos\lambda\mathrm{d}\Omega \tag{2.44}$$

$$y^{\mathrm{h}}=-\frac{R^2\bar{\rho}}{2M}\int_{\Omega_0}h^2\left(1+\frac{4h}{3R}+\frac{h^2}{2R^2}\right)\sin\theta\sin\lambda\mathrm{d}\Omega \tag{2.45}$$

$$z^{\mathrm{h}}=-\frac{R^2\bar{\rho}}{2M}\int_{\Omega_0}h^2\left(1+\frac{4h}{3R}+\frac{h^2}{2R^2}\right)\cos\theta\mathrm{d}\Omega \tag{2.46}$$

利用我们编辑的全球地形高 h(从参考椭球面起算)及密度 ρ 的数字模型(分辨率 2.5′)，取 $M=5.97\times10^{24}$ kg，$R=6\,371$ km，式(2.44)~式(2.46)给出：

$$\vec{X}^{\mathrm{h}}=(-5.49,\ -11.45,\ -6.60)\times10^{-3}\ \mathrm{m}\rightarrow|\vec{r}^h|=14.31\times10^{-3}\ \mathrm{m}$$

至此我们得出结论：按照地球质量守恒原则压缩椭球面外部地形，Helmert 地球的质量与实际地球的质量相等，而它的质量中心偏离实际地球的质量中心大约 14.3 mm。就是说，如果按这一原则压缩地形，Helmert 地球的大地水准面高等扰动位场量将包含 1 阶项。

需要指出，地形压缩恢复引起的地球质量中心的变化将引起离心力位产生变化。根据定义，离心力位的梯度为离心力，离心力与所考虑的点至地球旋转轴的距离成比例，在两极为 0，在赤道上达到最大。在我们这里，轴距变化=0.012 7 m 将引起离心力变化 $\Delta f=6.75\times10^{-11}$ m/s^2，在赤道，这样大的离心力变化引起的重力变化为 2.34×10^{-5} μGal。显然，如此微小的重力变化对于我们问题不致产生影响。

3. 地球质量中心守恒

所谓地球质量中心(重心)守恒，就是地形质量压缩后，地球质量中心(重心)保持不变。下面讨论这种情况下压缩至参考椭球面上的地形质量薄层的面密度表达式(Vaníček et al., 1995; Martinec, 1998)。首先将地形质量引力位 V^{t} 表示成形式：

$$V^{\mathrm{t}}(r,\Omega)=G\int_{\Omega_0}\int_{r'=R}^{R+h}\frac{\rho(r',\Omega')}{\ell}r'^2\mathrm{d}r'\mathrm{d}\Omega' \tag{2.47}$$

式中，G 是牛顿引力常数；ρ 是地壳体密度；ℓ 是计算点 (r, Ω) 与积分点 (r', Ω') 之间的距离。

对于 $r > r'$(Heiskanen and Moritz, 1967; eq.1-81)

$$\ell^{-1} = \left(r^2 + r'^2 - 2rr'\cos\psi \right)^{-1/2} = \frac{1}{r}\sum_{j=0}^{\infty}\left(\frac{r'}{r}\right)^{j} P_j\left(\cos\psi\right) \tag{2.48}$$

这里 (Heiskanen and Moritz, 1967; eq.1-82′)

$$P_j\left(\cos\psi\right) = \frac{1}{2j+1}\sum_{m=-j}^{j} Y_{jm}\left(\Omega'\right)Y_{jm}\left(\Omega\right) \tag{2.49}$$

式中，$Y_{jm}\left(\Omega'\right)$ 与 $Y_{jm}\left(\Omega\right)$ 均为完全正常化的勒让德函数。将式 (2.49) 代入式 (2.48)，并将结果代入式 (2.47)，得到点 (r, Ω) 处的地形引力位：

$$V^{\mathrm{t}}\left(r,\Omega\right) = \frac{G}{r}\int_{\Omega_0}\int_{r'=R}^{R+h}\rho\left(r',\Omega'\right)\sum_{j=0}^{\infty}\frac{1}{2j+1}\left(\frac{r'}{r}\right)^{j}\sum_{m=-j}^{j} Y_{jm}\left(\Omega'\right)Y_{jm}\left(\Omega\right)r'^2\mathrm{d}r'\mathrm{d}\Omega' \quad r > R_0 \tag{2.50}$$

对于半径为 R_0 的 Brillouin 球的外部空间，级数式 (2.50) 是绝对收敛的。从实用上说，对于地面以上的点，$r \geqslant R+h$，它可以看做是收敛的，所以我们交换求和与积分的顺序，得到

$$V^{\mathrm{t}}\left(r,\Omega\right) = \sum_{j=0}^{\infty}\left(\frac{R}{r}\right)^{j+1}\sum_{m=-j}^{j} V_{jm}^{\mathrm{t}}Y_{jm}\left(\Omega\right) \quad r \geqslant R+h \tag{2.51}$$

这里

$$V_{jm}^{\mathrm{t}} = \frac{GR^{-(j+1)}}{2j+1}\int_{\Omega_0}\int_{r'=R}^{R+h}\rho\left(r',\Omega'\right)r'^{j+2}Y_{jm}\left(\Omega'\right)\mathrm{d}r'\mathrm{d}\Omega' \tag{2.52}$$

令 $\rho = \bar{\rho}$，ρ 为常数，可提到积分号外，式 (2.52) 可积分：

$$V_{jm}^{\mathrm{t}} = \frac{G\bar{\rho}R^2}{2j+1}\frac{1}{j+3}\int_{\Omega_0}\left[\left(1+\frac{h\left(\Omega'\right)}{R}\right)^{j+3}-1\right]Y_{jm}\left(\Omega'\right)\mathrm{d}\Omega'$$

$$= \frac{G\bar{\rho}R^2}{2j+1}\frac{1}{j+3}\int_{\Omega_0}\sum_{k=1}^{j+3}\binom{j+3}{k}\left(\frac{h}{R}\right)^{k}Y_{jm}\left(\Omega'\right)\mathrm{d}\Omega' \tag{2.53}$$

类似地，由椭球面压缩层引起的地面点 (r, Ω) 的引力位 V^{c} 可以表示为

$$V^{\mathrm{c}}\left(r,\Omega\right) = G\int_{\Omega_0}\frac{\kappa\left(\Omega'\right)}{\ell\left(r,\psi,R\right)}R^2\mathrm{d}\Omega' \tag{2.54}$$

式中，$\kappa\left(\Omega'\right)$ 是椭球面上压缩层的面密度；$\ell\left(r,\psi,R\right)$ 是点 $P\left(r,\Omega\right)$ 与 $Q_0\left(R,\Omega'\right)$ 之间的距离 (见后面的图 4.1)，

$$\ell^{-1}\left(r,\psi,R\right) = \frac{1}{r}\sum_{j=0}^{\infty}\left(\frac{R}{r}\right)^{j}P_j\left(\cos\psi\right) \tag{2.55}$$

将式 (2.55) 代入式 (2.54)，并运用式 (2.49) 得到

$$V^c(r,\Omega)=\frac{G}{r}\int_{\Omega_0}\kappa(\Omega')\sum_{j=0}^{\infty}\frac{1}{2j+1}\left(\frac{R}{r}\right)^j\sum_{m=-j}^{j}Y_{jm}(\Omega')Y_{jm}(\Omega)R^2\mathrm{d}\Omega' \qquad (2.56)$$

因级数收敛，交换求和与积分的顺序给出

$$V^c(r,\Omega)=\sum_{j=0}^{\infty}\left(\frac{R}{r}\right)^{j+1}\sum_{m=-j}^{j}V_{jm}^c Y_{jm}(\Omega)\quad r\geqslant R \qquad (2.57)$$

这里

$$V_{jm}^c=\frac{GR}{2j+1}\int_{\Omega_0}\kappa(\Omega')Y_{jm}(\Omega')\mathrm{d}\Omega' \qquad (2.58)$$

如果残余位球谐展开式不包含 1 阶项，则必须要求

$$V_{1m}^t=V_{1m}^c \qquad (2.59)$$

那么根据式 (2.53) 和式 (2.58)：

$$\frac{\bar{\rho}R^2}{3}\frac{1}{4}\left[\left(1+\frac{h(\Omega)}{R}\right)^4-1\right]=\frac{R\kappa(\Omega)}{3} \qquad (2.60)$$

由此得压缩层的面密度

$$\kappa=\bar{\rho}h\left(1+\frac{3}{2}\frac{h}{R}+\frac{h^2}{R^2}+\frac{1}{4}\frac{h^3}{R^3}\right) \qquad (2.61)$$

这就是残余地形位球谐展开式不包含 1 阶项的条件。作为一种检核，下面用另一途径推导这一条件。

Helmert 地球的质量中心 $\vec{X}^h$ 可以表示成

$$\vec{X}^h=\frac{1}{M}\left[\int_{\Omega_0}\int_{r=0}^{R}\rho(r,\Omega)\vec{e}_r(\Omega)r^3\mathrm{d}r\mathrm{d}\Omega+\int_{\Omega_0}\kappa(\Omega)\vec{e}_r(\Omega)R^3(\Omega)\mathrm{d}\Omega\right] \qquad (2.62)$$

式中，R 代表地球平均半径；$\vec{e}_r(\Omega)$ 为单位位置向量；用式 (2.19) 表示。

如果要求地球质量中心守恒，即 Helmert 地球的重心与实际地球的重心重合，即与坐标系原点重合，或 $\vec{X}^h=0$，那么注意到式 (2.41)，式 (2.62) 中的面密度 $\kappa(\Omega)$ 必须满足关系式：

$$\kappa(\Omega)=\frac{1}{R^3}\int_{r=R}^{R+h}\rho(r,\Omega)r^3\mathrm{d}r \qquad (2.63)$$

令 $\rho=\bar{\rho}=$ 常数，则

$$\kappa=\frac{\bar{\rho}}{R^3}\int_{r=R}^{R+h}r^3\mathrm{d}r=\bar{\rho}h\left(1+\frac{3}{2}\frac{h}{R}+\frac{h^2}{R^2}+\frac{h^3}{4R^3}\right)$$

这就是前面的式 (2.61)。

若希望残余位球谐模型不包含 0 阶项，则必须要求实际地形位与压缩地形位的 0 阶项相等：

$$V_{00}^{t} = V_{00}^{c} \tag{2.64}$$

那么，根据式（2.53）和式（2.58），此时必须有

$$\bar{\rho} R \frac{1}{3}\left[\left(1+\frac{h}{R}\right)^{3}-1\right] = \kappa \tag{2.65}$$

由此

$$\kappa = \bar{\rho} h \left(1+\frac{h}{R}+\frac{h^{2}}{3R^{2}}\right)$$

这样，又得到了前面的式（2.30）。将式（2.61）减去式（2.30），得到两种压缩情形下面密度之差

$$\Delta\kappa = \bar{\rho} h \left(\frac{h}{2R}+\frac{2h^{2}}{3R^{2}}+\frac{h^{3}}{4R^{3}}\right) \tag{2.66}$$

由面密度差 $\Delta\kappa$ 引起的地形质量变化量为

$$\delta M = \int_{\Omega_0} \Delta\kappa R^2 \mathrm{d}\Omega = \bar{\rho} R \int_{\Omega_0} \left(\frac{h^{2}}{2}+\frac{2h^{3}}{3R}+\frac{h^{4}}{4R^{2}}\right)\mathrm{d}\Omega \tag{2.67}$$

地形质量的变化引起等位面发生位移，那么大地水准面的位移量为

$$\delta N_0 = \frac{G\delta M}{R\bar{\gamma}} = \frac{G\bar{\rho}}{\bar{\gamma}} \int_{\Omega_0} \left(\frac{h^{2}}{2}+\frac{2h^{3}}{3R}+\frac{h^{4}}{4R^{2}}\right)\mathrm{d}\Omega \tag{2.68}$$

式中，$\bar{\gamma}$ 为平均正常重力，取 9.797 643 m/s²。

利用我们研制的全球地形高 h（从椭球面起算）及密度 ρ 的数字模型（分辨率 2.5′），取 $R = 6\ 371$ km，计算得到 Helmert 大地水准面的位移量 $\delta N_0 = 4.19$ cm。这一数值与 Vaníček，Najafi，Martinec 等（1995）得到的约 4 cm 的结果是吻合的，不过那里地形高是参考于海平面的高度，而且仅用了 h^2 项。

2.3　地球质量和地球质量中心的不变性

在我们的边值问题中，为使边界面以外不存在地形质量，通过 Helmert 第二压缩法将地形质量压缩到参考椭球面，这样的结果是，对于按面密度 $\kappa = \rho h$ 压缩，地球质量和地球质量中心均发生了变化；对于按面密度 $\kappa = \rho h(1+3h/(2R)+h^2/R^2+h^3/(4R^3))$ 压缩，地球质量中心未发生变化，而地球质量发生了变化，引起大地水准面发生位移；对于按面密度 $\kappa = \rho h(1+h/R+h^2/(3R^2))$ 压缩，地球质量未发生变化，而地球质量中心却发生了变化；或者说，Helmert 大地水准面相对地球质心产生了位移偏差，或者说它的球谐展开式产生了 1 阶项。

值得指出，边界面以外的地形质量，不仅仅是消极地被压缩移位，而且还以边界面压缩薄层的形式代替原来的地形质量产生作用，这就是所谓地形恢复。我们将会看到，在地形质量恢复之后，原来压缩引起的偏差都会被校正过来，或者说大地水准面高的球

谐展开式的 0 阶项和/或 1 阶项会被消除。我们将这种现象称为地球质量和地球质量中心关于地形移去-恢复过程的不变性。下面我们对此原理给出证明。

1. 地球质量关于地形压缩-恢复过程的不变性

Helmert 地球的质量是

$$\int_{\Omega_0}\int_{r=0}^{R}\rho r^2 \mathrm{d}r \mathrm{d}\Omega + \int_{\Omega_0}\kappa R^2 \mathrm{d}\Omega \tag{2.69}$$

恢复地形质量引起 Helmert 地球的质量变化是

$$\int_{\Omega_0}\int_{r=R}^{R+h}\rho r^2 \mathrm{d}r \mathrm{d}\Omega - \int_{\Omega_0}\kappa R^2 \mathrm{d}\Omega \tag{2.70}$$

所以，恢复地形质量后的 Helmert 地球质量是

$$M = \int_{\Omega_0}\int_{r=0}^{R+h}\rho r^2 \mathrm{d}r \mathrm{d}\Omega \tag{2.71}$$

M 正是实际地球原有的质量，就是说地球质量不变。

2. 地球质量中心关于地形压缩-恢复过程的不变性

Helmert 地球的质量中心由下式定义：

$$\vec{X}^{\mathrm{h}} = \frac{\iiint(\vec{r_1}+\vec{r_2})\mathrm{d}m}{\iiint \mathrm{d}m} = \frac{1}{M}\left(\int_{\Omega_0}\int_{r=0}^{R}\vec{e}_r(\Omega)\rho r^3 \mathrm{d}r \mathrm{d}\Omega + \int_{\Omega_0}\vec{e}_r(\Omega)\kappa R^3 \mathrm{d}\Omega\right) \tag{2.72}$$

恢复地形质量引起 Helmert 地球质量中心的变化量

$$\delta\vec{X}^{\mathrm{h}} = \frac{\iiint_{\Omega_0}\delta\vec{r}\mathrm{d}m}{\iiint \mathrm{d}m} = \frac{1}{M}\left(\int_{\Omega_0}\int_{r=R}^{R+h}\vec{e}_r(\Omega)\rho r^3 \mathrm{d}r \mathrm{d}\Omega - \int_{\Omega_0}\kappa\vec{e}_r(\Omega)R^3 \mathrm{d}\Omega\right) \tag{2.73}$$

恢复地形质量之后的 Helmert 地球之质量中心的位置向量（相对实际地球质心）是

$$\begin{aligned}
\vec{X}^{\mathrm{h}} + \delta\vec{X}^{\mathrm{h}} &= \frac{1}{M}\Bigg[\int_{\Omega_0}\int_{r=0}^{R}\vec{e}_r(\Omega)\rho r^3 \mathrm{d}r \mathrm{d}\Omega + \int_{\Omega_0}\vec{e}_r(\Omega)\kappa R^3 \mathrm{d}\Omega \\
&\quad + \int_{\Omega_0}\int_{r=R}^{R+h}\vec{e}_r(\Omega)\rho r^3 \mathrm{d}r \mathrm{d}\Omega - \int_{\Omega_0}\vec{e}_r(\Omega)\kappa R^3 \mathrm{d}\Omega \Bigg] \\
&= \frac{1}{M}\int_{\Omega_0}\int_{r=0}^{R+h}\vec{e}_r(\Omega)\rho r^3 \mathrm{d}r \mathrm{d}\Omega
\end{aligned} \tag{2.74}$$

式 (2.74) 右端不是别的，正是恢复了地形质量之后的 Helmert 地球的质量中心相对地球质心的位置向量 $\vec{r}$，即

$$\vec{X}^{\mathrm{h}} + \delta\vec{X}^{\mathrm{h}} = \vec{X} = \vec{0} \tag{2.75}$$

式 (2.75) 表明，恢复地形质量之后的 Helmert 地球的质量中心，实际上又回到了真实地球的质量中心位置；或者说，位移了的 Helmert 地球质量中心又还原到真实地球的质量中心了。于是，我们证明了地球质量中心关于地形压缩-恢复过程的不变性。

上面证明表明，即使采用地形压缩原则不同导致不同的面密度，使 Helmert 地球的质量和/或质量中心发生了偏差，但是，这一偏差通过地形恢复过程又被消除了，所以使得实际地球的质量和/或质量中心保持不变。

从计算角度来看，在 Helmert 空间计算得到的 Helmert 扰动位场量出现 0 阶项和/或 1 阶项，然而加上间接影响使扰动位场量又回到了真实空间，就是说，扰动位场量不再包含 0 阶项和/或 1 阶项了。这就是所谓的地球质量和地球质量中心关于地形移去-恢复过程的不变性。

地球质量和地球质量中心不变性原理的实际意义在于，对于我们的边值问题，Helmert 压缩产生的 Helmert 地球的质量或质量中心相对实际地球质量或质量中心尽管可能发生偏差，但是在地形恢复之后，或者说，加上地形间接影响之后，这些偏差即被消除。地球质量和地球质量中心不变性原理，在很大程度上，决定了我们边值问题的解算过程和数据流程。那就是，我们的边界数据加上地形的直接影响，把我们的边值问题从实际空间引入 Helmert 空间。在 Helmert 空间内解算边值问题，得到此空间的扰动位场量解，但这些场量解却包含有 0 阶和/或 1 阶项的偏差项。然后这些 Helmert 场量解加上地形的间接影响，即复现了不包含这些偏差的真实解。

2.4　三种地形压缩-恢复模式行为分析

前面讨论了 Helmert 第二压缩法压缩地形质量的三种原则。地球质量与地球质量中心关于地形压缩-恢复过程的不变性原理，已经隐含了按照三种压缩恢复模式计算大地水准面的结果是等价的。就是说，每一种压缩-恢复模式得到的大地边值解是相等的。我们的数值实验验证了这一结论。

实验区多为丘陵和山区，范围覆盖 13°(纬度)×15°(经度)，分成 176 341 个 2′×2′ 的格网。对于每一个格网，按照地球质量守恒模式(简称模式 1)、地球质量中心守恒模式(简称模式 2)和局部质量守恒模式(简称模式 3)压缩并恢复地形,计算格网中心点的高程异常、大地水准面高、地面垂线偏差和椭球面垂线偏差。模式 2 的结果减去模式 1 的结果，模式 3 的结果减去模式 1 的结果，分别列于表 2.1 和表 2.2。两个表的数据表明，结果差值的中位数均为 0，平均值均为一个非常小的数，三种模式结果在三位小数之内，不存在明显的差异，可以认为它们是相等的。就是说，三种模式得到的大地水准面和似大地水准面是一致的。

表 2.1　模式 2 结果减模式 1 结果

统计量	高程异常/m	大地水准面高/m	地面垂线偏差/(″)		椭球面垂线偏差/(″)	
			南北分量	东西分量	南北分量	东西分量
最小值	−0.003	−0.011	−0.011	−0.014	−0.051	−0.041
最大值	0.003	0.007	0.011	0.014	0.03	0.058
平均值	0.000 044 5	−0.000 294 1	−0.000 008 05	0.000 286 9	−0.000 034 9	0.000 189 4
均方值	0.000 625 8	0.001 211	0.001 66	0.002 19	0.004 368	0.005 11
中位值	0	0	0	0	0	0

表 2.2　模式 3 结果减模式 1 结果

统计量	高程异常/m	大地水准面高/m	地面垂线偏差/(″)		椭球面垂线偏差/(″)	
			南北分量	东西分量	南北分量	东西分量
最小值	−0.003	−0.002	−0.005	−0.011	−0.005	−0.013
最大值	0.002	0.002	0.006	0.003	0.007	0.004
平均值	−0.000 093 1	−0.000 742 8	0.000 028 6	−0.000 587	0.000 029 1	−0.000 634
均方值	0.000 619 7	0.006 102	0.000 900 9	0.001 638	0.000 963 8	0.000 178 3
中位值	0	0	0	0	0	0

由此可见,按照三种压缩-恢复模式得到的边值问题解是相等的,即它们给出相同的高程异常、大地水准面高、地面垂线偏差和椭球面垂线偏差;但是它们在解算边值问题过程中所起的作用是有差别的,下面通过直接影响与间接影响比较来说明这一问题。

在我们的边值问题中,地面重力扰动是我们的直接观测量,地面重力扰动加上地形对重力的直接影响,得到 Helmert 地面重力扰动。残余地形位对地心向径的导数,称为地形对重力的直接影响。Helmert 地面重力扰动,使我们的边值问题从实际空间转入Helmert 空间。在此空间内求定 Helmert 扰动位,并将其转换为 Helmert 大地水准面或似大地水准面。最后,这些量加上地形的间接影响,即是实际的大地水准面或似大地水准面。

直接影响是压缩-恢复地形对地面重力引起的变化,而间接影响是压缩-恢复地形对位引起的变化,即对大地水准面或似大地水准面引起的变化。对于地面重力的影响和对于高程异常与地面垂线偏差的影响,残余地形位均源自相同的地形质量,而且均作用于地面同一点,所以,直接影响与间接影响之间存在着直接对应关系。然而,对于地面重力的影响和对于大地水准面高和椭球面垂线偏差的影响,残余地形位源自不同的地形质量,而且对重力的直接影响作用于地面点,对大地水准面高和椭球面垂线偏差的间接影响则作用于参考椭球面。

压缩地形与恢复地形均引起一点的水准面变化;直接影响与间接影响均涉及压缩-恢复地形,因而均引起水准面变化。但是,根据能量守恒定律,直接影响引起的水准面变化应等于间接影响引起的水准面变化。两个变化是可逆的。就是说,间接影响引起水准面产生的移位和变形量,恰好矫正直接影响引起水准面产生的移位和变形量。

下面我们用实验数据比较三种压缩模式产生的直接影响和间接影响。实验区覆盖15°(纬度)×17°(经度),分成 230 461 个 2′×2′格网。表 2.3 列出所有格网的地形对重力

表 2.3　地形对重力的直接影响统计　　　　　　　　(单位:mGal)

统计量	模式 1	模式 2	模式 3
最小值	−11.706	−11.426	−12.035
最大值	9.505	9.543	9.435
平均值	0.098	0.123	0.048
中位值	0.159	0.168	0.141
均方值	1.446	1.428	1.478

的直接影响值统计。直接影响值是由残余地形位的 360 阶球谐模型计算出来的。从该表明显看出，就平均值而言，模式 2(地球质量中心守恒)最大，模式 1(地球质量守恒)次之，模式 3(局部质量守恒)最小。换言之，模式 3 受地形影响最小。

表 2.4 列出全部格网的大地水准面高的间接地形影响值统计，格网值由残余地形位的 360 阶球谐模型计算。从该表看出，就平均值而言(不考虑符号)，模式 2 最大，模式 1 次之，模式 3 最小。就是说，模式 3 受地形影响最小。值得注意的是，对于模式 1 和模式 2，间接影响都为负值，这表明真实大地水准面都在调整大地水准面下方。而对于模式 3 而言，情况更多样化，在大山区，间接影响多为负，在平原和丘陵地区则相反，多数格网间接影响为正值，全部格网的均值为 0.024 m。图 2.1 示出间接影响的详细分布情况，图 2.2 示出相应的地形高度。这表明，在大山区，真实大地水准面在调整大地水准面下方，而在平原和丘陵地区，真正大地水准面多位于调整大地水准面上方。

表 2.4　地形对大地水准面高的间接影响统计　　(单位：m)

统计量	模式 1	模式 2	模式 3
最小值	−1.122	−1.269	−0.827
最大值	−0.028	−0.09	0.192
平均值	−0.164	−0.259	0.024
中位值	−0.079	−0.173	0.091
均方值	0.268	0.348	0.175

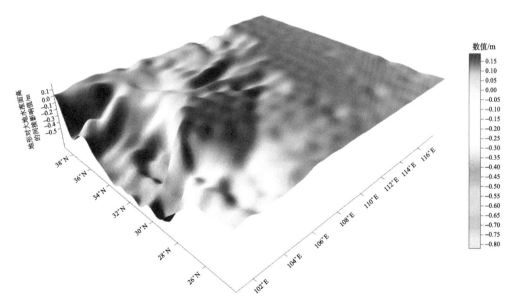

图 2.1　地形对大地水准面高的间接影响

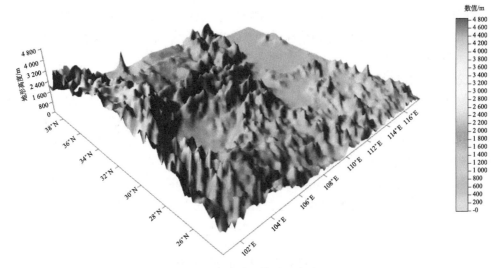

图 2.2　实验区的地形高度

表 2.5 列出由 230 461 个 2′×2′格网的地形对椭球面垂线偏差的间接影响统计，格网值是由残余地形位的 360 阶球谐模型计算出来的。垂线偏差的变化反映大地水准面形状的畸变；变化幅度大，代表畸变大，反之则畸变小。从该表看出，平均而言，在三种模式中，模式 2 畸变最大；模式 3 畸变最小。

表 2.5　地形对椭球面垂线偏差的间接影响统计　　　　　　（单位："）

统计量	模式 1		模式 2		模式 3	
	南北分量	东西分量	南北分量	东西分量	南北分量	东西分量
最小值	−1.299	−2.701	−1.322	−2.737	−1.253	−2.628
最大值	1.701	0.739	1.721	0.721	1.662	0.774
平均值	0.009	−0.088	0.011	−0.098	0.004	−0.068
中位值	0.008	−0.02	0.011	−0.026	0.004	−0.008
均方值	0.202	0.265	0.206	0.273	0.196	0.251

至此我们可以做一小结：①三种模式得到的边值问题解是相等的；②三种模式的直接影响和间接影响是各不同的，就大小而言，模式 2 最大，模式 3 最小；③实验结果显示，对模式 1 和模式 2 而言，调整大地水准面（co-geoid）位于真实大地水准面（geoid）之上方，而对于模式 3 而言，在平原和丘陵地区，调整大地水准面位于实际大地水准面之下方，在大山区，情况则相反。

需要指出，在 Helmert 问题中，重力扰动需要向下延拓至与边界面略为不同的面，以保证 Hotine 积分得到调整大地水准面，然后加上地形对位的间接影响，得到真正的大地水准面。这个与真实边界面略为不同的面，由于它对应于调整大地水准面，我们叫它调整边界面（co-boundary）。调整边界面是一不规则的曲面，对模式 1 和模式 2 而言，它位于真实边界面之上方（图 2.3）；对于模式 3 而言，在平原和丘陵地区，它位于真实边界面之下方(图 2.4)；在大山区，它位于真实边界面的上方。调整边界面与真实边界面之间的间距等于地形对大地水准面高的间接影响(关于真实边界面与调整边界面的更多论述见 3.1 节)。

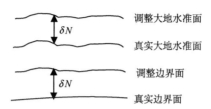

图 2.3　模式 1 和模式 2 的真实边界面与调整边界面

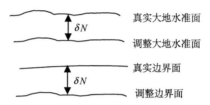

图 2.4　平原与丘陵地区模式 3 的真实边界面与调整边界面

第3章 第二大地边值问题原理

3.1 边 界 条 件

根据定义，第二大地边值问题的边界条件为扰动位的边界面法线导数。我们的边界面为参考椭球面，它的外法线 $\vec{n}$ 与大地高 h 的方向一致。根据式(2.10)，在边界面，Helmert 扰动位 T^h 对大地高 h 的偏导数是

$$\frac{\partial T^h}{\partial h} = \frac{\partial W}{\partial h} - \frac{\partial U}{\partial h} - \frac{\partial \delta V}{\partial h} \tag{3.1}$$

该式右端第一项：

$$
\begin{aligned}
\frac{\partial W}{\partial h} &= \frac{\partial W}{\partial H}\frac{\partial H}{\partial h} \quad &&(H\,\text{表示正高；代表铅垂线方向})\\
&= -g\cos\varepsilon \quad &&(g\,\text{表示重力；}\varepsilon\,\text{表示垂线偏差})\\
&\approx -g\left(1 - \varepsilon^2/2\right)\\
&= -g + g\varepsilon^2/2
\end{aligned}
$$

取最大垂线偏差 $\varepsilon_{\max}=1'$，上式第二项 $=45\ \mu\text{Gal}$；取垂线偏差 $\varepsilon=6''$，第二项 $=0.45$ μGal。除非在大山区，第二项可以忽略不计，这样我们有

$$\frac{\partial W}{\partial h} = -g \tag{3.2}$$

式(3.1)右端第二项：

$$\frac{\partial U}{\partial h} = -\gamma \quad (\gamma\,\text{表示正常重力}) \tag{3.3}$$

将式(3.2)、式(3.3)代入式(3.1)，得

$$\frac{\partial T^h}{\partial h} = -g + \gamma - \frac{\partial \delta V}{\partial h} \tag{3.4}$$

上式可以简单写成

$$\frac{\partial T^h}{\partial h} = -\delta g^h \tag{3.5}$$

这里

$$\delta g^h = \delta g + \delta A \qquad [\text{见式}(2.8)]$$

其中

$$
\begin{aligned}
\delta g &= g - \gamma\\
\delta A &= \partial \delta V / \partial H \approx \partial \delta V / \partial r
\end{aligned}
$$

式中，δA 称为地形对重力的直接影响。

利用附录 E(E.18)式，将函数 T^h 的法线方向偏导数分解为径向方向及与其垂直方向偏导数之和，则式(3.5)可以写成

$$-\frac{\partial T^h}{\partial r} = \delta g^h + e^2 \cos\phi \sin\phi \frac{\partial T^h}{r\partial\phi} \tag{3.6}$$

式中，e 为子午椭圆的第一偏心率；r 为地心向径；ϕ 为地心纬度。

式(3.6)右端后一项为椭球项。其值与所论点的纬度和垂线偏差(南北分量)大小有关。当纬度为30°时，取 $\xi=1'$，此项等于 870 μGal；取 $\xi=6''$，此项等于 87 μGal。山区垂线偏差很大，此项数值可能更大。

利用式(7.38)，式(3.6)可改写为

$$-\frac{\partial T^h}{\partial r} = \delta g^{h^*} - e^2 \xi_0^{h^*} g_0 \cos\phi \sin\phi \tag{3.6a}$$

这就是以参考椭球面为边界面的边界条件，符号*代表延拓到边界面的值。式中，ξ_0^h 为椭球面 Helmert 垂线偏差南北分量；g_0 为参考椭球面处的重力(可用正常重力 γ 代替)。然后，通过加上对 Helmert 重力扰动 δg^h 的次要间接影响改正 $\Delta\delta g^h$，将参考椭球面上的 δg^{h^*} 延拓至调整边界面，我们得到调整边界面上的边界条件：

$$-\frac{\partial T^h}{\partial r} = \delta g^{h^*} + \Delta\delta g^h - e^2 \xi_0^{h^*} g_0 \cos\phi \sin\phi \tag{3.7}$$

式中，$\Delta\delta g^h$ 为由 δN(参见图 3.1)引起的对 δg^{h^*} 的次要间接影响。

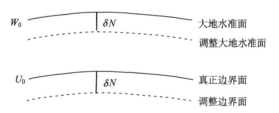

图 3.1　大地水准面、调整大地水准面、真正边界面和调整边界面

$$\Delta\delta g^h = -\frac{\partial\delta g^h}{\partial r}\delta N \tag{3.8}$$

式中，δN 为地形对大地水准面高的间接影响；$\partial\delta g^h/\partial r$ 表示 δg^h 的径向导数，用下式计算：

$$\frac{\partial\delta g_P}{\partial r} = \frac{R^2}{2\pi}\int_{\Omega_0}\frac{\delta g - \delta g_P}{\ell_0^3}\mathrm{d}\Omega' - \frac{2}{R}\delta g_P \qquad (\text{见附录 B}) \tag{3.9}$$

Hotine 核函数与延拓到调整边界面上的 Helmert 重力扰动进行卷积，得到调整大地

水准面高 N^h。然后，根据 $N=N^h+\delta N$ 得到所求的真正大地水准面高 N，这里 δN 为地形对大地水准面高的间接影响。类似地，广义 Hotine 核函数与调整边界面上的延拓 Helmert 重力扰动进行卷积，得到调整似大地水准面高 ζ^h。然后，根据 $\zeta=\zeta^h+\delta\zeta$ 得到所求的真正高程异常 ζ，这里 $\delta\zeta$ 为地形对高程异常的间接影响。

值得指出，式(3.6)和式(3.7)中的椭球项与纬度 ϕ 和 $\partial T^h/\partial\phi$ 有关，式(3.6a)和式(3.7)表明它是纬度 ϕ 和垂线偏差 ξ_0^h 的函数；重要的是，椭球项是 $\partial T^h/\partial\phi$ 的函数，而 T^h 尚为未知量。通常认为，最合理的作法是将作为 $\partial T^h/\partial\phi$ 的函数之椭球项留置式子的左端加入 T^h 的求解过程。现在我们将它留在右端作为边值数据的改正处理，或许并非最合理的作法。我们的实验数据显示，椭球项对最后结果的贡献实际上可以忽略不计，这一事实对于将椭球项直接加入边值因子或者加入 T^h 的迭代过程之实际意义与必要性似乎提出了质疑。

3.2 Helmert 扰动位函数

第二大地边值问题可以公式化为在 Helmert 空间求定扰动位 T^h，使得

$$\begin{cases} \nabla^2 T^h = 0 & \text{边界面外空间} & (3.10) \\ \dfrac{\partial T^h}{\partial r} = -\delta g^{h^*} & \text{边界面} & (3.11) \\ T^h = O(r^{-1}) & \text{无穷远} & (3.12) \end{cases}$$

我们将边界值 δg^{h^*} 展开为它的面球谐 $\delta g_n^{h^*}$ 级数。这样，边界条件(3.11)写成形式：

$$\left.\frac{\partial T^h}{\partial r}\right|_{r=R} = -\delta g^{h^*}(\Omega') = -\sum_{n=0}^{\infty}\delta g_n^{h^*}(\Omega') \tag{3.13}$$

容易验证，对于边界面外部一点 $P(r,\Omega)$，满足边界条件(3.13)的 Laplace 方程(3.10)的解，即扰动位 T^h 是

$$T^h(r,\Omega) = R\sum_{n=0}^{\infty}\left(\frac{R}{r}\right)^{n+1}\frac{\delta g_n^{h^*}(\Omega')}{n+1} \tag{3.14}$$

其中 (Heiskanen and Moritz, 1967)

$$\delta g_n^{h^*}(\Omega') = \frac{2n+1}{4\pi}\int_{\Omega_0}\delta g^{h^*}(\Omega')P_n(\cos\psi)\mathrm{d}\Omega' \tag{3.15}$$

式中，积分域 Ω_0 为全立体角；$\Omega'=(\theta',\lambda')=(\psi,\alpha)$ 为边界面上积分点 $P'(R,\theta',\lambda')$ 的方向（见图 3.2），ψ 为边界面外部点 $P(r,\theta,\lambda)$ 与积分点 $P'(R,\theta',\lambda')$ 之间的角距，α 为 $P'(R,\theta',\lambda')$ 相对 $P(r,\theta,\lambda)$ 的方位角；$\mathrm{d}\Omega'=\sin\theta'\mathrm{d}\theta'\mathrm{d}\lambda'=\sin\psi\mathrm{d}\psi\mathrm{d}\alpha$；$P_n(\cos\psi)$ 为 n 阶勒让德函数。球面距 ψ 为点 P 和 P' 的坐标之函数，可以表示为

$$\cos\psi = \cos\theta\cos\theta' + \sin\theta\sin\theta'\cos(\lambda'-\lambda) \tag{3.16}$$

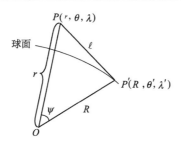

图 3.2　大地边值问题的几何

将式(3.15)代入式(3.14)，得到

$$T^{\mathrm{h}}(r,\Omega)=\frac{R}{4\pi}\sum_{n=0}^{\infty}\left(\frac{R}{r}\right)^{n+1}\frac{2n+1}{n+1}\int_{\Omega_0}\delta g^{\mathrm{h}^*}(\Omega')P_n(\cos\psi)\mathrm{d}\Omega' \tag{3.17}$$

由于级数(3.17)收敛，我们交换求和与积分的顺序，得到

$$T^{\mathrm{h}}(r,\Omega)=\frac{R}{4\pi}\int_{\Omega_0}\delta g^{\mathrm{h}^*}(\Omega')\sum_{n=0}^{\infty}\frac{2n+1}{n+1}\left(\frac{R}{r}\right)^{n+1}P_n(\cos\psi)\mathrm{d}\Omega' \tag{3.18}$$

引入函数

$$H(r,\psi)=\sum_{n=0}^{\infty}\frac{2n+1}{n+1}\left(\frac{R}{r}\right)^{n+1}P_n(\cos\psi) \tag{3.19}$$

式(3.18)采取形式：

$$T^{\mathrm{h}}(r,\Omega)=\frac{R}{4\pi}\int_{\Omega_0}\delta g^{\mathrm{h}^*}(\Omega')H(r,\psi)\mathrm{d}\Omega' \tag{3.20}$$

利用等式$(2n+1)/(n+1)=2-1/(n+1)$，并记$x=R/r$，则式(3.19)可写成：

$$H(R/x,\psi)=2x\sum_{n=0}^{\infty}x^nP_n(\cos\psi)-\sum_{n=0}^{\infty}\frac{x^{n+1}}{n+1}P_n(\cos\psi) \tag{3.21}$$

根据勒让德函数与其生成函数之间的关系，我们写出：

$$\sum_{n=0}^{\infty}x^nP_n(\cos\psi)=\left(1-2x\cos\psi+x^2\right)^{-1/2},\quad -1\leqslant x\leqslant1 \tag{3.22}$$

此式两端在 0 和 x 之间对 x 进行积分，我们得

$$\sum_{n=0}^{\infty}\frac{x^{n+1}}{n+1}P_n(\cos\psi)=\ln\left[\left(1-2x\cos\psi+x^2\right)^{1/2}+x-\cos\psi\right]-\ln(1-\cos\psi) \tag{3.23}$$

将式(3.22)、式(3.23)代入式(3.21)，得

$$H(R/x,\psi)=2x\left(1-2x\cos\psi+x^2\right)^{-1/2}$$
$$-\ln\left[\left(1-2x\cos\psi+x^2\right)^{1/2}+x-\cos\psi\right]+\ln(1-\cos\psi) \tag{3.24}$$

将变量 x 还原，我们有

$$H(r,\psi) = \frac{2R}{\ell} - \ln\left(\frac{\ell + R - r\cos\psi}{r(1-\cos\psi)}\right) \tag{3.25}$$

式中

$$\ell = \left(R^2 + r^2 - 2Rr\cos\psi\right)^{1/2}$$

式(3.25)适用于边界面外部与边界面任意一点($r \geqslant R$)。对于边界面点($r=R$)，$\ell = \ell_0 = 2R\sin(\psi/2)$，式(3.25)变为

$$H(R,\psi) = H(\psi) = \csc\frac{\psi}{2} - \ln\left(1 + \csc\frac{\psi}{2}\right) \tag{3.26}$$

函数 $H(\psi)$ 在除 $\psi=0$ 之外的所有点收敛。

函数 $H(R, \psi)=H(\psi)$ 称为 Hotine 函数(Hotine, 1969; Koch, 1971)。函数 $H(r, \psi)$ 称为广义 Hotine 函数。

式(3.25)和式(3.26)是在假设 Helmert 扰动位用式(3.14)表示，球谐项的所有阶次均不等于 0 的一般情况得到的。按局部地形质量守恒原则压缩地形属于这种情况。另外还有两种特殊情形：

(1)按地球质量守恒原则压缩地形。Helmert 扰动位球谐 0 阶项等于 0，其余阶次均不为 0，即

$$T^h(r,\Omega) = R\sum_{n=1}^{\infty}\left(\frac{R}{r}\right)^{n+1}\frac{Y_n(\Omega)}{n+1} \tag{3.14a}$$

在这种情形下，式(3.21)变成

$$H(R/x,\psi) = 2x\sum_{n=1}^{\infty}x^n P_n(\cos\psi) - \sum_{n=1}^{\infty}\frac{x^{n+1}}{n+1}P_n(\cos\psi) \tag{3.21a}$$

式(3.22)变成

$$\sum_{n=1}^{\infty}x^n P_n(\cos\psi) = \left(1 - 2x\cos\psi + x^2\right)^{-1/2} - 1 \tag{3.22a}$$

式(3.23)变成

$$\sum_{n=1}^{\infty}\frac{x^{n+1}}{n+1}P_n(\cos\psi) = \ln\left[\left(1 - 2x\cos\psi + x^2\right)^{1/2} + x - \cos\psi\right] - \ln(1-\cos\psi) - x \tag{3.23a}$$

式(3.24)变成

$$H(R/x,\psi) = 2x\left(1 - 2x\cos\psi + x^2\right)^{-1/2}$$
$$- \ln\left[\left(1 - 2x\cos\psi + x^2\right)^{1/2} + x - \cos\psi\right] + \ln(1-\cos\psi) - x \tag{3.24a}$$

还原变量，Hotine 函数变成

$$H(r,\psi) = \frac{2R}{\ell} - \frac{R}{r} - \ln\left(\frac{\ell + R - r\cos\psi}{r(1-\cos\psi)}\right) \tag{3.25a}$$

$$H(R,\psi) = H(\psi) = \csc\frac{\psi}{2} - 1 - \ln\left(1 + \csc\frac{\psi}{2}\right) \tag{3.26a}$$

(2)按地球质量中心守恒原则压缩地形。Helmert 扰动位球谐 1 阶项等于 0,其余阶次项均不为 0,即

$$T^{\mathrm{h}}(r,\Omega) = R \sum_{n=0, n\neq 1}^{\infty} \left(\frac{R}{r}\right)^{n+1} \frac{Y_n(\Omega)}{n+1}, \quad T_1^{\mathrm{h}}(r,\Omega) = 0 \tag{3.14b}$$

经演算,Hotine 函数变成

$$H(r,\psi) = \frac{2R}{\ell} - \frac{3}{2}\frac{R^2}{r^2}\cos\psi - \ln\left(\frac{\ell + R - r\cos\psi}{r(1-\cos\psi)}\right) \tag{3.25b}$$

$$H(R,\psi) = H(\psi) = \csc\frac{\psi}{2} + \frac{3}{2} - 3\cos^2\frac{\psi}{2} - \ln\left(1 + \csc\frac{\psi}{2}\right) \tag{3.26b}$$

这里顺便指出,对于不存在地形质量压缩的情况,扰动位即实际扰动位,球谐 0 阶和 1 阶项均为 0。很显然,在这种情形下,两个 Hotine 核函数变成

$$H(r,\psi) = \frac{2R}{\ell} - \frac{R}{r} - \frac{3}{2}\frac{R^2}{r^2}\cos\psi - \ln\left(\frac{\ell + R - r\cos\psi}{r(1-\cos\psi)}\right) \tag{3.25c}$$

$$H(R,\psi) = H(\psi) = \csc\frac{\psi}{2} + \frac{1}{2} - 3\cos^2\frac{\psi}{2} - \ln\left(1 + \csc\frac{\psi}{2}\right) \tag{3.26c}$$

对于上述三种情况以外的一般情况,将式(3.25)和式(3.26)分别代入式(3.20),我们得到 Helmert 扰动位函数

边界面外部:
$$T^{\mathrm{h}}(r,\Omega) = \frac{R}{4\pi}\int_{\Omega_0} \delta g^{\mathrm{h}^*}(\Omega')H(r,\psi)\mathrm{d}\Omega' \tag{3.27}$$

边界面上:
$$T^{\mathrm{h}}(\Omega) = \frac{R}{4\pi}\int_{\Omega_0} \delta g^{\mathrm{h}^*}(\Omega')H(\psi)\mathrm{d}\Omega' \tag{3.28}$$

将式(3.25a)和式(3.26a),或式(3.25b)式(3.26b)分别代入式(3.20),我们得到情形(1)和(2)的 Hotine 函数形式。

对应 Hotine 函数和广义 Hotine 函数,式(3.28)称为 Hotine 公式,式(3.27)称为广义 Hotine 公式。

一经得到 Helmert 扰动位函数 T^{h},我们容易将它们转换为人们要求的实际空间扰动位场量,即高程异常 ζ、大地水准面高 N 和垂线偏差 ξ/η 等,这将在随后几节进行讨论。

3.3 高程异常算式

根据经典定义(Heiskanen and Moritz, 1967),高程异常是指地面一点 P 的大地高与正常高之差。它原是 Molodensky 理论的术语,指地球物理表面到似地形面(telluroid)的高度。这里所说的高程异常,也是这个含义,只是从不同途径得到罢了。根据式(2.11),地面一点 P 的扰动位可表示为

$$T_P = T_P^{\text{h}} + \delta V_P \tag{3.29}$$

由式(2.3)，P 点的重力位为

$$W_P = U_P + T_P \tag{3.30}$$

式中，U_P 为 P 点的正常位，取一阶近似可表示为(见图3.3)

$$U_P = U_Q + \left(\frac{\partial U}{\partial n}\right)_Q \zeta = U_Q - \gamma_Q \zeta \tag{3.31}$$

其中，U_Q 为似地形面与 P 点的参考椭球面法线的交点 Q 处之正常位；γ_Q 为 Q 点的正常重力；ζ 为 P 点的高程异常。

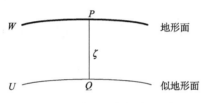

图 3.3　地形面与似地形面

值得指出，根据 Runge-Krarup 定理(Moritz, 1980a)，在一个完全位于地球内部的球(也叫 Bjerhammar 球)外部的扰动位 T，可以用一个正则的球谐函数 T_1 一致地近似，使得对于任意给定的无限小量 $\varepsilon > 0$，关系式 $|T - T_1| < \varepsilon$ 在完全包围地球表面的任意闭合面上及其外部成立。也就是说，对于地面点 P，我们计算的扰动位与其实际的扰动位是无限接近的，根据我们计算的扰动位得到的扰动位场量是真实的。因此我们得到的场元 ζ，与 Molodensky 理论计算的高程异常，有异曲同工之效，亦称之为高程异常。

将式(3.31)代入式(3.30)，考虑到式(3.29)，得到

$$\zeta = \frac{T_P^{\text{h}} + \delta V_P}{\gamma_Q} + \frac{U_Q - W_P}{\gamma_Q} \tag{3.32}$$

根据 Molodensky 理论，$U_Q = W_P$，于是，我们有

$$\zeta = \frac{T_P}{\gamma_Q} = \frac{T_P^{\text{h}}}{\gamma_Q} + \frac{\delta V_P}{\gamma_Q} \tag{3.33}$$

实际上，一般情况下，$U_Q \neq W_P$，则

$$\zeta = \zeta_0 + \frac{T_P^{\text{h}}}{\gamma_Q} + \frac{\delta V_P}{\gamma_Q} \tag{3.34}$$

其中

$$\zeta_0 = \frac{U_Q - W_P}{\gamma_Q} \tag{3.35}$$

称为高程异常的 0 阶项。

重力位 W_P 和正常重力位 U_Q 实际上是未知的。实践中，$U_Q - W_P$ 用 $U_0 - W_0$ 近似，U_0 和 W_0 分别为正常椭球面的正常重力位和大地水准面的重力位，所以 0 阶项可以写为

$$\zeta_0 = \frac{U_0 - W_0}{\gamma_Q} \tag{3.36}$$

式(3.33)是熟知的 Bruns 公式(Heiskanen and Moritz, 1967)。注意，式中的 T 是地面值，γ 是似地形面值。式(3.34)右端的第一项为 0 阶项，第二项代表 Helmert 高程异常，第三项为移去-恢复地形质量对位的影响，称间接地形影响。

将式(3.27)代入式(3.34)，得到高程异常 ζ 的最后形式：

$$\zeta = \zeta_0 + \frac{R}{4\pi\gamma} \int_{\Omega_0} \delta g^{h^*}(\Omega') H(r,\psi) \mathrm{d}\Omega' + \delta\zeta \tag{3.37}$$

式中，$\delta\zeta$ 代表间接地形影响

$$\delta\zeta = \frac{\delta V_P}{\gamma} \tag{3.38}$$

式(3.37)叫做广义 Hotine 公式或 Hotine 积分。注意，依据扰动位 T 是否含 0 阶或 1 阶项，式(3.37)中的核函数 $H(r,\psi)$ 取不同的变形，详见 3.2 节。

三点注释：

(1) Bruns 公式的简化推导　　　根据定义，正常重力 γ 等于正常位 U 沿椭球外法线 n 方向(大地高 h 方向)的负梯度，即

$$\frac{\partial U}{\partial n} = -\gamma \tag{3.39}$$

根据此式可知，在似地形面与实际地形面之间存在如下增量近似关系：

$$\frac{U_P - U_Q}{h_P - h_Q} = -\gamma \tag{3.40}$$

注意到 $U_P = W_P - T_P$，$U_Q = W_Q$，$h_P - h_Q \approx \zeta$，由式(3.40)直接导致 $\zeta = T_P / \gamma$。

(2) 高程异常为地面至似地形面的距离　　　高程异常 ζ 为地面 P 点沿椭球面法线到似地形面的距离，即地面至似地形面之间的距离。为了拟化大地水准面，人们将线段 ζ 沿椭球面法线向下移动一个正常高 H^* 的距离，Q 点即移至椭球面上的 Q_0 点，P 点移至 P'_0 点的位置(见图 3.4)；将这样得到的 P'_0 点构成曲面，称为似大地水准面。类比大地水准面高，有文献又称高程异常为似大地水准面高，或似大地水准面起伏。然而，与大地水准面不可类比的是，大地水准面在物理上为一等位面，而似大地水准面只是一几何面，没有任何物理意义。

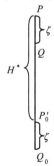

图 3.4　似大地水准面高

(3) 与 Molodensky 的高程异常之一致性　　　如前所述，高程异常是指从似地形面到地球物理表面之间沿椭球法线的距离(见图 3.3)，Molodensky 也是这样定义的。不同的是确定方法的差异。Molodensky 问题的边界面是地球物理表面，重力数据不需要向下归算或延拓。而我们问题的边界面是参考椭球面，重力数据要向下进行解析延拓。根据调和函数的 Stokes 唯一性定理，延拓至边界面上的 Helmert 重力扰动在地球表面产生的 Helmert 重力扰动场与实际的 Helmert 重力扰动场是一样的，而

Helmert 重力扰动场一样无异于实际重力扰动场一样。这样根据 Hotine 公式计算的扰动位应与地球表面的实际地球扰动位一样。所以，按我们方法得到的高程异常解与 Molodensky 问题得到的高程异常解理论上应是一致的。以上陈述同样适用于后面所说的地面垂线偏差。

3.4　大地水准面高算式

大地水准面高是指大地水准面相对参考椭球面沿其法线的距离。大地水准面高又称大地水准面起伏。令 Q_0 点为大地水准面上 P_0 点在参考椭球面的垂直投影（见图 3.5），该点的扰动位可表示为

$$T_{Q_0} = W_{Q_0} - U_0 \tag{3.41}$$

式中，W_{Q_0} 为 Q_0 点的重力位；U_0 为椭球面的正常位。引入大地水准面重力位 W_0，式 (3.41) 可改写成

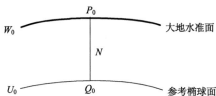

图 3.5　大地水准面与参考椭球面

$$T_{Q_0} \equiv W_{Q_0} - W_0 - (U_0 - W_0) \tag{3.42}$$

假定在大地水准面与参考椭球面之间物质密度连续，重力位函数 W 可导，则微分关系 $\mathrm{d}W = -g\mathrm{d}H$ 成立，其中 g 为 W 在铅垂线方向 H 的导数，忽略垂线偏差，我们得重力位差 $W_{Q_0} - W_0$ 与大地水准面高 N 之间的关系：

$$W_{Q_0} - W_0 = gN \tag{3.43}$$

式中，g 在物理上为 P_0 和 Q_0 之间的铅垂线上一点的重力值（中值定理），通常可用 Q_0 点的重力值 g_0 代替之。将式 (3.43) 代入式 (3.42)，我们有

$$N = \frac{T_{Q_0}}{g_0} + \frac{U_0 - W_0}{g_0} \tag{3.44}$$

利用式 (2.11)，将 T_{Q_0} 转换为 $T_{Q_0}^{\mathrm{h}}$，并注意到理论定义 $U_0 = W_0$，则式 (3.44) 成为

$$N = \frac{T_{Q_0}}{g_0} = \frac{T_{Q_0}^{\mathrm{h}}}{g_0} + \frac{\delta V_{Q_0}}{g_0} \tag{3.45}$$

式 (3.45) 因形似 Bruns 公式，称之为似 Bruns 公式。其第一项 $= \left(W_{Q_0}^{\mathrm{h}} - U_{Q_0}\right)/g_0$ 是 Helmert 大地水准面高，或调整大地水准面相对参考椭球面的高度，而第二项 $= \delta V_{Q_0}/g_0$ 是调整大地水准面相对大地水准面的高度，称为地形对大地水准面高的间接影响。

值得指出，似 Bruns 公式实际上陈述一个重要命题：参考椭球面的扰动位是大地水

准面高的度量。具体而言，参考椭球面一点的扰动位(标定为长度单位)，等于该点的大地水准面高。这一命题构成参考椭球面能够充任我们边值问题的边界面之理论基础。

实践中，理论定义 $U_0 = W_0$ 并不严格遵守，这样一般情况下

$$N = N_0 + \frac{T_{Q_0}^h}{g_0} + \frac{\delta V_{Q_0}}{g_0} \tag{3.46}$$

式中，N_0 为大地水准面高的零阶项。

$$N_0 = \frac{U_0 - W_0}{g_0} \tag{3.47}$$

将式(3.28)代入式(3.46)，得到大地水准面高 N 的最后形式：

$$N = N_0 + \frac{R}{4\pi g_0}\int_{\Omega_0} \delta g^{h^*}(\Omega')H(\psi)\mathrm{d}\Omega' + \delta N \tag{3.48}$$

式中，δN 代表间接地形影响

$$\delta N = \frac{\delta V_{Q_0}}{g_0} \tag{3.49}$$

式(3.48)叫做 Hotine 公式或 Hotine 积分。注意，依据扰动位 T^h 是否含 0 阶或 1 阶项，式(3.48)中的核函数 $H(\psi)$ 取不同的形式，详见 3.2 节。

三点注释：

(1)似 Bruns 公式的简化推导　根据定义，重力 g 等于重力位 W 在正高 H 方向的负梯度，即

$$\frac{\partial W}{\partial H} = -g \tag{3.50}$$

据此可知，在参考椭球面与大地水准面之间，如下增量近似关系成立：

$$\frac{W_0 - W_{Q_0}}{H_{P_0} - H_{Q_0}} = -g \tag{3.51}$$

根据定义，$W_{Q_0} = U_0 + T_{Q_0}$，$W_0 = U_0$，注意到 $H_{P_0} - H_{Q_0} \approx N$，并利用式(2.11)，由式(3.51)立刻通向似 Bruns 公式(3.45)。

(2)似 Bruns 公式与 Bruns 公式的比较　Bruns 公式是地面上一点的扰动位与似地形面上的正常重力 γ 之比，而似 Bruns 公式是参考椭球面上一点的扰动位与大地水准面和参考椭球面之间某点的实际重力 g 之比。Bruns 公式通常用于确定高程异常；也用于确定大地水准面高。在后一种情况下，T 为大地水准面的扰动位，γ 为参考椭球面的正常重力。

对于确定大地水准面，两个公式分别是

Bruns 公式：$N = T_{P_0}/\gamma$　　　似 Bruns 公式：$N = T_{Q_0}/g$

两个公式都是表示大地水准面高，所以有

$$T_{P_0}g = T_{Q_0}\gamma \tag{3.52}$$

两端均减去 $T_{Q_0}g$，得

$$\left(T_{P_0} - T_{Q_0}\right) = T_{Q_0}\frac{\gamma - g}{g} = N(\gamma - g) \rightarrow \mathrm{d}T = N\mathrm{d}g \tag{3.53}$$

该式解释了扰动位差 $T_{P_0} - T_{Q_0}$ 的几何意义，也解释了似 Bruns 公式与 Bruns 公式的相互关系。

（3）g_0 的推算与误差分析　　式（3.45）中的 g_0 为实际重力值，用地面重力值推算。假定已知地面点 P 的重力 g_p（单位：mGal）和大地高 h_P（单位：m），则根据 Poincare 和 Prey 公式（Heiskanen and Moritz, 1967），椭球面上的重力 g_0 可用下式近似得到

$$g_0 = g_p + 0.0848h_P, \ \mathrm{mGal} \tag{3.54}$$

根据似 Bruns 公式，易得中误差关系：

$$m_{g_0} = \frac{g_0^2}{T}m_N \tag{3.55}$$

在地面，$T \approx 1\,000\ \mathrm{m^2/s^2}$，$g_0 \approx 9.8\ \mathrm{m/s^2}$。若要求 N 的误差 m_N 不超过 1 mm，由此式可知，重力估值 g_0 的误差 m_{g_0} 容许不超过 10 mGal。这相当于容许大地高 h_P 的误差不超过 30 m。

由此可见，似 Bruns 公式中的重力 g_0（大约为 N/2 附近的值）取参考椭球面值是容许的。按照同样的推算，Bruns 公式中的正常重力 γ，若用地面值代替似地形面值引起的 N 值误差很可能超过 1 mm 的限制。

3.5　地面垂线偏差算式

地面垂线偏差是指地球表面一点的铅垂线切线与该点正常力线切线（与本地等位扁球面法线一致）之间的空间角度，如图 3.6 所示。

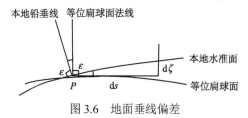

图 3.6　地面垂线偏差

在任意方向的垂线偏差 ε 与高程异常 ζ 之间的微分关系是：

$$\mathrm{d}\zeta = -\varepsilon\mathrm{d}s \quad 或 \quad \varepsilon = -\frac{\mathrm{d}\zeta}{\mathrm{d}s} \tag{3.56}$$

式中，$\mathrm{d}\zeta$ 为微分高程异常；$\mathrm{d}s$ 为微分距离。子午垂线偏差 ξ 和卯酉垂线偏差 η 可以分别表示为

$$\xi = -\frac{1}{r}\frac{\partial\zeta}{\partial\phi} = -\frac{1}{r}\frac{\partial\zeta}{\partial\psi}\frac{\partial\psi}{\partial\phi} \tag{3.57}$$

$$\eta = -\frac{1}{r\cos\phi}\frac{\partial\zeta}{\partial\lambda} = -\frac{1}{r\cos\phi}\frac{\partial\zeta}{\partial\psi}\frac{\partial\psi}{\partial\lambda}$$

式中，r 为地心向径；ϕ、λ 分别为地心纬度和经度；ψ 为积分点 Q 与计算点 P 之间的角距。

ψ 对 ϕ 和 λ 的偏导数是（见 Heiskanen and Moritz, 1967）：

$$\frac{\partial \psi}{\partial \phi} = -\cos \alpha, \quad \frac{\partial \psi}{\partial \lambda} = -\cos \phi \sin \alpha \tag{3.58}$$

式中，α 为积分点 Q 在计算点 P 的方位角，用下式计算：

$$\cos \alpha = \left[\cos \phi_P \sin \phi_Q - \sin \phi_P \cos \phi_Q \cos \left(\lambda_Q - \lambda_P \right) \right] / \sin \psi$$
$$\sin \alpha = \cos \phi_Q \sin \left(\lambda_Q - \lambda_P \right) / \sin \psi \tag{3.59}$$

所以，我们得地面垂线偏差 ξ / η：

$$\begin{Bmatrix} \xi \\ \eta \end{Bmatrix} = \frac{1}{r} \frac{\partial \zeta}{\partial \psi} \begin{Bmatrix} \cos \alpha \\ \sin \alpha \end{Bmatrix} \tag{3.60}$$

于是，由式（3.37），立刻得地面垂线偏差

$$\begin{Bmatrix} \xi \\ \eta \end{Bmatrix} = \frac{1}{4\pi\gamma} \int_{\Omega_0} \delta g^{h^*} \left(\Omega' \right) \frac{\partial H(r, \psi)}{\partial \psi} \begin{Bmatrix} \cos \alpha \\ \sin \alpha \end{Bmatrix} \mathrm{d}\Omega' + \begin{Bmatrix} \delta \xi \\ \delta \eta \end{Bmatrix} \tag{3.61}$$

式中，$\partial H(r, \psi) / \partial \psi$ 称核函数，可由式（3.25）对 ψ 微分得到

$$\frac{\partial H(r, \psi)}{\partial \psi} = r \sin \psi \left[-\frac{2R^2}{\ell^3} + \frac{1}{r(1 - \cos \psi)} - \frac{1}{\ell(1 - r \cos \psi / (R + \ell))} \right] \tag{3.62}$$

式中

$$\ell = \left(R^2 + r^2 - 2Rr \cos \psi \right)^{1/2}$$

对于按地球质量守恒原则压缩地形情况，即当 Hotine 函数为式（3.25a）时，R/r 项与 ψ 无关，$\partial H(r, \psi) / \partial \psi$ 仍用式（3.62）计算。

对于按地球质量中心守恒原则压缩地形情况，即当 Hotine 函数为式（3.25b）时，$\partial H(r, \psi) / \partial \psi$ 用下式计算

$$\frac{\partial H(r, \psi)}{\partial \psi} = r \sin \psi \left[-\frac{2R^2}{\ell^3} + \frac{3R^2}{2r^3} + \frac{1}{r(1 - \cos \psi)} - \frac{1}{\ell(1 - r \cos \psi / (R + \ell))} \right] \tag{3.62a}$$

$\delta \xi / \delta \eta$ 为间接地形影响，用下式计算

$$\begin{Bmatrix} \delta \xi \\ \delta \eta \end{Bmatrix} = \frac{1}{r} \frac{\partial \delta \zeta}{\partial \psi} \begin{Bmatrix} \cos \alpha \\ \sin \alpha \end{Bmatrix} = \frac{1}{r\gamma} \frac{\partial \delta V(P)}{\partial \psi} \begin{Bmatrix} \cos \alpha \\ \sin \alpha \end{Bmatrix}$$
$$= \frac{1}{r\gamma} \left(\frac{\partial V^t(P)}{\partial \psi} \begin{Bmatrix} \cos \alpha \\ \sin \alpha \end{Bmatrix} - \frac{\partial V^c(P)}{\partial \psi} \begin{Bmatrix} \cos \alpha \\ \sin \alpha \end{Bmatrix} \right) \tag{3.63}$$

式（3.61）叫做计算地面垂线偏差的广义 Hotine-Vening Meinesz 公式。

3.6　椭球面垂线偏差算式

椭球面垂线偏差是指参考椭球面一点的铅垂线的切线与该点正常力线的切线（与参考椭球面法线一致）之间的空间角度。图 3.7 示出过 Q 的水准面和参考椭球面与任意方向

的垂直平面的交线。对于该方向的垂线偏差 ε 在子午和卯酉方向的分量 ξ_0/η_0，我们有类似式(3.60)的式子：

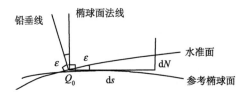

图 3.7　椭球面垂线偏差

$$\begin{Bmatrix}\xi_0\\\eta_0\end{Bmatrix}=\frac{1}{R}\frac{\partial N}{\partial\psi}\begin{Bmatrix}\cos\alpha\\\sin\alpha\end{Bmatrix}\tag{3.64}$$

利用式(3.48)，我们得椭球面垂线偏差：

$$\begin{Bmatrix}\xi_0\\\eta_0\end{Bmatrix}=\frac{1}{4\pi g_0}\int_{\Omega_0}\delta g^{\mathrm{h}^*}(\Omega')\frac{\partial H(\psi)}{\partial\psi}\begin{Bmatrix}\cos\alpha\\\sin\alpha\end{Bmatrix}\mathrm{d}\Omega'+\begin{Bmatrix}\delta\xi_0\\\delta\eta_0\end{Bmatrix}\tag{3.65}$$

式中，$\partial H(\psi)/\partial\psi$ 称核函数，可由式(3.26)对 ψ 微分得到：

$$\frac{\partial H(\psi)}{\partial\psi}=-\frac{1}{2}\mathrm{ctg}(\psi/2)\frac{\csc(\psi/2)}{1+\sin(\psi/2)}\tag{3.66}$$

对于按地球质量守恒原则压缩地形情况，即当 Hotine 函数为式(3.26a)时，$\partial H(\psi)/\partial\psi$ 仍用式(3.66)计算。

对于按地球质量中心守恒原则压缩地形情况，即当 Hotine 函数为式(3.26b)时，$\partial H(\psi)/\partial\psi$ 用下式计算

$$\frac{\partial H(\psi)}{\partial\psi}=-\frac{1}{2}\mathrm{ctg}(\psi/2)\frac{\csc(\psi/2)}{1+\sin(\psi/2)}+\frac{3}{2}\sin\psi\tag{3.66a}$$

$\delta\xi_0/\delta\eta_0$ 为间接地形影响

$$\begin{Bmatrix}\delta\xi_0\\\delta\eta_0\end{Bmatrix}=\frac{1}{R}\frac{\partial\delta N}{\partial\psi}\begin{Bmatrix}\cos\alpha\\\sin\alpha\end{Bmatrix}=\frac{1}{Rg_0}\frac{\partial\delta V(Q_0)}{\partial\psi}\begin{Bmatrix}\cos\alpha\\\sin\alpha\end{Bmatrix}$$
$$=\frac{1}{Rg_0}\left(\frac{\partial V^t(Q_0)}{\partial\psi}\begin{Bmatrix}\cos\alpha\\\sin\alpha\end{Bmatrix}-\frac{\partial V^c(Q_0)}{\partial\psi}\begin{Bmatrix}\cos\alpha\\\sin\alpha\end{Bmatrix}\right)\tag{3.67}$$

式(3.65)叫做计算椭球面垂线偏差的 Hotine-Vening Meinesz 公式。

最后，我们讨论地面垂线偏差(3.61)与椭球面垂线偏差(3.65)之间的关系。根据地面垂线偏差与椭球面垂线偏差的定义，我们可知，它们南北分量之差应等于实际力线(铅垂线)与正常力线在子午面投影的切线方向从参考椭球面 Q_0 点到地面 P 点的变化之差，

$$\xi-\xi_0=-\int_{Q_0}^{P}\kappa_1\mathrm{d}h+\int_{Q_0}^{P}\tau_1\mathrm{d}h\tag{3.68}$$

式中，κ_1 为实际力线在子午面内投影曲线的曲率(Heiskanen and Moritz, 1967)，

$$\kappa_1 = \frac{1}{g} \frac{\partial g}{R \partial \varphi} \qquad (3.69)$$

式中，g 为重力；R 为地球平均半径；φ 为纬度；τ_1 为正常力线在子午面内投影曲线的曲率(Heiskanen and Moritz, 1967)，

$$\tau_1 = \frac{1}{\gamma} \frac{\partial \gamma}{R \partial \varphi} = \frac{1}{R} f^* \sin 2\varphi \qquad (3.70)$$

式中，γ 为正常重力；f^* 为重力扁率。

将式(3.69)和式(3.70)代入式(3.68)，得

$$\xi - \xi_0 = -\int_{Q_0}^{P} \frac{1}{g} \frac{\partial g}{R \partial \varphi} \mathrm{d}h + \int_{Q_0}^{P} \frac{1}{R} f^* \sin 2\varphi \mathrm{d}h \qquad (3.71)$$

同理可知，地面垂线偏差与椭球面垂线偏差的东西分量之差应等于实际力线(铅垂线)与正常力线在卯酉面的投影的切线方向从椭球面 Q_0 点到地面 P 点的变化之差，

$$\eta - \eta_0 = -\int_{Q_0}^{P} \kappa_2 \mathrm{d}h + \int_{Q_0}^{P} \tau_2 \mathrm{d}h \qquad (3.72)$$

式中，κ_2 为实际力线在卯酉面内投影曲线的曲率(Heiskanen and Moritz, 1967)，

$$\kappa_2 = \frac{1}{g} \frac{\partial g}{R \cos \varphi \partial \lambda} \qquad (3.73)$$

τ_2 为正常力线在卯酉面内投影曲线的曲率(Heiskanen and Moritz, 1967)，

$$\tau_2 = \frac{1}{\gamma} \frac{\partial \gamma}{R \cos \varphi \partial \lambda} = 0 \qquad (3.74)$$

将式(3.73)和式(3.74)代入式(3.72)，得到

$$\eta - \eta_0 = -\int_{Q_0}^{P} \frac{1}{g} \frac{\partial g}{R \cos \varphi \partial \lambda} \mathrm{d}h \qquad (3.75)$$

3.7　第二大地边值问题解算步骤

外部重力边值问题的关键在于确定边界面外部的扰动位函数。扰动位函数一旦已知，大地水准面高、高程异常和垂线偏差等扰动位场量便不难确定，因为这些场量均可由扰动位函数转换得到。下面我们介绍第二边值问题的解算步骤，进一步说明确定大地水准面和似大地水准面的原理。这里说的大地水准面，泛指大地水准面高和椭球面垂线偏差；这里说的似大地水准面，泛指高程异常和地面垂线偏差。

解算第二大地边值问题，大体分为以下 5 个步骤。

步骤一　将地面重力扰动 δg 转换为 Helmert 地面重力扰动 δg^h

地面测量重力是地球引力和地球旋转所致的离心力之合力。我们的大地边值问题的边界面是在人们脚下(陆地多是如此)的参考椭球面，边界面外部不允许存在质量，我们借助 Helmert 第二压缩法将存在的质量压缩成无限薄层下铺到边界面上。这就是地形质

量移去-恢复过程。地形质量的移去-恢复对地面点 P 的引力位与重力均有影响。经移去-恢复过程，地面重力扰动 δg，变成 Helmert 地面重力扰动 δg^{h}。两者之间的关系是

$$\delta g^{\mathrm{h}} = \delta g + \delta A \tag{3.76}$$

式中，δA 为地形(移去-恢复)对重力的直接影响，$\delta A = \partial \delta V / \partial r$，这里 $\delta V = V^{\mathrm{t}} - V^{\mathrm{c}}$ 为实际地形质量在 P 点产生的位与压缩层质量在该点产生的位之差，称为残余地形位。

我们注意到，δg^{h} 出自于 Helmert 重力 g^{h}，而 g^{h} 是由重力 g 中减去 $-\delta A$ 得到的，而 $-\delta A$ 是 δV 产生的引力变化。式(3.76)告诉我们重力值 g 减少了引力 δA。重力值减小 δA 意味着地球质量减少了 dM，而质量减少 dM 无异于地形质量的引力位减少 δV。此地值得留意的是，在第一步地形位减少的 δV，在最后一步当调整似大地水准面转换为真正似大地水准面时，必须恢复(加上)这个 δV 的影响，以保证移去-恢复环路的闭环。

此地特别提醒，这个 δV 叫做地形(移去-恢复)对似大地水准面位的间接影响；而且，它是后面将要提到的调整似大地水准面与真正似大地水准面之间的位差。至于调整似大地水准面是位于真正似大地水准面之上或之下，那就由 δV 的正负来决定了。具体而言，若 δV 为正，真正似大地水准面位于调整似大地水准面之上方；反之则位于下方。

我们前面说的是似大地水准面情况。那么大地水准面情况又是如何呢？注意，似大地水准面的计算点为地球表面 P 点，而大地水准面的计算点为参考椭球面 P_0 点，所以前面说的关于 P 点的情况，对应搬至 P_0 点就成为大地水准面情况了。具体来说，地形(移去-恢复)对大地水准面的影响是：

P_0 点的残余地形位是 $\delta V_0 = V_0^{\mathrm{t}} - V_0^{\mathrm{c}}$，这里 V_0^{t} 为实际地形质量在 P_0 产生的位，V_0^{c} 为压缩地形质量在 P_0 点产生的位；δV_0 又称为地形(移去-恢复)对大地水准面位的间接影响，它代表调整大地水准面与真正大地水准面之间的位差。同样值得注意，在 δg 转换至 δg^{h} 时，大地水准面位失去了 δV_0。正是因为这样，在第四步得到的是调整大地水准面而不是真正大地水准面，在最后一步我们需要加上这一步地形位失去 δV_0 之影响，才能得到真正大地水准面。至于调整大地水准面是位于真正大地水准面之上或之下，那就由 δV_0 的正负来决定了。具体而言，若 δV_0 为正，真正大地水准面位于调整大地水准面之上方；反之，则位于下方。调整边界面与真正边界面的位置关系也是类似情况。

步骤二　将地面 δg^{h} 向下解析延拓到边界面

泰勒级数是解析函数解析延拓的有力工具。用 δg^{h} 和 δg^{h^*} 分别表示地面和边界面(参考椭球面)的 Helmert 重力扰动，则

$$\delta g^{\mathrm{h}^*} = \delta g^{\mathrm{h}} + \sum_{k=1}^{\infty} \frac{1}{k!} \frac{\partial^k \delta g^{\mathrm{h}}}{\partial r^k} \left(-h^k\right) \tag{3.77}$$

式中，$\partial^k \delta g^{\mathrm{h}} / \partial r^k$ 为地面 δg^{h} 对 r 的第 k 次偏导数；h 表示 P 点的大地高(又叫椭球高)。

δg^{h^*} 就是我们问题的边界面(参考椭球面)上的边界值。根据 Stokes 定理，一个在边界面外部调和的函数被其边界面值唯一地确定，所以边界面上的 δg^{h^*} 在地球物理表面上产生的 δg^{h} 场与地球表面上的实际 δg^{h} 场是相同的。根据调和函数的 Stokes 唯一性定理

的扩展，δg^{h^*} 在地球外部空间产生的 δg^{h} 场与地球外部的实际的 δg^{h} 场是一样的 (Heiskanen and Moritz, 1967)。由此我们就不难理解地面 δg^{h} 向下解析延拓至边界面的意义了。

值得指出，与传统的重力归算不同，解析延拓不涉及地壳密度，因而不需要地壳密度的知识和假设。

步骤三　将真正边界面 δg^{h^*} 延拓到调整边界面

注意，在第一步，地面 δg 转换到地面 δg^{h}，我们说边值问题从实际空间进入了 Helmert 空间。Helmert 空间是什么样的空间呢？简单说来，Helmert 空间就是水准面变形了的空间。残余地形位 δV 是决定变形特征的唯一参数，也决定了实际空间到 Helmert 空间的映射关系。δg^{h} 是 δg 在 Helmert 空间的映射；调整大地水准面(co-geoid)和调整似大地水准面(co-quasigeoid)分别是大地水准面(geoid)和似大地水准面(quasigeoid)在 Helmert 空间的映射。同样，调整边界面(co-boundary)是真正边界面(boundary)从实际空间到 Helmert 空间的映射。调整边界面与真正边界面(参考椭球面)之间的位差，等于调整大地水准面与真正大地水准面之间的位差，前面已提及，这个位差就是地形(移去-恢复)对大地水准面位的间接影响。

为了在 Helmert 空间解边值问题，在第一步我们已将地面 δg^{h} 延拓到边界面(参考椭球面)，现在还必须将 δg^{h^*} 进一步延拓到调整边界面。调整边界面上的值是

$$\delta g_{cb}^{h^*} = \delta g^{h^*} + \Delta\delta g^{h} \tag{3.78}$$

其中

$$\Delta\delta g^{h} = -\frac{\partial \delta g^{h}}{\partial r}\frac{\delta V_0}{g_0} \tag{3.79}$$

称为地形(移去-恢复)对 δg^{h} 的次要间接影响。这里 $\partial\delta g^{h}/\partial r$ 是 δg^{h} 在边界面处的梯度，$\delta V_0/g_0$ 是边界面与调整边界面之间的距离，g_0 是边界面处的重力。负号是习惯约定。

我们实验区的实验数据表明，δg^{h} 的梯度均方值为 7.5 μGal/m，地形对大地水准面高的间接影响的均方值为 0.174 m，$\Delta\delta g^{h}$ 的均方值为 2.2 μGal。我们实验区较大，地形复杂，实验数据是有代表性的。对于 1 cm 精度的大地水准面，增量 $\Delta\delta g^{h}$ 的影响看来可以安全忽略。但可以忽略边界值的次要间接影响，并不意味着可以忽略边界值从边界面至调整边界面延拓的概念。

$\delta g_{cb}^{h^*}$ 是调整边界面上的边界值，严格与调整大地水准面对应。Hotine 核函数与 $\delta g_{cb}^{h^*}$ 进行卷积，即得 Helmert 扰动位；扩展 Hotine 核函数与 $\delta g_{cb}^{h^*}$ 进行卷积，即得广义 Helmert 扰动位。

步骤四　确定调整大地水准面与调整似大地水准面

这一步是边值问题的核心所在，其任务有二：一是确定 Helmert 扰动位；二是将它转换为调整大地水准面和调整似大地水准面。

在 3.2 节我们已得到 Helmert 扰动位函数。在椭球面，函数形式是

$$T_0^{\rm h} = \frac{R}{4\pi} \int_{\Omega_0} \delta g_{cb}^{{\rm h}^*} H(\psi){\rm d}\Omega' \qquad [见式(3.28)]$$

式中

$$H(\psi) = \csc\frac{\psi}{2} - \ln\left(1 + \csc\frac{\psi}{2}\right) \qquad [见式(3.26)]$$

在地面，函数形式是

$$T^{\rm h} = \frac{R}{4\pi} \int_{\Omega_0} \delta g_{cb}^{{\rm h}^*} H(r,\psi){\rm d}\Omega' \qquad [见式(3.27)]$$

式中

$$H(r,\psi) = \frac{2R}{\ell} - \ln\left(\frac{\ell + R - r\cos\psi}{r(1-\cos\psi)}\right) \qquad [见式(3.25)]$$

Helmert 扰动位函数是一个全球面积分，ℓ 为计算点 (r,Ω) 与积分点 (R,Ω') 之间的距离，ψ 为它们之间的角距。

一旦知道 Helmert 扰动位，用似 Bruns 公式将其转换成调整大地水准面高 $N^{\rm h}$

$$N^{\rm h} = \frac{T_0^{\rm h}}{g_0} \tag{3.80}$$

式中，g_0 为参考椭球面处的重力。调整大地水准面对应的 Helmert 垂线偏差用下式表示

$$\begin{Bmatrix} \xi_0^{\rm h} \\ \eta_0^{\rm h} \end{Bmatrix} = \frac{1}{4\pi g_0} \int_{\Omega_0} \delta g^{{\rm h}^*}(\Omega') \frac{\partial H(\psi)}{\partial\psi} \begin{Bmatrix} \cos\alpha \\ \sin\alpha \end{Bmatrix} {\rm d}\Omega' \tag{3.81}$$

式中，α 为计算点到积分点的方位角。$\partial H(\psi)/\partial\psi$ 用式(3.66)表示。

类似地，一旦知道地面一点 Helmert 扰动位函数，如下 Bruns 公式可将其转换为高程异常，即调整似大地水准面高，

$$\zeta^{\rm h} = \frac{T^{\rm h}}{\gamma} \tag{3.82}$$

式中，γ 为似地形面上的正常重力。与调整似大地水准面对应的地面 Helmert 垂线偏差用下式表示：

$$\begin{Bmatrix} \xi^{\rm h} \\ \eta^{\rm h} \end{Bmatrix} = \frac{1}{4\pi\gamma} \int_{\Omega_0} \delta g^{{\rm h}^*}(\Omega') \frac{\partial H(r,\psi)}{\partial\psi} \begin{Bmatrix} \cos\alpha \\ \sin\alpha \end{Bmatrix} {\rm d}\Omega' \tag{3.83}$$

式中，$\partial H(r,\psi)/\partial\psi$ 用式(3.62)表示。

步骤五　将调整大地水准面与调整似大地水准面转换为真正大地水准面与真正似大地水准面

我们已经注意到，从第二步至第四步的计算均发生在 Helmert 空间，计算结果就是上一步得到的调整大地水准面和调整似大地水准面。这一步要将它们分别转换成真正大地水准面和真正似大地水准面。这里又遇到了我们的移去-恢复概念。记得在第一步曾提

到地形对重力扰动的直接影响使我们的地形位减少了残余地形位 δV_0 和 δV，在这一步，要将第一步的减少量如数恢复，即加上残余地形位 δV_0 和 δV 的影响。结果得到了我们希望的效果，矫正了调整大地水准面和调整似大地水准面的变形，还原了大地水准面和似大地水准面的真面貌。

真正大地水准面用下式表示：

$$N = N^{\mathrm{h}} + \delta N = \frac{T_0^{\mathrm{h}}}{g_0} + \frac{\delta V_0}{g_0} \tag{3.84}$$

$$\begin{Bmatrix} \xi_0 \\ \eta_0 \end{Bmatrix} = \frac{1}{4\pi g_0} \int_{\Omega_0} \delta g^{\mathrm{h}^*}(\Omega') \frac{\partial H(\psi)}{\partial \psi} \begin{Bmatrix} \cos\alpha \\ \sin\alpha \end{Bmatrix} \mathrm{d}\Omega' + \begin{Bmatrix} \delta\xi_0 \\ \delta\eta_0 \end{Bmatrix} \tag{3.85}$$

式中，最后一项为地形的间接影响，用下式表示：

$$\begin{Bmatrix} \delta\xi_0 \\ \delta\eta_0 \end{Bmatrix} = \frac{1}{Rg_0} \frac{\partial \delta V_0}{\partial \psi} \begin{Bmatrix} \cos\alpha \\ \sin\alpha \end{Bmatrix} \tag{3.86}$$

真正似大地水准面用下式表示：

$$\zeta = \zeta^{\mathrm{h}} + \delta\zeta = \frac{T^{\mathrm{h}}}{\gamma} + \frac{\delta V}{\gamma} \tag{3.87}$$

$$\begin{Bmatrix} \xi \\ \eta \end{Bmatrix} = \frac{1}{4\pi\gamma} \int_{\Omega_0} \delta g^{\mathrm{h}^*}(\Omega') \frac{\partial H(r,\psi)}{\partial \psi} \begin{Bmatrix} \cos\alpha \\ \sin\alpha \end{Bmatrix} \mathrm{d}\Omega' + \begin{Bmatrix} \delta\xi \\ \delta\eta \end{Bmatrix} \tag{3.88}$$

式中，最后一项为地形间接影响，用下式表示：

$$\begin{Bmatrix} \delta\xi \\ \delta\eta \end{Bmatrix} = \frac{1}{r\gamma} \frac{\partial \delta V}{\partial \psi} \begin{Bmatrix} \cos\alpha \\ \sin\alpha \end{Bmatrix} \tag{3.89}$$

这里需要提及的是，真正大地水准面(大地水准面高和椭球面垂线偏差)的参考面是参考椭球面，真正似大地水准面(高程异常和地面垂线偏差)的参考面是似地形面。

至此我们介绍了计算大地水准面和似大地水准面的步骤，粗线条地讲述了第二大地边值问题的原理。部分知识前已提及，大部分知识只是提到，例如解析延拓、Hotine 积分等。这些知识对于深入理解大地边值问题的原理、了解现代大地边值的发展是至关重要的。详细介绍这些知识，将留待以后章节。

在此将我们的第二边值问题与第三边值问题做某些简单比较是有意义的。在 Stokes 问题中，重力归算至边界面，需要知道地形质量的密度。而在我们的问题中，重力数据解析延拓至边界面，不需要知道地形密度。在 Stokes-Helmert 问题中，情况也是如此。第二压缩法压缩-恢复地形质量，确实也用到地形密度，不过地形压缩-恢复与重力数据解析延拓无涉，地形密度知识对于问题的解几乎没有影响。事实上，即使地形质量密度不精确，压缩地形的误差在恢复地形过程将得以消除。在我们的问题中，边界面是规则的椭球面，数据处理相对简单一些，不会遇到 Molodensky 问题中因不规则边界面引起的"斜导数"那样的问题。

第4章 地 形 影 响

4.1 地面点残余地形位

移去边界面外部的地形质量，使一点的重力位发生变化，因此水准面产生变化。同样，恢复地形质量也引起一点重力位及水准面发生变化。一点水准面的变化，意味着一点的高程异常和地面垂线偏差的变化。

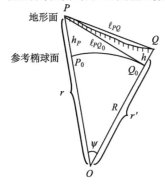

图 4.1 地形对高程异常的影响

地形面位于我们的边界面(参考椭球面)之外部，考虑移去-恢复地形质量引起位变化的计算点是地形面的 P 点（Wichiencharoen,1982），如图 4.1 所示。其位的变化为 $\delta V = V^t - V^c$，这里 V^t 为边界面外部地形质量在 P 点产生的引力位；V^c 为边界面压缩薄层质量在 P 点产生的引力位；δV 称为地面点残余地形位。

地面点残余地形位可以用球近似封闭公式表示，也可以用地形高的级数展开式表示，还可以用球谐级数表示。这些表示形式都可以用来计算地形对高程异常和地面垂线偏差的影响，球谐级数表示还可以用于使地面扰动位模型 Helmert 化。

1. 球近似封闭式表示

地形质量在计算点 $P(r,\Omega)$ 产生的引力位 $V^t(P)$ 可表示为

$$V^t(P) = \mu \int_{\Omega_0} \int_{r'=R}^{R+h(\Omega')} \frac{r'^2 dr' d\Omega'}{\ell_{PQ}} = \mu \int_{\Omega_0} f(r,\psi,r') d\Omega' \tag{4.1}$$

式中

$$f(r,\psi,r') = \int_{r'=R}^{R+h(\Omega')} \frac{r'^2 dr'}{\sqrt{r^2 + r'^2 - 2rr'\cos\psi}} \tag{4.2}$$

式中，$\mu = G\rho(\Omega')$，G=引力常数；ρ=地壳的体密度；ℓ_{PQ} 为流动积分点 Q 到 P 点的距离；r 为 P 点的地心向径，$r=R+h_P$，R 为地球的平均半径，h_P 为 P 点的大地高；r' 为 Q 点的地心向径，$r'=R+h(\Omega')$，$h(\Omega')$ 为 Q 点的大地高，Q 到参考椭球面的法线垂足为 Q_0；ψ 为 P 与 Q 点之间的角距；积分元 $d\Omega' = \sin\theta' d\theta' d\lambda' = \sin\psi d\psi d\alpha$，$\theta'$ 和 λ' 为 Q 点的余纬度和经度，α 为 P 到 Q 点方向的方位角。

积分式(4.2)可积，我们有核函数(Sjöberg, 2000；Sjöberg and Nahavandchi, 1999)

$$f(r,\psi,r') = \frac{r'+3r\cos\psi}{2}\ell_{PQ} - \frac{R+3r\cos\psi}{2}\ell_{PQ_0} + r^2 P_2(\cos\psi)\ln\frac{r'-r\cos\psi+\ell_{PQ}}{R-r\cos\psi+\ell_{PQ_0}}$$

$$(4.3)$$

式中

$$P_2(\cos\psi) = \frac{3}{2}\cos^2\psi - \frac{1}{2} \tag{4.3a}$$

$$\ell_{PQ} = \sqrt{r^2 + r'^2 - 2rr'\cos\psi} \tag{4.3b}$$

$$\ell_{PQ_0} = \sqrt{r^2 + R^2 - 2Rr\cos\psi} \tag{4.3c}$$

压缩地形质量在 P 点产生的引力位 $V^{\mathrm{c}}(P)$ 可表示为

$$V^{\mathrm{c}}(P) = GR^2 \int_{\Omega_0} \frac{\kappa}{\ell_{PQ_0}}\mathrm{d}\Omega' \tag{4.4}$$

式中，κ 为压缩层的面密度。式(4.3)代入式(4.1)，积分结果减去式(4.4)，即得 P 点残余地形位的球近似封闭公式

$$\delta V(P) = V^{\mathrm{t}}(P) - V^{\mathrm{c}}(P)$$

$$= \mu\int_{\Omega_0}\left\{\frac{r'+3r\cos\psi}{2}\ell_{PQ} - \frac{R+3r\cos\psi}{2}\ell_{PQ_0}\right.$$

$$\left. + r^2 P_2(\cos\psi)\ln\frac{r'-r\cos\psi+\ell_{PQ}}{R-r\cos\psi+\ell_{PQ_0}}\right\}\mathrm{d}\Omega' - GR^2\int_{\Omega_0}\frac{\kappa}{\ell_{PQ_0}}\mathrm{d}\Omega' \tag{4.5}$$

将第 2 章讨论过的三种面密度 κ 的表示式分别代入该式的后一项，将会得到相应的地形残余位表示形式。

2. 地形高级数表示

让我们推导 δV 关于地形高 h 的级数展开式(参见 Sjöberg, 2000)。将核函数 $f(r,\psi,r')$ 在 $r'=R$ 处展开为 $h(\Omega')$ 的泰勒级数：

$$f(r,\psi,r') = \sum_{k=0}^{\infty} f^{(k)}(r,\psi,r')\Big|_{r'=R}\frac{h^k(\Omega')}{k!} \tag{4.6}$$

式中，$f^{(k)}$ 代表 $f(r,\psi,r')$ 对 r' 的 k 次导数。通常 $k\leqslant 4$(例如，Wang，2011)。

按照式(4.2)，我们有(参见 Sjöberg and Nahavandchi, 1999)

$$f^{(0)}(r,\psi,r')\Big|_{r'=R} = 0 \tag{4.7}$$

$$f^{(1)}(r,\psi,r') = \frac{r'^2}{\ell_{PQ}} \tag{4.8}$$

$$f^{(1)}(r,\psi,R) = f^{(1)}(r,\psi,r')\Big|_{r'=R} = \frac{R^2}{\ell_{PQ_0}} = R\sum_{n=0}^{\infty}\left(\frac{R}{r}\right)^{n+1}P_n(\cos\psi) \tag{4.8a}$$

$$f^{(2)}\left(r,\psi,r'\right) = \frac{3r'}{2\ell_{PQ}} + \frac{r'\left(r^2 - r'^2\right)}{2\ell_{PQ}^3} \tag{4.9}$$

$$f^{(2)}\left(r,\psi,R\right) = f^{(2)}\left(r,\psi,r'\right)\Big|_{r'=R} = \frac{3}{2}\frac{R}{\ell_{PQ_0}} + \frac{R\left(r^2 - R^2\right)}{2\ell_{PQ_0}^3}$$

$$= \sum_{n=0}^{\infty}(n+2)\left(\frac{R}{r}\right)^{n+1}P_n\left(\cos\psi\right) \tag{4.9a}$$

$$f^{(3)}\left(r,\psi,r'\right) = \frac{3}{4}\frac{1}{\ell_{PQ}} + \frac{3}{4}\frac{\left(r^2 - r'^2\right)}{\ell_{PQ}^3} + \frac{1}{2}\frac{\partial}{\partial r'}\left[\frac{r'\left(r^2 - r'^2\right)}{\ell_{PQ}^3}\right] = \frac{3}{4}\sum_{n=0}^{\infty}\frac{r'^n}{r^{n+1}}P_n\left(\cos\psi\right)$$

$$+ \frac{3}{4}\sum_{n=0}^{\infty}(2n+1)\frac{r'^n}{r^{n+1}}P_n\left(\cos\psi\right) + \frac{1}{2}\frac{\partial}{\partial r'}\left[\sum_{n=0}^{\infty}(2n+1)\left(\frac{r'}{r}\right)^{n+1}P_n\left(\cos\psi\right)\right] \tag{4.10}$$

$$f^{(3)}\left(r,\psi,R\right) = f^{(3)}\left(r,\psi,r'\right)\Big|_{r'=R} = \frac{1}{R}\sum_{n=0}^{\infty}(n+2)(n+1)\left(\frac{R}{r}\right)^{n+1}P_n\left(\cos\psi\right) \tag{4.10a}$$

$$f^{(4)}\left(r,\psi,r'\right) = \frac{3}{4}\frac{\partial}{\partial r'}\left(\frac{1}{\ell_{PQ}}\right) + \frac{3}{4}\frac{\partial}{\partial r'}\left(\frac{r^2 - r'^2}{\ell_{PQ}^3}\right) + \frac{1}{2}\frac{\partial^2}{\partial r'^2}\left[\frac{r'\left(r^2 - r'^2\right)}{\ell_{PQ}^3}\right]$$

$$= \sum_{n=0}^{\infty}(n+2)(n+1)n\frac{r'^{n-1}}{r^{n+1}}P_n\left(\cos\psi\right) \tag{4.11}$$

$$f^{(4)}\left(r,\psi,R\right) = f^{(4)}\left(r,\psi,r'\right)\Big|_{r'=R} = \frac{1}{R^2}\sum_{n=0}^{\infty}(n+2)(n+1)n\left(\frac{R}{r}\right)^{n+1}P_n\left(\cos\psi\right) \tag{4.11a}$$

根据式(4.1)和式(4.6)，顾及到式(4.8a)、式(4.9a)、式(4.10a)与式(4.11a)，我们有 P 点的实际地形位关于 h 的级数：

$$V^t(P) = \mu R\sum_{n=0}^{\infty}\left(\frac{R}{r}\right)^{n+1}\int_{\Omega_0} hP_n\left(\cos\psi\right)\mathrm{d}\Omega'$$

$$+ \frac{\mu}{2}\sum_{n=0}^{\infty}(n+2)\left(\frac{R}{r}\right)^{n+1}\int_{\Omega_0} h^2 P_n\left(\cos\psi\right)\mathrm{d}\Omega'$$

$$+ \frac{\mu}{6R}\sum_{n=0}^{\infty}(n+2)(n+1)\left(\frac{R}{r}\right)^{n+1}\int_{\Omega_0} h^3 P_n\left(\cos\psi\right)\mathrm{d}\Omega'$$

$$+ \frac{\mu}{24R^2}\sum_{n=0}^{\infty}(n+2)(n+1)n\left(\frac{R}{r}\right)^{n+1}\int_{\Omega_0} h^4 P_n\left(\cos\psi\right)\mathrm{d}\Omega' \tag{4.12}$$

关于压缩地形薄层在 P 点产生的引力位，依据其面密度 κ，我们有三种情况。

（1）$\kappa = \rho h\left(1 + h/R + h^2/(3R^2)\right)$（地球质量守恒）

在此情况下，压缩层质量在 P 点产生的位是

$$V^{c}(P) = GR^{2}\int_{\Omega_{0}}\frac{\kappa}{\ell_{PQ_{0}}}\mathrm{d}\Omega'$$

$$= \mu R\sum_{n=0}^{\infty}\left(\frac{R}{r}\right)^{n+1}\int_{\Omega_{0}}hP_{n}(\cos\psi)\mathrm{d}\Omega$$

$$+ \mu\sum_{n=0}^{\infty}\left(\frac{R}{r}\right)^{n+1}\int_{\Omega_{0}}h^{2}P_{n}(\cos\psi)\mathrm{d}\Omega' \tag{4.13}$$

$$+ \frac{\mu}{3R}\sum_{n=0}^{\infty}\left(\frac{R}{r}\right)^{n+1}\int_{\Omega_{0}}h^{3}P_{n}(\cos\psi)\mathrm{d}\Omega'$$

式(4.12)减去式(4.13)，即得 P 点的残余地形位。注意到二式中 h 的 1 阶项相等，我们有 P 点的残余地形位

$$\delta V(P) = \frac{\mu}{2}\sum_{n=0}^{\infty}(n+2-2)\left(\frac{R}{r}\right)^{n+1}\int_{\Omega_{0}}h^{2}P_{n}(\cos\psi)\mathrm{d}\Omega'$$

$$+ \frac{\mu}{6R}\sum_{n=0}^{\infty}\left[(n+2)(n+1)-2\right]\left(\frac{R}{r}\right)^{n+1}\int_{\Omega_{0}}h^{3}P_{n}(\cos\psi)\mathrm{d}\Omega'$$

$$+ \frac{\mu}{24R^{2}}\sum_{n=0}^{\infty}(n+2)(n+1)n\left(\frac{R}{r}\right)^{n+1}\int_{\Omega_{0}}h^{4}P_{n}(\cos\psi)\mathrm{d}\Omega' \tag{4.14}$$

式中，r 为 P 点的地心向径。对于球近似，$r = R+h_{P}$，h_{P} 为 P 点的大地高。将 $(R/r)^{n+1}$ 展成 $\left(\dfrac{h_{P}}{R}\right)$ 的级数，

$$\left(\frac{R}{r}\right)^{n+1} = \left(1+\frac{h_{P}}{R}\right)^{-(n+1)} = 1-(n+1)\frac{h_{P}}{R}+\frac{(n+1)(n+2)}{2}\left(\frac{h_{P}}{R}\right)^{2}-\cdots \tag{4.15}$$

将完全至 (h_{P}/R) 的 2 阶项的式(4.15)代入式(4.14)第一行的 $(R/r)^{n+1}$，将完全至 (h_{P}/R) 的 1 阶项的式(4.15)代入式(4.14)第二行的 $(R/r)^{n+1}$，并令式(4.14)第三行的 $(R/r)^{n+1}$ 等于 1，则式(4.14)变成

$$\delta V(P) = \frac{\mu}{2}\sum_{n=0}^{\infty}\left[n-\left(\frac{h_{P}}{R}\right)n(n+1)+\left(\frac{h_{P}}{R}\right)^{2}\frac{n(n+1)(n+2)}{2}\right]\int_{\Omega_{0}}h^{2}P_{n}(\cos\psi)\mathrm{d}\Omega'$$

$$+ \frac{\mu}{6R}\sum_{n=0}^{\infty}\left[(n+2)(n+1)-2-\left(\frac{h_{P}}{R}\right)((n+2)(n+1)-2)(n+1)\right]\int_{\Omega_{0}}h^{3}P_{n}(\cos\psi)\mathrm{d}\Omega'$$

$$+ \frac{\mu}{24R^{2}}\sum_{n=0}^{\infty}(n+2)(n+1)n\int_{\Omega_{0}}h^{4}P_{n}(\cos\psi)\mathrm{d}\Omega' \tag{4.16}$$

利用关系式

$$h_{n}^{v}(P) = \frac{2n+1}{4\pi}\int_{\Omega_{0}}h^{v}P_{n}(\cos\psi)\mathrm{d}\Omega', \quad v = 2,3,4 \tag{4.17}$$

式(4.16)变成

$$\delta V(P) = \frac{4\pi\mu}{2} \sum_{n=0}^{\infty} \left[\left(\frac{1}{2} - \frac{1}{2(2n+1)} \right) - \frac{h_P}{R} \left(\frac{n}{2} + \frac{1}{4} - \frac{1}{4(2n+1)} \right) \right.$$

$$+ \frac{1}{2} \left(\frac{h_P}{R} \right)^2 \left(\frac{n(n+3)}{2} - \frac{n}{4} + \frac{3}{8} - \frac{3}{8(2n+1)} \right) \Bigg] h_n^2(P)$$

$$+ \frac{4\pi\mu}{6R} \sum_{n=0}^{\infty} \left[\left(\frac{n}{2} + \frac{5}{4} - \frac{5}{4(2n+1)} \right) - \frac{h_P}{R} \left(\frac{n(n+3)}{2} + \frac{n}{4} + \frac{5}{8} - \frac{5}{8(2n+1)} \right) \right] h_n^3(P)$$

$$+ \frac{4\pi\mu}{24R^2} \sum_{n=0}^{\infty} \left[\frac{n(n+3)}{2} - \frac{n}{4} + \frac{3}{8} - \frac{3}{8(2n+1)} \right] h_n^4(P) \tag{4.18}$$

该式是残余地形位 $\delta V(P)$ 关于地形高 h_P 的谱分量形式。接下来我们要将 $\delta V(P)$ 表示为 $(h^\nu - h_P^\nu)$ 的级数形式。为此，应用关系式

$$\sum_{n=0}^{\infty} \frac{1}{2n+1} h_n^\nu(P) = \frac{R}{4\pi} \int_{\Omega_0} \frac{h^\nu}{\ell_0} \mathrm{d}\Omega' \qquad \nu = 2,3,4 \tag{4.19}$$

$$-\frac{1}{R} \sum_{n=0}^{\infty} n h_n^\nu(P) = \frac{R^2}{2\pi} \int_{\Omega_0} \frac{h^\nu - h_P^\nu}{\ell_0^3} \mathrm{d}\Omega' \qquad \nu = 2,3,4 \tag{4.20}$$

$$-\frac{1}{R^2} \sum_{n=0}^{\infty} n(n+3) h_n^\nu(P) = \frac{R}{\pi} \int_{\Omega_0} \frac{h^\nu - h_P^\nu}{\ell_0^3} \mathrm{d}\Omega' \qquad \nu = 2,3,4 \text{（见附录 B）} \tag{4.21}$$

并注意到

$$\ell_0 = 2R \sin\frac{\psi}{2} \tag{4.22}$$

$$\frac{R}{4\pi} \int_{\Omega_0} \frac{\mathrm{d}\Omega}{\ell_0} = 1 \text{ (Sjöberg and Nahavandchi, 1999)} \tag{4.23}$$

$$h_P^\nu = \sum_{n=0}^{\infty} h_n^\nu(P), \quad \nu = 2,3,4 \tag{4.24}$$

我们有

$$\delta V(P) = \frac{4\pi\mu}{2} \left\{ \frac{1}{2} h_P^2 - \frac{1}{2} \frac{R}{4\pi} \int_{\Omega_0} \frac{h^2}{\ell_0} \mathrm{d}\Omega' - \frac{h_P}{R} \left(-\frac{1}{2} \frac{R^3}{2\pi} \int_{\Omega_0} \frac{h^2 - h_P^2}{\ell_0^3} \mathrm{d}\Omega' + \frac{1}{4} h_P^2 - \frac{1}{4} \frac{R}{4\pi} \int_{\Omega_0} \frac{h^2}{\ell_0} \mathrm{d}\Omega' \right) \right.$$

$$+ \frac{1}{2} \left(\frac{h_P}{R} \right)^2 \left[-\frac{1}{2} \frac{R^3}{\pi} \int_{\Omega_0} \frac{h^2 - h_P^2}{\ell_0^3} \mathrm{d}\Omega' + \frac{1}{4} \frac{R^3}{2\pi} \int_{\Omega_0} \frac{h^2 - h_P^2}{\ell_0^3} \mathrm{d}\Omega' \right.$$

$$\left. + \frac{3}{8} h_P^2 - \frac{3}{8} \frac{R}{4\pi} \int_{\Omega_0} \frac{h^2}{\ell_0} \mathrm{d}\Omega' \right] \Bigg\}$$

$$+ \frac{4\pi\mu}{6R} \left[-\frac{1}{2} \frac{R^3}{2\pi} \int_{\Omega_0} \frac{h^3 - h_P^3}{\ell_0^3} \mathrm{d}\Omega' + \frac{5}{4} h_P^3 - \frac{5}{4} \frac{R}{4\pi} \int_{\Omega_0} \frac{h^3}{\ell_0} \mathrm{d}\Omega' - \frac{h_P}{R} \left(-\frac{1}{2} \frac{R^3}{\pi} \int_{\Omega_0} \frac{h^3 - h_P^3}{\ell_0^3} \mathrm{d}\Omega' \right. \right.$$

$$\left. \left. -\frac{1}{4} \frac{R^3}{2\pi} \int_{\Omega_0} \frac{h^3 - h_P^3}{\ell_0^3} \mathrm{d}\Omega' + \frac{5}{8} h_P^3 - \frac{5}{8} \frac{R}{4\pi} \int_{\Omega_0} \frac{h^3}{\ell_0} \mathrm{d}\Omega' \right) \right]$$

$$+ \frac{4\pi\mu}{24R^2}\left[-\frac{1}{2}\frac{R^3}{\pi}\int_{\Omega_0}\frac{h^4-h_P^4}{\ell_0^3}\mathrm{d}\Omega' + \frac{1}{4}\frac{R^3}{2\pi}\int_{\Omega_0}\frac{h^4-h_P^4}{\ell_0^3}\mathrm{d}\Omega' + \frac{3}{8}h_P^4 - \frac{3}{8}\frac{R}{4\pi}\int_{\Omega_0}\frac{h^4}{\ell_0}\mathrm{d}\Omega'\right]$$

$$(4.25)$$

经整理化简, 最后有

$$\delta V(P) = -\frac{\mu R}{2}\left[\frac{1}{2}\int_{\Omega_0}\frac{h^2-h_P^2}{\ell_0}\mathrm{d}\Omega' - h_P R\int_{\Omega_0}\frac{h^2-h_P^2}{\ell_0^3}\left(1+\frac{\ell_0^2}{4R^2}\right)\mathrm{d}\Omega'\right.$$

$$\left.+ \frac{3h_P^2}{4}\int_{\Omega_0}\frac{h^2-h_P^2}{\ell_0^3}\left(1+\frac{\ell_0^2}{4R^2}\right)\mathrm{d}\Omega'\right]$$

$$-\frac{\mu R^2}{6}\left[\int_{\Omega_0}\frac{h^3-h_P^3}{\ell_0^3}\left(1+\frac{5\ell_0^2}{4R^2}\right)\mathrm{d}\Omega' - \frac{5h_P}{2R}\int_{\Omega_0}\frac{h^3-h_P^3}{\ell_0^3}\left(1+\frac{\ell_0^2}{4R^2}\right)\mathrm{d}\Omega'\right]$$

$$-\frac{\mu R}{16}\int_{\Omega_0}\frac{h^4-h_P^4}{\ell_0^3}\left(1+\frac{\ell_0^2}{4R^2}\right)\mathrm{d}\Omega' \qquad (4.26)$$

(2) $\kappa = \rho h\left(1+3h/(2R)+h^2/R^2+h^3/(4R^3)\right)$ (地球质量中心守恒)

省去推导过程, 我们直接给出这种情况下残余地形位的最后形式

$$\delta V(P) = -\frac{\mu R}{2}\left[h_P^2\int_{\Omega_0}\frac{\mathrm{d}\Omega'}{\ell_0} + \frac{3}{2}\int_{\Omega_0}\frac{h^2-h_P^2}{\ell_0}\mathrm{d}\Omega'\right.$$

$$-\frac{h_P}{R}\left(h_P^2\int_{\Omega_0}\frac{\mathrm{d}\Omega'}{\ell_0} + R^2\int_{\Omega_0}\frac{h^2-h_P^2}{\ell_0^3}\left(1+\frac{3\ell_0^2}{4R^2}\right)\mathrm{d}\Omega'\right)$$

$$\left.+\left(\frac{h_P}{R}\right)^2\left(h_P^2\int_{\Omega_0}\frac{\mathrm{d}\Omega'}{\ell_0} + \frac{R^2}{4}\int_{\Omega_0}\frac{h^2-h_P^2}{\ell_0^3}\left(1+\frac{9\ell_0^2}{4R^2}\right)\mathrm{d}\Omega'\right)\right]$$

$$-\frac{\mu}{6}\left[4h_P^3\int_{\Omega_0}\frac{\mathrm{d}\Omega'}{\ell_0} + R^2\int_{\Omega_0}\frac{h^3-h_P^3}{\ell_0^3}\left(1+\frac{21\ell_0^2}{4R^2}\right)\mathrm{d}\Omega'\right.$$

$$\left.-\frac{h_P}{R}\left(4h_P^3\int_{\Omega_0}\frac{\mathrm{d}\Omega'}{\ell_0} + \frac{5R^2}{2}\int_{\Omega_0}\frac{h^3-h_P^3}{\ell_0^3}\left(1+\frac{21\ell_0^2}{20R^2}\right)\mathrm{d}\Omega'\right)\right]$$

$$-\frac{\mu}{8R}\left[2h_P^4\int_{\Omega_0}\frac{\mathrm{d}\Omega'}{\ell_0} + \frac{R^2}{2}\int_{\Omega_0}\frac{h^4-h_P^4}{\ell_0^3}\left(1+\frac{17\ell_0^2}{4R^2}\right)\mathrm{d}\Omega'\right] \qquad (4.27)$$

(3) $\kappa = \rho h$（局部质量守恒）

这种情况下，残余地形位的最后形式是

$$\delta V(P) = \frac{\mu R}{2}\left[2h_P^2 \int_{\Omega_0} \frac{\mathrm{d}\Omega'}{\ell_0} + \frac{3}{2}\int_{\Omega_0} \frac{h^2 - h_P^2}{\ell_0}\mathrm{d}\Omega' \right.$$

$$-\frac{h_P}{R}\left(2h_P^2 \int_{\Omega_0}\frac{\mathrm{d}\Omega'}{\ell_0} - R^2\int_{\Omega_0}\frac{h^2 - h_P^2}{\ell_0^3}\left(1 - \frac{3\ell_0^2}{4R^2}\right)\mathrm{d}\Omega' \right)$$

$$\left. +\left(\frac{h_P}{R}\right)^2\left(2h_P^2 \int_{\Omega_0}\frac{\mathrm{d}\Omega'}{\ell_0} - \frac{7R^2}{4}\int_{\Omega_0}\frac{h^2 - h_P^2}{\ell_0^3}\left(1 - \frac{9\ell_0^2}{28R^2}\right)\mathrm{d}\Omega' \right)\right]$$

$$+\frac{\mu}{6}\left[2h_P^3 \int_{\Omega_0}\frac{\mathrm{d}\Omega'}{\ell_0} - R^2\int_{\Omega_0}\frac{h^3 - h_P^3}{\ell_0^3}\left(1 - \frac{3\ell_0^2}{4R^2}\right)\mathrm{d}\Omega' \right.$$

$$\left. -\frac{h_P}{R}\left(2h_P^3 \int_{\Omega_0}\frac{\mathrm{d}\Omega'}{\ell_0} - \frac{5R^2}{2}\int_{\Omega_0}\frac{h^3 - h_P^3}{\ell_0^3}\left(1 - \frac{3\ell_0^2}{20R^2}\right)\mathrm{d}\Omega' \right)\right]$$

$$-\frac{\mu R}{16}\int_{\Omega_0}\frac{h^4 - h_P^4}{\ell_0^3}\left(1 + \frac{\ell_0^2}{4R^2}\right)\mathrm{d}\Omega' \tag{4.28}$$

值得指出，在式(4.26)中地形高是以差$(h^v - h_P^v)$的形式出现的，而式(4.27)存在孤立的h_P^2，h_P^3和h_P^4项，式(4.28)存在孤立的h_P^2和h_P^3项。这反映一个事实：按照地球质量守恒原则压缩地形，间接影响不包含0阶项，而按照地球质量中心守恒原则和按照局部质量守恒原则压缩地形，残余地形位包含0阶项，因而使水准面发生变化。例如，以式(4.28)为例，其首项是$4\pi\mu h_P^2$，假定h_P=1000 m，由该项引起的高程异常偏差达0.22 m。当然，加上地形间接影响，这一位移偏差可以消除。

3. 球谐级数表示

地形质量在P点产生的引力位可以表示为（见图4.1）：

$$V^t(P) = \mu\int_{\Omega_0}\int_{r'=R}^{R+h}\frac{r'^2\mathrm{d}r'}{\ell_{PQ}}\mathrm{d}\Omega' \tag{4.29}$$

式中

$$\frac{1}{\ell_{PQ}} = \sum_{n=0}^{\infty}\frac{r'^n}{r^{n+1}}P_n(\cos\psi), \qquad r > r'$$

将此式代入上式，得

$$V^t(P) = \mu\int_{\Omega_0}\int_{r'=R}^{R+h}\sum_{n=0}^{\infty}\frac{r'^{n+2}}{r^{n+1}}P_n(\cos\psi)\mathrm{d}r'\mathrm{d}\Omega'$$

$$= \mu\int_{\Omega_0}\sum_{n=0}^{\infty}\int_{r'=R}^{R+h}\frac{r'^{n+2}}{r^{n+1}}\mathrm{d}r'P_n(\cos\psi)\mathrm{d}\Omega'$$

$$= \mu\int_{\Omega_0}\sum_{n=0}^{\infty}\frac{r'^{n+3}}{(n+3)r^{n+1}}\bigg|_{r'=R}^{R+h}P_n(\cos\psi)\mathrm{d}\Omega'$$

$$= \mu \int_{\Omega_0} \sum_{n=0}^{\infty} \frac{R^{n+3}}{(n+3)r^{n+1}} \left[\left(1 + \frac{h}{R} \right)^{n+3} - 1 \right] P_n(\cos\psi) \mathrm{d}\Omega'$$

$$= \mu \int_{\Omega_0} \sum_{n=0}^{\infty} \frac{R^{n+3}}{r^{n+1}} \left[\frac{h}{R} + \frac{n+2}{2} \frac{h^2}{R^2} + \frac{(n+2)(n+1)}{6} \frac{h^3}{R^3} \right.$$
$$\left. + \frac{(n+2)(n+1)n}{24} \frac{h^4}{R^4} + \cdots \right] P_n(\cos\psi) \mathrm{d}\Omega' \qquad (4.30)$$

另外，将关系式（见图 4.1）

$$\frac{1}{\ell_{pQ_0}} = \frac{1}{\sqrt{r^2 + R^2 - 2rR\cos\psi}} = \frac{1}{r} \sum_{n=0}^{\infty} \left(\frac{R}{r} \right)^n P_n(\cos\psi) \qquad (4.31)$$

代入式(4.4)，我们可以得到压缩地形在 P 点产生的引力位。依据面密度 κ，我们有三种情况。

（1）$\kappa = \rho h(1 + 3h/(2R) + h^2/R^2 + h^3/(4R^3))$（地球质量中心守恒）

在此情况下，压缩层质量在 P 点的引力位是

$$V^c(P) = \mu \int_{\Omega_0} \sum_{n=0}^{\infty} \frac{R^{n+3}}{r^{n+1}} \left(\frac{h}{R} + \frac{3}{2} \frac{h^2}{R^2} + \frac{h^3}{R^3} + \frac{h^4}{4R^4} \right) P_n(\cos\psi) \mathrm{d}\Omega' \qquad (4.32)$$

式(4.30)减去式(4.32)，得残余地形位：

$$\delta V(P) = \mu \int_{\Omega_0} \sum_{n=0}^{\infty} \frac{R^{n+3}}{r^{n+1}} \left[\frac{(n-1)}{2} \frac{h^2}{R^2} + \frac{(n^2+3n-4)}{6} \frac{h^3}{R^3} + \frac{(n^3+3n^2+2n-6)}{24} \frac{h^4}{R^4} + \cdots \right] P_n(\cos\psi) \mathrm{d}\Omega'$$

$$= \mu \int_{\Omega_0} \sum_{n=0}^{\infty} \left(\frac{R}{r} \right)^{n+1} \left[\frac{n-1}{2} h^2 + \frac{n^2+3n-4}{6R} h^3 + \frac{n^3+3n^2+2n-6}{24R^2} h^4 + \cdots \right] P_n(\cos\psi) \mathrm{d}\Omega'$$

$$= \mu \int_{\Omega_0} \sum_{n=0}^{\infty} \left(\frac{R}{r} \right)^{n+1} \frac{(n-1)}{2} \left[h^2 + \frac{n+4}{3R} h^3 + \frac{n^2+4n+6}{12R^2} h^4 + \cdots \right] P_n(\cos\psi) \mathrm{d}\Omega'$$

$$(4.33)$$

引用分解公式

$$P_n(\cos\psi) = \frac{1}{2n+1} \sum_{m=-n}^{n} Y_{nm}(\Omega') Y_{nm}(\Omega) \qquad (4.34)$$

式中，$Y_{nm}(\Omega')$ 和 $Y_{nm}(\Omega)$ 为完全正常化的勒让德函数；式(4.33)可进一步表示为

$$\delta V(P) = \sum_{n=0}^{\infty} \left(\frac{R}{r} \right)^{n+1} \sum_{m=-n}^{n} \delta V_{nm} Y_{nm}(\Omega) \qquad (4.35)$$

式中，δV_{nm} 为完全正常化的系数，可以表示为

$$\delta V_{nm} = \mu \int_{\Omega_0} \frac{(n-1)h^2}{2(2n+1)} \left(1 + \frac{n+4}{3R} h + \frac{n^2+4n+6}{12R^2} h^2 + \cdots \right) Y_{nm}(\Omega') \mathrm{d}\Omega' \qquad (4.36)$$

此式表明：

①当 $n=1$ 时，位系数等于 0，即残余地形位为 0；或说地球质心守恒；

②当 $n=0$ 时，残余地形位为负，或说残余地形位有负的 0 阶项：

$$\delta V'_{00} = -\frac{G\bar{\rho}}{2}\int_{\Omega_0} h^2\left(1+\frac{4h}{3R}+\frac{1}{2}\frac{h^2}{R^2}\right)\mathrm{d}\Omega' \tag{4.37}$$

该 0 阶项引起等位面产生位移。

（2）$\kappa = \rho h\,(1+h/R+h^2/(3R^2))$（地球质量守恒）

经类似的推导，我们得此情况下的完全正常化系数

$$\delta V_{nm} = \mu\int_{\Omega_0}\frac{nh^2}{2(2n+1)}\left(1+\frac{n+3}{3R}h+\frac{(n+2)(n+1)}{12R^2}h^2+\cdots\right)Y_{nm}\left(\Omega'\right)\mathrm{d}\Omega' \tag{4.38}$$

此式表明，当 $n=0$ 时，位系数等于 0，即残余地形位为 0，或地球质量守恒。

（3）$\kappa = \rho h$（局部质量守恒）

经推导，残余地形位的完全正常化系数是

$$\delta V_{nm} = \mu\int_{\Omega_0}\frac{(n+2)h^2}{2(2n+1)}\left(1+\frac{n+1}{3R}h+\frac{(n+1)n}{12R^2}h^2+\cdots\right)Y_{nm}\left(\Omega'\right)\mathrm{d}\Omega' \tag{4.39}$$

此式表明，当 $n=0$ 和 $n=1$ 时，位系数均不等于 0；就是说，在此情况下，地球质量不守恒，质心也不守恒。

4.2　边界面点残余地形位

移去边界面外部的地形质量，使大地水准面产生了变化，即大地水准面的位移和铅垂线方向变化。同样，恢复压缩地形质量也引起重力位以及大地水准面发生变化。大地水准面的位移，就是大地水准面高的变化；铅垂线方向的变化，就是椭球面垂线偏差的变化。

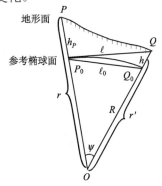

图 4.2　地形对大地水准面高的影响

大地水准面的位置变化和铅垂线方向的变化，归根结底是由地形质量变化引起的引力位变化所致。对于第二大地边值问题，地形面一般在边界面(参考椭球面)之外部。由补偿地形质量引起的位变化的计算点位于边界面上的 P_0 点(Wichiencharoen，1982)，如图 4.2 所示。在此情况下，边界面以外的实际地形质量在 P_0 点产生的引力位与边界面压缩薄层质量在 P_0 点产生的引力位之差，称为边界面点残余地形位。注意，这种情况下，残余地形位的定义与计算高程异常和地面垂线偏差的情况是不同的。

下面我们讨论边界面点残余地形位的不同表示形式。

1. 球近似封闭式表示

边界面点的残余地形位用下式表示：

$$\delta V = V^{\mathrm{t}} - V^{\mathrm{c}} \tag{4.40}$$

式中，V^{t} 为边界面外部地形质量在边界面 P_0 点产生的位；V^{c} 为边界面压缩质量薄层在 P_0 点产生的位。$\delta V = V^{\mathrm{t}} - V^{\mathrm{c}}$ 是该点位的变化，即残余地形位。

边界面外地形质量在 P_0 点产生的引力位 V^{t} 表示为

$$V^{\mathrm{t}}(P_0) = \mu \int_{\varOmega_0} \int_{r'=R}^{R+h(\varOmega')} \frac{r'^2 \mathrm{d}r' \mathrm{d}\varOmega'}{\ell} = \mu \int_{\varOmega_0} f(R, \psi, r') \mathrm{d}\varOmega' \tag{4.41}$$

式中

$$f(R, \psi, r') = \int_{r'=R}^{R+h(\varOmega')} \frac{r'^2 \mathrm{d}r'}{\sqrt{R^2 + r'^2 - 2Rr'\cos\psi}} \tag{4.42}$$

由于边界面与地形面之间的球壳质量在边界面上 P_0 点产生的引力位与它们在地形面上 P 点产生的地形引力位相等，所以这里的积分限取从 R 到 $R+h(\varOmega')$。

式 (4.42) 可积，经积分得

$$f(R, \psi, r') = \frac{r' + 3R\cos\psi}{2}\ell - \frac{R + 3R\cos\psi}{2}\ell_0 + R^2 P_2(\cos\psi) \ln \frac{r' - R\cos\psi + \ell}{R - R\cos\psi + \ell_0} \tag{4.43}$$

式中

$$\ell = \sqrt{R^2 + r'^2 - 2Rr'\cos\psi} \tag{4.43a}$$

$$\ell_0 = 2R\sin(\psi/2) \tag{4.43b}$$

压缩地形质量在 P_0 产生的引力位 $V^{\mathrm{c}}(P_0)$ 可表示为

$$V^{\mathrm{c}}(P_0) = GR^2 \int_{\varOmega_0} \frac{\kappa}{\ell_0} \mathrm{d}\varOmega' \tag{4.44}$$

式中，κ 为地形压缩薄层的面密度。由式 (4.41) 和式 (4.44)，得到残余地形位

$$
\begin{aligned}
\delta V(P_0) &= V^{\mathrm{t}}(P_0) - V^{\mathrm{c}}(P_0) = \mu \int_{\varOmega_0} f(R, \psi, r') \mathrm{d}\varOmega' - GR^2 \int_{\varOmega_0} \frac{\kappa}{\ell_0} \mathrm{d}\varOmega' \\
&= \mu \int_{\varOmega_0} \left(\frac{r' + 3R\cos\psi}{2}\ell - \frac{R + 3R\cos\psi}{2}\ell_0 + R^2 P_2(\cos\psi) \ln \frac{r' - R\cos\psi + \ell}{R - R\cos\psi + \ell_0} \right) \mathrm{d}\varOmega' \\
&\quad - GR^2 \int_{\varOmega_0} \frac{\kappa}{\ell_0} \mathrm{d}\varOmega'
\end{aligned}
\tag{4.45}
$$

不同地形压缩原则，会有不同的面密度。式 (4.45) 的最后一项代入不同的 κ，就有相应的残余地形位形式。

2. 地形高级数表示

将核函数 $f(R, \psi, r')$ 在 $r' = R$ 处展开为 $h(\varOmega')$ 的泰勒级数 (Sjöberg and Nahavandchi, 1999)：

$$f\left(R,\psi,r'\right)=\sum_{k=0}^{\infty}f^{(k)}\left(R,\psi,r'\right)\Big|_{r'=R}\frac{h^k\left(\Omega'\right)}{k!} \tag{4.46}$$

式中，$f^{(k)}$ 代表 $f(R,\psi,r')$ 对 r' 的 k 次导数。根据式 (4.42)，得

$$f^{(0)}\left(R,\psi,r'\right)\Big|_{r'=R}=0 \tag{4.47}$$

$$f^{(1)}\left(R,\psi,r'\right)=\frac{r'^2}{\ell}=r'\sum_{n=0}^{\infty}\left(\frac{R}{r'}\right)^n P_n\left(\cos\psi\right)\text{ (Heiskanen and Moritz, 1967)} \tag{4.48}$$

$$f^{(1)}\left(R,\psi,r'\right)\Big|_{r'=R}=\frac{R^2}{\ell_0}=R\sum_{n=0}^{\infty}P_n\left(\cos\psi\right) \tag{4.48a}$$

$$f^{(2)}\left(R,\psi,r'\right)=\frac{3r'}{2\ell}-\frac{r'\left(r'^2-R^2\right)}{2\ell^3}=-\sum_{n=0}^{\infty}\left(n-1\right)\left(\frac{R}{r'}\right)^n P_n\left(\cos\psi\right)\text{ (Heiskanen and Moritz, 1967)} \tag{4.49}$$

$$f^{(2)}\left(R,\psi,r'\right)\Big|_{r'=R}=-\sum_{n=0}^{\infty}\left(n-1\right)P_n\left(\cos\psi\right) \tag{4.49a}$$

$$f^{(3)}\left(R,\psi,r'\right)=\frac{3}{4}\frac{1}{\ell}-\frac{3}{4}\frac{\left(r'^2-R^2\right)}{\ell^3}-\frac{1}{2}\frac{\partial}{\partial r'}\left(\frac{r'\left(r'^2-R^2\right)}{\ell^3}\right)=\frac{1}{R}\sum_{n=0}^{\infty}n(n-1)\left(\frac{R}{r'}\right)^{n+1}P_n\left(\cos\psi\right) \tag{4.50}$$

$$f^{(3)}\left(R,\psi,r'\right)\Big|_{r'=R}=\frac{1}{R}\sum_{n=0}^{\infty}n(n-1)P_n\left(\cos\psi\right) \tag{4.50a}$$

$$f^{(4)}\left(R,\psi,r'\right)=\frac{1}{R}\sum_{n=0}^{\infty}n(n-1)\frac{\partial}{\partial r'}\left(\frac{R}{r'}\right)^{n+1}P_n\left(\cos\psi\right)=-\frac{1}{Rr'}\sum_{n=0}^{\infty}\left(n+1\right)n(n-1)\left(\frac{R}{r'}\right)^{n+1}P_n\left(\cos\psi\right) \tag{4.51}$$

$$f^{(4)}\left(R,\psi,r'\right)\Big|_{r'=R}=-\frac{1}{R^2}\sum_{n=0}^{\infty}\left(n+1\right)n(n-1)P_n\left(\cos\psi\right) \tag{4.51a}$$

将式 (4.48a)、式 (4.49a)、式 (4.50a) 和式 (4.51a) 代入式 (4.46)，再将结果代入式 (4.41)，即得 P_0 点的实际地形位

$$\begin{aligned}V^t\left(P_0\right)=&\mu R\sum_{n=0}^{\infty}\int_{\Omega_0}hP_n\left(\cos\psi\right)\mathrm{d}\Omega'\\&-\frac{\mu}{2}\sum_{n=0}^{\infty}\left(n-1\right)\int_{\Omega_0}h^2 P_n\left(\cos\psi\right)\mathrm{d}\Omega'\\&+\frac{\mu}{6R}\sum_{n=0}^{\infty}n(n-1)\int_{\Omega_0}h^3 P_n\left(\cos\psi\right)\mathrm{d}\Omega'\\&-\frac{\mu}{24R^2}\sum_{n=0}^{\infty}\left(n+1\right)n(n-1)\int_{\Omega_0}h^4 P_n\left(\cos\psi\right)\mathrm{d}\Omega'\end{aligned} \tag{4.52}$$

关于压缩层质量在 P_0 点的引力位，依据压缩层质量面密度 κ，分下面三种情况。

（1）$\kappa = \rho h\left(1+h/R+h^2/(3R^2)\right)$（地球质量守恒）

在此情况下，P_0 点的压缩层地形位是

$$V^{\mathrm{c}}\left(P_0\right)=\mu R^2\sum_{n=0}^{\infty}\int_{\Omega_0}\frac{h}{\ell_0}\mathrm{d}\Omega'+\mu R\sum_{n=0}^{\infty}\int_{\Omega_0}\frac{h^2}{\ell_0}\mathrm{d}\Omega'+\frac{\mu}{3}\sum_{n=0}^{\infty}\int_{\Omega_0}\frac{h^3}{\ell_0}\mathrm{d}\Omega',\qquad\left(\ell_0^{-1}=\frac{1}{R}\sum_{n=0}^{\infty}P_n\left(\cos\psi\right)\right)$$

$$=\mu R\sum_{n=0}^{\infty}\int_{\Omega_0}hP_n\left(\cos\psi\right)\mathrm{d}\Omega'$$

$$+\mu\sum_{n=0}^{\infty}\int_{\Omega_0}h^2P_n\left(\cos\psi\right)\mathrm{d}\Omega'$$

$$+\frac{\mu}{3R}\sum_{n=0}^{\infty}\int_{\Omega_0}h^3P_n\left(\cos\psi\right)\mathrm{d}\Omega' \tag{4.53}$$

式(4.52)减去式(4.53)，即得 P_0 点的残余地形位

$$\delta V\left(P_0\right)=-\frac{\mu}{2}\sum_{n=0}^{\infty}\left(n-1+2\right)\int_{\Omega_0}h^2P_n\left(\cos\psi\right)\mathrm{d}\Omega'$$

$$+\frac{\mu}{6R}\sum_{n=0}^{\infty}\left(n(n-1)-2\right)\int_{\Omega_0}h^3P_n\left(\cos\psi\right)\mathrm{d}\Omega'$$

$$-\frac{\mu}{24R^2}\sum_{n=0}^{\infty}(n+1)n(n-1)\int_{\Omega_0}h^4P_n\left(\cos\psi\right)\mathrm{d}\Omega' \tag{4.54}$$

利用关系式

$$h_n^{\nu}\left(P_0\right)=\frac{2n+1}{4\pi}\int_{\Omega_0}h^{\nu}P_n\left(\cos\psi\right)\mathrm{d}\Omega'\qquad\nu=2,3,4 \tag{4.55}$$

式(4.54)化为地形高的谱分量形式

$$\delta V\left(P_0\right)=-\frac{4\pi\mu}{2}\sum_{n=0}^{\infty}\frac{n+1}{2n+1}h_n^2(P)+\frac{4\pi\mu}{6R}\sum_{n=0}^{\infty}\frac{n(n-1)-2}{2n+1}h_n^3(P)-\frac{4\pi\mu}{24R^2}\sum_{n=0}^{\infty}\frac{(n+1)n(n-1)}{2n+1}h_n^4(P)$$

$$=-\frac{4\pi\mu}{2}\sum_{n=0}^{\infty}\left(\frac{1}{2}+\frac{1}{2(2n+1)}\right)h_n^2(P)$$

$$+\frac{4\pi\mu}{6R}\sum_{n=0}^{\infty}\left(\frac{n}{2}-\frac{3}{4}-\frac{5}{4(2n+1)}\right)h_n^3(P)-\frac{4\pi\mu}{24R^2}\sum_{n=0}^{\infty}\left(\frac{n(n+3)}{2}-\frac{7n}{4}-\frac{3}{8}+\frac{3}{8(2n+1)}\right)h_n^4(P) \tag{4.56}$$

利用式(4.19)～式(4.21)，式(4.56)化为

$$\delta V\left(P_0\right)=-\frac{4\pi\mu}{2}\left(\frac{h_P^2}{2}+\frac{1}{2}\frac{R}{4\pi}\int_{\Omega_0}\frac{h^2}{\ell_0}\mathrm{d}\Omega'\right)$$

$$+\frac{4\pi\mu}{6R}\left(-\frac{1}{2}\frac{R^3}{2\pi}\int_{\Omega_0}\frac{h^3-h_P^3}{\ell_0^3}\mathrm{d}\Omega'-\frac{3h_P^3}{4}-\frac{5}{4}\frac{R}{4\pi}\int_{\Omega_0}\frac{h^3}{\ell_0}\mathrm{d}\Omega'\right)$$

$$-\frac{4\pi\mu}{24R^2}\left(-\frac{1}{2}\frac{R^3}{\pi}\int_{\Omega_0}\frac{h^4-h_P^4}{\ell_0^3}\mathrm{d}\Omega'+\frac{7}{4}\frac{R^3}{2\pi}\int_{\Omega_0}\frac{h^4-h_P^4}{\ell_0^3}\mathrm{d}\Omega'-\frac{3h_P^4}{8}+\frac{3}{8}\frac{R}{4\pi}\int_{\Omega_0}\frac{h^4}{\ell_0}\mathrm{d}\Omega'\right) \tag{4.57}$$

利用式(4.23)，上式稍加整理，最后得

$$\delta V\left(P_0\right)=-\frac{\mu R}{2}\left(h_P^2\int_{\Omega_0}\frac{\mathrm{d}\Omega'}{\ell_0}+\frac{1}{2}\int_{\Omega_0}\frac{h^2-h_P^2}{\ell_0}\mathrm{d}\Omega'\right)$$
$$-\frac{\mu}{6}\left[2h_P^3\int_{\Omega_0}\frac{\mathrm{d}\Omega'}{\ell_0}+R^2\int_{\Omega_0}\frac{h^3-h_P^3}{\ell_0^3}\left(1+\frac{5}{4}\frac{\ell_0^2}{R^2}\right)\mathrm{d}\Omega'\right]$$
$$-\frac{\mu R}{16}\int_{\Omega_0}\frac{h^4-h_P^4}{\ell_0^3}\left(1+\frac{1}{4}\frac{\ell_0^2}{R^2}\right)\mathrm{d}\Omega' \tag{4.58}$$

（2）$\kappa=\rho h\left(1+3h/(2R)+h^2/R^2+h^3/(4R^3)\right)$（地球质量中心守恒）

经过类似的推导过程，得到此情况下残余地形位

$$\delta V\left(P_0\right)=-\frac{\mu R}{2}\left[2h_P^2\int_{\Omega_0}\frac{\mathrm{d}\Omega'}{\ell_0}+\frac{3}{2}\int_{\Omega_0}\frac{h^2-h_P^2}{\ell_0}\mathrm{d}\Omega'\right]$$
$$-\frac{\mu}{6}\left[6h_P^3\int_{\Omega_0}\frac{\mathrm{d}\Omega'}{\ell_0}+R^2\int_{\Omega_0}\frac{h^3-h_P^3}{\ell_0^3}\left(1+\frac{21}{4}\frac{\ell_0^2}{R^2}\right)\mathrm{d}\Omega'\right]$$
$$-\frac{\mu}{24R}\left[-\frac{54}{8}h_P^4\int_{\Omega_0}\frac{\mathrm{d}\Omega'}{\ell_0}+\frac{3R^2}{2}\int_{\Omega_0}\frac{h^4-h_P^4}{\ell_0^3}\left(1+\frac{17}{4}\frac{\ell_0^2}{R^2}\right)\mathrm{d}\Omega'\right] \tag{4.59}$$

（3）$\kappa=\rho h$（局部质量守恒）

此情况下，残余地形位的形式是

$$\delta V\left(P_0\right)=\frac{\mu R}{2}\left(h_P^2\int_{\Omega_0}\frac{\mathrm{d}\Omega'}{\ell_0}+\frac{3}{2}\int_{\Omega_0}\frac{h^2-h_P^2}{\ell_0}\mathrm{d}\Omega'\right)$$
$$-\frac{\mu R^2}{6}\int_{\Omega_0}\frac{h^3-h_P^3}{\ell_0^3}\left(1-\frac{3}{4}\frac{\ell_0^2}{R^2}\right)\mathrm{d}\Omega'$$
$$-\frac{\mu R}{16}\int_{\Omega_0}\frac{h^4-h_P^4}{l_0^3}\left(1+\frac{1}{4}\frac{l_0^2}{R^2}\right)\mathrm{d}\Omega' \tag{4.60}$$

式中，前两项与 Sjöberg and Nahavandchi（1999）的式子完全一致，第三项那里是没有的。

3. 球谐级数表示

对于 $r'>R$，有关系式（见图 4.2）：

$$\frac{1}{\ell}=\frac{1}{\sqrt{R^2+r'^2-2Rr'\cos\psi}}=\frac{1}{R}\sum_{n=0}^{\infty}\left(\frac{R}{r'}\right)^{n+1}P_n\left(\cos\psi\right) \tag{4.61}$$

将此式代入式(4.42)，并将 $f(R,\psi,r')$ 进而代入式(4.41)，得到地形引力位

$$V^{\mathrm{t}}\left(P_0\right)=\mu\int_{\Omega_0}\sum_{n=0}^{\infty}\int_{r'=R}^{R+h(\Omega')}\frac{R^n\mathrm{d}r'}{r'^{n-1}}P_n\left(\cos\psi\right)\mathrm{d}\Omega'$$

$$=\mu\int_{\Omega_0}\sum_{n=0}^{\infty}R^n\left.\frac{r'^{-n+2}}{-n+2}\right|_{r'=R}^{R+h(\Omega')}P_n\left(\cos\psi\right)\mathrm{d}\Omega'$$

$$=-\mu\int_{\Omega_0}\sum_{n=0}^{\infty}\frac{R^n}{n-2}\left[\left(R+h\right)^{-(n-2)}-R^{-(n-2)}\right]P_n\left(\cos\psi\right)\mathrm{d}\Omega'$$

$$=-\mu\int_{\Omega_0}\sum_{n=0}^{\infty}\frac{R^n}{n-2}\frac{1}{R^{n-2}}\left[-(n-2)\frac{h}{R}+\frac{(n-2)(n-1)}{2}\frac{h^2}{R^2}\right.$$

$$\left.-\frac{(n-2)(n-1)n}{6}\frac{h^3}{R^3}+\frac{(n-2)(n-1)n(n+1)}{24}\frac{h^4}{R^4}-\cdots\right]P_n\left(\cos\psi\right)\mathrm{d}\Omega'$$

$$=\mu R\int_{\Omega_0}\sum_{n=0}^{\infty}h\left[1-\frac{(n-1)}{2}\frac{h}{R}+\frac{(n-1)n}{6}\frac{h^2}{R^2}-\frac{(n-1)n(n+1)}{24}\frac{h^3}{R^3}-\cdots\right]P_n\left(\cos\psi\right)\mathrm{d}\Omega'$$

$$(4.62)$$

将关系式(见图 4.2)

$$\frac{1}{\ell_0}=\frac{1}{2R\sin\left(\psi/2\right)}=\frac{1}{R}\sum_{n=0}^{\infty}P_n\left(\cos\psi\right) \tag{4.63}$$

代入式(4.44),我们得到压缩层产生的引力位。根据压缩层面密度,我们有三种不同情况。

(1) $\kappa=\rho h\left(1+3h/(2R)+h^2/R^2+h^3/(4R^3)\right)$(地球质量中心守恒)

压缩质量地形引力位是

$$V^{\mathrm{c}}\left(P_0\right)=\mu R\int_{\Omega_0}\sum_{n=0}^{\infty}h\left(1+\frac{3}{2}\frac{h}{R}+\frac{h^2}{R^2}+\frac{h^3}{4R^3}\right)P_n\left(\cos\psi\right)\mathrm{d}\Omega' \tag{4.64}$$

将式(4.62)减去式(4.64),我们得残余地形引力位:

$$\delta V\left(P_0\right)=-\mu R\int_{\Omega_0}\sum_{n=0}^{\infty}h\left[\frac{n+2}{2}\frac{h}{R}-\frac{(n-1)n-6}{6}\frac{h^2}{R^2}+\frac{(n-1)n(n+1)+6}{24}\frac{h^3}{R^3}-\cdots\right]P_n\left(\cos\psi\right)\mathrm{d}\Omega'$$

$$(4.65)$$

此式即为残余地形位的球谐级数式。引入分解公式

$$P_n\left(\cos\psi\right)=\frac{1}{2n+1}\sum_{m=-n}^{n}Y_{nm}\left(\Omega'\right)Y_{nm}\left(\Omega\right) \tag{4.66}$$

可以将 $P_0\left(R,\Omega\right)$ 处的残余地形位级数表示为

$$\delta V(P_0)=\sum_{n=0}^{\infty}\sum_{m=-n}^{n}\delta V_{nm}Y_{nm}\left(\Omega\right) \tag{4.67}$$

其中完全正常化系数

$$\delta V_{nm} = -\mu R \int_{\Omega_0} \frac{h}{2n+1} \left[\frac{n+2}{2} \frac{h}{R} - \frac{(n-1)n-6}{6} \frac{h^2}{R^2} + \frac{(n-1)n(n+1)+6}{24} \frac{h^3}{R^3} - \cdots \right] Y_{nm}(\Omega') \mathrm{d}\Omega'$$

(4.68)

此式表明，当 $n=0$ 和 $n=1$ 时，δV_{nm} 均不为 0，表明在此情况下，地球质量和地球质心均不守恒。

（2）$\kappa = \rho h\,(1+h/\mathrm{R}+h^2/(3R^2))$（地球质量守恒）

经过类似推导，得此情况下残余地形位球谐级数的完全正常化系数

$$\delta V_{nm} = -\mu R \int_{\Omega_0} \frac{h}{2n+1} \left[\frac{n+1}{2} \frac{h}{R} - \frac{(n-1)n-2}{6} \frac{h^2}{R^2} + \frac{(n-1)n(n+1)}{24} \frac{h^3}{R^3} - \cdots \right] Y_{nm}(\Omega') \mathrm{d}\Omega'$$

(4.69)

此式表明，当 $n=0$ 和 $n=1$ 时，δV_{nm} 均不为 0，即在此情况下，地球质量和地球质心均不守恒。

（3）$\kappa = \rho h$（局部质量守恒）

此情况下，球谐级数的完全正常化系数是

$$\delta V_{nm} = -\mu R \int_{\Omega_0} \frac{h}{2n+1} \left[\frac{(n-1)}{2} \frac{h}{R} - \frac{(n-1)n}{6} \frac{h^2}{R^2} + \frac{(n-1)n(n+1)}{24} \frac{h^3}{R^3} + \cdots \right] Y_{nm}(\Omega') \mathrm{d}\Omega'$$

(4.70)

此式表明，当 $n=0$ 时，δV_{nm} 不等于 0，即在此情况下，地球质量不守恒；当 $n=1$ 时，δV_{1m} 为 0，意即地球质心守恒。

4.3　地形对位的间接影响

地形移去-恢复将引起一点水准面的变化，即引起高程异常和地面垂线偏差，或大地水准面高和椭球面垂线偏差的变化。其具体表现是，经 Hotine 积分，得到调整似大地水准面或调整大地水准面，而非真正的似大地水准面或真正的大地水准面。为得到真正的似大地水准面或真正的大地水准面，调整似大地水准面或调整大地水准面，还必须加上地形对位的间接影响。

1. 地形对高程异常与地面垂线偏差的影响

已知地面点残余地形位，容易计算地形对高程异常与地面垂线偏差的影响。

根据式（4.5），地形对高程异常影响的球近似封闭式表示为

$$
\begin{aligned}
\delta \zeta(P) &= \frac{\delta V(P)}{\gamma} \\
&= \frac{\mu}{\gamma} \int_{\Omega_0} \left(\frac{r'+3r\cos\psi}{2} \ell_{PQ} - \frac{R+3r\cos\psi}{2} \ell_{PQ_0} \right. \\
&\quad \left. + r^2 P_2(\cos\psi) \ln \frac{r'-r\cos\psi+\ell_{PQ}}{R-r\cos\psi+\ell_{PQ_0}} \right) \mathrm{d}\Omega' - \frac{GR^2}{\gamma} \int_{\Omega_0} \frac{\kappa}{\ell_{PQ_0}} \mathrm{d}\Omega'
\end{aligned}
$$

(4.71)

式中，γ 为似地形面上的正常重力；κ 为压缩地形质量的面密度。

利用式 (3.63) 和式 (4.5)，取 $\delta V(P)$ 对 ψ 的偏导数，得地形对地面垂线偏差影响的球近似封闭式

$$
\begin{aligned}
\begin{Bmatrix} \delta\xi(P) \\ \delta\eta(P) \end{Bmatrix} &= \frac{1}{r\gamma}\left(\frac{\partial\delta V(P)}{\partial\psi}\right)\begin{Bmatrix} \cos\alpha \\ \sin\alpha \end{Bmatrix} \\
&= \frac{\mu}{\gamma}\int_{\Omega_0}\sin\psi\left\{-\frac{3\ell_{PQ}}{2}+\frac{(r'+3r\cos\psi)r'}{2\ell_{PQ}}+\frac{3\ell_{PQ_0}}{2}-\frac{(R+3r\cos\psi)R}{2\ell_{PQ_0}}\right. \\
&\quad -3r\cos\psi\ln\frac{r'-r\cos\psi+\ell_{PQ}}{R-r\cos\psi+\ell_{PQ_0}}+\frac{r^2}{2}\left(3\cos^2\psi-1\right) \\
&\quad \times\left.\left[\frac{\ell_{PQ}+r'}{(r'-r\cos\psi+\ell_{PQ})\ell_{PQ}}-\frac{\ell_{PQ_0}+R}{(R-r\cos\psi+\ell_{PQ_0})\ell_{PQ_0}}\right]\right\}\begin{Bmatrix} \cos\alpha \\ \sin\alpha \end{Bmatrix}\mathrm{d}\Omega' \\
&\quad +\frac{GR^3}{\gamma}\int_{\Omega_0}\frac{\kappa\sin\psi}{\ell_{PQ_0}^3}\begin{Bmatrix} \cos\alpha \\ \sin\alpha \end{Bmatrix}\mathrm{d}\Omega'
\end{aligned} \tag{4.72}
$$

式中，$\cos\alpha$ 和 $\sin\alpha$ 用式 (3.59) 计算，ℓ_{PQ} 和 ℓ_{PQ_0} 分别用式 (4.3b) 和式 (4.3c) 计算。

当地面点残余地形位用地形高级数表示时，利用式 (4.26)、式 (4.27) 和式 (4.28)，容易得到地形对高程异常与地面垂线偏差影响的公式。例如，对于 $\kappa=\rho h\,(1+h/R+h^2/(3R^2))$（地球质量守恒），地形对高程异常影响的公式是

$$
\begin{aligned}
\delta\zeta(P) &= -\frac{\mu R}{2\gamma}\left[\frac{1}{2}\int_{\Omega_0}\frac{h^2-h_P^2}{\ell_0}\mathrm{d}\Omega'-h_P R\int_{\Omega_0}\frac{h^2-h_P^2}{\ell_0^3}\left(1+\frac{\ell_0^2}{4R^2}\right)\mathrm{d}\Omega'\right. \\
&\quad \left.+\frac{3h_P^2}{4}\int_{\Omega_0}\frac{h^2-h_P^2}{\ell_0^3}\left(1+\frac{\ell_0^2}{4R^2}\right)\mathrm{d}\Omega'\right] \\
&\quad -\frac{\mu R^2}{6\gamma}\left[\int_{\Omega_0}\frac{h^3-h_P^3}{\ell_0^3}\left(1+\frac{5\ell_0^2}{4R^2}\right)\mathrm{d}\Omega'-\frac{5h_P}{2R}\int_{\Omega_0}\frac{h^3-h_P^3}{\ell_0^3}\left(1+\frac{\ell_0^2}{4R^2}\right)\mathrm{d}\Omega'\right] \\
&\quad -\frac{\mu R}{16\gamma}\int_{\Omega_0}\frac{h^4-h_P^4}{\ell_0^3}\left(1+\frac{\ell_0^2}{4R^2}\right)\mathrm{d}\Omega'
\end{aligned} \tag{4.73}
$$

关于地形对于地面垂线偏差影响，根据式 (3.63) 式 (4.26)，并顾及到

$$
\frac{\partial}{\partial\psi}\left(\frac{1}{\ell_0}\right)=-\frac{1}{2\ell_0}\mathrm{ctg}\left(\frac{\psi}{2}\right),\quad \frac{\partial}{\partial\psi}\left(\frac{1}{\ell_0^3}\right)=-\frac{3}{2\ell_0^3}\mathrm{ctg}\left(\frac{\psi}{2}\right) \tag{4.74}
$$

我们得

$$\begin{Bmatrix}\delta\xi(P)\\ \delta\eta(P)\end{Bmatrix}=\frac{\mu}{8\gamma}\left[\int_{\Omega_0}\frac{h^2-h_P^2}{\ell_0}\operatorname{ctg}\left(\frac{\psi}{2}\right)\begin{Bmatrix}\cos\alpha\\ \sin\alpha\end{Bmatrix}\mathrm{d}\Omega'\right.$$
$$-6h_pR\int_{\Omega_0}\frac{h^2-h_P^2}{\ell_0^3}\left(1+\frac{\ell_0^2}{12R^2}\right)\operatorname{ctg}\left(\frac{\psi}{2}\right)\begin{Bmatrix}\cos\alpha\\ \sin\alpha\end{Bmatrix}\mathrm{d}\Omega'$$
$$\left.+\frac{9h_P^2}{2}\int_{\Omega_0}\frac{h^2-h_P^2}{\ell_0^3}\left(1+\frac{\ell_0^2}{12R^2}\right)\operatorname{ctg}\left(\frac{\psi}{2}\right)\begin{Bmatrix}\cos\alpha\\ \sin\alpha\end{Bmatrix}\mathrm{d}\Omega'\right]$$
$$+\frac{\mu R}{4\gamma}\left[\int_{\Omega_0}\frac{h^3-h_P^3}{\ell_0^3}\left(1+\frac{5\ell_0^2}{12R^2}\right)\operatorname{ctg}\left(\frac{\psi}{2}\right)\begin{Bmatrix}\cos\alpha\\ \sin\alpha\end{Bmatrix}\mathrm{d}\Omega'\right.$$
$$\left.-\frac{5h_P}{2R}\int_{\Omega_0}\frac{h^3-h_P^3}{\ell_0^3}\left(1+\frac{\ell_0^2}{12R^2}\right)\operatorname{ctg}\left(\frac{\psi}{2}\right)\begin{Bmatrix}\cos\alpha\\ \sin\alpha\end{Bmatrix}\mathrm{d}\Omega'\right]$$
$$+\frac{3\mu}{32\gamma}\int_{\Omega_0}\frac{h^4-h_P^4}{\ell_0^3}\left(1+\frac{\ell_0^2}{12R^2}\right)\operatorname{ctg}\left(\frac{\psi}{2}\right)\begin{Bmatrix}\cos\alpha\\ \sin\alpha\end{Bmatrix}\mathrm{d}\Omega' \tag{4.75}$$

对于 $\kappa=\rho h\,(1+3h/(2R)+h^2/R^2+h^3/(4R^3))$（地球质量中心守恒）和 $\kappa=\rho h$（局部质量守恒），地形对高程异常和地面垂线偏差影响，相信读者会自己推出相应的公式。

当地面点残余地形位用球谐级数表示时，地形对高程异常的影响用下式表示：

$$\delta\zeta(P)=\frac{1}{\gamma}\sum_{n=0}^{\infty}\left(\frac{R}{r}\right)^{n+1}\sum_{m=-n}^{n}\delta V_{nm}Y_{nm}(\Omega) \tag{4.76}$$

式中，系数 δV_{nm} 或用式(4.36)，或式(4.38)或式(4.39)计算，依压缩层质量面密度而转移。地形对地面垂线偏差的影响用下式表示：

$$\delta\xi(P)=-\frac{1}{R\gamma}\sum_{n=0}^{\infty}\left(\frac{R}{r}\right)^{n+1}\sum_{m=-n}^{n}\delta V_{nm}\frac{\partial Y_{nm}(\Omega)}{\partial\phi} \tag{4.77}$$

$$\delta\eta(P)=-\frac{1}{R\gamma\cos\phi}\sum_{n=0}^{\infty}\left(\frac{R}{r}\right)^{n+1}\sum_{m=-n}^{n}\delta V_{nm}\frac{\partial Y_{nm}(\Omega)}{\partial\lambda} \tag{4.78}$$

式中

$$\delta V_{jm}\frac{\partial Y_{jm}(\Omega)}{\partial\phi}=\left\langle\begin{matrix}\overline{\delta V}^{c}_{jm}\cos m\lambda\\ \overline{\delta V}^{s}_{jm}\sin m\lambda\end{matrix}\right\rangle\frac{\partial\bar{P}_{jm}(\sin\phi)}{\partial\phi} \tag{4.77a}$$

$$\delta V_{jm}\frac{\partial Y_{jm}(\Omega)}{\partial\lambda}=m\left\langle\begin{matrix}-\overline{\delta V}^{c}_{jm}\sin m\lambda\\ \overline{\delta V}^{s}_{jm}\cos m\lambda\end{matrix}\right\rangle\bar{P}_{jm}(\sin\phi) \tag{4.78a}$$

其中，$\bar{P}_{nm}(\sin\phi)$ 对于 ϕ 的偏导数见式(7.42)和式(7.43)；关于 $\delta V_{nm}\partial Y_{nm}(\Omega)/\partial\lambda$ 参考式(7.41a)。

2. 地形对大地水准面高与椭球面垂线偏差的影响

地形对大地水准面高的间接影响由下式表示(参见图 4.2)

$$\delta N(P_0) = \frac{\delta V(P_0)}{g_0} \tag{4.79}$$

式中，g_0 为边界面处的重力；$\delta V(P_0)$ 为 P_0 点的残余地形位。将式 (4.45) 的 $\delta V(P_0)$ 代入上式，即得地形对大地水准面高的间接影响的球近似封闭式（Sjöberg，2000；Sjöberg and Nahavandchi，1999）

$$\delta N(P_0) = \frac{\mu}{g_0} \int_{\Omega_0} \left(\frac{r'+3R\cos\psi}{2}\ell - \frac{R+3R\cos\psi}{2}\ell_0 + R^2 P_2(\cos\psi) \ln\frac{r'-R\cos\psi+\ell}{R-R\cos\psi+\ell_0} \right) d\Omega'$$
$$-\frac{GR^2}{g_0} \int_{\Omega_0} \frac{\kappa}{\ell_0} d\Omega' \tag{4.80}$$

式中，κ 为椭球面上的压缩薄层质量的面密度。

根据式 (3.67) 和式 (4.80)，我们得地形对椭球面垂线偏差间接影响的球近似封闭式：

$$\begin{Bmatrix} \delta\xi(P_0) \\ \delta\eta(P_0) \end{Bmatrix} = \frac{\mu}{g_0} \int_{\Omega_0} \sin\psi \left\{ -\frac{3\ell}{2} + \frac{(r'+3R\cos\psi)r'}{2\ell} + \frac{3\ell_0}{2} - \frac{R(1+3\cos\psi)\csc(\psi/2)}{4} \right.$$
$$-3R\cos\psi \ln\frac{r'-R\cos\psi+\ell}{R-R\cos\psi+\ell_0} + \frac{R}{2}(3\cos^2\psi-1)$$
$$\times \left[\frac{R(\ell+r')}{(r'-R\cos\psi+\ell)\ell} - \frac{R(1+(1/2)\csc(\psi/2))}{R-R\cos\psi+\ell_0} \right] \left\} \begin{Bmatrix} \cos\alpha \\ \sin\alpha \end{Bmatrix} d\Omega' \right.$$
$$+\frac{GR^3}{g_0} \int_{\Omega_0} \frac{\kappa\sin\psi}{\ell_0^3} \begin{Bmatrix} \cos\alpha \\ \sin\alpha \end{Bmatrix} d\Omega' \tag{4.81}$$

式中，$\cos\alpha$ 和 $\sin\alpha$ 用式 (3.59) 计算，ℓ 和 ℓ_0 分别用式 (4.43a) 和式 (4.43b) 计算。

为得到地形对大地水准面高间接影响的地形高级数展开式，只需要将对应的残余地形位的地形高级数展开式除以 g_0 即可。例如，对于按地球质量守恒原则（$\kappa=\rho h$ $(1+h/R+h^2/(3R^2))$）压缩地形情况，根据式 (4.58)，我们有

$$\delta N(P_0) = -\frac{\mu R}{2g_0}\left(h_P^2 \int_{\Omega_0} \frac{d\Omega'}{\ell_0} + \frac{1}{2}\int_{\Omega_0} \frac{h^2-h_P^2}{\ell_0} d\Omega' \right)$$
$$-\frac{\mu}{6g_0}\left[2h_P^3 \int_{\Omega_0}\frac{d\Omega'}{\ell_0} + R^2 \int_{\Omega_0}\frac{h^3-h_P^3}{\ell_0^3}\left(1+\frac{5}{4}\frac{\ell_0^2}{R^2}\right)d\Omega' \right]$$
$$-\frac{\mu R}{16g_0}\int_{\Omega_0}\frac{h^4-h_P^4}{\ell_0^3}\left(1+\frac{1}{4}\frac{\ell_0^2}{R^2}\right)d\Omega' \tag{4.82}$$

类似地，根据式 (4.59) 和式 (4.60)，我们可以得到其他两种压缩情况下地形高级数式。利用关系式

$$\begin{Bmatrix} \delta\xi(P_0) \\ \delta\eta(P_0) \end{Bmatrix} = \frac{\partial\delta N(P_0)}{R\partial\psi}\begin{Bmatrix} \cos\alpha \\ \sin\alpha \end{Bmatrix} \tag{4.83}$$

$$\frac{\partial}{\partial \psi}\left(\frac{1}{\ell_0}\right) = -\frac{1}{2\ell_0}\mathrm{ctg}\left(\frac{\psi}{2}\right), \qquad \frac{\partial}{\partial \psi}\left(\frac{1}{\ell_0^3}\right) = -\frac{3}{2\ell_0^3}\mathrm{ctg}\left(\frac{\psi}{2}\right) \tag{4.84}$$

对于按地球质量守恒原则 ($\kappa = \rho h(1 + h/R + h^2/(3R^2))$) 压缩地形情况，根据式 (4.82)，我们得到地形对椭球面垂线偏差影响的地形高级数式

$$\begin{aligned}
\left\{\begin{matrix}\delta\xi(P_0)\\ \delta\eta(P_0)\end{matrix}\right\} &= \frac{\mu}{g_0}\left[\frac{1}{4}\left(\int_{\Omega_0}\frac{h_P^2}{\ell_0}\mathrm{ctg}\left(\frac{\psi}{2}\right)\left\{\begin{matrix}\cos\alpha\\ \sin\alpha\end{matrix}\right\}\mathrm{d}\Omega' + \frac{1}{2}\int_{\Omega_0}\frac{h^2 - h_P^2}{\ell_0}\mathrm{ctg}\left(\frac{\psi}{2}\right)\left\{\begin{matrix}\cos\alpha\\ \sin\alpha\end{matrix}\right\}\mathrm{d}\Omega'\right)\right.\\
&\quad + \frac{1}{12R}\left(2\int_{\Omega_0}\frac{h_P^3}{\ell_0}\mathrm{ctg}\left(\frac{\psi}{2}\right)\left\{\begin{matrix}\cos\alpha\\ \sin\alpha\end{matrix}\right\}\mathrm{d}\Omega' + 3R^2\int_{\Omega_0}\frac{h^3 - h_P^3}{\ell_0^3}\left(1 + \frac{5}{12}\frac{\ell_0^2}{R^2}\right)\mathrm{ctg}\left(\frac{\psi}{2}\right)\left\{\begin{matrix}\cos\alpha\\ \sin\alpha\end{matrix}\right\}\mathrm{d}\Omega'\right)\\
&\quad + \left.\frac{3}{32}\int_{\Omega_0}\frac{h^4 - h_P^4}{\ell_0^3}\left(1 + \frac{1}{12}\frac{\ell_0^2}{R^2}\right)\mathrm{ctg}\left(\frac{\psi}{2}\right)\left\{\begin{matrix}\cos\alpha\\ \sin\alpha\end{matrix}\right\}\mathrm{d}\Omega'\right]
\end{aligned} \tag{4.85}$$

对于按地球质量中心守恒原则 ($\kappa = \rho h(1 + 3h/(2R) + h^2/R^2 + h^3/(4R^3))$) 压缩地形情况，地形对椭球面垂线偏差影响的地形高级数展开式是

$$\begin{aligned}
\left\{\begin{matrix}\delta\xi(P_0)\\ \delta\eta(P_0)\end{matrix}\right\} &= \frac{\mu}{g_0}\left[\frac{1}{4}\left(2\int_{\Omega_0}\frac{h_P^2}{\ell_0}\mathrm{ctg}\left(\frac{\psi}{2}\right)\left\{\begin{matrix}\cos\alpha\\ \sin\alpha\end{matrix}\right\}\mathrm{d}\Omega' + \frac{3}{2}\int_{\Omega_0}\frac{h^2 - h_P^2}{\ell_0}\mathrm{ctg}\left(\frac{\psi}{2}\right)\left\{\begin{matrix}\cos\alpha\\ \sin\alpha\end{matrix}\right\}\mathrm{d}\Omega'\right)\right.\\
&\quad + \frac{1}{12R}\left(6\int_{\Omega_0}\frac{h_P^3}{\ell_0}\mathrm{ctg}\left(\frac{\psi}{2}\right)\left\{\begin{matrix}\cos\alpha\\ \sin\alpha\end{matrix}\right\}\mathrm{d}\Omega' + 3R^2\int_{\Omega_0}\frac{h^3 - h_P^3}{\ell_0^3}\left(1 + \frac{21}{12}\frac{\ell_0^2}{R^2}\right)\mathrm{ctg}\left(\frac{\psi}{2}\right)\left\{\begin{matrix}\cos\alpha\\ \sin\alpha\end{matrix}\right\}\mathrm{d}\Omega'\right)\\
&\quad + \left.\frac{1}{48R^2}\left(-\frac{54}{8}\int_{\Omega_0}\frac{h_P^4}{\ell_0}\mathrm{ctg}\left(\frac{\psi}{2}\right)\left\{\begin{matrix}\cos\alpha\\ \sin\alpha\end{matrix}\right\}\mathrm{d}\Omega' + \frac{9R^2}{2}\int_{\Omega_0}\frac{h^4 - h_P^4}{\ell_0^3}\left(1 + \frac{17}{12}\frac{\ell_0^2}{R^2}\right)\mathrm{ctg}\left(\frac{\psi}{2}\right)\left\{\begin{matrix}\cos\alpha\\ \sin\alpha\end{matrix}\right\}\mathrm{d}\Omega'\right)\right]
\end{aligned}$$
$$\tag{4.86}$$

对于按局部质量守恒原则 ($\kappa = \rho h$) 压缩地形情况，地形对椭球面垂线偏差影响的地形高级数式是

$$\begin{aligned}
\left\{\begin{matrix}\delta\xi(P_0)\\ \delta\eta(P_0)\end{matrix}\right\} &= \frac{\mu}{g_0}\left[-\frac{1}{4}\left(\int_{\Omega_0}\frac{h_P^2}{\ell_0}\mathrm{ctg}\left(\frac{\psi}{2}\right)\left\{\begin{matrix}\cos\alpha\\ \sin\alpha\end{matrix}\right\}\mathrm{d}\Omega' + \frac{3}{2}\int_{\Omega_0}\frac{h^2 - h_P^2}{\ell_0}\mathrm{ctg}\left(\frac{\psi}{2}\right)\left\{\begin{matrix}\cos\alpha\\ \sin\alpha\end{matrix}\right\}\mathrm{d}\Omega'\right)\right.\\
&\quad + \frac{R}{4}\int_{\Omega_0}\frac{h^3 - h_P^3}{\ell_0^3}\left(1 - \frac{1}{4}\frac{\ell_0^2}{R^2}\right)\mathrm{ctg}\left(\frac{\psi}{2}\right)\left\{\begin{matrix}\cos\alpha\\ \sin\alpha\end{matrix}\right\}\mathrm{d}\Omega'\\
&\quad + \left.\frac{3}{32}\int_{\Omega_0}\frac{h^4 - h_P^4}{\ell_0^3}\left(1 + \frac{1}{12}\frac{\ell_0^2}{R^2}\right)\mathrm{ctg}\left(\frac{\psi}{2}\right)\left\{\begin{matrix}\cos\alpha\\ \sin\alpha\end{matrix}\right\}\mathrm{d}\Omega'\right]
\end{aligned} \tag{4.87}$$

当边界面残余地形位用球谐展开式 (4.67) 表示时，地形对大地水准面高的间接影响用下式表示

$$\delta N(P_0) = \frac{1}{g_0}\sum_{n=0}^{\infty}\sum_{m=-n}^{n}\delta V_{nm} Y_{nm}(\Omega) \tag{4.88}$$

在此情况下，地形对椭球面垂线偏差的间接影响由下式表示：

$$\delta\xi(P_0) = -\frac{1}{Rg_0}\sum_{n=0}^{\infty}\sum_{m=-n}^{n}\delta V_{nm}\frac{\partial Y_{nm}(\Omega)}{\partial \phi} \tag{4.89}$$

$$\delta\eta(P_0) = -\frac{1}{Rg_0\cos\phi}\sum_{n=0}^{\infty}\sum_{m=-n}^{n}\delta V_{nm}\frac{\partial Y_{nm}(\Omega)}{\partial \lambda} \tag{4.90}$$

式中，$\overline{P}_{nm}(\sin\phi)$ 对于 ϕ 的 偏导数式见式 (7.42) 和式 (7.43)；关于 $\delta V_{nm}\partial Y_{nm}(\varOmega)/\partial\lambda$ 参考式 (7.41a)。

4.4 地形对重力的直接影响

边界面外地形移去-恢复过程导致一点的引力位发生变化，或者说该点的水准面发生变化。对于大地水准面而言，称为地形对大地水准面高的间接影响。对于地面点而言，称为地形对地面点高程异常的间接影响。此外，一点引力位的变化又导致该点重力发生变化，重力的变化叫做地形对重力的直接影响。实际上，一点水准面的变化，不仅引起该点重力的变化，也会引起另一点重力的变化。在 Stokes 问题中，由大地水准面变化导致另一点重力的变化，特别地称为地形对该点重力的次要间接影响。在第二大地边值问题中，并没有对重力的次要间接影响的问题，而却有对重力扰动的次要间接影响的问题。关于对重力扰动的次要间接影响，参见 3.1 节。

设 V^t 为实际地形质量在一点产生的引力位，V^c 为压缩地形质量在该点产生的引力位，则实际地形在该点产生的引力：$\delta A^t = -\dfrac{\partial V^t}{\partial r}$，而压缩地形在该点产生的引力：$\delta A^c = -\dfrac{\partial V^c}{\partial r}$。除去实际地形质量产生的引力：$-\delta A^t = \dfrac{\partial V^t}{\partial r}$，而恢复压缩地形质量产生的引力：$+\delta A^c = -\dfrac{\partial V^c}{\partial r}$。所以，除去地形质量并恢复地形质量对该点重力产生的影响的准确定义是：

$$\delta A = \frac{\partial V^t}{\partial r} - \frac{\partial V^c}{\partial r} = \frac{\partial \delta V}{\partial r} \tag{4.91}$$

1. 球近似封闭式表示

如式 (4.91) 所示，地形对一点重力的直接影响等于残余地形位在该点的径向导数。在此问题中，考虑引力变化对重力的直接影响的计算点是边界面外部的地形面 P 点 (见图 4.1) (Wichiencharoen, 1982)。注意到式 (4.5)，对于球近似，有

$$\begin{aligned}\delta A(P) &= \frac{\partial}{\partial r}\delta V(P) = \frac{\partial}{\partial r}\big(\delta V^t(P) - \delta V^c(P)\big)\\&= \mu\frac{\partial}{\partial r}\int_{\varOmega_0} f(r,\psi,r')\mathrm{d}\varOmega' - GR^2\frac{\partial}{\partial r}\int_{\varOmega_0}\frac{\kappa}{\ell_{PQ_0}}\mathrm{d}\varOmega'\\&= \mu\int_{\varOmega_0}\frac{\partial}{\partial r}f(r,\psi,r')\mathrm{d}\varOmega' - GR^2\int_{\varOmega_0}\frac{\partial}{\partial r}\left(\frac{1}{\ell_{PQ_0}}\right)\kappa\mathrm{d}\varOmega'\end{aligned} \tag{4.92}$$

式 (4.3) 表示的核函数 $f(r,\psi,r')$ 对 r 取偏导数；另外，$\ell_{PQ_0}^{-1}$ 对 r 取偏导数，将其结果代入式 (4.92)，即得 (Sjöberg, 2000)

$$\delta A(P) = \mu \int_{\Omega_0} \left\{ \frac{3\cos\psi}{2}\left(\ell_{PQ} - \ell_{PQ_0}\right) + \frac{r' + 3r\cos\psi}{2\ell_{PQ}}\left(r - r'\cos\psi\right) \right.$$

$$- \frac{R + 3r\cos\psi}{2\ell_{PQ_0}}\left(r - R\cos\psi\right) + r\left(3\cos^2\psi - 1\right)\ln\frac{\ell_{PQ} + r' - r\cos\psi}{\ell_{PQ_0} + R - r\cos\psi}$$

$$+ \frac{r^2}{2}\left(3\cos^2\psi - 1\right)\left[\frac{r - \left(r' + \ell_{PQ}\right)\cos\psi}{\left(r' - r\cos\psi + \ell_{PQ}\right)\ell_{PQ}} - \frac{r - \left(R + \ell_{PQ_0}\right)\cos\psi}{\left(R - r\cos\psi + \ell_{PQ_0}\right)\ell_{PQ_0}}\right] \right\} d\Omega'$$

$$+ GR^2 \int_{\Omega_0} \frac{\left(r - R\cos\psi\right)}{\ell_{PQ_0}^3}\kappa d\Omega' \tag{4.93}$$

其中

$$\ell_{PQ} = \sqrt{r^2 + r'^2 - 2rr'\cos\psi} \tag{4.93a}$$

$$\ell_{PQ_0} = \sqrt{r^2 + R^2 - 2rR\cos\psi} \tag{4.93b}$$

式 (4.93) 的面密度 κ，依压缩原则选择而变。

2. 地形高级数与球谐级数表示

依据面密度 κ 的选择，地形高级数表示分三种情况。

(1) $\kappa = \rho h\left(1 + h/R + h^2/(3R^2)\right)$（地球质量守恒）

在 4.1 节，已得到残余地形位的地形高的 4 次级数表达式 (4.14)，即

$$\delta V(P) = \frac{\mu}{2}\sum_{n=0}^{\infty}(n + 2 - 2)\left(\frac{R}{r}\right)^{n+1}\int_{\Omega_0} h^2 P_n(\cos\psi)d\Omega'$$

$$+ \frac{\mu}{6R}\sum_{n=0}^{\infty}\left((n+2)(n+1) - 2\right)\left(\frac{R}{r}\right)^{n+1}\int_{\Omega_0} h^3 P_n(\cos\psi)d\Omega'$$

$$+ \frac{\mu}{24R^2}\sum_{n=0}^{\infty}(n+2)(n+1)n\left(\frac{R}{r}\right)^{n+1}\int_{\Omega_0} h^4 P_n(\cos\psi)d\Omega' \tag{4.94}$$

根据此式，$\delta V(P)$ 对向径 r 取导数，得地形对重力直接影响之地形高级数表示：

$$\delta A(P) = -\frac{\mu}{2R}\sum_{n=0}^{\infty}(n + 2 - 2)(n+1)\left(\frac{R}{r}\right)^{n+2}\int_{\Omega_0} h^2 P_n(\cos\psi)d\Omega'$$

$$- \frac{\mu}{6R^2}\sum_{n=0}^{\infty}\left[(n+2)(n+1) - 2\right](n+1)\left(\frac{R}{r}\right)^{n+2}\int_{\Omega_0} h^3 P_n(\cos\psi)d\Omega'$$

$$- \frac{\mu}{24R^3}\sum_{n=0}^{\infty}(n+2)(n+1)^2 n\left(\frac{R}{r}\right)^{n+2}\int_{\Omega_0} h^4 P_n(\cos\psi)d\Omega' \tag{4.95}$$

将式中 $(R/r)^{n+2}$ 展开为 (h_P/R) 的级数，

$$\left(\frac{R}{r}\right)^{n+2} = \left(1 + \frac{h_P}{R}\right)^{-(n+2)} = 1 - (n+2)\frac{h_P}{R} + \frac{(n+2)(n+3)}{2}\left(\frac{h_P}{R}\right)^2 - \cdots \tag{4.96}$$

将完全至 (h_p/R) 的 2 次项的式 (4.96) 代入式 (4.95) 第一行的 $(R/r)^{n+2}$，将完全至 (h_p/R) 的 1 次项的式 (4.96) 代入式 (4.95) 第二行的 $(R/r)^{n+2}$，并令式 (4.95) 第三行的 $(R/r)^{n+2}$ 等于 1，得

$$
\begin{aligned}
\delta A(P) = & -\frac{\mu}{2R}\sum_{n=0}^{\infty}\left[n(n+1)-\left(\frac{h_P}{R}\right)n(n+1)(n+2) \right.\\
& \left. +\left(\frac{h_P}{R}\right)^2\frac{n(n+1)(n+2)(n+3)}{2} \right]\int_{\Omega_0}h^2 P_n(\cos\psi)\mathrm{d}\Omega' \\
& -\frac{\mu}{6R^2}\sum_{n=0}^{\infty}\left[\big((n+2)(n+1)-2\big)(n+1) \right.\\
& \left. -\left(\frac{h_P}{R}\right)\big((n+2)(n+1)-2\big)(n+1)(n+2) \right]\int_{\Omega_0}h^3 P_n(\cos\psi)\mathrm{d}\Omega' \\
& -\frac{\mu}{24R^3}\sum_{n=0}^{\infty}(n+2)(n+1)n(n+1)\int_{\Omega_0}h^4 P_n(\cos\psi)\mathrm{d}\Omega'
\end{aligned}
\tag{4.97}
$$

利用关系式

$$
h_n^{\nu}(P)=\frac{2n+1}{4\pi}\int_{\Omega_0}h^{\nu}P_n(\cos\psi)\mathrm{d}\Omega,\quad \nu=2,3,4
\tag{4.98}
$$

将式 (4.97) 化为谱分量形式：

$$
\begin{aligned}
\delta A(P) = & -\frac{4\pi\mu}{2R}\sum_{n=0}^{\infty}\left[\frac{n}{2}+\frac{1}{4}-\frac{1}{4(2n+1)}-\frac{h_P}{R}\left(\frac{n(n+3)}{2}-\frac{n}{4}+\frac{3}{8}-\frac{3}{8(2n+1)}\right) \right.\\
& \left. +\frac{1}{2}\left(\frac{h_P}{R}\right)^2\left(\frac{n(n^2+6n+11)}{2}-\frac{n(n+3)}{4}-\frac{5n}{8}+\frac{15}{16}-\frac{15}{16(2n+1)}\right) \right]h_n^2(P) \\
& -\frac{4\pi\mu}{6R^2}\sum_{n=0}^{\infty}\left[\frac{n(n+3)}{2}+\frac{n}{4}+\frac{5}{8}-\frac{5}{8(2n+1)} \right.\\
& \left. -\frac{h_P}{R}\left(\frac{n(n^2+6n+11)}{2}-\frac{n(n+3)}{4}-\frac{5n}{8}+\frac{15}{16}-\frac{15}{16(2n+1)}\right) \right]h_n^3(P) \\
& -\frac{4\pi\mu}{24R^3}\sum_{n=0}^{\infty}\left[\frac{n(n^2+6n+11)}{2}-\frac{5n(n+3)}{4}-\frac{n}{8}+\frac{3}{16}-\frac{3}{16(2n+1)} \right]h_n^4(P)
\end{aligned}
\tag{4.99}
$$

对上式应用关系式

$$
\sum_{n=0}^{\infty}\frac{1}{2n+1}h_n^{\nu}(P)=\frac{R}{4\pi}\int\frac{h^{\nu}}{\ell_0}\mathrm{d}\Omega',\quad \nu=2,3,4
\tag{4.100}
$$

$$
-\frac{1}{R}\sum_{n=0}^{\infty}nh_n^{\nu}(P)=\frac{R^2}{2\pi}\int_{\Omega_0}\frac{h^{\nu}-h_P^{\nu}}{\ell_0^3}\mathrm{d}\Omega',\quad \nu=2,3,4 \text{ (Heiskanen and Moritz, 1967)}
\tag{4.101}
$$

$$
-\frac{1}{R^2}\sum_{n=0}^{\infty}n(n+3)h_n^{\nu}(P)=\frac{R}{\pi}\int_{\Omega_0}\frac{h^{\nu}-h_P^{\nu}}{\ell_0^3}\mathrm{d}\Omega',\quad \nu=2,3,4 \text{ (见附录 B)}
\tag{4.102}
$$

$$-\frac{1}{R^3}\sum_{n=0}^{\infty} n\left(n^2+6n+11\right)h_n^{v}(P)=\frac{9}{4\pi}\int_{\Omega_0}\left(\frac{3}{2}-\frac{2R^2}{\ell_0^2}\right)\frac{h^{v}-h_P^{v}}{\ell_0^3}\mathrm{d}\Omega',\quad v=2,3,4\ (\text{见附录 B})$$

$$(4.103)$$

并顾及恒等式

$$\frac{R}{4\pi}\int_{\Omega_0}\frac{\mathrm{d}\Omega}{\ell_0}=1 \tag{4.104}$$

经简单整理, 最后有地形对重力直接影响的地形高级数表示

$$\begin{aligned}
\delta A(P)=&-\frac{\mu R^2}{2}\left\{-\int_{\Omega_0}\frac{h^2-h_P^2}{\ell_0^3}\left(1+\frac{1}{4}\frac{\ell_0^2}{R^2}\right)\mathrm{d}\Omega'+\frac{3h_P}{2R}\int_{\Omega_0}\frac{h^2-h_P^2}{\ell_0^3}\left(1+\frac{1}{4}\frac{\ell_0^2}{R^2}\right)\mathrm{d}\Omega'\right.\\
&\left.+\frac{9h_P^2}{2}\left[\int_{\Omega_0}\frac{h^2-h_P^2}{\ell_0^5}\mathrm{d}\Omega'-\frac{1}{2R^2}\int_{\Omega_0}\frac{h^2-h_P^2}{\ell_0^3}\left(1+\frac{5}{24}\frac{\ell_0^2}{R^2}\right)\mathrm{d}\Omega'\right]\right\}\\
&+\frac{\mu R}{6}\left\{\frac{5}{2}\int_{\Omega_0}\frac{h^3-h_P^3}{\ell_0^3}\left(1+\frac{1}{4}\frac{\ell_0^2}{R^2}\right)\mathrm{d}\Omega'\right.\\
&\left.+9h_P R\left[\int_{\Omega_0}\frac{h^3-h_P^3}{\ell_0^5}\mathrm{d}\Omega'-\frac{1}{2R^2}\int_{\Omega_0}\frac{h^3-h_P^3}{\ell_0^3}\left(1+\frac{5}{24}\frac{\ell_0^2}{R^2}\right)\mathrm{d}\Omega'\right]\right\}\\
&-\frac{3\mu R^2}{8}\left[\int_{\Omega_0}\frac{h^4-h_P^4}{\ell_0^5}\mathrm{d}\Omega'-\frac{1}{6R^2}\int_{\Omega_0}\frac{h^4-h_P^4}{\ell_0^3}\left(1+\frac{1}{8}\frac{\ell_0^2}{R^2}\right)\mathrm{d}\Omega'\right]
\end{aligned} \tag{4.105}$$

(2) $\kappa=\rho h\left(1+3h/(2R)+h^2/R^2+h^3/(4R^3)\right)$ (地球质量中心守恒)

用类似上面的推导方式, 可以得到此情况下地形对重力直接影响的地形高级数表示:

$$\begin{aligned}
\delta A(P)=&-\frac{\mu}{2}\left\{-h_P^2\int_{\Omega_0}\frac{\mathrm{d}\Omega'}{\ell_0}-R^2\int_{\Omega_0}\frac{h^2-h_P^2}{\ell_0^3}\left(1+\frac{3}{4}\frac{\ell_0^2}{R^2}\right)\mathrm{d}\Omega'\right.\\
&-\left(\frac{h_P}{R}\right)\left[-2h_P^2\int_{\Omega_0}\frac{\mathrm{d}\Omega'}{\ell_0}-\frac{R^2}{2}\int_{\Omega_0}\frac{h^2-h_P^2}{\ell_0^3}\left(1+\frac{9}{4}\frac{\ell_0^2}{R^2}\right)\mathrm{d}\Omega'\right]\\
&\left.+\frac{1}{2}\left(\frac{h_P}{R}\right)^2\left[-6h_P^2\int_{\Omega_0}\frac{\mathrm{d}\Omega'}{\ell_0}+9R^4\int_{\Omega_0}\frac{h^2-h_P^2}{\ell_0^5}\mathrm{d}\Omega'-\frac{45}{16}\int_{\Omega_0}\frac{h^2-h_P^2}{\ell_0}\mathrm{d}\Omega'\right]\right\}\\
&-\frac{\mu}{6R}\left\{-4h_P^3\int_{\Omega_0}\frac{\mathrm{d}\Omega'}{\ell_0}-\frac{5R^2}{2}\int_{\Omega_0}\frac{h^3-h_P^3}{\ell_0^3}\left(1+\frac{21}{20}\frac{\ell_0^2}{R^2}\right)\mathrm{d}\Omega'\right.\\
&\left.-\left(\frac{h_P}{R}\right)\left[-8h_P^3\int_{\Omega_0}\frac{\mathrm{d}\Omega'}{\ell_0}+9R^4\int_{\Omega_0}\frac{h^3-h_P^3}{\ell_0^5}\mathrm{d}\Omega'-\frac{R^2}{2}\int_{\Omega_0}\frac{h^3-h_P^3}{\ell_0^3}\left(1+\frac{63}{8}\frac{\ell_0^2}{R^2}\right)\mathrm{d}\Omega'\right]\right\}\\
&-\frac{\mu}{24R^2}\left[-6h_P^4\int_{\Omega_0}\frac{\mathrm{d}\Omega'}{\ell_0}+9R^4\int_{\Omega_0}\frac{h^4-h_P^4}{\ell_0^5}\mathrm{d}\Omega'-\frac{3R^2}{2}\int_{\Omega_0}\frac{h^4-h_P^4}{\ell_0^3}\left(1+\frac{17}{8}\frac{\ell_0^2}{R^2}\right)\mathrm{d}\Omega'\right]
\end{aligned}$$

$$(4.106)$$

（3）$\kappa = \rho h$（局部质量守恒）

在此情况下，地形对重力直接影响的地形高级数表示是：

$$\delta A(P) = -\frac{\mu}{2}\left\{2h_P^2\int_{\Omega_0}\frac{\mathrm{d}\Omega'}{\ell_0} - R^2\int_{\Omega_0}\frac{h^2 - h_P^2}{\ell_0^3}\left(1 - \frac{3}{4}\frac{\ell_0^2}{R^2}\right)\mathrm{d}\Omega'\right.$$

$$-\left(\frac{h_P}{R}\right)\left[4h_P^2\int_{\Omega_0}\frac{\mathrm{d}\Omega'}{\ell_0} - \frac{7R^2}{2}\int_{\Omega_0}\frac{h^2 - h_P^2}{\ell_0^3}\left(1 - \frac{9}{28}\frac{\ell_0^2}{R^2}\right)\mathrm{d}\Omega'\right]$$

$$\left.+\frac{1}{2}\left(\frac{h_P}{R}\right)^2\left[12h_P^2\int_{\Omega_0}\frac{\mathrm{d}\Omega'}{\ell_0} + 9R^4\int_{\Omega_0}\frac{h^2 - h_P^2}{\ell_0^5}\mathrm{d}\Omega' - \frac{27}{2}\int_{\Omega_0}\frac{h^2 - h_P^2}{\ell_0}\left(1 - \frac{5}{24}\frac{\ell_0^2}{R^2}\right)\mathrm{d}\Omega'\right]\right\}$$

$$-\frac{\mu}{6R}\left\{2h_P^3\int_{\Omega_0}\frac{\mathrm{d}\Omega'}{\ell_0} - \frac{5R^2}{2}\int_{\Omega_0}\frac{h^3 - h_P^3}{\ell_0^3}\left(1 - \frac{3}{20}\frac{\ell_0^2}{R^2}\right)\mathrm{d}\Omega'\right.$$

$$\left.-\left(\frac{h_P}{R}\right)\left[4h_P^3\int_{\Omega_0}\frac{\mathrm{d}\Omega'}{\ell_0} + 9R^4\int_{\Omega_0}\frac{h^3 - h_P^3}{\ell_0^5}\mathrm{d}\Omega' - \frac{13R^2}{2}\int_{\Omega_0}\frac{h^3 - h_P^3}{\ell_0^3}\left(1 - \frac{9}{104}\frac{\ell_0^2}{R^2}\right)\mathrm{d}\Omega'\right]\right\}$$

$$-\frac{\mu}{24}\left[9R^2\int_{\Omega_0}\frac{h^4 - h_P^4}{\ell_0^5}\mathrm{d}\Omega' - \frac{3}{2}\int_{\Omega_0}\frac{h^4 - h_P^4}{\ell_0^3}\left(1 + \frac{1}{8}\frac{\ell_0^2}{R^2}\right)\mathrm{d}\Omega'\right] \qquad (4.107)$$

最后，将式（4.35）对 r 取偏导，我们得到地形对重力直接影响的球谐级数表示：

$$\delta A(P) = \frac{\partial \delta V(P)}{\partial r} = -\frac{1}{r}\sum_{n=0}^{\infty}(n+1)\left(\frac{R}{r}\right)^{n+1}\sum_{m=-n}^{n}\delta V_{nm}Y_{nm}(\Omega) \qquad (4.108)$$

依照地形压缩质量面密度的三种不同原则，该式中的系数 δV_{nm} 或用式（4.36），或式（4.38）或式（4.39）计算。

第5章 大气影响

5.1 引　言

在大地测量实践中，大气对重力的影响，通常作为一项改正数，改正重力观测值，见 Moritz（1980b），Lemoine 等（1998）。对于结合移去-恢复技术的边值问题，依据问题的性质，综合考虑移去-恢复大气的影响，当是适应问题要求的合理做法。这是讨论大气影响问题的立足点。

大地边值问题的先决条件是边界面之外无任何质量。在这个问题中，大气质量和地形质量，按照 Helmert 第二压缩法，必须通过计算移至边界面。大气质量，像地形质量一样，被压缩成无限薄层铺设于边界面(参考椭球面)；实际大气质量与压缩大气质量在同一点的引力位之差，称为残余大气位。移去-恢复大气质量对重力产生的影响，叫做对重力的直接影响。地面重力扰动加上地形和大气对重力的直接影响，叫做 Helmert 地面重力扰动。移去-恢复大气质量，不仅对重力产生影响(通常称直接影响)，对位也产生影响(通常称间接影响)，引起地面高程异常和垂线偏差的变化，引起大地水准面高和椭球面垂线偏差的变化。

移去-恢复大气或地形质量会引起水准面的变化,水准面的变化又会反过来引起重力变化。这种次生变化称为大气或地形的次要间接影响。在 Stokes 问题中，重力异常是观测量，那里需要考虑对重力的次要间接影响。在这个问题中，重力扰动是观测量，需要考虑对重力扰动的次要间接影响。对重力扰动的次要间接影响用于 Helmert 重力扰动从实际边界面到调整边界面的延拓。

下面将从讨论大气密度入手，接着研究残余大气位，然后研究诸项大气影响。

5.2　大　气　密　度

大气密度是残余大气位和大气对重力场元影响的一个重要参数。大气密度随高度变化。通常把地球大气按高度分成两部分：一部分是从海平面到某一高度 h_0（~9km），在此部分存在地形质量；另一部分是从高度 h_0 到大气上界 h_{lim}（~80km，此处大气密度可以忽略）之间的球壳层，在此壳层，不存在地形质量。假定大气密度在侧向是均匀的，仅随地心向径的增加而减小。从海平面到高度 h_0（大地高），大气密度随高度 h 近似按 h 的二次函数衰减；在 h_0 以上，大气密度与地心向径 r' 的 μ（>2）次方成反比；假定 r' 为流动点的地心向径，$r'=R+h$，R 为地球平均半径，取 $R=6\ 371\ 000.79$ m；并假定 r' 与 h 的方向一致。所以，大气密度假设是（Eshagh and Sjöberg, 2009）：

$$\rho^{a}(h) = \begin{cases} \rho_{0}^{a}\left(1+\alpha h+\beta h^{2}\right), & 0\leqslant h\leqslant h_{0} \\ \rho_{0}^{a}(h_{0})\left(\dfrac{R+h_{0}}{r'}\right)^{\mu}, & h_{0}\leqslant h\leqslant h_{\text{lim}} \end{cases} \tag{5.1}$$

式中，ρ_{0}^{a} 为海平面(假设与椭球面重合)处的大气密度；h 为考虑点的大地高；α 和 β 为待定常数。根据 1976 年美国标准大气(www.pdas.com/atmos.htm)，$\rho_{0}^{a}=1.225\,\text{kg/m}^{3}$。用式(5.1)的第一式对标准大气模型进行最小二乘拟合，得到两个系数

$$\alpha = -9.400\,398\,54\times10^{-5}\,\text{m}^{-1}, \quad \beta = 2.825\,312\,4\times10^{-9}\,\text{m}^{-2}, \quad 0\leqslant h\leqslant 9\,\text{km} \tag{5.2}$$

按照式(5.1)的第一式，可得在 $h_{0}=9\,\text{km}$ 处 $\rho_{0}^{a}(h_{0})=0.468\,95\,\text{kg/m}^{3}$；当 $9\,\text{km}\leqslant h\leqslant 80\,\text{km}$ 时，用式(5.1)的第二式拟合美国标准大气模型，得到 $\mu=935$。

用 $h=r'-R$ 代换式(5.1)的变量 h(见图 4.1)，则大气密度表示式可写为

$$\rho^{a}(r') = \rho^{a}(h) = \begin{cases} \rho_{0}^{a}\left(a+br'+cr'^{2}\right), & h\leqslant h_{0}(=9\,\text{km}) \\ \rho_{0}^{a}(h_{0})\left(\dfrac{R+h_{0}}{r'}\right)^{\mu}, & h_{0}\leqslant h\leqslant h_{\text{lim}} \end{cases} \tag{5.3}$$

式中

$$a = 1-\alpha R+\beta R^{2}, \quad b = \alpha-2\beta R, \quad c = \beta \tag{5.4}$$

借助 Helmert 第二压缩法，我们将大气以面密度 κ^{a} 压缩到参考椭球面：

$$\kappa^{a}(r') = \int_{r_{1}'}^{r_{2}'}\rho^{a}(r')\mathrm{d}r' \tag{5.5}$$

式中，$\rho^{a}(r')$ 为大气的体密度。将式(5.3)代入式(5.5)，并进行积分，我们得参考椭球面上压缩薄层的面密度

$$\kappa^{a}(r') = \begin{cases} \rho_{0}^{a}\left(ar'+\dfrac{br'^{2}}{2}+\dfrac{cr'^{3}}{3}\right)\bigg|_{r'=R+h}^{R+h_{0}}, & h\leqslant h_{0} \\ \dfrac{\rho_{0}^{a}(h_{0})(R+h_{0})}{1-\mu}\left(\dfrac{R+h_{0}}{r'}\right)^{\mu-1}\bigg|_{r'=R+h_{0}}^{r_{\text{lim}}'}, & h_{0}\leqslant h\leqslant h_{\text{lim}} \end{cases} \tag{5.6}$$

此式表明，在 9 km 以下，面密度按 r' 的 3 次函数衰减；在 9 km 以上，按与 r' 的 $\mu-1$ 次方成反比规律衰减。

5.3 残余大气位

1. 地面点残余大气位

实际大气质量在地面 P 点(见图 4.1)产生的引力位可以表示为(Novák, 2000；Tenzer et al., 2006)：

$$V_P^a = G \int_{\Omega_0} \int_{r'=R+h}^{r'_{\lim}} \frac{\rho^a(r')r'^2 dr' d\Omega'}{\ell_{PQ}} \tag{5.7}$$

式中，G 是牛顿引力常数；Ω_0 是全立体角，$d\Omega' = \sin\psi d\psi d\alpha$ 是单位球的面元，$\ell_{PQ} = \sqrt{r^2 + r'^2 - 2rr'\cos\psi}$ 为计算点 $P(r,\Omega)$ 与积分点 $Q(r',\Omega')$ 之间的欧氏空间距离；ψ 为它们之间的角距。积分的下限为地面 $R+h$，h 为计算点的大地高，上限为大气上界 $r'_{\lim}$，$r'_{\lim} = R + h_{\lim}$。式(5.7)可以写成

$$V_P^a = G \int_{\Omega_0} \int_{r'=R+h}^{R+h_0} \frac{\rho^a(r')r'^2 dr' d\Omega'}{\ell_{PQ}} + G \int_{\Omega_0} \int_{r'=R+h_0}^{r'_{\lim}} \frac{\rho^a(r')r'^2 dr' d\Omega'}{\ell_{PQ}} \tag{5.8}$$

式(5.8)右端第一项代表高度 h_0 以下大气质量产生的引力位；第二项代表大气壳层质量产生的引力位。在大气壳层，假定大气连续，对变量 $\Omega'(\psi,\alpha)$ 的积分可积，等于 $4\pi G \int_{r'=R+h_0}^{r'_{\lim}} \rho^a(r')r' dr'$。这样式(5.8)可写为

$$V_P^a = G \int_{\Omega_0} \int_{r'=R+h}^{R+h_0} \frac{\rho^a(r')r'^2 dr' d\Omega'}{\ell_{PQ}} + 4\pi G \int_{r'=R+h_0}^{r'_{\lim}} \rho^a(r')r' dr' \tag{5.9}$$

对变量 r' 进行不定积分：

$$I_{11} = \int \frac{\rho^a(r')r'^2 dr'}{\sqrt{r'^2 + r^2 - (2r\cos\psi)r'}}, \quad I_{12} = \int \rho^a(r')r' dr' \tag{5.10}$$

注意到大气密度是 r' 的函数，且以高度 $h_0 (\approx 9\ \text{km})$ 分界，两个不定积分分别是

$$I_{11} = \int \frac{(ar'^2 + br'^3 + cr'^4)dr'}{\sqrt{r'^2 + r^2 - (2r\cos\psi)r'}} \tag{5.11}$$

$$I_{12} = (R+h_0)^\mu \int \frac{1}{r'^{\mu-1}} dr' \tag{5.12}$$

经积分有(省略积分常数)

$$\begin{aligned}
I_{11} &= \left[\frac{cr'^3}{4} + b\left(\frac{r'^2}{3} + \frac{5rr'\cos\psi}{6} + \frac{5r^2\cos^2\psi}{2} - \frac{2r^2}{3} \right) + \frac{7crr'^2\cos\psi}{12} + \frac{35cr^2r'\cos^2\psi}{24} \right. \\
&\quad \left. + \frac{35cr^3\cos^3\psi}{8} - \frac{7cr^3\cos\psi}{6} + a\left(\frac{r'}{2} + \frac{3r\cos\psi}{2} \right) - \frac{3cr^2r'}{8} - \frac{9cr^3\cos\psi}{8} \right] \ell_{PQ} \\
&\quad + \left[b\left(-\frac{3r^3\cos\psi}{2} + \frac{5r^3\cos^3\psi}{2} \right) - \frac{21cr^4\cos^2\psi}{8} + \frac{35cr^4\cos^4\psi}{8} \right. \\
&\quad \left. + a\left(\frac{3r^2\cos^2\psi - r^2}{2} \right) - \frac{9cr^4\cos^2\psi - 3cr^4}{8} \right] \ln(\ell_{PQ} + r' - r\cos\psi)
\end{aligned} \tag{5.11a}$$

$$I_{12} = \frac{(R+h_0)^2}{2-\mu} \left(\frac{R+h_0}{r'} \right)^{\mu-2}, \qquad r' = R+h \tag{5.12a}$$

于是，根据式 (5.9)，大气质量在 P 点产生的引力位可以表示为

$$V_P^a = G\rho_0^a \int_{\Omega_0} I_{11}\big|_{r'=R+h}^{R+h_0} \mathrm{d}\Omega' + 4\pi G\rho_0^a(h_0) I_{12}\big|_{r'=R+h_0}^{n'_{\lim}} \tag{5.13}$$

边界面大气压缩薄层在 P 点 (见图 4.1) 产生的引力位用下式表示：

$$V_P^{\mathrm{ca}} = GR^2 \int_{\Omega_0} \frac{\kappa^a(\Omega')\mathrm{d}\Omega'}{\ell_{PQ_0}} \tag{5.14}$$

式中，$\ell_{PQ_0} = \sqrt{R^2 + r^2 - 2Rr\cos\psi}$ 为边界面点 $Q_0(R,\Omega')$ 到地面计算点 $P(r,\Omega)$ 的欧氏空间距离；ψ 为两点之间的角距。将式 (5.6) 代入式 (5.14)，我们得

$$\begin{aligned} V_P^{\mathrm{ca}} &= GR^2 \rho_0^a \left(ar' + \frac{br'^2}{2} + \frac{cr'^3}{3} \right)\Bigg|_{r'=R+h}^{R+h_0} \int_{\Omega_0} \frac{\mathrm{d}\Omega'}{\ell_{PQ_0}} \\ &\quad - \frac{2\pi GR^2 \rho_0^a(h_0)(R+h_0)}{1-\mu}\left(\frac{R+h_0}{r'}\right)^{\mu-1}\Bigg|_{r'=R+h_0}^{n'_{\lim}} \int_1^{-1} \frac{\mathrm{d}\cos\psi}{\ell_{PQ_0}} \\ &= GR^2 \rho_0^a \left(ar' + \frac{br'^2}{2} + \frac{cr'^3}{3} \right)\Bigg|_{r'=R+h}^{R+h_0} \int_{\Omega_0} \frac{\mathrm{d}\Omega'}{\ell_{PQ_0}} \\ &\quad + \frac{4\pi GR^2 \rho_0^a(h_0)}{1-\mu}\left(\frac{R+h_0}{r}\right)\left(\frac{R+h_0}{r'}\right)^{\mu-1}\Bigg|_{r'=R+h_0}^{n'_{\lim}} \end{aligned} \tag{5.15}$$

地面点 P 的残余大气位为实际大气位与压缩层大气位之差。于是，根据式 (5.13) 和式 (5.15)，我们得地面点 P 的残余大气位

$$\begin{aligned} \delta V_P^a &= V_P^a - V_P^{\mathrm{ca}} \\ &= G\rho_0^a \int_{\Omega_0} I_{11}\big|_{r'=R+h}^{R+h_0} \mathrm{d}\Omega' + 4\pi G\rho_0^a(h_0) I_{12}\big|_{r'=R+h}^{n'_{\lim}} \\ &\quad - GR^2 \rho_0^a \left(ar' + \frac{br'^2}{2} + \frac{cr'^3}{3} \right)\Bigg|_{r'=R+h}^{R+h_0} \int_{\Omega_0} \frac{\mathrm{d}\Omega'}{\ell_{PQ_0}} \\ &\quad - \frac{4\pi GR^2 \rho_0^a(h_0)}{1-\mu}\left(\frac{R+h_0}{r}\right)\left(\frac{R+h_0}{r'}\right)^{\mu-1}\Bigg|_{r'=R+h_0}^{n'_{\lim}} \end{aligned} \tag{5.16}$$

2. 边界面点残余大气位

大气质量在边界面点 P_0 (见图 4.2) 产生的引力位用下式表示：

$$V_{P_0}^a = G \int_{\Omega_0} \int_{r'=R+h}^{n'_{\lim}} \frac{\rho^a(r')r'^2 \mathrm{d}r'\mathrm{d}\Omega'}{\ell} \tag{5.17}$$

式中，ℓ 为积分点 $Q(r',\Omega')$ 到边界面点 $P_0(R,\Omega)$ 的欧氏空间距离 (见图 4.2)，$\ell = \sqrt{R^2 + r'^2 - 2Rr'\cos\psi}$，$\psi$ 为两者之间的角距。式 (5.17) 进一步可以写成

$$V_{P_0}^{\mathrm{a}} = G \int_{\Omega_0} \int_{r'=R+h}^{R+h_0} \frac{\rho^{\mathrm{a}}(r') r'^2 \mathrm{d}r' \mathrm{d}\Omega'}{\ell} + G \int_{\Omega_0} \int_{r'=R+h_0}^{r'_{\lim}} \frac{\rho^{\mathrm{a}}(r') r'^2 \mathrm{d}r' \mathrm{d}\Omega'}{\ell} \qquad (5.18)$$

式 (5.18) 右端第一项代表高度 h_0 以下大气质量产生的引力位;第二项代表高度 h_0 以上大气壳质量产生的引力位,对变量 $\Omega'(\psi, \alpha)$ 可积,等于 $4\pi G \int_{r'=R+h_0}^{r'_{\lim}} \rho^{\mathrm{a}}(r') r' \mathrm{d}r'$。这样,式 (5.18) 可写为

$$V_{P_0}^{\mathrm{a}} = G \int_{\Omega_0} \int_{r'=R+h}^{R+h_0} \frac{\rho^{\mathrm{a}}(r') r'^2 \mathrm{d}r' \mathrm{d}\Omega'}{\ell} + 4\pi G \int_{r'=R+h_0}^{r'_{\lim}} \rho^{\mathrm{a}}(r') r' \mathrm{d}r' \qquad (5.19)$$

容易看出,式 (5.7) 和式 (5.17) 的差别,仅源自于地面 P 点和边界面 P_0 点之别,它们的球坐标分别是 (r, Ω) 和 (R, Ω),因此二式的积分结果仅有字符 r 和 R 之别而已。所以,我们对式 (5.13) 进行简单的字符代换即可得到式 (5.19) 的积分结果:

$$V_{P_0}^{\mathrm{a}} = G \rho_0^{\mathrm{a}} \int_{\Omega_0} I'_{11} \Big|_{r'=R+h}^{R+h_0} \mathrm{d}\Omega' + 4\pi G \rho_0^{\mathrm{a}}(h_0) I_{12} \Big|_{R+h_0}^{r'_{\lim}} \qquad (5.20)$$

其中

$$\begin{aligned}
I'_{11} = &\left[\frac{cr'^3}{4} + b\left(\frac{r'^2}{3} + \frac{5Rr'\cos\psi}{6} + \frac{5R^2\cos^2\psi}{2} - \frac{2R^2}{3} \right) + \frac{7cRr'^2\cos\psi}{12} + \frac{35cR^2 r'\cos^2\psi}{24} \right. \\
&\left. + \frac{35cR^3\cos^3\psi}{8} - \frac{7cR^3\cos\psi}{6} + a\left(\frac{r'}{2} + \frac{3R\cos\psi}{2} \right) - \frac{3cR^2 r'}{8} - \frac{9cR^3\cos\psi}{8} \right] \ell_{P_0 Q} \\
&+ \left[b\left(-\frac{3R^3\cos\psi}{2} + \frac{5R^3\cos^3\psi}{2} \right) - \frac{21cR^4\cos^2\psi}{8} + \frac{35cR^4\cos^4\psi}{8} \right. \\
&\left. + a\left(\frac{3R^2\cos^2\psi - R^2}{2} \right) - \frac{9cR^4\cos^2\psi - 3cR^4}{8} \right] \ln\left(\ell_{P_0 Q} + r' - R\cos\psi \right) \qquad (5.21)
\end{aligned}$$

注意,在式 (5.20) 中 I_{12} 与 r 无关,所以式 (5.12a) 在此情况下依然有效。

边界面上压缩大气质量在 P_0 点产生的引力位,由下式定义:

$$V_{P_0}^{\mathrm{ca}} = GR^2 \int_{\Omega_0} \frac{\kappa^{\mathrm{a}}(\Omega') \mathrm{d}\Omega'}{\ell_0} \qquad (5.22)$$

式中,ℓ_0 为 P_0 与 Q_0 之间的距离(见图 4.2),$\ell_0 = \sqrt{2R^2(1-\cos\psi)} = 2R\sin(\psi/2)$。

显然,将式 (5.15) 中的 r 用 R 代替,即得式 (5.22) 的积分结果:

$$V_{P_0}^{\mathrm{ca}} = GR^2 \rho_0^{\mathrm{a}} \left(ar' + \frac{br'^2}{2} + \frac{cr'^3}{3} \right) \Big|_{r'=R+h}^{R+h_0} \int_{\Omega_0} \frac{\mathrm{d}\Omega'}{\ell_0} + \frac{4\pi GR\rho_0^{\mathrm{a}}(h_0)(R+h_0)}{1-\mu} \left(\frac{R+h_0}{r'} \right)^{\mu-1} \Bigg|_{r'=R+h_0}^{r'_{\lim}} \qquad (5.23)$$

边界面点 P_0 的残余大气位为实际大气位与边界面压缩层大气位之差。于是,根据式 (5.20) 和式 (5.23),P_0 点的残余大气位是:

$$\delta V_{P_0}^{\mathrm{a}} = V_{P_0}^{\mathrm{a}} - V_{P_0}^{\mathrm{ca}} = G\rho_0^{\mathrm{a}} \int_{\Omega_0} I_{11}' \Big|_{r'=R+h}^{R+h_0} \mathrm{d}\Omega' + 4\pi G\rho_0^{\mathrm{a}}(h_0) I_{12} \Big|_{R+h_0}^{n_{\lim}'}$$

$$-GR^2\rho_0^{\mathrm{a}}\left(ar' + \frac{br'^2}{2} + \frac{cr'^3}{3}\right)\Bigg|_{r'=R+h}^{R+h_0} \int_{\Omega_0} \frac{\mathrm{d}\Omega'}{\ell_0} - \frac{4GR\rho_0^{\mathrm{a}}(h_0)(R+h_0)}{1-\mu}\left(\frac{R+h_0}{r'}\right)^{\mu-1}\Bigg|_{r'=R+h}^{n_{\lim}'}$$

$$\tag{5.24}$$

5.4 大气对位的间接影响

1. 对高程异常和地面垂线偏差的影响

大气对高程异常的间接影响用下式表示：

$$\delta\zeta^{\mathrm{a}}(P) = \frac{\delta V_P^{\mathrm{a}}}{\gamma} \tag{5.25}$$

式中，δV_P^{a} 是在地面点 P 的残余大气位，用式(5.16)计算；γ 是似地形面上的正常重力。

大气对地面垂线偏差的间接影响用下式表示：

$$\begin{Bmatrix}\delta\xi_P^{\mathrm{a}}\\\delta\eta_P^{\mathrm{a}}\end{Bmatrix} = \frac{\partial\,\delta\zeta^{\mathrm{a}}(P)}{r\partial\psi}\begin{Bmatrix}\cos\alpha\\\sin\alpha\end{Bmatrix} = \frac{\partial\,\delta V_P^{\mathrm{a}}}{r\gamma\,\partial\psi}\begin{Bmatrix}\cos\alpha\\\sin\alpha\end{Bmatrix} \tag{5.26}$$

式中，r 为计算点的地心向径；α 为计算点到积分点的方位角；$\partial\,\delta V_P^{\mathrm{a}}/\partial\psi$ 为 P 点的残余大气位对 ψ 的导数。根据式(5.16)，我们得到

$$\begin{Bmatrix}\delta\xi_P^{\mathrm{a}}\\\delta\eta_P^{\mathrm{a}}\end{Bmatrix} = \frac{G\rho_0^{\mathrm{a}}}{r\gamma}\int_{\Omega_0}\frac{\partial I_{11}}{\partial\psi}\Bigg|_{r'=R+h}^{R+h_0}\begin{Bmatrix}\cos\alpha\\\sin\alpha\end{Bmatrix}\mathrm{d}\Omega'$$

$$-\frac{GR^2\rho_0^{\mathrm{a}}}{r\gamma}\left(ar' + \frac{br'^2}{2} + \frac{cr'^3}{3}\right)\Bigg|_{r'=R+h}^{R+h_0}\int_{\Omega_0}\frac{\partial\ell_{PQ_0}^{-1}}{\partial\psi}\begin{Bmatrix}\cos\alpha\\\sin\alpha\end{Bmatrix}\mathrm{d}\Omega'$$

$$= -\frac{G\rho_0^a}{r\gamma}\int_{\Omega_0}\sin\psi\Bigg\{\Bigg[\frac{5brr'}{6} + 5br^2\cos\psi + \frac{7crr'^2}{12} + \frac{35cr^2r'\cos\psi}{12} + \frac{105cr^3\cos^2\psi}{8}$$

$$-\frac{7cr^3}{6} + \frac{3ar}{2} - \frac{9cr^3}{8}\Bigg]\ell_{PQ} - \Bigg[\frac{cr'^3}{4} + b\left(\frac{r'^2}{3} + \frac{5rr'\cos\psi}{6} + \frac{5r^2\cos^2\psi}{2} - \frac{2r^2}{3}\right)$$

$$+\frac{7crr'^2\cos\psi}{12} + \frac{35cr^2r'\cos^2\psi}{24} + \frac{35cr^3\cos^3\psi}{8} - \frac{7cr^3\cos\psi}{6} + a\left(\frac{r'}{2} + \frac{3r\cos\psi}{2}\right)$$

$$-\frac{3cr^2r'}{8} - \frac{9cr^3\cos\psi}{8}\Bigg]\left(\frac{rr'}{\ell_{PQ}}\right) + \Bigg[-\frac{3br^3}{2} + \frac{15br^3\cos^2\psi}{2} - \frac{21cr^4\cos\psi}{4} + \frac{35cr^4\cos^3\psi}{2}$$

$$+3ar^2\cos\psi - \frac{9cr^4\cos\psi}{4}\Bigg]\ln(\ell_{PQ} + r' - r\cos\psi) - \Bigg[b\left(-\frac{3r^3\cos\psi}{2} + \frac{5r^3\cos^3\psi}{2}\right)$$

$$-\frac{21cr^4\cos^2\psi}{8} + \frac{35cr^4\cos^4\psi}{8} + a\left(\frac{3r^2\cos^2\psi - r^2}{2}\right) - \frac{9cr^4\cos^2\psi - 3cr^4}{8}\Bigg]$$

$$\left. \times \left(\frac{rr' + r\ell_{PQ}}{\ell_{PQ}\left(\ell_{PQ} + r' - r\cos\psi\right)}\right)\right\}\Bigg|_{r'=R+h}^{R+h_0} \begin{Bmatrix}\cos\alpha\\\sin\alpha\end{Bmatrix}\mathrm{d}\Omega'$$

$$+ \frac{GR^2\rho_0^{\mathrm{a}}}{r\gamma}\left(ar' + \frac{br'^2}{2} + \frac{cr'^3}{3}\right)\Bigg|_{r'=R+h}^{R+h_0}\int_{\Omega_0}\left(\frac{rR}{\ell_{PQ_0}^3}\right)\sin\psi\begin{Bmatrix}\cos\alpha\\\sin\alpha\end{Bmatrix}\mathrm{d}\Omega' \tag{5.27}$$

注意，大气壳对地面垂线偏差没有贡献。

2. 对大地水准面高和椭球面垂线偏差的影响

大气对大地水准面高的间接影响用下式表示

$$\delta N^{\mathrm{a}}\left(P_0\right) = \frac{\delta V_{P_0}^{\mathrm{a}}}{g_0} \tag{5.28}$$

式中，$\delta V_{P_0}^{\mathrm{a}}$ 是 P_0 点的残余大气位，用式(5.24)计算；g_0 是边界面处的重力加速度。

大气对椭球面垂线偏差的间接影响用下式表示：

$$\begin{Bmatrix}\delta\xi_{P_0}^{\mathrm{a}}\\\delta\eta_{P_0}^{\mathrm{a}}\end{Bmatrix} = \frac{\partial\delta N^{\mathrm{a}}\left(P_0\right)}{R\partial\psi}\begin{Bmatrix}\cos\alpha\\\sin\alpha\end{Bmatrix} = \frac{\partial\delta V_{P_0}^{\mathrm{a}}}{Rg_0\partial\psi}\begin{Bmatrix}\cos\alpha\\\sin\alpha\end{Bmatrix} \tag{5.29}$$

式中，R 为地球平均半径；α 为计算点到积分点的方位角；$\partial\delta V_{P_0}^{\mathrm{a}}/\partial\psi$ 为 P_0 点的残余大气位对 ψ 的偏导数。根据式(5.24)，我们得到：

$$\begin{Bmatrix}\delta\xi_{P_0}^{\mathrm{a}}\\\delta\eta_{P_0}^{\mathrm{a}}\end{Bmatrix} = \frac{G\rho_0^{\mathrm{a}}}{Rg_0}\int_{\Omega_0}\frac{\partial I_{11}'}{\partial\psi}\Bigg|_{r'=R+h}^{R+h_0}\begin{Bmatrix}\cos\alpha\\\sin\alpha\end{Bmatrix}\mathrm{d}\Omega' - \frac{GR^2\rho_0^{\mathrm{a}}}{Rg_0}\left(ar' + \frac{br'^2}{2} + \frac{cr'^3}{3}\right)\Bigg|_{r'=R+h}^{R+h_0}\int_{\Omega_0}\frac{\partial\ell_{P_0Q_0}^{-1}}{\partial\psi}\begin{Bmatrix}\cos\alpha\\\sin\alpha\end{Bmatrix}\mathrm{d}\Omega'$$

$$= -\frac{G\rho_0^{\mathrm{a}}}{Rg_0}\int_{\Omega_0}\sin\psi\left\{\left[\frac{5bRr'}{6} + 5bR^2\cos\psi + \frac{7cRr'^2}{12} + \frac{35cR^2r'\cos\psi}{12} + \frac{105cR^3\cos^2\psi}{8}\right.\right.$$

$$\left. - \frac{7cR^3}{6} + \frac{3aR}{2} - \frac{9cR^3}{8}\right]\ell_{P_0Q} - \left[\frac{cr'^3}{4} + b\left(\frac{r'^2}{3} + \frac{5Rr'\cos\psi}{6} + \frac{5R^2\cos^2\psi}{2} - \frac{2R^2}{3}\right)\right.$$

$$+ \frac{7cRr'^2\cos\psi}{12} + \frac{35cR^2r'\cos^2\psi}{24} + \frac{35cR^3\cos^3\psi}{8} - \frac{7cR^3\cos\psi}{6} + a\left(\frac{r'}{2} + \frac{3R\cos\psi}{2}\right)$$

$$\left. - \frac{3cR^2r'}{8} - \frac{9cR^3\cos\psi}{8}\right]\left(\frac{Rr'}{\ell_{P_0Q}}\right) + \left[-\frac{3bR^3}{2} + \frac{15bR^3\cos^2\psi}{8} - \frac{21cR^4\cos\psi}{4} + \frac{35cR^4\cos^3\psi}{2}\right.$$

$$\left. + 3aR^2\cos\psi - \frac{9cR^4\cos\psi}{4}\right]\ln\left(\ell_{P_0Q} + r - R\cos\psi\right) - \left[b\left(-\frac{3R^3\cos\psi}{2} + \frac{5R^3\cos^3\psi}{2}\right)\right.$$

$$\left. - \frac{21cR^4\cos^2\psi}{8} + \frac{35cR^4\cos^4\psi}{8} + a\left(\frac{3R^2\cos^2\psi - R^2}{2}\right) - \frac{9cR^4\cos^2\psi - 3cR^4}{8}\right]$$

$$\left.\left. \times\left(\frac{Rr' + R\ell_{P_0Q}}{\ell_{P_0Q}\left(\ell_{P_0Q} + r' - R\cos\psi\right)}\right)\right\}\right|_{r'=R+h}^{R+h_0}\begin{Bmatrix}\cos\alpha\\\sin\alpha\end{Bmatrix}\mathrm{d}\Omega'$$

$$+ \frac{GR\rho_0^{\mathrm{a}}}{Rg_0}\left(ar' + \frac{br'^2}{2} + \frac{cr'^3}{3}\right)\Bigg|_{r'=R+h}^{R+h_0}\int_{\Omega_0}\frac{\mathrm{ctg}\left(\psi/2\right)}{4\sin\left(\psi/2\right)}\begin{Bmatrix}\cos\alpha\\\sin\alpha\end{Bmatrix}\mathrm{d}\Omega' \tag{5.30}$$

注意，大气壳层对椭球面垂线偏差没有贡献。

5.5 大气对重力的直接影响

大气对重力的直接影响 $\delta g_{\text{dir}}^{\text{a}}$ 定义为残余大气位对 r 的导数，即

$$\delta g_{\text{dir}}^{\text{a}}(P) = \frac{\partial \delta V_P^{\text{a}}}{\partial r} \tag{5.31}$$

于是，式(5.16)各项对 r 取偏导数，我们得大气对 P 点重力的直接影响：

$$\delta g_{\text{dir}}^{\text{a}}(P) = G\rho_0^{\text{a}} \int_{\Omega_0} \frac{\partial I_{11}}{\partial r}\bigg|_{r'=R+h}^{R+h_0} \mathrm{d}\Omega' - GR^2\rho_0^{\text{a}}\left(ar' + \frac{br'^2}{2} + \frac{cr'^3}{3}\right)\bigg|_{r'=R+h}^{R+h_0} \int_{\Omega_0} \frac{\partial \ell_{PQ_0}^{-1}}{\partial r}\mathrm{d}\Omega'$$

$$- \frac{4\pi GR^2\rho_0^{\text{a}}(h_0)(R+h_0)}{1-\mu}\left(\frac{\partial r^{-1}}{\partial r}\right)\left(\frac{R+h_0}{r'}\right)^{\mu-1}\bigg|_{r'=R+h_0}^{n'_{\lim}}$$

$$= G\rho_0^{\text{a}} \int_{\Omega_0} \left\{ \left[\frac{cr'^3}{4} + b\left(\frac{r'^2}{3} + \frac{5rr'\cos\psi}{6} + \frac{5r^2\cos^2\psi}{2} - \frac{2r^2}{3}\right) + \frac{7crr'^2\cos\psi}{12} \right.\right.$$

$$+ \frac{35cr^2r'\cos^2\psi}{24} + \frac{35cr^3\cos^3\psi}{8} - \frac{7cr^3\cos\psi}{6} + a\left(\frac{r'}{2} + \frac{3r\cos\psi}{2}\right) - \frac{3cr^2r'}{8}$$

$$\left. - \frac{9cr^3\cos\psi}{8} \right]\left(\frac{r-r'\cos\psi}{\ell_{PQ}}\right) + \left[\frac{5br'\cos\psi}{6} + 5br\cos^2\psi - \frac{4br}{3} + \frac{7cr'^2\cos\psi}{12} \right.$$

$$\left. + \frac{35crr'\cos^2\psi}{12} + \frac{105cr^2\cos^3\psi}{8} - \frac{7cr^2\cos\psi}{2} + \frac{3a\cos\psi}{2} - \frac{3crr'}{4} - \frac{27cr^2\cos\psi}{8}\right]\ell_{PQ}$$

$$+ \left[b\left(-\frac{3r^3\cos\psi}{2} + \frac{5r^3\cos^3\psi}{2}\right) - \frac{21cr^4\cos^2\psi}{8} + \frac{35cr^4\cos^4\psi}{8} \right.$$

$$\left. + a\left(\frac{3r^2\cos^2\psi - r^2}{2}\right) - \frac{9cr^4\cos^2\psi - 3cr^4}{8} \right]\left(\frac{r-r'\cos\psi - \ell_{PQ}\cos\psi}{\ell_{PQ}\left(\ell_{PQ} + r' - r\cos\psi\right)}\right) + \left[-\frac{9br^2\cos\psi}{2} \right.$$

$$+ \frac{15br^2\cos^3\psi}{2} - \frac{21cr^3\cos^2\psi}{2} + \frac{35cr^3\cos^4\psi}{2} + 3ar\cos^2\psi - ar - \frac{9cr^3\cos^2\psi - 3cr^3}{2}\right]$$

$$\left. \times \ln(\ell_{PQ} + r' - r\cos\psi)\right\}\bigg|_{r'=R+h}^{R+h_0}$$

$$+ GR^2\rho_0^{\text{a}}\left(ar' + \frac{br'^2}{2} + \frac{cr'^3}{3}\right)\bigg|_{r'=R+h}^{R+h_0} \int_{\Omega_0}\left(\frac{r-R\cos\psi}{\ell_{PQ_0}^3}\right)\mathrm{d}\Omega'$$

$$+ \frac{4\pi GR^2\rho_0^{\text{a}}(h_0)}{1-\mu}\left(\frac{R+h_0}{r^2}\right)\left(\frac{R+h_0}{r'}\right)^{\mu-1}\bigg|_{r'=R+h_0}^{n'_{\lim}} \tag{5.32}$$

注意，式(5.16)中 I_{12} 项与 r 无关，对重力的直接影响没有贡献。这与具有径向密度分布的球壳大气对 $r' < R+h_0$ 的壳层内部的引力等于 0 的论断(MacMillan, 1930)是一致的。

5.6　大气对重力扰动的次要间接影响

大地水准面位之变化会引起重力扰动之变化。该项重力扰动之变化，称为大气质量对重力扰动的次要影响，它用于重力扰动由实际边界面向调整边界面的解析延拓。

大气质量，类似地形质量，对重力扰动的次要影响用下式表示（见式(3.8)）：

$$\Delta \delta g_\rho^a = -\frac{\partial \delta g}{\partial r} \delta N_{\rho_0}^a \tag{5.33}$$

式中，$\delta N_{\rho_0}^a$ 为大气对大地水准面高的间接影响，如式(5.28)所示；$\partial \delta g/\partial r$ 为重力扰动的垂直梯度，用下式计算：

$$\frac{\partial \delta g}{\partial r} = \frac{R^2}{2\pi} \int_{\Omega_0} \frac{\delta g - \delta g_P}{\ell_0^3} \mathrm{d}\Omega' - \frac{2}{R} \delta g_P \tag{5.34}$$

其中

$$\ell_0 = 2R\sin(\psi/2)$$

第6章 内区计算去奇异方法

在扰动位场量或地形影响计算中，在计算点附近，$\psi \to 0$，被积函数分母趋于 0，因而变成不可积，出现奇异现象。通过将被积函数适当变换，或者采取适当近似，奇异现象就可能得以避免。计算点附近的奇异问题，处理得当与否影响甚大，需要特别关注。

计算点附近计算去奇异方法通常是，在局部范围内，视球面为平面，将平面积分域从矩形化为圆形（见图 6.1），将地形单元从矩形柱体化为圆柱体（见图 6.2）；将积分变量从球坐标变为圆柱坐标；有时还将积分核采取适当近似，以便积分可积，避免数值奇异。

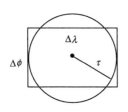

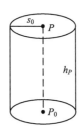

图 6.1　经纬线矩形栅格　　　　　　　　图 6.2　地形圆柱体

这里最内区定义为计算点周围的一个栅格（比如 $2' \times 2'$）。实际上，方法并不受限于 1 个栅格，可以是 2×2 或 3×3 个或更多个相邻栅格，其矩形面积大小依据问题要求而定。

用 $\Delta\lambda$ 和 $\Delta\phi$ 分别表示矩形格网经纬度增量，用 τ 表示与矩形等面积的圆之角半径，可以给出等式：

$$\pi\tau^2 = \Delta\lambda\Delta\phi\cos\phi \quad （\Delta\lambda \text{ 和 } \Delta\phi：弧度） \tag{6.1}$$

由此得：

$$\tau = \sqrt{\Delta\lambda\Delta\phi\cos\phi / \pi} \tag{6.2}$$

将角半径转换为线长单位：

$$s = R\sin\tau \tag{6.3}$$

τ 又可近似为

$$\tau = \frac{s}{R} \tag{6.4}$$

式中，R 为地球之平均半径。

在计算点附近，球外一点 $P(r, \psi)$ 至球面一点的距离 ℓ 可以表示为

$$\ell = \sqrt{R^2 + r^2 - 2Rr\cos\psi} = \sqrt{(R\sin\tau)^2 + (r - R\cos\tau)^2} = \sqrt{s^2 + h_P^2} \tag{6.5}$$

式中，h_P 表示 P 点相对球面的高度

$$h_P = r - R\cos\tau \tag{6.6}$$

6.1　扰动位场量计算去奇异

扰动位场量计算产生数值奇异，源自于积分核函数。避免数值奇异要从改化积分核函数入手。

根据式(3.25)，广义 Hotine 函数

$$H\left(r,\psi\right) = \frac{2R}{\ell} - \ln\frac{\ell + R - r\cos\psi}{r\left(1 - \cos\psi\right)}$$

在计算点附近可以近似为

$$H\left(r,\psi\right) = \frac{2R}{\sqrt{s^2 + h_P^2}} - 2 + \frac{2\sqrt{s^2 + h_P^2}}{s} - \frac{2}{R}\frac{\left(s^2 + h_P^2\right)}{s} \tag{6.7}$$

式中，后 3 项源自式(3.25)后一项级数展开，$\ln x \approx 2\left(x - 1\right)/\left(x + 1\right)$，并应用近似关系式 $\left(1 + \left(R/r\right)^2 - 2R/r\cos\psi\right)^{1/2} \approx 2\sin\left(\psi/2\right)$。

根据式(3.26)，Hotine 函数

$$H\left(\psi\right) = \csc\frac{\psi}{2} - \ln\left(1 + \csc\frac{\psi}{2}\right)$$

在计算点附近采用上述的类似办法可以近似为

$$H\left(\psi\right) = \frac{2R}{s} - \frac{8}{3} + \frac{83s}{36R} - \frac{58s^2}{27R^2} \tag{6.8}$$

此时，广义扰动位函数(3.27)近似成

$$T^{\mathrm{h}}\left(r,\varOmega\right) = \frac{R}{4\pi}\int_0^{2\pi}\int_0^{s_0}\delta g^{\mathrm{h}^*}\left[\frac{2R}{\sqrt{s^2 + h_P^2}} - 2 + \frac{2\sqrt{s^2 + h_P^2}}{s} - \frac{2}{R}\frac{\left(s^2 + h_P^2\right)}{s}\right]s\mathrm{d}s\mathrm{d}\alpha/R^2 \tag{6.9}$$

式中，s 和 α 为极坐标，即距离和方位角，参见图 6.3。

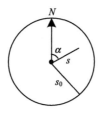

图 6.3　极坐标

在计算点附近，扰动位函数式(3.28)可近似为

$$T^{\mathrm{h}}\left(\varOmega\right) = \frac{R}{4\pi}\int_0^{2\pi}\int_0^{s_0}\delta g^{\mathrm{h}^*}\left[\frac{2R}{s} - \frac{8}{3} + \frac{83s}{36R} - \frac{58s^2}{27R^2}\right]s\mathrm{d}s\mathrm{d}\alpha/R^2 \tag{6.10}$$

根据式(3.62)，$\partial H(r,\psi)/\partial\psi$ 的表示式

$$\frac{\partial H(r,\Omega)}{\partial\psi} = -\frac{2R^2 r\sin\psi}{\ell^3} + \frac{\sin\psi}{1-\cos\psi} - \frac{r\sin\psi}{\ell\left(1-r\cos\psi/(R+\ell)\right)}$$

在计算点附近可近似为

$$\frac{\partial H(r,\psi)}{\partial\psi} = -\frac{2R^2 s}{\sqrt{\left(s^2+h_P^2\right)^3}}\left(1+\frac{h_P}{R}\right) - \frac{2R^2}{s\sqrt{s^2+h_P^2}}\left(1+\frac{h_P}{R}\right) + \frac{2R}{s} \qquad (6.11)$$

根据式(3.66)，$\partial H(\psi)/\partial r$ 的表示式

$$\frac{\partial H(\psi)}{\partial r} = -\frac{1}{2}\mathrm{ctg}(\psi/2)\frac{\csc(\psi/2)}{1+\sin(\psi/2)} = -\frac{1}{2}\cos(\psi/2)\frac{\csc^2(\psi/2)}{1+\sin(\psi/2)}$$

在计算点附近可近似为

$$\frac{\partial H(\psi)}{\partial\psi} = -\frac{2R^2}{s^2} + \frac{R}{s} - \frac{5}{12} - \frac{s}{12R} + \frac{s^2}{30R^2} \qquad (6.12)$$

这里我们利用了式(3.66)中小角度 $\psi/2$ 的三角函数泰勒级数展开，取至二次项。

这样，在计算点附近，我们有

$$\zeta^{\mathrm{h}} = \frac{1}{4\pi\gamma}\int_0^{2\pi}\int_0^{s_0}\delta g^{\mathrm{h}*}\left[\frac{2}{\sqrt{s^2+h_P^2}} - \frac{2}{R} + \frac{2\sqrt{s^2+h_P^2}}{Rs} - \frac{2}{R^2}\frac{\left(s^2+h_P^2\right)}{s}\right]s\,\mathrm{d}s\,\mathrm{d}\alpha \qquad (6.13)$$

$$N^{\mathrm{h}} = \frac{1}{4\pi g_0}\int_0^{2\pi}\int_0^{s_0}\delta g^{\mathrm{h}*}\left(\frac{2}{s} - \frac{8}{3R} + \frac{83s}{36R^2} - \frac{58s^2}{27R^3}\right)s\,\mathrm{d}s\,\mathrm{d}\alpha \qquad (6.14)$$

$$\begin{Bmatrix}\xi^{\mathrm{h}}\\\eta^{\mathrm{h}}\end{Bmatrix} = \frac{1}{4\pi\gamma}\int_{\alpha=0}^{2\pi}\int_{s=0}^{s_0}\delta g^{\mathrm{h}*}\left(-\frac{2s}{\sqrt{\left(s^2+h_P^2\right)^3}}\left(1+\frac{h_P}{R}\right) + \frac{2}{sR} - \frac{2\left(1+h_P/R\right)}{s\sqrt{s^2+h_P^2}}\right)\begin{Bmatrix}\cos\alpha\\\sin\alpha\end{Bmatrix}s\,\mathrm{d}s\,\mathrm{d}\alpha$$

$$(6.15)$$

$$\begin{Bmatrix}\xi_0^{\mathrm{h}}\\\eta_0^{\mathrm{h}}\end{Bmatrix} = \frac{1}{4\pi g_0}\int_{\alpha=0}^{2\pi}\int_{s=0}^{s_0}\delta g^{\mathrm{h}*}\left(-\frac{2}{s^2} + \frac{1}{Rs} - \frac{5}{12R^2} - \frac{s}{12R^3} + \frac{s^2}{30R^4}\right)\begin{Bmatrix}\cos\alpha\\\sin\alpha\end{Bmatrix}s\,\mathrm{d}s\,\mathrm{d}\alpha \qquad (6.16)$$

$$\frac{\partial\delta g}{\partial r} = \frac{R^2}{2\pi}\int_{\Omega_0}\frac{\delta g-\delta g_P}{\ell_0^3}\mathrm{d}\Omega = \frac{1}{2\pi}\int_{\alpha=0}^{2\pi}\int_{s=0}^{s_0}\frac{\delta g-\delta g_P}{s^2}\mathrm{d}s\,\mathrm{d}\alpha \text{ (见附录 B)} \qquad (6.17)$$

$$\frac{\partial^2\delta g}{\partial r^2} = -\frac{2R}{\pi}\int_{\Omega_0}\frac{\delta g-\delta g_P}{\ell_0^3}\mathrm{d}\Omega = -\frac{2}{\pi R}\int_{\alpha=0}^{2\pi}\int_{s=0}^{s_0}\frac{\delta g-\delta g_P}{s^2}\mathrm{d}s\,\mathrm{d}\alpha \text{ (见附录 B)} \qquad (6.18)$$

将重力扰动 δg 在计算点 P 展开为泰勒级数(Heiskanen and Moritz, 1967)

$$\delta g = \delta g_P + s\left(\delta g_x\cos\alpha + \delta g_y\sin\alpha\right)$$
$$+ \frac{s^2}{2}\left(\delta g_{xx}\cos^2\alpha + 2\delta g_{xy}\cos\alpha\sin\alpha + \delta g_{yy}\sin^2\alpha\right) + \cdots \qquad (6.19)$$

式中

$$\delta g_x = \left(\frac{\partial \delta g}{\partial x}\right)_P, \quad \delta g_y = \left(\frac{\partial \delta g}{\partial y}\right)_P, \quad \delta g_{xx} = \left(\frac{\partial^2 \delta g}{\partial x^2}\right)_P, \quad \delta g_{yy} = \left(\frac{\partial^2 \delta g}{\partial y^2}\right)_P, \quad 等$$

将式(6.19)代入式(6.13)~式(6.18)，并对 α 积分，顾及到

$$\int_0^{2\pi} \mathrm{d}\alpha = 2\pi$$

$$\int_0^{2\pi} \sin\alpha \mathrm{d}\alpha = \int_0^{2\pi} \cos\alpha \mathrm{d}\alpha = \int_0^{2\pi} \sin\alpha\cos\alpha \mathrm{d}\alpha = 0 \tag{6.20}$$

$$\int_0^{2\pi} \sin^2\alpha \mathrm{d}\alpha = \int_0^{2\pi} \cos^2\alpha \mathrm{d}\alpha = \pi$$

得

$$\zeta^{\mathrm{h}} = \frac{1}{\gamma}\int_0^{s_0}\left[\delta g_P^{\mathrm{h}} + \frac{s^2}{4}\left(\delta g_{xx}^{\mathrm{h}} + \delta g_{yy}^{\mathrm{h}}\right) + \cdots\right]\left[\frac{1}{\sqrt{s^2 + h_P^2}} - \frac{1}{R} + \frac{\sqrt{s^2 + h_P^2}}{Rs} - \frac{1}{R^2}\frac{(s^2 + h_P^2)}{s}\right]s\mathrm{d}s \tag{6.21}$$

$$N^{\mathrm{h}} = \frac{1}{g_0}\int_0^{s_0}\left[\delta g_P^{\mathrm{h}} + \frac{s^2}{4}\left(\delta g_{xx}^{\mathrm{h}} + \delta g_{yy}^{\mathrm{h}}\right) + \cdots\right]\left(\frac{1}{s} - \frac{4}{3R} + \frac{83s}{72R^2} - \frac{29s^2}{27R^3}\right)s\mathrm{d}s \tag{6.22}$$

$$\begin{Bmatrix}\xi^{\mathrm{h}}\\\eta^{\mathrm{h}}\end{Bmatrix} = \frac{1}{2\gamma}\int_{s=0}^{s_0}\begin{Bmatrix}\delta g_x^{\mathrm{h}} + \cdots\\\delta g_y^{\mathrm{h}} + \cdots\end{Bmatrix}\left(-\frac{s^2}{\sqrt{(s^2 + h_P^2)^3}}\left(1 + \frac{h_p}{R}\right) + \frac{s}{sR} - \frac{s(1 + h_p/R)}{s\sqrt{s^2 + h_P^2}}\right)s\mathrm{d}s \tag{6.23}$$

$$\begin{Bmatrix}\xi_0^{\mathrm{h}}\\\eta_0^{\mathrm{h}}\end{Bmatrix} = \frac{1}{2g_0}\int_{s=0}^{s_0}\begin{Bmatrix}\delta g_x^{\mathrm{h}} + \cdots\\\delta g_y^{\mathrm{h}} + \cdots\end{Bmatrix}\left(-\frac{s}{s^2} + \frac{s}{2Rs} - \frac{5s}{24R^2} - \frac{s^2}{24R^3} + \frac{s^3}{60R^4}\right)s\mathrm{d}s \tag{6.24}$$

$$\frac{\partial \delta g}{\partial r} = \frac{1}{4}\int_0^{s_0}\left(\delta g_{xx} + \delta g_{yy} + \cdots\right)\mathrm{d}s \tag{6.25}$$

$$\frac{\partial^2 \delta g}{\partial r^2} = -\frac{1}{R}\int_0^{s_0}\left(\delta g_{xx} + \delta g_{yy} + \cdots\right)\mathrm{d}s \tag{6.26}$$

式(6.21)至式(6.26)可进一步化为

$$\zeta^{\mathrm{h}} = \frac{\delta g_P^{\mathrm{h}*}}{\gamma}\left\{\sqrt{s_0^2 + h_P^2} - h_P - \frac{s_0^2}{2R} + \frac{1}{2R}\left[s_0\sqrt{s_0^2 + h_P^2} + h_P^2\ln\left(\frac{s_0 + \sqrt{s_0^2 + h_P^2}}{h_P}\right)\right]\right.$$

$$-\frac{1}{R^2}\left(\frac{s_0^3}{3} + s_0 h_P^2\right)\right\} + \frac{\delta g_{xx}^h + \delta g_{yy}^h}{4\gamma}\left\{\frac{1}{3}s_0^2\sqrt{s_0^2 + h_P^2} - \frac{2}{3}h_P^2\sqrt{s_0^2 + h_P^2} - \frac{s_0^4}{4R}\right.$$

$$+ \frac{1}{R}\left[\frac{1}{4}s_0\sqrt{(s_0^2 + h_P^2)^3} - \frac{h_P^2}{8}s_0\sqrt{s_0^2 + h_P^2} - \frac{h_P^4}{8}\ln\left(\frac{s_0 + \sqrt{s_0^2 + h_P^2}}{h_P}\right)\right] - \frac{1}{R^2}\left(\frac{s_0^5}{5} + \frac{h_P^2 s_0^3}{3}\right)\right\} \tag{6.27}$$

$$N^{\mathrm{h}} = \frac{\delta g_P^{\mathrm{h}^*}}{g_0}\left(s_0 - \frac{2s_0^2}{3R} + \frac{83s_0^3}{216R^2} - \frac{29s_0^4}{108R^3}\right) + \frac{\delta g_{xx}^{\mathrm{h}} + \delta g_{yy}^{\mathrm{h}}}{4g_0}\left(\frac{s_0^3}{3} - \frac{s_0^4}{3R} + \frac{83s_0^5}{360R^2} - \frac{29s_0^6}{162R^3}\right)$$

$$(6.28)$$

$$\left\{\begin{matrix}\xi^{\mathrm{h}}\\\eta^{\mathrm{h}}\end{matrix}\right\} = -\frac{1}{2\gamma}\left\{\begin{matrix}\delta g_x^{\mathrm{h}}\\\delta g_y^{\mathrm{h}}\end{matrix}\right\}\left[\left(1+\frac{h_P}{R}\right)\left(\frac{s_0^2}{\sqrt{s_0^2+h_P^2}} + \frac{2h_P^2}{\sqrt{s_0^2+h_P^2}} - 2h_P\right) - \frac{s_0^2}{2R} + \left(1+\frac{h_P}{R}\right)\left(\sqrt{s_0^2+h_P^2}-h_P\right)\right]$$

$$(6.29)$$

$$\left\{\begin{matrix}\xi_0^{\mathrm{h}}\\\eta_0^{\mathrm{h}}\end{matrix}\right\} = -\frac{s_0}{2g_0}\left\{\begin{matrix}\delta g_x^{\mathrm{h}}\\\delta g_y^{\mathrm{h}}\end{matrix}\right\}\left(1 - \frac{s_0}{4R} + \frac{5s_0^2}{72R^2} + \frac{s_0^3}{96R^3} - \frac{s_0^4}{300R^4}\right) \tag{6.30}$$

$$\frac{\partial\delta g}{\partial r} = \frac{s_0}{4}\left(\delta g_{xx} + \delta g_{yy}\right) \tag{6.31}$$

$$\frac{\partial^2\delta g}{\partial r^2} = -\frac{s_0}{R}\left(\delta g_{xx} + \delta g_{yy}\right) \tag{6.32}$$

以上我们讨论了一般情况。在此情况下，Helmert 扰动位球谐 0 阶和 1 阶项均不等于 0。前面说的按局部地形质量守恒原则压缩地形情况属之。

对于按地球质量守恒原则压缩地形的情况(Helmert 扰动位球谐 0 阶项等于 0)，即当 Hotine 函数为式(3.25a)和式(3.26a)时，在内区，Hotine 函数近似成形式

$$H\left(r,\psi\right) = \frac{2R}{\sqrt{s^2+h_P^2}} - 2 + \frac{2\sqrt{s^2+h_P^2}}{s} - \frac{2}{R}\frac{\left(s^2+h_P^2\right)}{s} - 1 + \frac{h_P}{R} \tag{6.33}$$

$$H\left(\psi\right) = \frac{2R}{s} - \frac{8}{3} + \frac{83s}{36R} - \frac{58s^2}{27R^2} - 1 \tag{6.34}$$

此二式与式(6.7)和式(6.8)的区别在于，它们分别增加了最后项$-1+h_P/R$ 和-1。这样，根据式(6.27)和式(6.28)，直接给出 ζ^{h} 和 N^{h} 的表示式

$$\zeta^{\mathrm{h}} = \frac{\delta g_P^{\mathrm{h}^*}}{\gamma}\left\{\sqrt{s_0^2+h_P^2} - h_P - \frac{3s_0^2}{4R} + \frac{h_P s_0^2}{4R^2} + \frac{1}{2R}\left[s_0\sqrt{s_0^2+h_P^2} + h_P^2\ln\left(\frac{s_0+\sqrt{s_0^2+h_P^2}}{h_P}\right)\right]\right.$$
$$\left. - \frac{1}{R^2}\left(\frac{s_0^3}{3} + s_0 h_P^2\right)\right\} + \frac{\delta g_{xx}^h + \delta g_{yy}^h}{4\gamma}\left\{\frac{1}{3}s_0^2\sqrt{s_0^2+h_P^2} - \frac{2}{3}h_P^2\sqrt{s_0^2+h_P^2} - \frac{3s_0^4}{8R} + \frac{h_P s_0^4}{8R^2}\right.$$
$$\left. + \frac{1}{R}\left[\frac{1}{4}s_0\sqrt{\left(s_0^2+h_P^2\right)^3} - \frac{h_P^2}{8}s_0\sqrt{s_0^2+h_P^2} - \frac{h_P^4}{8}\ln\left(\frac{s_0+\sqrt{s_0^2+h_P^2}}{h_P}\right)\right] - \frac{1}{R^2}\left(\frac{s_0^5}{5} + \frac{h_P^2 s_0^3}{3}\right)\right\}$$

$$(6.35)$$

$$N^{\mathrm{h}} = \frac{\delta g_P^{\mathrm{h}^*}}{g_0}\left(s_0 - \frac{5s_0^2}{12R} + \frac{83s_0^3}{216R^2} - \frac{29s_0^4}{108R^3}\right) + \frac{\delta g_{xx}^{\mathrm{h}} + \delta g_{yy}^{\mathrm{h}}}{4g_0}\left(\frac{s_0^3}{3} - \frac{11s_0^4}{24R} + \frac{83s_0^5}{360R^2} - \frac{29s_0^6}{162R^3}\right)$$

$$(6.36)$$

在此情况下，$\partial H\left(r,\psi\right)/\partial\psi$ 和 $\partial H\left(\psi\right)/\partial\psi$ 的表示式分别仍为式(6.11)和式(6.12)。

这样，在内区垂线偏差的表示式分别仍为式(6.29)和式(6.30)。

对于按地球质量中心守恒原则压缩地形情况(Helmert扰动位球谐1阶项等于0)，即当Hotine函数为式(3.25b)和式(3.26b)时，在内区Hotine函数近似成形式

$$H(r,\psi) = \frac{2R}{\sqrt{s^2+h_P^2}} - 2 + \frac{2\sqrt{s^2+h_P^2}}{s} - \frac{2}{R}\frac{\left(s^2+h_P^2\right)}{s} - \frac{3}{2} + \frac{3s^2}{4R^2} \tag{6.37}$$

$$H(\psi) = \frac{2R}{s} - \frac{8}{3} + \frac{83s}{36R} - \frac{58s^2}{27R^2} - \frac{3}{2} + \frac{3s^2}{2R^2} \tag{6.38}$$

此二式与式(6.7)和式(6.8)的区别在于，它们分别增加了最后两项，那么根据式(6.27)和式(6.28)可以写出

$$\zeta^h = \frac{\delta g_P^{h^*}}{\gamma}\left\{\sqrt{s_0^2+h_P^2} - h_p - \frac{7s_0^2}{8R} + \frac{1}{2R}\left[s_0\sqrt{s_0^2+h_P^2} + h_P^2\ln\left(\frac{s_0+\sqrt{s_0^2+h_P^2}}{h_P}\right)\right] - \frac{1}{R^2}\left(\frac{s_0^3}{3} + s_0 h_P^2\right)\right.$$

$$\left. + \frac{3s_0^4}{32R^3}\right\} + \frac{\delta g_{xx}^h + \delta g_{yy}^h}{4\gamma}\left\{\frac{1}{3}s_0^2\sqrt{s_0^2+h_P^2} - \frac{2}{3}h_P^2\sqrt{s_0^2+h_P^2} - \frac{7s_0^4}{16R} + \frac{1}{R}\right.$$

$$\times\left[\frac{1}{4}s_0\sqrt{\left(s_0^2+h_P^2\right)^3} - \frac{h_p^2}{8}s_0\sqrt{s_0^2+h_P^2} - \frac{h_p^4}{8}\ln\left(\frac{s_0+\sqrt{s_0^2+h_P^2}}{h_P}\right)\right] - \frac{1}{R^2}\left(\frac{s_0^5}{5} + \frac{h_P^2 s_0^3}{3}\right) + \frac{s_0^6}{16R^3}\right\}$$

$$\tag{6.39}$$

$$N^h = \frac{\delta g_P^{h^*}}{g_0}\left(s_0 - \frac{25s_0^2}{24R} + \frac{83s_0^3}{216R^2} - \frac{35s_0^4}{432R^3}\right) + \frac{\delta g_{xx}^h + \delta g_{yy}^h}{4g_0}\left(\frac{s_0^3}{3} - \frac{25s_0^4}{48R} + \frac{83s_0^5}{360R^2} - \frac{35s_0^6}{648R^3}\right) \tag{6.40}$$

在此情况下，$\partial H(r,\psi)/\partial\psi$ 和 $\partial H(\psi)/\partial\psi$ 的表示式近似为

$$\frac{\partial H(r,\psi)}{\partial\psi} = -\frac{2R^2 s}{\sqrt{\left(s^2+h_P^2\right)^3}}\left(1+\frac{h_P}{R}\right) - \frac{2R^2}{s\sqrt{s^2+h_P^2}}\left(1+\frac{h_P}{R}\right) + \frac{2R}{s} + \frac{3s}{2R}\left(1-\frac{h_P}{R}\right)^2 \tag{6.41}$$

$$\frac{\partial H(\psi)}{\partial\psi} = -\frac{2R^2}{s^2} + \frac{R}{s} - \frac{5}{12} - \frac{s}{12R} + \frac{s^2}{30R^2} + \frac{3s}{R} \tag{6.42}$$

此二式与式(6.11)和式(6.12)的区别在于，它们分别增加了最后一项。这样，根据式(6.29)和式(6.30)，可以给出垂线偏差式

$$\left\{\begin{matrix}\xi^h\\\eta^h\end{matrix}\right\} = -\frac{1}{2\gamma}\left\{\begin{matrix}\delta g_x^h\\\delta g_y^h\end{matrix}\right\}\left[\left(1+\frac{h_P}{R}\right)\left(\frac{s_0^2}{\sqrt{s_0^2+h_P^2}} + \frac{2h_P^2}{\sqrt{s_0^2+h_P^2}} - 2h_P\right) - \frac{s_0^2}{2R}\right.$$

$$\left. + \left(1+\frac{h_P}{R}\right)\left(\sqrt{s_0^2+h_P^2} - h_P\right) - \frac{3s_0^4}{16R^3}\left(1-\frac{h_P}{R}\right)^2\right] \tag{6.43}$$

$$\left\{\begin{matrix}\xi_0^h\\\eta_0^h\end{matrix}\right\} = -\frac{s_0}{2g_0}\left\{\begin{matrix}\delta g_x^h\\\delta g_y^h\end{matrix}\right\}\left(1 - \frac{s_0}{4R} + \frac{5s_0^2}{72R^2} - \frac{35s_0^3}{96R^3} - \frac{s_0^4}{300R^4}\right) \tag{6.44}$$

6.2　地形影响计算去奇异

第 4 章给出的地形影响积分公式，当 $\psi \to 0$ 时都会发生数值奇异现象。这里采取的去奇异方法是，在计算点附近的局部区域，视球面为平面，将地形格网棱柱改为圆柱体：圆柱顶面中心视为高程异常计算点 P，圆柱底面中心为大地水准面高计算点 P_0（见图 4.2）。用圆柱坐标代替球坐标进行计算，不致遇到任何数值困难。

1. 地形对位的间接影响计算

（1）地形对地面点 P 引力位的间接影响

设坐标系原点在 P_0，引入圆柱坐标 s，α，z。任意地形质量元 dm 在 P 点产生的引力位可以表示为

$$V^{\mathrm{t}}(P) = G \int_{\alpha=0}^{2\pi} \int_{s=0}^{s_0} \int_{z=0}^{h_P} \frac{\rho s \mathrm{d}s \mathrm{d}\alpha \mathrm{d}z}{\sqrt{s^2 + (h_P - z)^2}} \tag{6.45}$$

式中，ρ 代表地形质量体密度（假定为常数）；α 为质量元 dm 的方位角；其余符号见图 6.4。

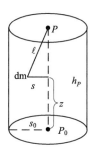

图 6.4　圆柱体地形

首先对 α 积分，得

$$V^{\mathrm{t}}(P) = 2\pi G \rho \int_{s=0}^{s_0} \int_{z=0}^{h_P} \frac{s \mathrm{d}s \mathrm{d}z}{\sqrt{s^2 + (h_P - z)^2}} \tag{6.46}$$

然后对 s 积分，得

$$V^{\mathrm{t}}(P) = 2\pi G \rho \int_{z=0}^{h_P} \left(\sqrt{s_0^2 + (h_P - z)^2} - (h_P - z) \right) \mathrm{d}z \tag{6.47}$$

完成对 z 的积分，最后得

$$V^{\mathrm{t}}(P) = \pi \rho G \left(-h_P^2 + h_P \sqrt{s_0^2 + h_P^2} + s_0^2 \ln \frac{h_P + \sqrt{s_0^2 + h_P^2}}{s_0} \right) \tag{6.48}$$

这就是 Heiskanen and Moritz(1967) 的式(3-5)，h_P 和 s_0 分别代替了那里的 b 和 a。
边界面上地形质量压缩层在 P 点产生的位可以表示为

$$V^c(P) = G \int_{\alpha=0}^{2\pi} \int_{s=0}^{s_0} \frac{\kappa s\,ds\,d\alpha}{\sqrt{s^2 + h_P^2}} \tag{6.49}$$

式中，κ 代表压缩质量的面密度，同样假设为常数，先对 α 积分，得

$$V^c(P) = 2\pi\kappa G \int_{s=0}^{s_0} \frac{s\,ds}{\sqrt{s^2 + h_P^2}} \tag{6.50}$$

再对 s 积分，得

$$V^c(P) = 2\pi\kappa G\left(\sqrt{s_0^2 + h_P^2} - h_P\right) \tag{6.51}$$

将式(6.48)减去式(6.51)，即得 P 点的残余地形位

$$\delta V(P) = \pi\rho G\left(-h_P^2 + h_P\sqrt{s_0^2 + h_P^2} + s_0^2 \ln\frac{h_P + \sqrt{s_0^2 + h_P^2}}{s_0}\right) - 2\pi\kappa G\left(\sqrt{s_0^2 + h_P^2} - h_P\right) \tag{6.52}$$

地形对高程异常 ζ 的间接影响是

$$\begin{aligned}
\delta\zeta(P) &= \frac{\delta V(P)}{\gamma} \\
&= \frac{\pi\rho G}{\gamma}\left(-h_P^2 + h_P\sqrt{s_0^2 + h_P^2} + s_0^2 \ln\frac{h_P + \sqrt{s_0^2 + h_P^2}}{s_0}\right) - \frac{2\pi\kappa G}{\gamma}\left(\sqrt{s_0^2 + h_P^2} - h_P\right)
\end{aligned} \tag{6.53}$$

式中，γ 为似地形面上的正常重力。

(2)地形对边界面 P_0 点引力位的间接影响

我们同样用图 6.4 讨论在边界面 P_0 点的残余地形位。就实际地形引力而言，P_0 与 P 点完全是对称的。所以，式(6.48)同样适用于地形在 P_0 点的引力位。边界面上压缩地形质量在 P_0 产生的引力位，显然可以表示为

$$V^c(P_0) = G \int_{\alpha=0}^{2\pi} \int_{s=0}^{s_0} \frac{\kappa s\,ds\,d\alpha}{s} \tag{6.54}$$

将面密度 κ 视为常数，完成对 α 和 s 的积分，得

$$V^c(P_0) = 2\pi G\kappa s_0 \tag{6.55}$$

式(6.48)减去式(6.55)，得 P_0 点的残余地形位

$$\delta V(P_0) = \pi\rho G\left(-h_P^2 + h_P\sqrt{s_0^2 + h_P^2} + s_0^2 \ln\frac{h_P + \sqrt{s_0^2 + h_P^2}}{s_0}\right) - 2\pi\kappa G s_0 \tag{6.56}$$

地形对人地水准面高的间接影响是

$$\delta N(P_0) = \frac{\delta V(P_0)}{g_0}$$

$$= \frac{\pi \rho G}{g_0}\left(-h_P^2 + h_P\sqrt{s_0^2 + h_P^2} + s_0^2 \ln\frac{h_P + \sqrt{s_0^2 + h_P^2}}{s_0}\right) - \frac{2\pi\kappa G s_0}{g_0} \qquad (6.57)$$

式中，g_0 为边界面处的重力值。

(3) 地形对地面 P 点垂线偏差的间接影响

根据定义，地面 P 点垂线偏差是 (Heiskanen and Moritz, 1967)

$$\delta\xi(P) = -\frac{1}{r}\frac{\partial\delta\zeta(P)}{\partial\phi} \qquad (6.58)$$

$$\delta\eta(P) = -\frac{1}{r\cos\phi}\frac{\partial\delta\zeta(P)}{\partial\lambda} \qquad (6.59)$$

将式 (6.53) 代入式 (6.58) 和式 (6.59)

$$\delta\xi(P) = -\frac{1}{\gamma r}\frac{\partial\delta V(P)}{\partial\phi} = -\frac{1}{\gamma r}\frac{\partial\delta V(P)}{\partial s}\frac{\partial s}{\partial\phi} = -\frac{1}{\gamma}\frac{\partial\delta V(P)}{\partial s}\frac{\partial\psi}{\partial\phi} \qquad (6.58a)$$

$$\delta\eta(P) = -\frac{1}{\gamma r\cos\phi}\frac{\partial\delta V(P)}{\partial\lambda} = -\frac{1}{\gamma r\cos\phi}\frac{\partial\delta V(P)}{\partial s}\frac{\partial s}{\partial\lambda} = -\frac{1}{\gamma\cos\phi}\frac{\partial\delta V(P)}{\partial s}\frac{\partial\psi}{\partial\lambda} \qquad (6.59a)$$

这里变量 s 就是式 (6.53) 中的 s_0；ψ 为 s 在地心所张的角距。

业已证明 (Heiskanen and Moritz, 1967)

$$\frac{\partial\psi}{\partial\phi} = -\cos\alpha, \qquad \frac{\partial\psi}{\partial\lambda} = -\cos\phi\sin\alpha \qquad (6.60)$$

所以

$$\delta\xi(P) = \frac{1}{\gamma}\frac{\partial\delta V(P)}{\partial s}\cos\alpha$$

$$= \frac{1}{\gamma}\left(\frac{\partial V^t(P)}{\partial s}\cos\alpha - \frac{\partial V^c(P)}{\partial s}\cos\alpha\right) \qquad (6.58b)$$

$$\delta\eta(P) = \frac{1}{\gamma}\frac{\partial\delta V(P)}{\partial s}\sin\alpha$$

$$= \frac{1}{\gamma}\left(\frac{\partial V^t(P)}{\partial s}\sin\alpha - \frac{\partial V^c(P)}{\partial s}\sin\alpha\right) \qquad (6.59b)$$

将式 (6.45) 的 $V^t(P)$ 与式 (6.49) 的 $V^c(P)$ 代入式 (6.58b) 和式 (6.59b)，并注意到 $\int_0^{2\pi}\cos\alpha\,\mathrm{d}\alpha = \int_0^{2\pi}\sin\alpha\,\mathrm{d}\alpha = 0$，我们有

$$\delta\xi(P) = 0 \qquad (6.61)$$

$$\delta\eta(P)=0 \tag{6.62}$$

这意味着，我们的最内区地形对地面垂线偏差没有贡献。

(4)地形对椭球面 P_0 点垂线偏差的间接影响

根据定义，椭球面 P_0 点垂线偏差是（Heiskanen and Moritz, 1967）

$$\delta\xi_0(P_0)=-\frac{1}{R}\frac{\partial\delta N(P_0)}{\partial\phi} \tag{6.63}$$

$$\delta\eta_0(P_0)=-\frac{1}{R\cos\phi}\frac{\partial\delta N(P_0)}{\partial\lambda} \tag{6.64}$$

类似对于地面垂线偏差的推导，对于椭球面垂线偏差，有

$$\begin{aligned}
\delta\xi_0\left(P_0\right)&=\frac{1}{g_0}\frac{\partial\delta V\left(P_0\right)}{\partial s}\cos\alpha\\
&=\frac{1}{g_0}\left(\frac{\partial V^{\mathrm{t}}\left(P_0\right)}{\partial s}\cos\alpha-\frac{\partial V^{\mathrm{c}}\left(P_0\right)}{\partial s}\cos\alpha\right)
\end{aligned} \tag{6.63a}$$

$$\begin{aligned}
\delta\eta_0\left(P_0\right)&=\frac{1}{g_0}\frac{\partial\delta V\left(P_0\right)}{\partial s}\sin\alpha\\
&=\frac{1}{g_0}\left(\frac{\partial V^{\mathrm{t}}\left(P_0\right)}{\partial s}\sin\alpha-\frac{\partial V^{\mathrm{c}}\left(P_0\right)}{\partial s}\sin\alpha\right)
\end{aligned} \tag{6.64a}$$

将式(6.45)的 $V^{\mathrm{t}}\left(P_0\right)$ 与式(6.54)的 $V^{\mathrm{c}}\left(P_0\right)$ 代入式(6.63a)和式(6.64a)，并注意到 $\int_0^{2\pi}\cos\alpha\mathrm{d}\alpha=\int_0^{2\pi}\sin\alpha\mathrm{d}\alpha=0$，我们有

$$\delta\xi(P_0)=0 \tag{6.65}$$

$$\delta\eta(P_0)=0 \tag{6.66}$$

这意味着，我们的最内区地形对椭球面垂线偏差没有贡献。

2. 地形对重力的直接影响计算

地形对地面点 P 重力的直接影响可表示为

$$\delta A(P)=\frac{\partial}{\partial r}\left(V^{\mathrm{t}}\left(P\right)-V^{\mathrm{c}}\left(P\right)\right) \tag{6.67}$$

由式(6.47)得

$$\begin{aligned}
\frac{\partial V^{\mathrm{t}}\left(P\right)}{\partial r}&=\frac{\partial V^{\mathrm{t}}\left(P\right)}{\partial z}=2\pi G\rho\left(\sqrt{s_0^2+\left(h_P-z\right)^2}-\left(h_P-z\right)\right)\Bigg|_{z=h_P}^0\\
&=2\pi G\rho\left(\sqrt{s_0^2+h_P^2}-s_0-h_P\right)
\end{aligned} \tag{6.68}$$

由式(6.51)得

$$\frac{\partial V^{\mathrm{c}}(P)}{\partial r} = \frac{\partial V^{\mathrm{c}}(P)}{\partial h_P} = 2\pi G\kappa\left(\frac{h_P}{\sqrt{s_0^2 + h_P^2}} - 1\right) \tag{6.69}$$

式 (6.68) 和式 (6.69) 代入式 (6.67)，得地形对重力的直接影响

$$\delta A(P) = 2\pi G\rho\left(\sqrt{s_0^2 + h_P^2} - s_0 - h_P\right) - 2\pi G\kappa\left(\frac{h_P}{\sqrt{s_0^2 + h_P^2}} - 1\right) \tag{6.70}$$

第7章 Helmert 扰动位及其场量

7.1 Helmert 扰动位模型生成

Helmert 扰动位在 Helmert 空间的地位，如同实际扰动位在实际空间研究地球重力场中的地位一样重要。任何扰动位场量在 Helmert 空间均有其对应量，如 Helmert 重力扰动，Helmert 大地水准面高等，这些场量可以用 Helmert 扰动位球谐模型表示。当使用移去—恢复法确定大地水准面时，一定要用到 Helmert 扰动位模型。本章讨论如何从已知的地球引力位球谐生成 Helmert 扰动位球谐。前提假设是：已运用 Helmert 第二压缩法进行地形压缩与恢复，并且已拥有全球地球引力位模型。我们的任务是根据拥有的模型和数据生成 Helmert 扰动位模型。

根据式(2.11)，Helmert 扰动位 T^h 可以表示为

$$T^h = T - \delta V \tag{7.1}$$

式中，T 为实际扰动位，$T = W - U = (V + \Phi) - (V' + \Phi) = V - V'$，这里 W 为地球的重力位，U 为参考椭球的正常重力位，V 为地球的引力位，V' 为椭球的正常引力位，Φ 为地球的离心力位，此地假设椭球的离心力位与实际地球的离心力位相等；δV 为残余地形位，$\delta V = V^t - V^c$，V^t 为实际地形引力位，V^c 为压缩地形引力位。于是，式(7.1)可以显式地写成

$$T^h = V - V' - (V^t - V^c) \tag{7.2}$$

式(7.2)表明，为生成 Helmert 扰动位 T^h，首先需要将地球引力位 V、椭球引力位 V'，以及残余地形位 δV 表示为球谐函数，然后按照式(7.2)生成球谐函数 T^h。它的球谐级数形式是

$$T^h(r, \Omega) = \sum_{j=0}^{\infty} \left(\frac{R}{r} \right)^{j+1} \sum_{m=-j}^{j} T_{jm}^h Y_{jm}(\Omega) \qquad r \geqslant R \tag{7.3}$$

式中，R 为地球平均半径；(r, Ω) 为研究点的球坐标；$Y_{jm}(\Omega)$ 为完全正常化的勒让德函数；T_{jm}^h 为完全正常化的位系数。

Helmert 扰动位球谐级数在边界面之外的空间收敛，在边界面上及其外部调和。

Helmert 扰动位球谐模型，根据地球引力位、椭球引力位和残余地形引力位按式(7.2)生成。下面研究这些引力位的球谐表示及其相关的模型的尺度统一问题。

1. 地球引力位球谐表示

地球的引力位 V 在 Brillouin 球外部是调和的，在无限远处为 0，因此它可以表示为体球谐级数(Heiskanen and Moritz, 1967)：

$$V(r,\Omega) = \sum_{j=0}^{\infty} \left(\frac{R}{r}\right)^{j+1} \sum_{m=-j}^{j} V_{jm} Y_{jm}(\Omega) \qquad r \geqslant R \tag{7.4}$$

式中，$Y_{jm}(\Omega)$ 代表完全正常化球谐函数；V_{jm} 代表完全正常化球谐系数。这里 V_{jm} 具有位的量纲（如 m^2/s^2）。在实践中，为使用方便，常将其乘以因子 GM/R，使其变成无量纲，GM 为地心引力常数。这样，将式(7.4)写成形式

$$V(r,\Omega) = \frac{GM}{R} \sum_{j=0}^{\infty} \left(\frac{R}{r}\right)^{j+1} \sum_{m=0}^{j} \left(\bar{C}_{jm} \cos m\lambda + \bar{S}_{jm} \sin m\lambda\right) \bar{P}_{jm}(\cos\theta)$$

$$= \frac{GM}{r} \left(1 + \sum_{j=1}^{\infty} \left(\frac{R}{r}\right)^{j} \sum_{m=0}^{j} \left(\bar{C}_{jm} \cos m\lambda + \bar{S}_{jm} \sin m\lambda\right) \bar{P}_{jm}(\cos\theta)\right) \tag{7.4a}$$

式中，$\bar{C}_{jm}$ 和 $\bar{S}_{jm}$ 为完全正常化的系数；$\bar{P}_{jm}(\cos\theta)$ 为完全正常化勒让德函数。球谐级数式(7.4)在完全包围地球的 Brillouin 球的外部是收敛的，在 Brillouin 球面至地球表面的空间内未必收敛。不过它在地球表面附近取有限值，可以认为它以足够近似代表外部引力场。

式(7.4)中的位系数 V_{jm} 可以通过卫星轨道摄动数据和地面重力数据的综合分析得到。这里我们假设地球引力位球谐级数是已知的。

2. 椭球正常引力位球谐表示

正常椭球的正常引力位 V' 用下式表示（Heiskanen and Moritz, 1967）

$$V' = \frac{GM}{r} \left[1 + \sum_{j=1}^{\infty} \bar{J}_{2j} \left(\frac{a}{r}\right)^{2j} \bar{P}_{2j}(\cos\theta)\right] \tag{7.5}$$

式中，$\bar{J}_{2j}$ 为完全正常化带谐系数

$$\bar{J}_{2j} = -\frac{1}{\sqrt{2(2j)+1}} J_{2j} \tag{7.5a}$$

$$J_{2j} = (-1)^{j+1} \frac{3e^{2j}}{(2j+1)(2j+3)} \left(1 - j + 5j\frac{J_2}{e^2}\right) \tag{7.5b}$$

$$J_2 = \frac{1}{3} e^2 \left(1 - \frac{2}{15} \frac{me'}{q_0}\right) \tag{7.5c}$$

$$q_0 = \frac{1}{2} \left[\left(1 + \frac{3}{e'^2}\right) \tan^{-1} e' - \frac{3}{e'}\right] \tag{7.5d}$$

式中，e 和 e' 分别为子午椭圆的第一和第二偏心率；$m = \omega^2 a^2 b / GM$ 为椭球常数。

显然，对于完全正常化系数，有

$$V'_{jm} = \begin{cases} 0, & j = \text{奇数 或 } m \neq 0 \\ \neq 0, & \text{其他} \end{cases}$$

式中，m 表示球谐次数。

3. 残余地形引力位球谐表示

残余地形位定义为地形质量引力位与压缩地形质量引力位之差。地形质量的引力位可以用下式表示（见图4.1）

$$V^{\mathrm{t}}(r,\Omega)=G\int_{\Omega_0}\int_{r'=R}^{R+h(\Omega')}\frac{\rho(r',\Omega')}{\ell_{PQ}(r,\psi,r')}r'^2\mathrm{d}r'\mathrm{d}\Omega' \tag{7.6}$$

式中，G 为引力常数；$\rho(r',\Omega')$ 为地壳体密度；$\ell_{PQ}(r,\psi,r')$ 是计算点 $P(r,\Omega)$ 与积分点 $Q(r',\Omega')$ 之间的距离，$\ell_{PQ}(r,\psi,r')=\sqrt{r^2+r'^2-2rr'\cos\psi}$。对于 $r>r'$，$l_{PQ}^{-1}(r,\psi,r')$ 表示为（Heiskanen and Moritz, 1967）

$$\ell_{PQ}^{-1}(r,\psi,r')=\frac{1}{r}\sum_{j=0}^{\infty}\left(\frac{r'}{r}\right)^j P_j(\cos\psi) \tag{7.7}$$

式中，$P_j(\cos\psi)$ 为勒让德函数。将此式代入式（7.6），得到地形质量在地球外部一点 $P(r,\Omega)$ 产生的引力位：

$$V^{\mathrm{t}}(r,\Omega)=\frac{G}{r}\int_{\Omega_0}\int_{r'=R}^{R+h(\Omega')}\rho(r',\Omega')\sum_{j=0}^{\infty}\left(\frac{r'}{r}\right)^j r'^2\mathrm{d}r'P_j(\cos\psi)\mathrm{d}\Omega' \tag{7.8}$$

取地形质量密度为平均体密度 $\rho=\overline{\rho}=\mathrm{const.}$，$\rho$ 可以提到积分号外。式（7.8）收敛，交换求和与积分号的顺序，此式变为

$$\begin{aligned}
V^{\mathrm{t}}(r,\Omega)&=G\overline{\rho}\int_{\Omega_0}\sum_{j=0}^{\infty}\frac{1}{r^{j+1}}\int_{r'=R}^{R+h(\Omega')}r'^{j+2}\mathrm{d}r'P_j(\cos\psi)\mathrm{d}\Omega'\\
&=G\overline{\rho}\int_{\Omega_0}\sum_{j=0}^{\infty}\frac{1}{r^{j+1}}\frac{1}{j+3}\left[\left(R+h(\Omega')\right)^{j+3}-R^{j+3}\right]P_j(\cos\psi)\mathrm{d}\Omega'\\
&=G\overline{\rho}R^2\int_{\Omega_0}\sum_{j=0}^{\infty}\left(\frac{R}{r}\right)^{j+1}\frac{1}{j+3}\sum_{k=1}^{j+3}\binom{j+3}{k}\left(\frac{h}{R}\right)^k P_j(\cos\psi)\mathrm{d}\Omega'
\end{aligned} \tag{7.8a}$$

边界面上压缩层质量在地球外部一点 $P(r,\Omega)$ 产生的引力位 V^{c}，同样可以表示为球谐级数：

$$V^{\mathrm{c}}(r,\Omega)=G\int_{\Omega_0}\frac{\kappa(\Omega')}{\ell_{PQ_0}(r,\psi,R)}R^2\mathrm{d}\Omega' \tag{7.9}$$

式中，$\kappa(\Omega')$ 为 Ω' 方向上球面质量薄层的面密度；$\ell_{PQ_0}(r,\psi,R)$ 为 P 点至 Q_0 点的距离；$\ell_{PQ_0}(r,\psi,R)=\sqrt{r^2+R^2-2rR\cos\psi}$（见图4.1）。类似于式（7.6），对于 $\ell_{PQ_0}^{-1}(r,\psi,R)$，有

$$\ell_{PQ_0}^{-1}(r,\psi,R)=\frac{1}{r}\sum_{j=0}^{\infty}\left(\frac{R}{r}\right)^j P_j(\cos\psi) \tag{7.10}$$

将式（7.10）代入式（7.9），得

$$V^{\mathrm{c}}(r,\Omega)=\frac{G}{r}\int_{\Omega_0}\sum_{j=0}^{\infty}\kappa(\Omega')\left(\frac{R}{r}\right)^j P_j(\cos\psi)R^2\mathrm{d}\Omega' \tag{7.11}$$

作为一个例子，这里选择压缩层的面密度使得残余地形位的球谐式不包含 1 阶项，即面密度 $\kappa(\Omega')$ 采用式 (2.61)，则

$$V^{\mathrm{c}}(r,\Omega) = G\overline{\rho}R^2 \int_{\Omega_0} \sum_{j=0}^{\infty} \left(\frac{R}{r}\right)^{j+1} \frac{h}{R}\left(1 + \frac{3}{2}\frac{h}{R} + \frac{h^2}{R^2} + \frac{h^3}{4R^3}\right) P_j(\cos\psi)\mathrm{d}\Omega' \qquad (7.12)$$

式 (7.8) 减去式 (7.12)，即得残余地形位的球谐级数展开式：

$$\delta V(r,\Omega) = G\overline{\rho}R^2 \sum_{j=0}^{\infty} \left(\frac{R}{r}\right)^{j+1} \int_{\Omega_0} \left[\frac{1}{j+3}\sum_{k=1}^{j+3}\binom{j+3}{k}\left(\frac{h}{R}\right)^k - \frac{h}{R}\left(1 + \frac{3}{2}\frac{h}{R} + \frac{h^2}{R^2} + \frac{h^3}{4R^3}\right)\right] P_j(\cos\psi)\mathrm{d}\Omega' \tag{7.13}$$

大括号内式子经整理，取至 h/R 的 4 次项，得

$$\delta V(r,\Omega) = \frac{G\overline{\rho}}{2} \sum_{j=0}^{\infty} \left(\frac{R}{r}\right)^{j+1} \int_{\Omega_0} h^2(j-1)\left[1 + (j+4)\frac{h}{3R} + (j^2+4j+6)\frac{h^2}{12R^2}\right] P_j(\cos\psi)\mathrm{d}\Omega' \tag{7.14}$$

式 (7.13) 或式 (7.14) 即是地面一点 $P(r,\Omega)$ 的残余地形位的表达式。运用分解公式 (Heiskanen and Moritz, 1967)

$$P_j(\cos\psi) = \frac{1}{2j+1}\sum_{m=-j}^{j} Y_{jm}(\Omega')Y_{jm}(\Omega) \tag{7.15}$$

式中，$Y_{jm}(\Omega')$ 和 $Y_{jm}(\Omega)$ 为完全正常化球谐函数，我们得到地球外部一点 $P(r,\Omega)$ 的残余地形位的最后形式：

$$\delta V(r,\Omega) = \frac{G\overline{\rho}}{2} \sum_{j=0}^{\infty} \left(\frac{R}{r}\right)^{j+1} \int_{\Omega_0} \frac{j-1}{2j+1}\left[h^2 + (j+4)\frac{h^3}{3R} + (j^2+4j+6)\frac{h^4}{12R^2}\right] Y_{jm}(\Omega')Y_{jm}(\Omega)\mathrm{d}\Omega' \tag{7.16}$$

或者写成形式：

$$\delta V(r,\Omega) = \sum_{j=0}^{\infty} \left(\frac{R}{r}\right)^{j+1} \sum_{m=-j}^{j} \delta V_{jm}Y_{jm}(\Omega) \tag{7.17}$$

$$\delta V_{jm} = G\overline{\rho}\int_{\Omega_0} \frac{j-1}{2(2j+1)}\left[h^2 + \frac{(j+4)h^3}{3R} + (j^2+4j+6)\frac{h^4}{12R^2}\right] Y_{jm}(\Omega')\mathrm{d}\Omega' \tag{7.18}$$

该式就是前面已得到的式 (4.36)。下面我们验证，由式 (7.18) 表示的系数确实是完全正常化的球谐系数。事实上，残余地形位的体球谐表达式是

$$\delta V(r,\Omega) = \sum_{j=0}^{\infty} \left(\frac{R}{r}\right)^{j+1} \sum_{m=-j}^{j} \delta V_{jm}Y_{jm}(\Omega) \tag{7.19}$$

或者

$$\delta V(r,\Omega) = \sum_{j=0}^{\infty} \left(\frac{R}{r}\right)^{j+1} \sum_{m=0}^{j} \left[\left(\delta V_{jm}^{\mathrm{c}}\cos m\lambda + \delta V_{jm}^{\mathrm{s}}\sin m\lambda\right)\overline{P}_{jm}(\cos\theta)\right] \tag{7.19a}$$

注意，式 (7.19) 中的 $Y_{jm}(\Omega)$ 为完全正常化的球谐函数，式 (7.19a) 中的 $\overline{P}_{jm}(\cos\theta)$ 为

完全正常化的缔合勒让德函数；δV_{jm}（δV_{jm}^{c} 和 δV_{jm}^{s}）为完全正常化的球谐系数。根据（Heiskanen and Moritz, 1967），完全正常化的球谐系数按下式计算：

$$\delta V_{jm} = \frac{1}{4\pi} \int_{\Omega_0} \delta V(\Omega) Y_{jm}(\Omega) \mathrm{d}\Omega \tag{7.20}$$

或者

$$\delta V_{jm}^{c} = \frac{1}{4\pi} \int_{\Omega_0} \delta V(\Omega) \cos m\lambda \bar{P}_{jm}(\cos\theta) \mathrm{d}\Omega$$

$$\delta V_{jm}^{s} = \frac{1}{4\pi} \int_{\Omega_0} \delta V(\Omega) \sin m\lambda \bar{P}_{jm}(\cos\theta) \mathrm{d}\Omega \tag{7.20a}$$

其中 $\delta V(\Omega)$ 为残余地形位在球面上方向 Ω 的面球函数，即式(7.16)，将它代入式(7.20)得

$$\delta V_{jm} = \frac{1}{4\pi} \int_{\Omega_0} \left\{ \frac{G\bar{\rho}}{2} \sum_{j=0}^{\infty} \int_{\Omega_0} \frac{j-1}{2j+1} \left[h^2 + (j+4)\frac{h^3}{3R} + (j^2+4j+6)\frac{h^4}{12R^2} \right] \right.$$
$$\left. \times Y_{jm}(\Omega') Y_{jm}(\Omega) \mathrm{d}\Omega' \right\} Y_{jm}(\Omega) \mathrm{d}\Omega \tag{7.21}$$

将上式变换为下式

$$\delta V_{jm} = \frac{1}{4\pi} \left\{ \frac{G\bar{\rho}}{2} \sum_{j=0}^{\infty} \int_{\Omega_0} \frac{j-1}{2j+1} \left[h^2 + (j+4)\frac{h^3}{3R} + (j^2+4j+6)\frac{h^4}{12R^2} \right] Y_{jm}(\Omega') \mathrm{d}\Omega' \right\}$$
$$\times \int_{\Omega_0} Y_{jm}(\Omega) Y_{jm}(\Omega) \mathrm{d}\Omega$$

$$\tag{7.22}$$

大括号后面的积分等于 4π，即 (Heiskanen and Moritz, 1967)

$$\int_{\Omega_0} Y_{jm}(\Omega) Y_{jm}(\Omega) \mathrm{d}\Omega = 4\pi \tag{7.23}$$

于是

$$\delta V_{jm} = \frac{G\bar{\rho}}{2} \sum_{j=0}^{\infty} \int_{\Omega_0} \frac{j-1}{2j+1} \left[h^2 + (j+4)\frac{h^3}{3R} + (j^2+4j+6)\frac{h^4}{12R^2} \right] Y_{jm}(\Omega') \mathrm{d}\Omega' \tag{7.24}$$

这就是前面的式(7.18)。这样我们证明了 δV_{jm} 确实是完全正常化的球谐系数。

以上针对按照地球质心守恒原则进行地形压缩，我们推求了残余地形位的系数形式。关于按照地球质量守恒原则或按照局部地形质量守恒原则进行地形压缩的残余位系数形式，参见式(4.38)和式(4.39)。

注意，系数 δV_{jm}^{c} 和 δV_{jm}^{s} 的量纲为 $\mathrm{m}^2/\mathrm{s}^2$，为使其为无量纲，式(7.18)需除以因子 GM/R，此处 GM 为地心引力常数，R 为地球平均半径。

假定已给定地球引力位模型，且已得到椭球正常位模型，现在又得到了残余地形位模型，那么根据式(7.2)和式(7.3)，我们即可构成 Helmert 扰动位模型。

由前面讨论可知，构建 Helmert 扰动位球谐，关键在于生成球谐级数的系数：

$$T_{jm}^{h} = V_{jm} - V_{jm}' - \delta V_{jm} \tag{7.25}$$

值得注意，我们的 Helmert 扰动位模型式(7.3)，不仅适用于 Brillouin 球的外部，而且适用于直至边界面(这里是参考椭球面)的空间。

4. 引力位模型尺度的统一问题

实践中，我们会遇到地球引力位模型 V $\left\{V_{jm}^{c}, V_{jm}^{s}\right\}$、椭球正常引力位模型 V' $\left\{V_{jm}'^{c}, V_{jm}'^{s}\right\}$ 与残余地形引力位模型 δV $\left\{\delta V_{jm}^{c}, \delta V_{jm}^{s}\right\}$ 使用不同的尺度因子。例如，一种模型使用 $\{GM, R\}$，GM 为地心引力常数，R 为地球平均半径；另一种模型使用 $\{GM_1, a\}$，GM_1 为不同于 GM 的地心引力常数，a 为地球赤道半径。当我们构建 Helmert 扰动位模型时，必须要将它们化归统一的尺度因子。现在假定要求地球 Helmert 扰动位模型 T^{h} 使用尺度因子 $\{GM, a\}$，那么，这时我们必须将它们的尺度因子都要变换成这一因子。

首先考虑将引力位模型 V 的尺度由 $\{GM_v, a_v\}$ 化为 $\{GM, a\}$。引力位 V 在球面上的面球谐形式是

$$V(\Omega) = \sum_{j=0}^{\infty} \sum_{m=-j}^{j} V_{jm} Y_{jm}(\Omega) \tag{7.26}$$

式中，V_{jm} 代表位系数 $\left\{V_{jm}^{c}, V_{jm}^{s}\right\}$，有位的量纲(如 $\mathrm{m}^2/\mathrm{s}^2$)，将其除以 $\dfrac{GM_v}{a_v}$ 得到 $\left\{V_{jm}^{c'}, V_{jm}^{s'}\right\} = \left\{V_{jm}^{c}, V_{jm}^{s}\right\} \Big/ \dfrac{GM_v}{a_v}$，系数 $V_{jm}^{c'}, V_{jm}^{s'}$ 已变成无量纲了，它们就是人们见到的位模型中的位系数形式。

现在将引力位的面球谐系数 $\left\{V_{jm}^{c'}, V_{jm}^{s'}\right\}$ 的尺度由 $\{GM_v, a_v\}$ 化为 $\{GM, a\}$。为此，①将系数 $\left\{V_{jm}^{c'}, V_{jm}^{s'}\right\}$ 乘以 $\dfrac{GM_v}{a_v}$，使其还原为有位的量纲的原始系数 $\left\{V_{jm}^{c}, V_{jm}^{s}\right\}$，即 $\left\{V_{jm}^{c}, V_{jm}^{s}\right\} = \left\{V_{jm}^{c'}, V_{jm}^{s'}\right\} \times \dfrac{GM_v}{a_v}$；②将 $\left\{V_{jm}^{c}, V_{jm}^{s}\right\}$ 除以 $\dfrac{GM}{a}$，即得到尺度为 $\{GM, a\}$ 的系数 $\left\{V_{jm}^{c''}, V_{jm}^{s''}\right\}$，即 $\left\{V_{jm}^{c''}, V_{jm}^{s''}\right\} = \left\{V_{jm}^{c}, V_{jm}^{s}\right\} \Big/ \dfrac{GM}{a}$。将这两步合并成一步，于是得尺度为 $\{GM, a\}$ 的引力位系数

$$\left\{V_{jm}^{c''}, V_{jm}^{s''}\right\} = \left\{V_{jm}^{c'}, V_{jm}^{s'}\right\} \frac{GM_v}{GM} \frac{a}{a_v} \tag{7.27}$$

类似地，有尺度为 $\{GM, a\}$ 的椭球正常引力位 V' 的位系数

$$\left\{V_{jm}'^{c''}, V_{jm}'^{s''}\right\} = \left\{V_{jm}'^{c'}, V_{jm}'^{s'}\right\} \frac{GM_{v'}}{GM} \frac{a}{a_v}, \qquad V_{jm}'^{s''} = V_{jm}'^{s'} = 0 \tag{7.28}$$

与残余地形位 δV 的位系数

$$\left\{\delta V_{jm}^{c''}, \delta V_{jm}^{s''}\right\} = \left\{\delta V_{jm}^{c'}, \delta V_{jm}^{s'}\right\} \frac{GM_{\delta v}}{GM} \frac{a}{a_{\delta v}} \tag{7.29}$$

根据式 (7.25)，我们得尺度为 $\{GM, a\}$ 的 Helmert 扰动位 T^{h} 的位系数

$$\left\{T_{jm}^{\mathrm{c}}, T_{jm}^{\mathrm{s}}\right\}^{\mathrm{h}} = \left\{V_{jm}^{\mathrm{c}''}, V_{jm}^{\mathrm{s}''}\right\} - \left\{V_{jm}'^{\mathrm{c}''}, V_{jm}'^{\mathrm{s}''}\right\} - \left\{\delta V_{jm}^{\mathrm{c}''}, \delta V_{jm}^{\mathrm{s}''}\right\} \tag{7.30}$$

这样，有尺度统一化归为 $\{GM, a\}$ 的 Helmert 扰动位 T^{h} 的体球谐形式：

$$T^{\mathrm{h}}(r, \Omega) = \frac{GM}{a} \sum_{j=0}^{\infty} \left(\frac{a}{r}\right)^{j+1} \sum_{m=0}^{j} \left[\left(T_{jm}^{\mathrm{c}}\right)^{\mathrm{h}} \cos m\lambda + \left(T_{jm}^{\mathrm{s}}\right)^{\mathrm{h}} \sin m\lambda\right] P_{jm}(\cos\theta) \tag{7.31}$$

式 (7.31) 即是以有统一尺度的地球引力位模型、正常椭球引力位模型和残余地形位模型为基础建立起来的 Helmert 扰动位模型的最后形式。

7.2　Helmert 扰动位场量球谐表示

在式 (7.3) 的基础上，下面给出 Helmert 扰动位场量的球谐表示：

1）Helmert 地面重力扰动

当尺度因子为 R（地球平均半径）时

$$\delta g^{\mathrm{h}}(r, \Omega) = -\frac{\partial T^{\mathrm{h}}(r, \Omega)}{\partial r} = \frac{1}{r} \sum_{j=0}^{\infty} (j+1) \left(\frac{R}{r}\right)^{j+1} \sum_{m=-j}^{j} T_{jm}^{\mathrm{h}} Y_{jm}(\Omega) \tag{7.32}$$

当尺度因子为 a（地球赤道半径）时

$$\delta g^{\mathrm{h}}(r, \Omega) = \frac{1}{r} \sum_{j=0}^{\infty} (j+1) \left(\frac{a}{r}\right)^{j+1} \sum_{m=-j}^{j} T_{jm}^{\mathrm{h}} Y_{jm}(\Omega) \tag{7.32a}$$

2）Helmert 椭球面重力扰动

当尺度因子为 R 时

$$\delta g_0^{\mathrm{h}}(r_e, \Omega) = \frac{1}{r_e} \sum_{j=0}^{\infty} (j+1) \left(\frac{R}{r_e}\right)^{j+1} \sum_{m=-j}^{j} T_{jm}^{\mathrm{h}} Y_{jm}(\Omega) \tag{7.33}$$

当尺度因子为 a 时

$$\delta g_0^{\mathrm{h}}(r_e, \Omega) = \frac{1}{r_e} \sum_{j=0}^{\infty} (j+1) \left(\frac{a}{r_e}\right)^{j+1} \sum_{m=-j}^{j} T_{jm}^{\mathrm{h}} Y_{jm}(\Omega) \tag{7.33a}$$

其中，r_e 为计算点在椭球面的投影点之地心向径。

3）Helmert 地面高程异常

当尺度因子为 R 时

$$\zeta^{\mathrm{h}}(r, \Omega) = \frac{T^{\mathrm{h}}(r, \Omega)}{\gamma} = \frac{1}{\gamma} \sum_{j=0}^{\infty} \left(\frac{R}{r}\right)^{j+1} \sum_{m=-j}^{j} T_{jm}^{\mathrm{h}} Y_{jm}(\Omega) \tag{7.34}$$

当尺度因子为 a 时

$$\zeta^{\mathrm{h}}\left(r,\varOmega\right)=\frac{1}{\gamma}\sum_{j=0}^{\infty}\left(\frac{a}{r}\right)^{j+1}\sum_{m=-j}^{j}T_{jm}^{\mathrm{h}}Y_{jm}\left(\varOmega\right) \tag{7.34a}$$

其中，γ 为似地形面上的正常重力(可用近似值代替)。

4) Helmert 大地水准面高

当尺度因子为 R 时

$$N^{\mathrm{h}}\left(r_e,\varOmega\right)=\frac{1}{g_0}\sum_{j=0}^{\infty}\left(\frac{R}{r_e}\right)^{j+1}\sum_{m=-j}^{j}T_{jm}^{\mathrm{h}}Y_{jm}\left(\varOmega\right) \tag{7.35}$$

当尺度因子为 a 时

$$N^{\mathrm{h}}\left(r,\varOmega\right)=\frac{1}{g_0}\sum_{j=0}^{\infty}\left(\frac{a}{r_e}\right)^{j+1}\sum_{m=-j}^{j}T_{jm}^{\mathrm{h}}Y_{jm}\left(\varOmega\right) \tag{7.35a}$$

式中，g_0 为椭球面处的实际重力(可用近似值代替)。

5) Helmert 地面垂线偏差

当尺度因子为 R 时

$$\xi^{\mathrm{h}}=-\frac{1}{r\gamma}\frac{\partial T^{\mathrm{h}}\left(r,\varOmega\right)}{\partial\phi}=-\frac{1}{r\gamma}\sum_{j=0}^{\infty}\left(\frac{R}{r}\right)^{j+1}\sum_{m=-j}^{j}T_{jm}^{\mathrm{h}}\frac{\partial Y_{jm}\left(\varOmega\right)}{\partial\phi} \tag{7.36}$$

$$\eta^{\mathrm{h}}=-\frac{1}{r\gamma\cos\phi}\frac{\partial T^{\mathrm{h}}\left(r,\varOmega\right)}{\partial\lambda}=-\frac{1}{r\gamma\cos\phi}\sum_{j=0}^{\infty}\left(\frac{R}{r}\right)^{j+1}\sum_{m=-j}^{j}T_{jm}^{\mathrm{h}}\frac{\partial Y_{jm}\left(\varOmega\right)}{\partial\lambda} \tag{7.37}$$

当尺度因子为 a 时

$$\xi^{\mathrm{h}}=-\frac{1}{r\gamma}\frac{\partial T^{\mathrm{h}}\left(r,\varOmega\right)}{\partial\phi}=-\frac{1}{r\gamma}\sum_{j=0}^{\infty}\left(\frac{a}{r}\right)^{j+1}\sum_{m=-j}^{j}T_{jm}^{\mathrm{h}}\frac{\partial Y_{jm}\left(\varOmega\right)}{\partial\phi} \tag{7.36a}$$

$$\eta^{\mathrm{h}}=-\frac{1}{r\gamma\cos\phi}\frac{\partial T^{\mathrm{h}}\left(r,\varOmega\right)}{\partial\lambda}=-\frac{1}{r\gamma\cos\phi}\sum_{j=0}^{\infty}\left(\frac{a}{r}\right)^{j+1}\sum_{m=-j}^{j}T_{jm}^{\mathrm{h}}\frac{\partial Y_{jm}\left(\varOmega\right)}{\partial\lambda} \tag{7.37a}$$

6) Helmert 椭球面垂线偏差

当尺度因子为 R 时

$$\xi_0^{\mathrm{h}}=-\frac{1}{r_e g_0}\frac{\partial T^{\mathrm{h}}\left(r_e,\varOmega\right)}{\partial\phi}=-\frac{1}{r_e g_0}\sum_{j=0}^{\infty}\left(\frac{R}{r_e}\right)^{j+1}\sum_{m=-j}^{j}T_{jm}^{\mathrm{h}}\frac{\partial Y_{jm}\left(\varOmega\right)}{\partial\phi} \tag{7.38}$$

$$\eta_0^{\mathrm{h}}=-\frac{1}{r_e g_0\cos\phi}\frac{\partial T^{\mathrm{h}}\left(r_e,\varOmega\right)}{\partial\lambda}=-\frac{1}{r_e g_0\cos\phi}\sum_{j=0}^{\infty}\left(\frac{R}{r_e}\right)^{j+1}\sum_{m=-j}^{j}T_{jm}^{\mathrm{h}}\frac{\partial Y_{jm}\left(\varOmega\right)}{\partial\lambda} \tag{7.39}$$

当尺度因子为 a 时

$$\xi_0^{\mathrm{h}} = -\frac{1}{r_e g_0}\frac{\partial T^{\mathrm{h}}(r_e, \Omega)}{\partial \phi} = -\frac{1}{r_e g_0}\sum_{j=0}^{\infty}\left(\frac{a}{r_e}\right)^{j+1}\sum_{m=-j}^{j}T_{jm}^{\mathrm{h}}\frac{\partial Y_{jm}(\Omega)}{\partial \phi} \tag{7.38a}$$

$$\eta_0^{\mathrm{h}} = -\frac{1}{r_e g_0 \cos\phi}\frac{\partial T^{\mathrm{h}}(r_e, \Omega)}{\partial \lambda} = -\frac{1}{r_e g_0 \cos\phi}\sum_{j=0}^{\infty}\left(\frac{a}{r_e}\right)^{j+1}\sum_{m=-j}^{j}T_{jm}^{\mathrm{h}}\frac{\partial Y_{jm}(\Omega)}{\partial \lambda} \tag{7.39a}$$

在以上 Helmert 扰动位场量式中，关于 $\partial T^{\mathrm{h}}(r,\Omega)/\partial\phi$ 和 $\partial T^{\mathrm{h}}(r,\Omega)/\partial\lambda$ 的算式是

$$\frac{\partial T^{\mathrm{h}}(r,\Omega)}{\partial \phi} = \sum_{j=0}^{\infty}\left(\frac{R}{r}\right)^{j+1}\sum_{m=-j}^{j}T_{jm}^{\mathrm{h}}\frac{\partial Y_{jm}(\Omega)}{\partial \phi} \tag{7.40}$$

$$\frac{\partial T^{\mathrm{h}}(r,\Omega)}{\partial \lambda} = \sum_{j=0}^{\infty}\left(\frac{R}{r}\right)^{j+1}\sum_{m=-j}^{j}T_{jm}^{\mathrm{h}}\frac{\partial Y_{jm}(\Omega)}{\partial \lambda} \tag{7.41}$$

式中

$$T_{jm}^{\mathrm{h}}\frac{\partial Y_{jm}(\Omega)}{\partial \phi} = \left\langle\begin{matrix}\overline{C}_{jm}^{\mathrm{h}}\cos m\lambda\\ \overline{S}_{jm}^{\mathrm{h}}\sin m\lambda\end{matrix}\right\rangle\frac{\partial \overline{P}_{jm}(\sin\phi)}{\partial \phi} \tag{7.40a}$$

$$T_{jm}^{\mathrm{h}}\frac{\partial Y_{jm}(\Omega)}{\partial \lambda} = m\left\langle\begin{matrix}-\overline{C}_{jm}^{\mathrm{h}}\sin m\lambda\\ \overline{S}_{jm}^{\mathrm{h}}\cos m\lambda\end{matrix}\right\rangle\overline{P}_{jm}(\sin\phi) \tag{7.41a}$$

$$\frac{\partial \overline{P}_{jm}(\sin\phi)}{\partial \phi} = \frac{1}{\cos\phi}\left[(j+1)\sqrt{\frac{j^2-m^2}{(2j+1)(2j-1)}}\,\overline{P}_{j-1,m}(\sin\phi)\right.$$
$$\left.-j\sqrt{\frac{(j+1)^2-m^2}{(2j+3)(2j+1)}}\overline{P}_{j+1,m}(\sin\phi)\right] \tag{7.42}$$

或

$$\frac{\partial \overline{P}_{jm}(\sin\phi)}{\partial \phi} = \frac{1}{\cos\phi}\sqrt{\frac{(2j+1)(j+m)(j-m)}{2j-1}}\,\overline{P}_{j-1,m}(\sin\phi) - j\tan\phi\,\overline{P}_{jm}(\sin\phi) \tag{7.43}$$

第 8 章 Hotine 积 分

8.1 球面 Hotine 积分[*]

给定重力数据，计算地区或局部重力大地水准面高的公式是

$$N = \frac{R}{4\pi g_0} \int_{\psi=0}^{\pi} \int_{\alpha=0}^{2\pi} \delta g H(\psi) \sin\psi \mathrm{d}\psi \mathrm{d}\alpha \qquad (8.1)$$

式中，R 为地球平均半径；g_0 为大地水准面处的重力；δg 是延拓到边界面上的重力扰动（第 3 章用 Helmert 重力扰动 δg^{h^*} 表示）；$H(\psi)$ 为 Hotine 函数，或称 Hotine 积分核

$$H(\psi) = \sum_{n=0}^{\infty} \frac{2n+1}{n+1} P_n(\cos\psi) \qquad (8.2)$$

计算 N 要求用全球数据，通常将全球分为近区和远区，式(8.1)相应地分解为两项

$$N = \frac{R}{4\pi g_0} \int_{\psi=0}^{\psi_0} \int_{\alpha=0}^{2\pi} \delta g H(\psi) \sin\psi \mathrm{d}\psi \mathrm{d}\alpha + \frac{R}{4\pi g_0} \int_{\psi_0}^{\pi} \int_{\alpha=0}^{2\pi} \delta g H(\psi) \sin\psi \mathrm{d}\psi \mathrm{d}\alpha \qquad (8.3)$$

式中，ψ 表示计算点与积分点之间的角距；积分域 0 到 ψ_0 表示计算点周围的近区，ψ_0 到 π 表示近区之外的区域。由于实际方面的原因（如数据可用性、计算量等），计算第一项用近区 ψ_0 内的数据（重力、地形和高程数据）。第二项通常视为误差忽略之。然而它是 N 的组成部分，理论上不应忽略。现在讨论第二项的计算方法。

将积分核 $H(\psi)$ 改写为 $H(\cos\psi)$。引入不连续函数(Heiskanen and Moritz, 1967)

$$\bar{H}(\cos\psi) = \begin{cases} 0 & 0 \leqslant \psi < \psi_0 \\ H(\cos\psi) & \psi_0 \leqslant \psi \leqslant \pi \end{cases} \qquad (8.4)$$

这样，我们可以将式(8.3)的第二项写成形式

$$\delta N = \frac{R}{4\pi g_0} \int_{\psi=0}^{\pi} \int_{\alpha=0}^{2\pi} \delta g \bar{H}(\cos\psi) \sin\psi \mathrm{d}\psi \mathrm{d}\alpha \qquad (8.5)$$

现在积分可以在整个单位球面进行，因为区域 $\psi < \psi_0$ 对积分没有贡献。函数 $\bar{H}(\cos\psi)$ 可以展开为勒让德多项式的级数（带谐调和函数）

$$\bar{H}(\cos\psi) = \sum_{n=0}^{\infty} \frac{2n+1}{2} Q_n P_n(\cos\psi) \qquad (8.6)$$

为了形式上的原因，展开式中的系数乘了 $(2n+1)/2$。根据 Heiskanen and Moritz(1967) 的式(1-70)，系数可以写成

---

* 参见：Vaniček and Sjöberg, 1991

$$\frac{2n+1}{2}Q_n = \frac{2n+1}{4\pi}\int_{\alpha=0}^{2\pi}\int_{\psi=0}^{\pi}\bar{H}(\cos\psi)P_n(\cos\psi)\sin\psi\,\mathrm{d}\psi\,\mathrm{d}\alpha \tag{8.7}$$

由于

$$\int_{\alpha=0}^{2\pi}\mathrm{d}\alpha = 2\pi$$

所以

$$Q_n = \int_{\psi=0}^{\pi}\bar{H}(\cos\psi)P_n(\cos\psi)\sin\psi\,\mathrm{d}\psi \tag{8.8}$$

考虑到式(8.4)

$$Q_n = \int_{\psi=\psi_0}^{\pi}H(\cos\psi)P_n(\cos\psi)\sin\psi\,\mathrm{d}\psi \tag{8.9}$$

Q_n 被 Molodensky 称为截断系数(莫洛金斯基、叶列梅耶夫、尤尔金娜, 1960)。Q_n 为半径 ψ_0 的函数,用式(8.9)确定。

将式(8.6)代入式(8.5),在所得式中交换积分与求和的顺序,得

$$\delta N = \frac{R}{8\pi g_0}\sum_{n=0}^{\infty}(2n+1)Q_n\int_{\psi=0}^{\pi}\int_{\alpha=0}^{2\pi}\delta g P_n(\cos\psi)\sin\psi\,\mathrm{d}\psi\,\mathrm{d}\alpha$$

根据 Heiskanen and Moritz(1967)的式(1-71),二重积分等于 $4\pi\delta g_n/(2n+1)$,这样,大地水准面高的截断误差是

$$\delta N(\theta,\lambda) = \frac{R}{2g_0}\sum_{n=0}^{\infty}Q_n\delta g_n(\theta,\lambda) \tag{8.10}$$

式中,δg_n 是 δg 的 n 阶 Laplace 球谐。

对于椭球面垂线偏差的截断偏差,由式(8.10),我们可以立刻写出(Heiskanen and Moritz, 1967):

$$\delta\xi_0 = -\frac{1}{R}\frac{\partial(\delta N)}{\partial\varphi} = -\frac{1}{2g_0}\sum_{n=0}^{\infty}Q_n\frac{\partial\delta g_n}{\partial\varphi} \tag{8.11}$$

$$\delta\eta_0 = -\frac{1}{R\cos\varphi}\frac{\partial(\delta N)}{\partial\lambda} = -\frac{1}{2g_0}\sum_{n=0}^{\infty}Q_n\frac{1}{\cos\varphi}\frac{\partial\delta g_n}{\partial\lambda} \tag{8.12}$$

8.2　扁球面 Hotine 积分[*]

如式(8.1)所示,计算大地水准面高的 Hotine 积分是

$$N = \frac{R}{4\pi g_0}\int_{\psi=0}^{\pi}\int_{\alpha=0}^{2\pi}\delta g H(\psi)\sin\psi\,\mathrm{d}\psi\,\mathrm{d}\alpha$$

式中,δg 为边界面上的重力扰动(在第三章用 δg^{h^*} 表示);$H(\psi)$ 为 Hotine 函数

---

[*] 参见: Vaníček and Sjöberg, 1991; Vaníček, Kleusberg, Chang et al., 1987; Vaníček and Featherstone, 1998

$$H(R,\psi)=\sum_{n=0}^{\infty}\frac{2n+1}{n+1}P_n(\cos\psi)$$

将 N 分解为低中阶成分 N_M 和高阶成分 N^M,

$$N=N_M+N^M \tag{8.13}$$

其中

$$N_M=\frac{R}{4\pi g_0}\int_{\psi=0}^{\pi}\int_{\alpha=0}^{2\pi}\delta g\sum_{n=0}^{M}\frac{2n+1}{n+1}P_n(\cos\psi)\sin\psi\,\mathrm{d}\psi\,\mathrm{d}\alpha \tag{8.14}$$

$$N^M=\frac{R}{4\pi g_0}\int_{\psi=0}^{\pi}\int_{\alpha=0}^{2\pi}\delta g\sum_{n=M+1}^{\infty}\frac{2n+1}{n+1}P_n(\cos\psi)\sin\psi\,\mathrm{d}\psi\,\mathrm{d}\alpha \tag{8.15}$$

低中阶(0 到 M 阶)成分 N_M 用卫星数据或卫星数据联合地面数据得到的全球地球重力场模型计算。大地水准面 N_M 简称为 M 阶扁球面(spheriod),并视为已知参考面。高阶成分 N^M 为扁球面之上的大地水准面高,为用地面重力数据确定的待求量。

将边界面重力扰动写成面球谐展开式

$$\delta g=\sum_{n=0}^{\infty}\delta g_n \tag{8.16}$$

$$\delta g^M=\sum_{n=M+1}^{\infty}\delta g_n=\delta g-\sum_{n=0}^{M}\delta g_n \tag{8.17}$$

由于球面上球谐的正交性,至 M 阶的重力扰动成分对高阶成分 N^M 不产生贡献,所以式(8.15)中的 δg 可以用式(8.17)定义的 δg^M 代替

$$N^M=\frac{R}{4\pi g_0}\int_{\psi=0}^{\pi}\int_{\alpha=0}^{2\pi}\delta g^M H^M(\psi)\sin\psi\,\mathrm{d}\psi\,\mathrm{d}\alpha \tag{8.18}$$

其中

$$H^M(\psi)=\sum_{n=M+1}^{\infty}\frac{2n+1}{n+1}P_n(\cos\psi)=H(\psi)-\sum_{n=0}^{M}\frac{2n+1}{n+1}P_n(\cos\psi) \tag{8.19}$$

依照积分域是 ψ_0 的内外,N^M 可以分解成两项

$$N^M=\frac{R}{4\pi g_0}\int_{\psi=0}^{\psi_0}\int_{\alpha=0}^{2\pi}\delta g^M H^M(\psi)\sin\psi\,\mathrm{d}\psi\,\mathrm{d}\alpha+\frac{R}{4\pi g_0}\int_{\psi_0}^{\pi}\int_{\alpha=0}^{2\pi}\delta g^M H^M(\psi)\sin\psi\,\mathrm{d}\psi\,\mathrm{d}\alpha \tag{8.20}$$

第一项是近区的贡献,用重力数据计算,第二项是远区贡献,用截断系数和重力扰动分量计算。类似上节,引入不连续函数

$$\bar H^M(\cos\psi)=\begin{cases}0 & 0\leqslant\psi<\psi_0\\ H^M(\cos\psi) & \psi_0\leqslant\psi\leqslant\pi\end{cases} \tag{8.21}$$

将 $\bar H^M(\cos\psi)$ 展开为勒让德多项式级数,即

$$\bar H^M(\cos\psi)=\sum_{n=0}^{\infty}\frac{2n+1}{2}Q_n^M P_n(\cos\psi) \tag{8.22}$$

根据 Heiskanen and Moritz(1967) 的式(1-70)，将系数写成

$$\frac{2n+1}{2}Q_n^M = \frac{2n+1}{4\pi}\int_{\alpha=0}^{2\pi}\int_{\psi=0}^{\pi}\bar{H}^M\left(\cos\psi\right)P_n\left(\cos\psi\right)\sin\psi\mathrm{d}\psi\mathrm{d}\alpha \tag{8.23}$$

由此得

$$Q_n^M = \int_{\psi=0}^{\pi}\bar{H}^M\left(\cos\psi\right)P_n\left(\cos\psi\right)\sin\psi\mathrm{d}\psi \tag{8.24}$$

考虑到式(8.21)

$$Q_n^M = \int_{\psi=\psi_0}^{\pi}H^M\left(\cos\psi\right)P_n\left(\cos\psi\right)\sin\psi\mathrm{d}\psi \tag{8.25}$$

Q_n^M 称为 Molodensky 截断系数。利用式(8.19)，

$$Q_n^M = \int_{\psi=\psi_0}^{\pi}H\left(\cos\psi\right)P_n\left(\cos\psi\right)\sin\psi\mathrm{d}\psi - \int_{\psi=\psi_0}^{\pi}\sum_{k=0}^{M}\frac{2k+1}{k+1}P_k\left(\cos\psi\right)P_n\left(\cos\psi\right)\sin\psi\mathrm{d}\psi$$

$$= Q_n - \sum_{k=0}^{M}\frac{2k+1}{k+1}\int_{\psi=\psi_0}^{\pi}P_k\left(\cos\psi\right)P_n\left(\cos\psi\right)\sin\psi\mathrm{d}\psi \tag{8.26}$$

将式(8.22)代入式(8.20)的第二项，并交换积分和求和的顺序，则该项变成

$$\delta N^M = \frac{R}{8\pi g_0}\sum_{n=0}^{\infty}(2n+1)Q_n^M\int_{\psi=0}^{\pi}\int_{\alpha=0}^{2\pi}\delta g^M P_n\left(\cos\psi\right)\sin\psi\mathrm{d}\psi\mathrm{d}\alpha \tag{8.27}$$

根据 Heiskanen and Moritz(1967) 的式(1-71)，二重积分等于 $4\pi\delta g_n^M/(2n+1)$，所以

$$\delta N^M\left(\theta,\lambda\right) = \frac{R}{2g_0}\sum_{n=0}^{\infty}Q_n^M\delta g_n^M\left(\theta,\lambda\right) \tag{8.28}$$

式中，δg_n^M 为 δg^M 的 n 阶 Laplace 球谐。根据我们的假设

$$\delta g_n^M = \begin{cases} 0 & 0<n<M \\ \delta g_n & n>M+1 \end{cases}$$

所以

$$\delta N^M\left(\theta,\lambda\right) = \frac{R}{2g_0}\sum_{n=M+1}^{\infty}Q_n^M\delta g_n\left(\theta,\lambda\right) \tag{8.29}$$

对于椭球面垂线偏差的截断偏差，可以写出

$$\delta\xi_0^M = -\frac{1}{R}\frac{\partial\left(\delta N^M\right)}{\partial\varphi} = -\frac{1}{2g_0}\sum_{n=M+1}^{\infty}Q_n^M\frac{\partial\delta g_n}{\partial\varphi} \tag{8.30}$$

$$\delta\eta_0^M = -\frac{1}{R\cos\varphi}\frac{\partial\left(\delta N^M\right)}{\partial\lambda} = -\frac{1}{2g_0}\sum_{n=M+1}^{\infty}Q_n^M\frac{1}{\cos\varphi}\frac{\partial\delta g_n}{\partial\lambda} \tag{8.31}$$

附：计算截断系数 Q_n 和 Q_n^M 的程序。输入参数：psi-ψ_0(度)，输出文件：Q_n 和 Q_n^M，n, M 可设置。

program q_qnm

```
implicit real*8 (a-h,o-z)
parameter (nno=2190,kno=2190)
parameter (psi=1)                                    ! input parameter, psi =ψ₀
!
dimension p (0:kno,2),pn (0:kno),q (0:kno),qm (0:kno),ps (0:kno,0:nno)
!
open (unit=100, file='result.dat', status='unknown')       ! output file for Qₙ
open (unit=101, file='result1.dat', status='unknown')      ! output file for Qₙᴹ
!
pi=4.d0*datan (1.d0)                                 ! pi=circle rate
rad=180.d0/pi
!
phi1=psi
!
phi2=pi; phi1=phi1/rad
p (0,2)=1.d0; p (0,1)=1.d0                           ! initial values of legendre's polynomials
p (1,2)=dcos (phi2); p (1,1)=dcos (phi1)
do k=2,nno                                          ! compute legendre's polynomials
a=2.d0-1.d0/dble (k); b=1.d0-1.d0/dble (k)
p (k,2)=a*dcos (phi2)*p (k-1,2)-b*p (k-2,2)
p (k,1)=a*dcos (phi1)*p (k-1,1)-b*p (k-2,1)
enddo
!
do n=0,nno                                          ! compute integration of product of pn & pk sine
do k=0,kno
if (n.eq.k) go to 100
if ((n.gt.0).and.(k.eq.0)) then
tmp2=dcos (phi2)*p (n,2)-p (n-1,2)
tmp1=dcos (phi1)*p (n,1)-p (n-1,1)
ps (n,k)=-(tmp2-tmp1)/dble (n+1)
                        endif
!
if ((n.eq.0).and.(k.gt.0)) then
tmp2=dcos (phi2)*p (k,2)-p (k-1,2)
tmp1=dcos (phi1)*p (k,1)-p (k-1,1)
ps (n,k)=-(tmp2-tmp1)/dble (k+1)
                        endif
!
```

```
if((n.gt.0).and.(k.gt.0))then
cc=dble(n)*dble(n+1); cc=cc-dble(k)*dble(k+1)
  a=dble(k)*p(n,2)*(dcos(phi2)*P(k,2)-P(k-1,2))-dble(n)*p(k,2)*(dcos(phi2)*P(n,2)-P(n-1,2))
a=a-dble(k)*p(n,1)*(dcos(phi1)*P(k,1)-P(k-1,1))+dble(n)*p(k,1)*(dcos(phi1)*P(n,1)-P(n-1,1))
ps(n,k)=a/cc
                              endif
!
100 continue
enddo
enddo
!                                               ! compute the integration of Pn-squred
ps(0,0)=-dcos(phi2)+dcos(phi1)
ps(1,1)=-dcos(phi2)**3/3.d0+dcos(phi1)**3/3.d0
ps(2,2)=-(9.d0*dcos(phi2)**5/20.d0-dcos(phi2)**3/2.d0+dcos(phi2)/4.d0)+(9.d0*dcos(phi1)**5&
/20.d0-dcos(phi1)**3/2.d0+dcos(phi1)/4.d0)
!
do n=3,nno
a=dble(2*n-1)/dble(2*n+1)
b=dble(2*n-1)/dble(n*(2*n+1))
c=-dble(4*(n-1)); c=c/dble((2*n+1)*(n*(n+1)-(n-2)*(n-1)))
!
aa=a*ps(n-1,n-1)
tmp1=dble(n-1)*p(n,2)*(dcos(phi2)*P(n-1,2)-P(n-2,2))-dble(n)*p(n-1,2)*(dcos(phi2)*P(n,2)-P(n-1,2))
  tmp1=dcos(phi2)*tmp1
tmp2=dble(n-1)*p(n,1)*(dcos(phi1)*P(n-1,1)-P(n-2,1))-dble(n)*p(n-1,1)*(dcos(phi1)*P(n,1)-P(n-1,1))
  tmp2=dcos(phi1)*tmp2
bb=b*(tmp1-tmp2)
  tmp1=dble(n-2)*p(n,2)*(dcos(phi2)*P(n-2,2)-P(n-3,2))-dble(n)*p(n-2,2)*(dcos(phi2)*P(n,2)-P(n-1,2))
  tmp2=dble(n-2)*p(n,1)*(dcos(phi1)*P(n-2,1)-P(n-3,1))-dble(n)*p(n-2,1)*(dcos(phi1)*P(n,1)-P(n-1,1))
cc=c*(tmp1-tmp2)
!
ps(n,n)=aa+bb+cc
end do
!
do n=0,nno
q(n)=0.d0                              ! compute Qn
!
do k=0,kno
```

```
cc=dble(2*k+1)/dble(k+1)                         ! Hotine polynomial
q(n)=q(n)+cc*ps(n,k)
enddo
enddo
!
write(unit=100, fmt='(20f12.8)')(q(i),i=0,2190)
!
do n=0,nno
sum=0                                            ! compute QMn
!
do k=0,360                          ! set maximum degree of Hotine polynomial equal to 360
cc=dble(2*k+1)/dble(k+1)                         ! Legendre polynomials
sum=sum+cc*ps(n,k)
enddo
qm(n)=q(n)-sum
!
enddo
write(unit=101, fmt='(20f12.8)')(qm(i),i=0,2190)
stop
end
```

8.3　修正的扁球面 Hotine 积分[*]

前面我们提到，由于数据的不完全，或者为了节省计算时间，限定卷积积分范围为 ψ_0。从实际计算出发，希望这个 ψ_0 尽可能的小，这意味着，作为参考扁球的 M 阶重力场的阶数应尽可能的高。但是，随着 M 的升高，参考场的误差越大，所以通常用一个折中的 M 值。早期常选择 $M=20$，在我们这里，选择 $M=360$。Molodensky 通过修正积分核使截断误差最小进一步减小 ψ_0。这一思想是通过从积分核中减去一个修正函数 M_H 来修正积分核。我们得到一个如下形式的修正核 H^{M^*}：

$$H^{M^*}(\psi)=H^M(\psi)-M_H(\psi) \tag{8.32}$$

将此式代入式（8.20），得

$$N^M=\frac{R}{4\pi g_0}\int_{\psi=0}^{\psi_0}\int_{\alpha=0}^{2\pi}\delta g^M H^{M^*}(\psi)\sin\psi\,\mathrm{d}\psi\,\mathrm{d}\alpha$$

$$+\frac{R}{4\pi g_0}\int_{\psi_0}^{\pi}\int_{\alpha=0}^{2\pi}\delta g^M H^{M^*}(\psi)\sin\psi\,\mathrm{d}\psi\,\mathrm{d}\alpha$$

---

[*] 参见：Vaníček and Sjöberg, 1991

$$+ \frac{R}{4\pi g_0} \int_{\psi=0}^{\pi} \int_{\alpha=0}^{2\pi} \delta g^M M_H(\psi) \sin\psi \mathrm{d}\psi \mathrm{d}\alpha \qquad (8.33)$$

右端第一项代表 N^M 的新的近似，最后两项是待最小化的新截断改正项。

为使事情容易起见，修正函数 M_H 现在要选择得使最后一项消失。同样忽略全球重力场的误差以及 δg 的低阶成分的误差，认为阶数低于或等于 M 的所有分量 δg_n^M 已不存在了。阶数低于或等于 M 的任何 P_n 多项式将能满足上述要求。那么选择

$$M_H(\psi) = \sum_{n=0}^{M} \frac{2n+1}{2} t_n P_n(\cos\psi) \qquad (8.34)$$

这里因子 $(2n+1)/2$ 是为计算方便引入的。t_n 叫做 Molodensky 修正系数，通过使新的截断误差

$$\delta N^{M^*} = \frac{R}{4\pi g_0} \int_{\psi=\psi_0}^{\pi} \int_{\alpha=0}^{2\pi} \delta g^M H^{M^*}(\psi) \sin\psi \mathrm{d}\psi \mathrm{d}\alpha \qquad (8.35)$$

在某种意义上达到最小来确定。式中

$$H^{M^*}(\psi) = H^M(\psi) - \sum_{n=0}^{M} \frac{2n+1}{2} t_n P_n(\cos\psi) \qquad (8.36)$$

对于有确定范数的 δg^M，为使 δN^{M^*} 最小，可求定 $t_n(n=0,1,\cdots,M)$ 使得 $\int_{\psi=0}^{\pi} \int_{\Omega_0} \left(H^{M^*}\right)^2 \sin\psi \mathrm{d}\psi \mathrm{d}\alpha$ 最小，这就导致法方程组：

$$\forall\ n \leqslant M: \frac{\partial}{\partial t_n} \int_{\psi=\psi_0}^{\pi} \int_{\alpha=0}^{2\pi} (H^{M^*})^2 \sin\psi \mathrm{d}\psi \mathrm{d}\alpha = \frac{\partial}{\partial t_n} \int_{\psi=\psi_0}^{\pi} \left(H^{M^*}\right)^2 \sin\psi \mathrm{d}\psi = 0$$

或

$$\forall\ n \leqslant M: \int_{\psi=\psi_0}^{\pi} H^{M^*} \frac{\partial H^{M^*}}{\partial t_n} \sin\psi \mathrm{d}\psi = 0 \qquad (8.37)$$

进行微分，得

$$\forall\ n \leqslant M: \int_{\psi=\psi_0}^{\pi} \left(H^M - M_H\right) P_n(\cos\psi) \sin\psi \mathrm{d}\psi = 0 \qquad (8.38)$$

利用记号

$$\int_{\psi=\psi_0}^{\pi} P_i(\cos\psi) P_j(\cos\psi) \sin\psi \mathrm{d}\psi = e_{ij}(\psi_0) \qquad (8.39)$$

$$\int_{\psi=\psi_0}^{\pi} H(\psi) P_i(\cos\psi) \sin\psi \mathrm{d}\psi = Q_i(\psi_0) \qquad (8.40)$$

$$\int_{\psi=\psi_0}^{\pi} H^M(\psi) P_i(\cos\psi) \sin\psi \mathrm{d}\psi = Q_i^M(\psi_0) \qquad (8.41)$$

最后得

$$\forall\ n \leqslant M: \sum_{k=0}^{M} \frac{2k+1}{2} e_{nk} t_k = Q_n^M = Q_n - \sum_{k=0}^{M} \frac{2k+1}{k+1} e_{nk} \qquad (8.42)$$

对于任何给定的 ψ_0，式 (8.42) 代表未知数为 t_k 的 $M+1$ 个线性方程组。解出 t_k 后，代入式 (8.36)，可以得到 Molodensky 型修正核函数。一旦得到修正核函数，用类似上两节的方法，可以得到截断偏差：

$$\delta N^{M^*} = \frac{R}{2g_0} \sum_{n=M+1}^{\infty} Q_n^{M^*}(\cos\psi_0)\delta g_n \tag{8.43}$$

其中截断系数

$$Q_n^{M^*}(\cos\psi_0) = \int_{\psi=\psi_0}^{\pi} H^{M^*}(\psi) P_l(\cos\psi)\sin\psi\,\mathrm{d}\psi \tag{8.44}$$

式中，$H^{M^*}(\psi)$ 用式 (8.36) 计算。

8.4 移去-计算-恢复技术[*]

移去-计算-恢复 (Remove-Compute-Restore，RCR) 技术是较早发展起来的计算大地水准面的现代技术，它综合利用了全球低频重力场模型和本地的重力数据，组合了全球地球位模型隐含的大地水准面与残余重力扰动经过球面 Hotine 积分计算的残余大地水准面。在实践中，Hotine 积分截断至计算点周围的有限区域 ψ_0。大地水准面高分解为两项：

$$N = N_M + \frac{R}{4\pi g_0}\int_0^{2\pi}\int_0^{\psi_0} H(\cos\psi)\delta g^M \sin\psi\,\mathrm{d}\psi\,\mathrm{d}\alpha$$
$$+ \frac{R}{4\pi g_0}\int_0^{2\pi}\int_{\psi_0}^{\pi} H(\cos\psi)\delta g^M \sin\psi\,\mathrm{d}\psi\,\mathrm{d}\alpha \tag{8.45}$$

式中的符号前面已有说明。这里需要指出的是，$H(\cos\psi)$ 仍然是本来的 Hotine 函数，而不是修正的 Hotine 核，即

$$H(\cos\psi) = \sum_{n=0}^{\infty}\frac{2n+1}{n+1}P_n(\cos\psi) = \csc\frac{\psi}{2} - \ln\left(1+\csc\frac{\psi}{2}\right) \tag{8.46}$$

N_M 为低中阶大地水准面，由给定的全球位模型提供：

$$N_M = \frac{R}{2g_0}\sum_{n=0}^{M}\frac{2}{n+1}\delta g_n \tag{8.47}$$

δg^M 为残余重力扰动，等于重力扰动的边界值减去其模型球谐值：

$$\delta g^M = \delta g - \sum_{n=0}^{M}\delta g_n = \sum_{n=M+1}^{\infty}\delta g_n \tag{8.48}$$

$$\delta g_n(\theta,\lambda) = \frac{GM}{R^2}(n+1)\sum_{m=-n}^{n}T_{nm}Y_{nm}(\theta,\lambda) \tag{8.49}$$

式 (8.45) 的第二项是球冠 ψ_0 的贡献，由残余重力扰动的卷积积分计算，即围绕计算点同心环求和或按经纬度的矩形求和，与一般的 Hotine 积分无异。

[*] 参见：Featherstone, Holmes, Kirby et al., 2004; Sjöberg, 2005

第三项外区 ψ_0 到 π 的残余重力扰动的影响，按下式估计

$$\delta N = \frac{R}{2g_0} \sum_{n=M+1}^{\infty} Q_n(\cos\psi_0)\delta g_n \tag{8.50}$$

$$Q_n(\cos\psi_0) = \int_{\psi_0}^{\pi} H(\cos\psi)P_n(\cos\psi)\sin\psi\,\mathrm{d}\psi \tag{8.51}$$

在 RCR 技术中，第三项即截断偏差通常被忽略。如果有 $M+1$ 阶以上的位模型可用，截断偏差是可以考虑的。

RCR 技术的主要特点是：①用残余重力扰动(主要含高频成分)与 Hotine 函数卷积的截断误差较用重力扰动本身(含低频和高频成分)与 Hotine 函数卷积的截断误差要小得多；②全球扰动位模型已顾及了全球重力数据长波分量的影响；③因为第二个特点，不需要远区地形数据。但是，仅用本地数据来精化由全球模型得到的低分辨率大地水准面，依然有小的误差存在，因为区外重力数据的短波部分的影响被忽略了。这一方法也引入一些复杂性，主要是本地重力数据也包含长波贡献。所以，为避免顾及长波两次，本地重力数据的低频部分必须事先除去，为此从本地重力扰动中需要减去用全球模型计算的重力扰动。

8.5　第二大地边值问题解算软件例

基于扁球面 Hotine 积分，我们研制了计算大地水准面和似大地水准面的软件。其数学框架扼要介绍如下。

待定的 Helmert 扰动位被分解为模型部分和此外的剩余部分；模型部分用全球位模型计算，而残余部分作为待定量。计算主要在 Helmert 空间进行。从延拓至边界面的 δg^{h} 减去模型扰动位 T_ℓ^{h} 计算的 $\delta g_\ell^{\mathrm{h}}$ 得到残余的 $\delta g^{\mathrm{h},\ell}$。用修正 Hotine 函数与 $\delta g^{\mathrm{h},\ell}$ 卷积，计算大地水准面高 $N^{\mathrm{h},\ell}$、高程异常 $\zeta^{\mathrm{h},\ell}$ 等扰动位场量的残余值；积分半径截断至 $\psi = 1°$。将 $N^{\mathrm{h},\ell}$、$\zeta^{\mathrm{h},\ell}$ 等与由模型扰动位 T_ℓ^{h} 计算的大地水准面高 N_ℓ^{h}、高程异常 ζ_ℓ^{h} 等相加，得到最后的 Helmert 扰动位场量解。解的中长波分量由模型扰动位得到，而短波分量则由本地重力数据和地形数据得到。

求定 Helmert 扰动位 T^{h} 可以这样公式化：

$$\begin{cases} \nabla^2 T^{\mathrm{h}} = 0 & 边界面外部 \\ -\dfrac{\partial T^{\mathrm{h}}}{\partial r} = \delta g^{\mathrm{h}} & 边界面 \\ T^{\mathrm{h}} \sim 0 & r \to \infty \end{cases} \tag{8.52}$$

将 T^{h} 分解为中低频部分 T_ℓ^{h} 和高频部分 $T^{\mathrm{h},\ell}$：

$$T^{\mathrm{h}} = T_\ell^{\mathrm{h}} + T^{\mathrm{h},\ell} \tag{8.53}$$

其中低中频部分(例如，0 到 360 阶)用全球 Helmert 扰动位模型计算：

$$T_\ell^{\mathrm{h}}(r,\Omega) = \sum_{j=0}^{L}\left(\frac{R}{r}\right)^{j+1}\sum_{m=-j}^{j} T_{jm}^{\mathrm{h}}Y_{jm}(\Omega) \tag{8.54}$$

$$T_\ell^{\rm h}(R,\Omega)=\sum_{j=0}^{L}\sum_{m=-j}^{j}T_{jm}^{\rm h}Y_{jm}(\Omega)\tag{8.55}$$

其中 L 为全球模型的最高阶数(例如，360 阶)。

同样地，我们将高程异常 $\zeta^{\rm h}$、大地水准面高 $N^{\rm h}$、地面垂线偏差 $\xi^{\rm h}/\eta^{\rm h}$、椭球面垂线偏差 $\xi_0^{\rm h}/\eta_0^{\rm h}$ 与 $\delta g^{\rm h}$ 等扰动位场量解相应地分解为中低频部分和高频部分：

$$\zeta^{\rm h}=\zeta_\ell^{\rm h}+\zeta^{\rm h,\ell}\tag{8.56}$$

$$N^{\rm h}=N_\ell^{\rm h}+N^{\rm h,\ell}\tag{8.57}$$

$$\begin{Bmatrix}\xi^{\rm h}\\\eta^{\rm h}\end{Bmatrix}=\begin{Bmatrix}\xi_\ell^{\rm h}\\\eta_\ell^{\rm h}\end{Bmatrix}+\begin{Bmatrix}\xi^{\rm h,\ell}\\\eta^{\rm h,\ell}\end{Bmatrix}\tag{8.58}$$

$$\begin{Bmatrix}\xi_0^{\rm h}\\\eta_0^{\rm h}\end{Bmatrix}=\begin{Bmatrix}\xi_{0,\ell}^{\rm h}\\\eta_{0,\ell}^{\rm h}\end{Bmatrix}+\begin{Bmatrix}\xi_0^{\rm h,\ell}\\\eta_0^{\rm h,\ell}\end{Bmatrix}\tag{8.59}$$

$$\delta g^{\rm h}=\delta g_\ell^{\rm h}+\delta g^{\rm h,\ell}\tag{8.60}$$

这些式子右端第一项中低频成分(例如，0 到 360 阶)用全球扰动位模型计算，假定是已知的。它们分别表示为

$$\zeta_\ell^{\rm h}=\frac{1}{\gamma}\sum_{j=0}^{L}\left(\frac{R}{r}\right)^{j+1}\sum_{m=-j}^{j}T_{jm}^{\rm h}Y_{jm}(\Omega)\tag{8.61}$$

$$N_\ell^{\rm h}=\frac{1}{g_0}\sum_{j=0}^{L}\sum_{m=-j}^{j}T_{jm}^{\rm h}Y_{jm}(\Omega)\tag{8.62}$$

$$\xi^{\rm h}=-\frac{1}{R\gamma}\sum_{j=0}^{L}\left(\frac{R}{r}\right)^{j+1}\sum_{m=-j}^{j}T_{jm}^{\rm h}\frac{\partial Y_{jm}(\Omega)}{\partial\phi}\tag{8.63}$$

$$\eta^{\rm h}=-\frac{1}{R\gamma\cos\phi}\sum_{j=0}^{L}\left(\frac{R}{r}\right)^{j+1}\sum_{m=-j}^{j}T_{jm}^{\rm h}\frac{\partial Y_{jm}(\Omega)}{\partial\lambda}\tag{8.64}$$

$$\xi_0^{\rm h}=-\frac{1}{Rg_0}\sum_{j=0}^{L}\sum_{m=-j}^{j}T_{jm}^{\rm h}\frac{\partial Y_{jm}(\Omega)}{\partial\phi}\tag{8.65}$$

$$\eta_0^{\rm h}=-\frac{1}{Rg_0\cos\phi}\sum_{j=0}^{L}\sum_{m=-j}^{j}T_{jm}^{\rm h}\frac{\partial Y_{jm}(\Omega)}{\partial\lambda}\tag{8.66}$$

$$\delta g_\ell^{{\rm h}^*}=\frac{1}{R}\sum_{j=0}^{L}(j+1)\sum_{m=-j}^{j}T_{jm}^{\rm h}Y_{jm}(\Omega)\tag{8.67}$$

式(8.56)～式(8.60)右端第二项高频部分(例如，从 $L+1$ 到 ∞ 阶)，认为是未知的。那么，我们的问题变成求定 Helmert 残余扰动位 $T^{\rm h,\ell}$，使得

$$\begin{cases}\nabla^2 T^{\rm h,\ell}=0 & \text{边界面外部}\\-\dfrac{\partial T^{\rm h,\ell}}{\partial r}=\delta g^{{\rm h}^*,\ell} & \text{边界面}\\T^{\rm h,\ell}\sim0 & r\to\infty\end{cases}\tag{8.68}$$

其中，$\delta g^{\mathrm{h}^*,\ell}=\delta g^{\mathrm{h}}-\delta g_\ell^{\mathrm{h}}$，这里 δg^{h} 为延拓到边界面的 Helmert 重力扰动；$\delta g_\ell^{\mathrm{h}}$ 为边界面上 Helmert 重力扰动的中低频部分，用式(8.67)计算。

根据第 3 章的解法，即可得到 Helmert 扰动位函数 T^{h} 及其对 ψ 之导数 $\partial T^{\mathrm{h}}/\partial\psi$ 的高频部分 $T^{\mathrm{h},\ell}$ 及 $T_\psi^{\mathrm{h},\ell}=\partial T^{\mathrm{h},\ell}/\partial\psi$：

$$T^{\mathrm{h},\ell}\left(r,\Omega\right)\big|_P=\frac{R}{4\pi}\int_{\Omega_0}\delta g^{\mathrm{h}^*,\ell}H(r,\psi)\mathrm{d}\Omega' \tag{8.69}$$

其中

$$H(r,\psi)=\sum_{j=L+1}^{\infty}\frac{2j+1}{j+1}\left(\frac{R}{r}\right)^{j+1}P_j\left(\cos\psi\right) \tag{8.70}$$

$$T^{\mathrm{h},\ell}\left(\Omega\right)\big|_{P_0}=\frac{R}{4\pi}\int_{\Omega_0}\delta g^{\mathrm{h}^*,\ell}H(\psi)\mathrm{d}\Omega' \tag{8.71}$$

其中

$$H(\psi)=\sum_{j=L+1}^{\infty}\frac{2j+1}{j+1}P_j\left(\cos\psi\right) \tag{8.72}$$

$$T_\psi^{\mathrm{h},\ell}\left(r,\Omega\right)\big|_P=\frac{R}{4\pi}\int_{\Omega_0}\delta g^{\mathrm{h}^*,\ell}\frac{\partial H(r,\psi)}{\partial\psi}\mathrm{d}\Omega' \quad (P\text{ 为地面点}) \tag{8.73}$$

其中

$$\frac{\partial H(r,\psi)}{\partial\psi}=\sum_{j=L+1}^{\infty}\frac{2j+1}{j+1}\left(\frac{R}{r}\right)^{j+1}\frac{\partial P_j\left(\cos\psi\right)}{\partial\psi} \tag{8.74}$$

$$T_\psi^{\mathrm{h},\ell}\left(\Omega\right)\big|_{P_0}=\frac{R}{4\pi}\int_{\Omega_0}\delta g^{\mathrm{h}^*,\ell}\frac{\partial H(\psi)}{\partial\psi}\mathrm{d}\Omega' \quad (P_0\text{ 为边界面点}) \tag{8.75}$$

其中

$$\frac{\partial H(\psi)}{\partial\psi}=\sum_{j=L+1}^{\infty}\frac{2j+1}{j+1}\frac{\partial P_j\left(\cos\psi\right)}{\partial\psi} \tag{8.76}$$

注意，长波分量计算截断至 L 阶，而 Hotine 积分核与残余重力扰动的卷积从 $L+1$ 阶到 ∞，有效防止了重力数据的长波偏差泄露到残余大地水准面和似大地水准面(Wang, Salch, Li et al.，2012)

最后，将 $T^{\mathrm{h},\ell}$ 转换成 $\zeta^{\mathrm{h},\ell}$ 和 $N^{\mathrm{h},\ell}$；将 $T_\psi^{\mathrm{h},\ell}$ 转换成 $\xi^{\mathrm{h},\ell}/\eta^{\mathrm{h},\ell}$ 和 $\xi_0^{\mathrm{h},\ell}/\eta_0^{\mathrm{h},\ell}$。那么，总的高程异常、大地水准面高和垂线偏差为

$$\zeta=\zeta_\ell^{\mathrm{h}}+\frac{T^{\mathrm{h},\ell}\left(r,\Omega\right)\big|_P}{\gamma}+\frac{\delta V\big|_P}{\gamma}+\zeta_0+\zeta_{\mathrm{tr}} \tag{8.77}$$

$$N=N_\ell^{\mathrm{h}}+\frac{T^{\mathrm{h},\ell}\left(\Omega\right)\big|_{P_0}}{g_0}+\frac{\delta V\big|_{P_0}}{g_0}+N_0+N_{\mathrm{tr}} \tag{8.78}$$

$$\begin{Bmatrix} \xi \\ \eta \end{Bmatrix} = \begin{Bmatrix} \xi_\ell^{\mathrm{h}} \\ \eta_\ell^{\mathrm{h}} \end{Bmatrix} + \frac{T_\psi^{\mathrm{h},\ell}\left(r,\Omega\right)\big|_P}{\gamma} \begin{Bmatrix} \cos\alpha \\ \sin\alpha \end{Bmatrix} + \begin{Bmatrix} \delta\xi \\ \delta\eta \end{Bmatrix} + \begin{Bmatrix} \delta\xi_{\mathrm{tr}} \\ \delta\eta_{\mathrm{tr}} \end{Bmatrix} \tag{8.79}$$

$$\begin{Bmatrix} \xi_0 \\ \eta_0 \end{Bmatrix} = \begin{Bmatrix} \xi_{0,\ell}^{\mathrm{h}} \\ \eta_{0,\ell}^{\mathrm{h}} \end{Bmatrix} + \frac{T_\psi^{\mathrm{h},\ell}\left(\Omega\right)\big|_{P_0}}{g_0} \begin{Bmatrix} \cos\alpha \\ \sin\alpha \end{Bmatrix} + \begin{Bmatrix} \delta\xi_0 \\ \delta\eta_0 \end{Bmatrix} + \begin{Bmatrix} \delta\xi_{0,\mathrm{tr}} \\ \delta\eta_{0,\mathrm{tr}} \end{Bmatrix} \tag{8.80}$$

式 (8.77)～式 (8.80) 的第三项为地形间接影响，$\delta V\big|_P$ 和 $\delta V\big|_{P_0}$ 分别为 δV 的地面值和边界面值，用数字地形模型计算；最后一项为截断偏差项，用 L 阶以上截断系数计算；ζ_0 和 N_0 分别代表高程异常和大地水准面高的零阶项（见第 3 章）。

附：计算 $H(r,\psi) = \sum\limits_{n=0}^{360} \dfrac{2n+1}{n+1} \left(\dfrac{R}{r}\right)^{n+1} P_n(\cos\psi)$ 和 $H(\psi) = \sum\limits_{n=0}^{360} \dfrac{2n+1}{n+1} P_n(\cos\psi)$ 的子程序：

```
implicit real*8 (a-h,o-z)
dimension pp(0:360)
t=dcos(phi)                                          ! phi=ψ
pp(0)=1.d0; pp(1)=t
hs360=(R/rr)+1.5d0*(R/rr)**2*t                       ! rr = Geocentric radius r
hb360=1.d0+1.5d0*t
do n=2,360
  pp(n)=-(dble(n-1)/dble(n))*pp(n-2)+(dble(2*n-1)/dble(n))*t*pp(n-1)
  hs360=hs360+(dble(2*n+1)/dble(n+1))*(R/rr)**(n+1)*pp(n)
  hb360=hb360+(dble(2*n+1)/dble(n+1))*pp(n)
enddo
```

计算 $\dfrac{\partial H(r,\psi)}{\partial\psi} = \sum\limits_{n=0}^{360} \dfrac{2n+1}{n+1} \left(\dfrac{R}{r}\right)^{n+1} \dfrac{\partial P_n(\cos\psi)}{\partial\psi}$ 和 $\dfrac{\partial H(\psi)}{\partial\psi} = \sum\limits_{n=0}^{360} \dfrac{2n+1}{n+1} \dfrac{\partial P_n(\cos\psi)}{\partial\psi}$ 的子程序：

```
implicit real*8 (a-h,o-z)
dimension pp(0:360), pd(0:360)
t=dcos(phi)                                          ! phi=ψ
pp(0)=1.d0; pp(1)=t
pd(0)=0; pd(1)=-dsqrt(1.d0-t*t)
dfs360=-1.5d0*(R/rr)**2*dsqrt(1.d0-t*t)              ! rr = Geocentric radius r
dfb360=-1.5d0*dsqrt(1.d0-t*t)
do n=2,360
  pp(n)=-(dble(n-1)/dble(n))*pp(n-2)+(dble(2*n-1)/dble(n))*t*pp(n-1)
  pd(n)=pd(n-2)-dble(2*n-1)*pp(n-1)*dsqrt(1.d0-t*t)
  dfs360=dfs360+(dble(2*n+1)/dble(n+1))*(R/rr)**(n+1)*pd(n)
  dfb360=dfb360+(dble(2*n+1)/dble(n+1))*pd(n)
enddo
```

第9章　重力扰动向下延拓

重力扰动从地球表面到参考椭球面向下延拓问题，源自于这样一个事实，即寻求大地水准面高的边值问题解是借助于参考椭球面上的边界数据导出的，而重力观测数据是在地面上。这就要求重力数据从地面延拓到参考椭球面。地面重力扰动加上地形对重力的直接影响，称为 Helmert 地面重力扰动。Helmert 地面重力扰动向下延拓到参考椭球面，就成为我们问题的边界值。为了确定边界面外部的重力场，地面重力扰动必须延拓到边界面，在那里产生一个虚拟重力扰动场，这个虚拟的重力扰动场在地球表面及其外部产生的扰动位与地球表面及其外部原来的扰动位相等。重力扰动向下延拓在大地边值问题中占有重要的位置。

9.1　重力扰动延拓概论

给定一个面 S 上的任意函数，可以找到一个函数 V 在 S 的内部和外部调和，在 S 上取给定的函数值，这就是 Dirichlet 问题。如果 S 是球面，则 Dirichlet 问题的解便是 Poisson 积分。在边界面外部，Poisson 积分是 (Heiskanen and Moritz, 1967)

$$V(r,\Omega) = \frac{R(r^2 - R^2)}{4\pi} \int_{\Omega_0} \frac{V(R,\Omega')}{\ell^3} \mathrm{d}\Omega' \tag{9.1}$$

其中

$$\ell = \sqrt{r^2 + R^2 - 2Rr\cos\psi} \tag{9.2}$$

这里，ℓ 是 $P(r,\Omega)$ 与 $P'(R,\Omega')$ 之间的距离；ψ 是两点之间的角距 (见图 4.1)。Poisson 积分的意义在于，给定 S 上的函数 $V(R',\Omega')$，用它可以确定空间的调和函数 $V(r,\Omega)$。现在我们的问题是，给定地面上的重力扰动 δg，将它们延拓到空间或位于地球内部椭球面。前者称为向上延拓，后者称为向下延拓。

为了研究重力扰动 δg 延拓，我们需要首先证明 $r\delta g$ 是调和的，因为只有调和函数才能延拓。如所周知，扰动位 T 是调和函数，因而可以展成球谐级数

$$T(r,\Omega) = \sum_{n=0}^{\infty} \left(\frac{R}{r}\right)^{n+1} T_n(R,\Omega') \tag{9.3}$$

重力扰动 δg 为扰动位 T 的径向负导数，即

$$\delta g(r,\Omega) = -\frac{\partial T}{\partial r} = \frac{1}{r} \sum_{n=0}^{\infty} (n+1)\left(\frac{R}{r}\right)^{n+1} T_n(R,\Omega') \tag{9.4}$$

或

$$r\delta g\left(r,\Omega\right)=\sum_{n=0}^{\infty}(n+1)\left(\frac{R}{r}\right)^{n+1}T_n\left(R,\Omega'\right) \tag{9.5}$$

由于 $T_n\left(R,\Omega'\right)$ 是面调和函数，$(n+1)T_n\left(R,\Omega'\right)$ 也是面调和函数。所以被视为空间函数的 $r\delta g$ 可以展成一个球谐级数，因而是一调和函数。既然 $r\delta g$ 调和，那么，根据 Poisson 积分，在边界面外部，可以将其表示为球面值 δg^* 的积分

$$r\delta g\left(r,\Omega\right)=\frac{1}{4\pi}\int_{\Omega_0}R\delta g^* K\left(r,\psi,R\right)\mathrm{d}\Omega' \tag{9.6}$$

或

$$\delta g\left(r,\Omega\right)=\frac{R}{4\pi r}\int_{\Omega_0}\delta g^* K\left(r,\psi,R\right)\mathrm{d}\Omega' \tag{9.7}$$

其中

$$K\left(r,\psi,R\right)=\frac{R\left(r^2-R^2\right)}{\ell^3}=\sum_{n=0}^{\infty}(2n+1)\left(\frac{R}{r}\right)^{n+1}P_n\left(\cos\psi\right) \tag{9.8}$$

根据 Stokes 定理（Heiskanen and Moritz, 1967）给定边界面的边界值，仅有一个调和函数，如果调和函数存在的话。这就是说，由 δg^{h^*} 产生的调和函数 T^h 同地球表面及其外部的实际 Helmert 扰动位是相等的。

式 (9.7) 是球近似情况下重力扰动解析延拓的基础。当向上延拓时，其右端的 δg^* 为地面值（给定值），左端的 δg 为空间值；在向下延拓时，左端的 δg 为地面值（给定值），右端的 δg^* 为边界面值，为待求量。重力扰动向下延拓，是本章重点讨论的内容。

说到向下延拓，或许有人会问：地球外部的调和函数可以延拓到地球内部吗？严格来说，鉴于地球质量不规则，在地球内部扰动位不是调和函数，因而答案是否定的。但是 Range-Krarup 定理又告诉我们（Moritz, 1980a; p.69）：

在地球表面外部正则的任意调和函数 f，可以用调和函数 f' 来均匀逼近，该函数在地球内部一个任意给定的球之外部是正则的。在此意义上，对于任意给定的小量 $\varepsilon>0$，关系式

$$\left|f-f'\right|<\varepsilon$$

在完全包围地球表面的任意封闭面上及其外部处处成立。量 ε 可以任意小，封闭面可以任意接近地球表面，比如说，两个面间距小于 0.1 mm；如果地球表面足够规则，两个面甚至可以重合（Moritz, 1980a）。

Range-Krarup 定理说，即使原来的调和函数不能正则地延拓到地球内部，例如到参考椭球面，我们总能够找到任意接近于它的另一个调和函数，可以进行向下延拓。对于所有实用目的，外部位以足够的精度解析延拓到参考椭球面是可能的。

要记住，我们现在讨论的 Helmert 重力扰动，并不是原来的观测重力扰动。在我们的边值问题中，参考椭球面以外的地壳质量已经移去，在地面与参考椭球面之间的空间已经不存在质量，在此空间，扰动位 T^h 及 $r\delta g^h$ 是调和函数，实际上无需借助 Range-Krarup 定理帮忙，δg^h 向下延拓至参考椭球面是不存在问题的。

如前所述，延拓到边界面的重力扰动在地球表面上产生的重力扰动场是与观测得到的地球表面的真实重力扰动场是相同的。所以，根据调和函数的 Stokes 唯一性定理，延拓下来的 δg^* 在地球外部产生的重力扰动也必然与地球外部的实际重力扰动相等。在实际空间和 Helmert 空间，情况都是如此。所以，由延拓的 δg^{h*} 按照式(3.20)产生的调和函数 T^h

$$T^h\left(r,\Omega\right)=\frac{R}{4\pi}\int_{\Omega_0}\delta g^{h*}\left(\Omega'\right)H\left(r,\psi\right)\mathrm{d}\Omega' \tag{9.9}$$

与地球外部及其表面上的实际 Helmert 扰动位是相等的。

但是，在地球内部，由式(9.9)定义的调和函数与实际的扰动位并不相等，在地球内部扰动位不是调和函数。我们说式(9.9)在地球内部，且在参考椭球面上方，定义了外部位的解析延拓。因此 δg^{h*} 相应于外部场的解析延拓，并不相应于实际的内部场。由此可见，δg^{h*} 及其基于它的数学模型与物理现实没有直接对应关系。尽管如此，物理解释还是可能的。想象参考椭球面外部的质量移入它的内部使得地球表面上及其外部的位仍旧不变。现在在参考椭球外部新的扰动位是调和的，因为外部质量已经除去，与地面上及其外部的原来的位是相等的，所以式(9.9)给出参考椭球外部每一处的扰动位(Heiskanen and Moritz，1967)。

向下延拓在理论上和实践上都是很有意义的，它综合了现代方法和常规方法的优点，而又避免了它们的缺点。这一方法不需要知道岩石的密度。参考于等位面的 Stokes 公式和 Hotine 公式等现在可以严格应用，而且不使外部重力场发生畸变。

从物理上说，向下延拓是不适定问题。重力场的任何变化将随延拓深度而被放大，而且重力场的波长越短，放大越大。就是说，向下延拓总是伴随随频率而变的误差放大，特别是对于高频分量，误差更容易被放大。为改善延拓解的适定性，尽可能不用点值，而用格网的平均值进行延拓，以滤去点值中的高频成分。Martinec 用加拿大 Rocky 山数据的研究表明，当地形高的格网边长为 5′或更大时，向下延拓问题是适定的(见 Martinec，1996)。

对于向上延拓，并不存在不适定问题，同样尽量不用点值，而用格网平均值进行。

从实用的观点，对于延拓计算和 Hotine 积分，使用同一分辨率的平均重力扰动是方便的。

重力扰动向下延拓大体上说分两类方法：一类是基于第一大地边值问题解的 Poisson 积分延拓；另一类是基于解析函数泰勒级数展开的解析延拓。下面我们介绍这两类方法原理，详情可进一步参考相关文献。

9.2　Poisson 积分延拓

1. 迭代法(参见 Heiskanen and Moritz，1967)

根据 Poisson 积分，对于重力扰动 δg，可以写出积分方程：

$$\delta g_P = \frac{R^2\left(r^2 - R^2\right)}{4\pi r}\int_{\Omega_0}\frac{\delta g^*}{\ell^3}\mathrm{d}\Omega \tag{9.10}$$

式中，δg_P 为地面 P 点重力扰动；δg^* 为边界面上的重力扰动；r 为 P 点的地心向径；ℓ 为 P 点至积分元的距离：

$$\ell = \sqrt{r^2 + R^2 - 2Rr\cos\psi} \tag{9.11}$$

设

$$t = \frac{R}{r} = \frac{R}{R + h_P}, \quad D = \frac{\ell}{r} = \sqrt{1 + t^2 - 2t\cos\psi} \tag{9.12}$$

则式 (9.10) 变为

$$\delta g_P = \frac{t^2\left(1 - t^2\right)}{4\pi}\int_{\Omega_0}\frac{\delta g^*}{D^3}\mathrm{d}\Omega \tag{9.13}$$

这里引入一个恒等式

$$t^2 = \frac{t^2\left(1 - t^2\right)}{4\pi}\int_{\Omega_0}\frac{\mathrm{d}\Omega}{D^3} \tag{9.14}$$

该恒等式容易得到验证。事实上，要验证这一恒等式，无异于证明

$$\frac{1 - t^2}{4\pi}\int_{\Omega_0}\frac{\mathrm{d}\Omega}{D^3} = 1 \tag{9.15}$$

或

$$\frac{r\left(r^2 - R^2\right)}{4\pi}\int_{\Omega_0}\frac{\mathrm{d}\Omega}{\ell^3} = 1 \tag{9.16}$$

而

$$\int_{\Omega_0}\frac{\mathrm{d}\Omega}{\ell^3} = 2\pi\int_{\pi}^{-\pi}\frac{\sin\psi\mathrm{d}\psi}{\left(r^2 + R^2 - 2rR\cos\psi\right)^{3/2}} \tag{9.17}$$

完成此定积分得

$$\int_{\Omega_0}\frac{\mathrm{d}\Omega}{\ell^3} = \frac{4\pi}{r\left(r^2 - R^2\right)} \tag{9.18}$$

将式 (9.18) 代入式 (9.16) 得式 (9.15)，于是式 (9.14) 成立。

式 (9.14) 乘以 δg_P^*，并从式 (9.13) 减去，得

$$\delta g_P - t^2\delta g_P^* = \frac{t^2\left(1 - t^2\right)}{4\pi}\int_{\Omega_0}\frac{\delta g^* - \delta g_P^*}{D^3}\mathrm{d}\Omega \tag{9.19}$$

由此

$$\delta g_P^* = \frac{\delta g_P}{t^2} - \frac{1 - t^2}{4\pi}\int_{\Omega_0}\frac{\delta g^* - \delta g_P^*}{D^3}\mathrm{d}\Omega \tag{9.20}$$

此式即为迭代计算所依据的基本关系式。作为第一近似，令

$$\delta g^{*(1)} = \delta g \tag{9.21}$$

然后用下式计算第二近似：

$$\delta g_P^{*(2)} = \frac{\delta g_P}{t^2} - \frac{1-t^2}{4\pi} \int_{\Omega_0} \frac{\delta g^{*(1)} - \delta g_P^{*(1)}}{D^3} \mathrm{d}\Omega \tag{9.22}$$

类似地，计算第三近似：

$$\delta g_P^{*(3)} = \frac{\delta g_P}{t^2} - \frac{1-t^2}{4\pi} \int_{\Omega_0} \frac{\delta g^{*(2)} - \delta g_P^{*(2)}}{D^3} \mathrm{d}\Omega \tag{9.23}$$

等等，直至收敛到规定阈值为止。

经验表明，迭代是收敛的，且解是稳定的。收敛判据可以取 $\mathrm{rms} = \left(\sum_n d_i d_i / n \right)^{1/2}$ $\leqslant 0.01\,\mathrm{mGal}$；$d$ 为相邻两次迭代值之差；n 为数据点数。

2. 谱分解法

1）版本一

将边界面上的重力扰动 δg^{h^*} 分解为两部分（Vaníček, Sun, Martinec et al.，1996）：低频成分 $\left(\delta g^{\mathrm{h}^*} \right)_{\mathrm{L}}$ 和高频成分 $\left(\delta g^{\mathrm{h}^*} \right)_{\mathrm{H}}$：

$$\delta g^{\mathrm{h}^*} = \left(\delta g^{\mathrm{h}^*} \right)_{\mathrm{L}} + \left(\delta g^{\mathrm{h}^*} \right)_{\mathrm{H}} \tag{9.24}$$

将 Helmert 地面重力扰动相应地分解为低频分量和高频分量，即

$$\delta g_t^{\mathrm{h}} = \frac{R}{4\pi r} \int_{\Omega_0} \delta g^{\mathrm{h}^*} K(r,\psi,R)\mathrm{d}\Omega' = \delta g_L^{\mathrm{h}} + \frac{R}{4\pi r} \int_{\Omega_0} \left(\delta g^{\mathrm{h}^*} \right)_{\mathrm{H}} K(r,\psi,R)\mathrm{d}\Omega' \tag{9.25}$$

式中

$$\delta g_{\mathrm{L}}^{\mathrm{h}} = \frac{R}{4\pi r} \int_{\Omega_0} \left(\delta g^{\mathrm{h}^*} \right)_{\mathrm{L}} K(r,\psi,R)\mathrm{d}\Omega' \tag{9.26}$$

是 δg_t^{h} 的低频部分，用全球重力场模型计算。

利用式(7.33)（令 $r_e = R$）

$$\left(\delta g^{\mathrm{h}^*} \right)_{\mathrm{L}} = \frac{1}{R} \sum_{j=0}^{L} (j+1) \sum_{m=-j}^{j} T_{jm}^{\mathrm{h}} Y_{jm}(\Omega') \tag{9.27}$$

与正交关系（Heiskanen and Moritz, 1967）

$$P_j(\cos\psi) = \frac{1}{2j+1} \sum_{m=-j}^{j} Y_{jm}(\Omega') Y_{jm}(\Omega) \tag{9.28}$$

$$\frac{1}{4\pi} \int_{\Omega} Y_{j_1 m_1}(\Omega) Y_{j_2 m_2}(\Omega)\mathrm{d}\Omega = \delta_{j_1 j_2} \delta_{m_1 m_2} \tag{9.29}$$

式中，$\delta_{j_1 j_2}, \delta_{m_1 m_2}$ 为 Kronecker 符号，并利用式(9.8)，则式(9.26)可以转换为谱形式，

$$
\begin{aligned}
\delta g_L^h &= \frac{1}{4\pi r}\int_{\Omega_0}\sum_{j_1=0}^{L}(j_1+1)\sum_{m_1=-j_1}^{j_1}T_{j_1m_1}^h Y_{j_1m_1}(\Omega')\sum_{j_2=0}^{\infty}(2j_2+1)\left(\frac{R}{r}\right)^{j_2+1}\\
&\quad\times\frac{1}{2j_2+1}\sum_{m_2=-j_2}^{j_2}Y_{j_2m_2}(\Omega')Y_{j_2m_2}(\Omega)\mathrm{d}\Omega'\\
&= \frac{1}{4\pi r}\sum_{j_1=0}^{L}(j_1+1)\sum_{m_1=-j_1}^{j_1}T_{j_1m_1}^h\sum_{j_2=0}^{\infty}(2j_2+1)\left(\frac{R}{r}\right)^{j_2+1}\\
&\quad\times\frac{1}{2j_2+1}\sum_{m_2=-j_2}^{j_2}Y_{j_2m_2}(\Omega)\int_{\Omega_0}Y_{j_2m_2}(\Omega')Y_{j_1m_1}(\Omega')\mathrm{d}\Omega'\\
&= \frac{1}{4\pi r}\sum_{j=0}^{L}(j+1)\sum_{m=-j}^{j}T_{jm}^h\left(\frac{R}{r}\right)^{j+1}\times 4\pi\times Y_{j_2m_2}(\Omega)\\
&= \frac{1}{R}\sum_{j=0}^{L}(j+1)\left(\frac{R}{r}\right)^{j+2}\sum_{m=-j}^{j}T_{jm}^h Y_{jm}(\Omega)
\end{aligned}
\tag{9.30}
$$

式(9.25)右端第二项的积分域分为球冠 C_0 和其余部分 Ω_0-C_0，使得

$$
\begin{aligned}
\frac{R}{4\pi r}\int_{\Omega_0}\left(\delta g^{h^*}\right)_H K(r,\psi,R)\mathrm{d}\Omega' &= \frac{R}{4\pi r}\int_{C_0}\left(\delta g^{h^*}\right)_H K^m(h,\psi,\psi_0)\mathrm{d}\Omega'\\
&\quad+\frac{R}{4\pi r}\int_{\Omega_0-C_0}\left(\delta g^{h^*}\right)_H K^m(h,\psi,\psi_0)\mathrm{d}\Omega'\\
&\quad+\frac{R}{4\pi r}\int_{\Omega_0}\left(\delta g^{h^*}\right)_H\left(K-K^m\right)\mathrm{d}\Omega'
\end{aligned}
\tag{9.31}
$$

其中

$$
K^m(h,\psi,\psi_0)=K(h,\psi,R)-\sum_{j=0}^{L}\frac{2j+1}{2}t_j(h,\psi_0)P_j(\cos\psi)
\tag{9.32}
$$

是修正的 Poisson 核函数，这里 t_j 为待求的未知系数。该式显示，主要的低频成分已从 K 中滤去，在球冠 C_0 以外区域，K^m 的影响相对 K 而言将显著减小(详见 Vaníček et al.，1996)。

式(9.31)右端第二项是截断误差，用 $D\delta g$ 表示；第三项等于 0，因为 $\left(\delta g^{h^*}\right)_H$ 是重力扰动的高频($j>L$)成分，而 $K-K^m$ 仅含低频($j\leqslant L$)成分。

由式(9.32)知，截断误差 $D\delta g$ 为未知系数 $t_j(j=0,1,\cdots,L)$ 的函数。为求待定系数，使截断误差的上界为最小。为此，使 $\int_{\Omega_0-C_0}\left[K^m(h,\psi,\psi_0)\right]^2\mathrm{d}\Omega'$ 最小，即

$$
\begin{aligned}
\frac{\partial}{\partial t_j}\int_{\psi_0}^{\pi}\int_0^{2\pi}\left[K^m(h,\psi,\psi_0)\right]^2\sin\psi\mathrm{d}\psi\mathrm{d}\alpha &= 2\pi\frac{\partial}{\partial t_j}\int_{\psi_0}^{\pi}\left[K^m(h,\psi,\psi_0)\right]^2\sin\psi\mathrm{d}\psi\\
&= -(2j+1)\int_{\psi_0}^{\pi}K^m(h,\psi,\psi_0)P_j(\cos\psi)\sin\psi\mathrm{d}\psi=0
\end{aligned}
\tag{9.33}
$$

或

$$\int_{\psi_0}^{\pi}\left[K\left(h,\psi\right)-\sum_{j=0}^{L}\frac{2j+1}{2}t_j\left(h,\psi_0\right)P_j\left(\cos\psi\right)\right]P_k\left(\cos\psi\right)\sin\psi\mathrm{d}\psi=0 \quad j,k=0,1,\cdots,L$$

(9.34)

或

$$\int_{\psi_0}^{\pi}\sum_{j=0}^{L}\frac{2j+1}{2}t_j\left(h,\psi_0\right)P_j\left(\cos\psi\right)P_k\left(\cos\psi\right)\sin\psi\mathrm{d}\psi$$

$$=\int_{\psi_0}^{\pi}K\left(h,\psi\right)P_k\left(\cos\psi\right)\sin\psi\mathrm{d}\psi \quad j,k=0,1,\cdots,L$$

(9.34a)

写成矩阵形式:

$$\begin{bmatrix} \int_{\psi_0}^{\pi}P_0P_0\sin\psi\mathrm{d}\psi & \int_{\psi_0}^{\pi}P_1P_0\sin\psi\mathrm{d}\psi & \cdots & \int_{\psi_0}^{\pi}P_LP_0\sin\psi\mathrm{d}\psi \\ \int_{\psi_0}^{\pi}P_0P_1\sin\psi\mathrm{d}\psi & \int_{\psi_0}^{\pi}P_1P_1\sin\psi\mathrm{d}\psi & \cdots & \int_{\psi_0}^{\pi}P_LP_1\sin\psi\mathrm{d}\psi \\ \vdots & \vdots & \vdots & \vdots \\ \int_{\psi_0}^{\pi}P_0P_L\sin\psi\mathrm{d}\psi & \int_{\psi_0}^{\pi}P_1P_L\sin\psi\mathrm{d}\psi & \cdots & \int_{\psi_0}^{\pi}P_LP_L\sin\psi\mathrm{d}\psi \end{bmatrix} \begin{bmatrix} t_0/2 \\ 3t_1/2 \\ \vdots \\ (2L+1)t_L/2 \end{bmatrix} = \begin{bmatrix} \int_{\psi_0}^{\pi}KP_0\sin\psi\mathrm{d}\psi \\ \int_{\psi_0}^{\pi}KP_1\sin\psi\mathrm{d}\psi \\ \vdots \\ \int_{\psi_0}^{\pi}KP_L\sin\psi\mathrm{d}\psi \end{bmatrix}$$

$$L\times L \qquad\qquad\qquad\qquad\qquad L\times 1 \qquad\qquad L\times 1$$

(9.35)

式中，左端定积分可积，右端定积分用数值方法计算。解方程组(9.35)可以得到未知数 $(2j+1)t_j/2$。得到 $t_j(j=0,1,\cdots,L)$，用它们进一步计算 $K^m(h,\psi,\psi_0)$。

仿照 Molodensky(莫洛金斯基等，1960；Heiskanen and Moritz，1967)，引入不连续函数

$$\bar{K}^m\left(h,\psi,\psi_0\right)=\begin{cases} 0, & 0\leqslant\psi<\psi_0 \\ K^m\left(h,\psi,\psi_0\right), & \psi_0\leqslant\psi\leqslant\pi \end{cases}$$

(9.36)

将 $\bar{K}^m\left(h,\psi,\psi_0\right)$ 展开为勒让德多项式的级数

$$\bar{K}^m\left(h,\psi,\psi_0\right)=\sum_{j=0}^{\infty}\frac{2j+1}{2}\bar{Q}_j\left(h,\psi_0\right)P_j\left(\cos\psi\right)$$

(9.37)

式中， $\bar{Q}_j\left(h,\psi_0\right)$ 是待定系数，按如下方式求定。根据 Heiskanen 和 Moritz(1967) 的式(1-71):

$$\frac{2j+1}{2}\bar{Q}_j=\frac{2j+1}{4\pi}\int_{\alpha=0}^{2\pi}\int_{\psi=0}^{\pi}\bar{K}^m\left(h,\psi,\psi_0\right)P_j\left(\cos\psi\right)\sin\psi\mathrm{d}\psi\mathrm{d}\alpha$$

(9.38)

对 α 积分，得到

$$\bar{Q}_j\left(r,\psi_0\right)=\int_{\psi=0}^{\pi}\bar{K}^m\left(h,\psi,\psi_0\right)P_j\left(\cos\psi\right)\sin\psi\mathrm{d}\psi$$

(9.39)

用式(9.36)，得到

$$\bar{Q}_j\left(r,\psi_0\right)=\int_{\psi_0}^{\pi}K^m\left(h,\psi,\psi_0\right)P_j\left(\cos\psi\right)\sin\psi\mathrm{d}\psi \tag{9.40}$$

根据式(9.31)，用式(7.33)、式(9.28)、式(9.29)和式(9.40)，得截断误差 $D\delta g$：

$$D\delta g=\frac{1}{4\pi r}\int_{\Omega_0}\sum_{j_1=L+1}^{\infty}\left(j_1+1\right)\sum_{m_1=-j_1}^{j_1}T_{j_1m_1}^h Y_{j_1m_1}\left(\Omega'\right)\times\sum_{j_2=0}^{\infty}\frac{2j_2+1}{2}\bar{Q}_{j_2}\left(h,\psi_0\right)$$

$$\times\frac{4\pi}{2j_2+1}\sum_{m_2=-j_2}^{j_2}Y_{m_2j_2}^*\left(\Omega'\right)Y_{m_2j_2}\left(\Omega\right)\mathrm{d}\Omega'$$

$$=\frac{1}{2r}\sum_{j=L+1}^{\infty}\left(j+1\right)\bar{Q}_j\left(h,\psi_0\right)\sum_{m=-j}^{j}T_{jm}^h Y_{jm}\left(\Omega\right) \tag{9.41}$$

最后，式(9.25)可以重写为

$$\delta g_t^h=\frac{R}{4\pi r}\int_{C_0}\left(\delta g^{h^*}\right)_H K^m\left(h,\psi,\psi_0\right)\mathrm{d}\Omega'+Dg \tag{9.42}$$

其中

$$Dg=\delta g_L^h+D\delta g \tag{9.43}$$

式(9.42)的积分用离散的求和形式代替：

$$\delta g_t^h=\sum_j K_{ij}^m\left(\delta g_j^{h^*}\right)_H+Dg \tag{9.44}$$

或

$$\sum_j K_{ij}^m\left(\delta g_j^{h^*}\right)_H=\delta g_t^h-Dg \tag{9.44a}$$

线性方程(9.44a)可以用塞德尔迭代法来解。令 $\boldsymbol{B}$ 代表系数矩阵；$\boldsymbol{b}$ 代表常数向量；$\boldsymbol{x}$ 代表未知数向量，则离散的 Poisson 积分方程可以写成形式：

$$\boldsymbol{Bx}=\boldsymbol{b} \tag{9.45}$$

设 $\boldsymbol{A}=\boldsymbol{I}-\boldsymbol{B}$，这里 $\boldsymbol{I}$ 为单位阵，则方程(9.45)变为

$$\boldsymbol{x}=\boldsymbol{b}+\boldsymbol{Ax} \tag{9.46}$$

令 $x_0=b$，开始迭代过程

$$x_1=\boldsymbol{A}x_0$$

$$x_2=\boldsymbol{A}x_1$$

$$\cdots$$

一般地，对于第 k 次迭代，

$$x_k=\boldsymbol{A}x_{k-1} \tag{9.47}$$

当 $|x_{k+1}-x_k|\leqslant\varepsilon$（$\varepsilon$ 为设定的阈值，例如 0.01 mGal）时，迭代停止。式(9.45)的最后解是

$$x=b+\sum_{k=1}^{K}x_k \tag{9.48}$$

式中，K 为迭代次数。

解 x 是 δg^{h^*} 的高频成分，x 加上 δg^h 的低频成分(见式(9.24))，即得最后解。

2) 版本二

Helmert 地面重力扰动可以表示为形式：

$$\delta g_t^{\mathrm{h}} = \frac{R}{4\pi r} \int_{\Omega_0} \delta g^{\mathrm{h}^*} K(r,\psi,R) \mathrm{d}\Omega'$$

$$= \frac{R}{4\pi r} \int_{C_0} \delta g^{\mathrm{h}^*} K(r,\psi,R) d\Omega' + \frac{R}{4\pi r} \int_{\Omega_0 - C_0} \delta g^{\mathrm{h}^*} K(r,\psi,R) \mathrm{d}\Omega' \tag{9.49}$$

式中

$$K(r,\psi,R) = \frac{R(r^2 - R^2)}{\ell^3} \tag{9.50}$$

为计算右端第二项，引入不连续函数

$$K^{\psi_0}(r,\psi,R) = \begin{cases} 0, & 0 \leqslant \psi < \psi_0 \\ K(r,\psi,R), & \psi_0 \leqslant \psi \leqslant \pi \end{cases} \tag{9.51}$$

这样，第二项可以表示成：

$$\mathrm{d}\delta g = \frac{R}{4\pi r} \int_{\Omega_0 - C_0} \delta g^{\mathrm{h}^*} K(r,\psi,R) \mathrm{d}\Omega' = \frac{R}{4\pi r} \int_{\Omega_0} \delta g^{\mathrm{h}^*} K^{\psi_0}(r,\psi,R) \mathrm{d}\Omega' \tag{9.52}$$

将 $K^{\psi_0}(r,\psi,R)$ 展开为勒让德多项式级数

$$K^{\psi_0}(r,\psi,R) = \sum_{j=0}^{\infty} \frac{2j+1}{2} Q_j(r,\psi_0) P_j(\cos\psi) \tag{9.53}$$

式中，$Q_j(r,\psi_0)$ 是待定系数，按如下方式求定。根据 Heiskanen and Moritz(1967) 的式(1-71)：

$$\frac{2j+1}{2} Q_j = \frac{2j+1}{4\pi} \int_{\alpha=0}^{2\pi} \int_{\psi=0}^{\pi} K^{\psi_0}(r,\psi,R) P_j(\cos\psi) \sin\psi \mathrm{d}\psi \mathrm{d}\alpha \tag{9.54}$$

对 α 积分，我们有

$$Q_j(r,\psi_0) = \int_{\psi=0}^{\pi} K^{\psi_0}(r,\psi,R) P_j(\cos\psi) \sin\psi \mathrm{d}\psi \tag{9.55}$$

用式(9.51)，得到

$$Q_j(r,\psi_0) = \int_{\psi=\psi_0}^{\pi} K(r,\psi,R) P_j(\cos\psi) \sin\psi \mathrm{d}\psi \tag{9.56}$$

该式积分用数值方法计算。

根据式(7.33)，δg^{h^*} 用全球位模型 T_{jm}^{h} 表示：

$$\delta g^{\mathrm{h}^*}(\Omega) = \frac{1}{R} \sum_{j=0}^{\infty} (j+1) \sum_{m=-j}^{j} T_{jm}^{\mathrm{h}} Y_{jm}(\Omega) \tag{9.57}$$

将式(9.57)、式(9.51)代入式(9.52)，并顾及到式(9.28)和式(9.29)，得到：

$$\mathrm{d}\delta g = \frac{1}{4\pi r} \int_{\Omega_0} \sum_{j_1=0}^{\infty} (j_1+1) \sum_{m_1=-j_1}^{j_1} T_{j_1 m_1}^{\mathrm{h}} Y_{j_1 m_1}(\Omega') \times \sum_{j_2=0}^{\infty} \frac{2j_2+1}{2} Q_{j_2}(r,\psi_0)$$

$$\times \frac{4\pi}{2j_2+1} \sum_{m_2=-j_2}^{j_2} Y_{m_2 j_2}(\Omega') Y_{m_2 j_2}(\Omega) \mathrm{d}\Omega'$$

$$= \frac{1}{2r} \sum_{j=0}^{\infty} (j+1) Q_j(r,\psi_0) \sum_{m=-j}^{j} T_{jm}^{\mathrm{h}} Y_{jm}(\Omega) \tag{9.58}$$

式 (9.49) 右端第一项用离散化的求和代替，则它可以写成：

$$\delta g_t^{\mathrm{h}} = \sum_j C_{ij} \delta g_j^{\mathrm{h}^*} + \mathrm{d}\delta g \tag{9.59}$$

或

$$\sum_j C_{ij} \delta g_j^{\mathrm{h}^*} = \delta g_t^{\mathrm{h}} - \mathrm{d}\delta g \tag{9.60}$$

式中，$\delta g_j^{\mathrm{h}^*}$ 为待求的 Helmert 边界面重力扰动；C_{ij} 为离散化的核函数 $K(r,\psi,R)$，用地形高数据采用下式计算：

$$C_{ij} = \frac{1}{4\pi r_i} \frac{r_i^2 - R^2}{\ell_{ij}^3} \Delta\sigma_{ij} = \frac{\Delta\sigma_{ij}}{4\pi(R+h_i)} \frac{(2R+h_i)h_i}{\ell_{ij}^3} \tag{9.61}$$

式中，r_i 为计算点 i 的地心向径，$r_i = R + h_i$；h_i 为计算点 i 的大地高；ℓ_{ij} 为计算点 i 至积分点 j 的距离，当积分点为计算点时，$\ell_{ii} = r_i - R = h_i$；$\Delta\sigma_{ij}$ 为积分面元，$\Delta\sigma_{ij} = R^2 \sin\psi \mathrm{d}\psi \mathrm{d}\alpha = R^2 \sin\theta \mathrm{d}\theta \mathrm{d}\lambda$。

方程 (9.60) 用塞德尔迭代法解。令 B 代表系数矩阵，b 代表常数向量，x 代表未知数向量，则离散的 Poisson 积分方程可以写作 $Bx = b$。该方程的解法同谱分解法版本一。

两种谱分解法的简单比较：版本一将待求的 Helmert 边界面重力扰动分解为低频成分和高频成分。低频成分由全球位模型计算，而高频成分由延拓解算，解算中引入截断误差上界极小条件。版本二未显示引入这一条件，计算相对简单一些。

一点注释

为平滑和规则化地形起伏，改善向下延拓的适定性，边界面上重力扰动一般用格网平均值，地形面上的重力扰动点值必须转换为边界面格网平均值。这里存在三种转换策略：

(1) 由地面的重力扰动点值到边界面上的点值，然后在边界面上取均值；

(2) 地形面的重力扰动点值，利用平均格网的 Poisson 核，到边界面上的平均值；

(3) 用双平均 Poisson 核，实现平均地面重力扰动到边界面上平均重力扰动。

关于每种策略的细节，可见 Goli, Najafi-Alamdari and Vaníček, 2011。

9.3　解　析　延　拓

1. 泰勒级数法

对于一个解析函数，解析延拓的定义是 (梁昆淼，1998)：已给某个区域 d 上的解析函数 $f(z)$，可以找到另一个函数 $F(z)$，它在含有区域 d 的一个较大的区域 D 上是解析函数，而且在区域 d 上等同于 $f(z)$。简单地说，解析延拓就是解析函数定义域的扩大。泰

勒级数是函数解析延拓的标准工具。解析延拓总可以用泰勒级数进行。扰动位函数解析
延拓的意思是，地面上的扰动位函数，可以从边界面上的扰动位函数向上解析延拓得到；
边界面上的扰动位函数，可以从地面的扰动位函数向下延拓得到。对于向下延拓，边界
面 b 上一点扰动位 T 的径向导数可以展开为地面 t 相应点负大地高 $-h$ 的泰勒级数：

$$\frac{\partial T}{\partial r}\bigg|_b = \frac{\partial T}{\partial r}\bigg|_t + \sum_{k=1}^{\infty}\frac{1}{k!}\frac{\partial^k}{\partial r^k}\left(\frac{\partial T}{\partial r}\right)\bigg|_t (-h)^k$$

式中，左端为边界面 b 处 T 的径向导数，右端第一项为地面 t 处 T 的径向导数。根据上
式，我们有向下延拓到边界面 b 上的重力扰动

$$\delta g|_b = \delta g|_t + \sum_{k=1}^{\infty}\frac{1}{k!}\frac{\partial^k \delta g}{\partial r^k}\bigg|_t (-h)^k \tag{9.62}$$

或者

$$\delta g^* = \delta g\big|_b = \delta g\big|_t + D\delta g_{DC} \tag{9.63}$$

式中

$$D\delta g_{DC} = \sum_{k=1}^{\infty}\frac{1}{k!}\frac{\partial^k \delta g}{\partial r^k}\bigg|_t (-h)^k \tag{9.64}$$

$D\delta g_{DC}$ 代表 δg 由地面延拓至边界面(参考椭球面)的延拓量。

边界面处的重力扰动径向梯度(近似垂直梯度)定义为

$$\frac{\partial \delta g}{\partial r} = -\frac{D\delta g_{DC}}{h} \tag{9.65}$$

这里给出重力扰动 δg 的前三阶径向导数的公式(见附录 B)

$$\frac{\partial \delta g}{\partial r} = \frac{R^2}{2\pi}\int_{\Omega_0}\frac{\delta g - \delta g_P}{\ell_0^3}\mathrm{d}\Omega' - \frac{2}{R}\delta g_P \tag{9.66}$$

$$\frac{\partial^2 \delta g}{\partial r^2} = -\frac{2R}{\pi}\int_{\Omega_0}\frac{\delta g - \delta g_P}{\ell_0^3}\mathrm{d}\Omega' + \frac{6}{R^2}\delta g_P \tag{9.67}$$

$$\frac{\partial^3 \delta g}{\partial r^3} = \frac{9}{4\pi}\int_{\Omega_0}\left(\frac{25}{6} - \frac{2R^2}{\ell_0^2}\right)\frac{\delta g - \delta g_P}{\ell_0^3}\mathrm{d}\Omega' - \frac{24}{R^3}\delta g_P \tag{9.68}$$

式中

$$\ell_0 = 2R\sin\frac{\psi}{2}$$

关于 4 阶至 9 阶导数的公式，详见附录 B 或 Wei(2014)。

在表 9.1 给出我们实验区(见第 13 章)数据得到的 1~9 阶导数的均值和 RMS 值。

表 9.1　重力扰动的 1~9 阶径向导数的平均值和 RMS 值统计

统计量	1 阶 mGal/m	2 阶 mGal/m²	3 阶 mGal/m³	4 阶 mGal/m⁴	5 阶 mGal/m⁵	6 阶 mGal/m⁶	7 阶 mGal/m⁷	8 阶 mGal/m⁸	9 阶 mGal/m⁹
平均值	4.6e-6	2.3e-12	-4.7e-16	-1.2e-21	1.8e-22	3.3e-27	-3.0e-28	-1.4e-33	3.5e-32
RMS 值	0.0053	3.3e-9	1.4e-9	2.7e-15	2.7e-15	1.0e-20	1.2e-20	7.3e-26	8.8e-26

表 9.1 表明，一般来说，重力扰动导数取至前几阶就够了，更高阶导数的意义不大。

泰勒级数法的优点是：算法简单，编程方便，计算效率比 Poisson 积分法高得多。其缺点是，当达到一定高度后，级数可能呈发散趋势。经验表明，当 h 超过 3 km 时，级数就可能发散。然而，即使在此情况下，一阶导数部分是可用的；而一阶导数部分一定是延拓改正的主项。

2. Moritz 法

本节参考 Moritz(1980a)。用 δg 表示地面 Helmert 重力扰动，δg_{b} 表示边界面 Helmert 重力扰动，δg 可以展开为边界面一点大地高之泰勒级数

$$\delta g = \delta g_{\mathrm{b}} + \sum_{n=1}^{\infty}\frac{1}{n!}h^n\frac{\partial^n \delta g_{\mathrm{b}}}{\partial r^n} \tag{9.69}$$

这一级数可用符号写成

$$\delta g = U\delta g_{\mathrm{b}} \tag{9.70}$$

这里符号 U 称为上延算子，代表按照式(9.69)作用于函数 δg_{b} 得到 δg 的运算。现给定地面上的 δg，让我们通过式(9.69)之求逆来计算 δg_{b}：

$$\delta g_{\mathrm{b}} = U^{-1}\delta g = D\delta g \tag{9.71}$$

这里 D 为 U 之逆，称为下延算子。

让我们推导 δg_{b}。将式(9.69)写成符号形式

$$\delta g = \delta g_{\mathrm{b}} + \left(\sum_{n=1}^{\infty}\frac{1}{n!}h^n\frac{\partial^n}{\partial r^n}\right)\delta g_{\mathrm{b}} = \left(I + \sum_{n=1}^{\infty}h^n L_n\right)\delta g_{\mathrm{b}} \tag{9.72}$$

其中

$$L_n = \frac{1}{n!}\frac{\partial^n}{\partial r^n} \tag{9.73}$$

为垂直(径向)微分算子，I 是单位算子：

$$I\mathrm{f} = \mathrm{f} \tag{9.74}$$

比较式(9.70)和式(9.72)，得到上延算子 U 的符号级数展开式：

$$U = I + \sum_{n=1}^{\infty}h^n L_n \tag{9.75}$$

一经得到下延算子 $D = U^{-1}$，我们便可用式(9.71)来计算 δg_{b}。我们试着用组成级数(9.75)之倒数来计算 D。用 kh 代替 h，这里 k 为 Molodensky 参数，$0 \leqslant k \leqslant 1$，那么上延算子(9.75)变成

$$U = I + \sum_{n=1}^{\infty}k^n h^n L_n = \sum_{n=0}^{\infty}k^n U_n \tag{9.76}$$

这里

$$U_0 = I; \qquad U_n = h^n L_n \qquad n=1, 2, 3,\cdots \tag{9.77}$$

按同样的方式将下延算子 D 表示为符号级数：

$$D = \sum_{n=0}^{\infty} k^n D_n \qquad (9.78)$$

试着确定 D_n。将 U 和 D 的级数式代入恒等式 $UD = I$，得

$$\sum_{p=0}^{\infty} k^p U_p \sum_{q=0}^{\infty} k^q D_q = I \qquad (9.79)$$

或者

$$\sum_{p=0}^{\infty} \sum_{q=0}^{\infty} k^{p+q} U_p D_q = \sum_{n=0}^{\infty} k^n \sum_{r=0}^{n} U_r D_{n-r} = I \qquad (9.80)$$

由此

$$\sum_{n=0}^{\infty} k^n \sum_{r=0}^{n} U_r D_{n-r} - I = 0 \qquad (9.81)$$

要求该等式对于参数 k 的所有值均成立，那么所有 k^n 的因子必定为 0。对于 $n=0$，有

$$U_0 D_0 - I = 0 \qquad (9.82)$$

由于 $U_0=1$，所以

$$D_0 = I \qquad (9.83)$$

那么对于 $n \neq 0$，有方程

$$\sum_{r=0}^{n} U_r D_{n-r} = 0 \qquad (9.84)$$

或

$$D_n + \sum_{r=1}^{n} U_r D_{n-r} = 0 \qquad (9.84a)$$

因此

$$D_n = -\sum_{r=1}^{n} U_r D_{n-r} \qquad (9.85)$$

该式借助已知的 U_r 和前已确定的 $D_1, D_2, \cdots, D_{n-1}$ 将 D_n 表达出来，所以由 $D_0=I$ 开始，可以递归地计算算子 $D_1, D_2, D_3, \cdots$

为了计算方便，引入函数

$$g_n = D_n(\delta g) \qquad (9.86)$$

那么，式 (9.84) 给出

$$\sum_{r=0}^{n} U_r D_{n-r}(\delta g) = 0 \qquad (9.87)$$

根据式 (9.77) 和式 (9.86)，该式变为

$$\sum_{r=0}^{n} h^r L_r(g_{n-r}) = 0 \qquad (9.88)$$

顾及到 $h^0 L_0 (g_n) = g_n$，该式可用来解 g_n：

$$g_n = -\sum_{r=1}^{n} h^r L_r (g_{n-r}) \tag{9.89}$$

式 (9.89) 使确定 g_n 可以用递归方式进行，初始值为

$$g_0 = \delta g \tag{9.90}$$

由式 (9.89)，我们有

$$
\begin{aligned}
g_1 &= -hL_1 (\delta g) \\
g_2 &= -hL_1 (g_1) - h^2 L_2 (\delta g) \\
g_3 &= -hL_1 (g_2) - h^2 L_2 (g_1) - h^3 L_3 (\delta g) \\
g_4 &= -hL_1 (g_3) - h^2 L_2 (g_2) - h^3 L_3 (g_1) - h^4 L_4 (\delta g) \\
&\cdots\cdots
\end{aligned}
\tag{9.91}
$$

最后，由式 (9.71) 定义的重力扰动 δg_b 可用下式给出：

$$\delta g_b = D\delta g = \sum_{n=0}^{\infty} D_n (\delta g) = \sum_{n=0}^{\infty} g_n \tag{9.92}$$

我们已令式 (9.78) 中 $k=1$，以便将 kh 变为实际值 h，因为我们引入一般的 k 只是为了得到一个方便的展开机制。

在式 (9.92) 中，$n=?$ 才算合适。这要看精度要求而定。凭经验估计，n 大概不大于 3。

算子 L_n 在解析延拓中起着根本的作用，让我们讨论它的算法。首先推导一些简单的公式。定义式 (9.73) 给出

$$L_n = \frac{1}{n!} \frac{\partial^n}{\partial r^n} = \frac{1}{n} \frac{1}{(n-1)!} \frac{\partial^{n-1}}{\partial r^{n-1}} \frac{\partial}{\partial r} \tag{9.93}$$

或者

$$L_n = \frac{1}{n} L_{n-1} L = \frac{1}{n} L L_{n-1} \tag{9.94}$$

这是用 L_{n-1} 和 $L=L_1$ 表示 L_n 的递归公式。重复应用这一递归公式得

$$L_n = \frac{1}{n!} L^n \tag{9.95}$$

其中

$$L^n = LLL\cdots L \qquad (n \text{ 次})$$

垂直导数 $L = \partial / \partial r$ 可以用球面公式表示为表面值 (见附录 B 的 B.52 式)：

$$\frac{\partial f}{\partial r} = \frac{R^2}{2\pi} \int_{\Omega_0} \frac{f - f_P}{\ell_0^3} \mathrm{d}\Omega' - \frac{f}{R} \tag{9.96}$$

式中，P 为计算 $\partial f / \partial r$ 的点，公式右端第二项中的 f 也参考于这一点；Ω_0 表示全立体角，

$$\ell_0 = 2R \sin \frac{\psi}{2} \tag{9.97}$$

作为平面近似，可以忽略式 (9.96) 中的小项 f/R，所以基本算子 (9.93) 变为面算子

$$L(f)=\frac{\partial f}{\partial r}=\frac{R^2}{2\pi}\int_{\Omega_0}\frac{f-f_p}{\ell_0^3}\mathrm{d}\Omega'=L_1(f) \tag{9.98}$$

应用式(9.95)

$$L_2(f)=\frac{1}{2}L^2(f)=\frac{1}{2}L\big[L(f)\big] \tag{9.99}$$

引用辅助量

$$f_1=L_1(f)=L(f) \tag{9.100}$$

式(9.99)成为

$$L_2(f)=\frac{1}{2}L(f_1) \tag{9.101}$$

一般地，根据式(9.94)，我们可以将 L_n 递归地表示为面算子(9.98)：令

$$L_n(f)=f_{(n)} \tag{9.102}$$

则

$$\begin{aligned}
f_{(1)}&=L(f)\\
f_{(2)}&=\frac{1}{2}L\big(f_{(1)}\big)=\frac{1}{2}L\big[L(f)\big]\\
f_{(3)}&=\frac{1}{3}L\big(f_{(2)}\big)=\frac{1}{6}L\big\{L\big[L(f)\big]\big\}\\
&\cdots\cdots\\
f_{(n)}&=\frac{1}{n}L\big(f_{(n-1)}\big)=\frac{1}{n!}\underbrace{LL\cdots LL}_{n}(f)
\end{aligned} \tag{9.103}$$

现简要说明 g_n 的实际计算问题。已知计算区内各格网的平均重力扰动值 δg，要求计算区内一点 P 的 g_n。根据式(9.98)知，欲计算函数 f 在球面上 P 点的一阶导数，需要知道 f 的各格网值与在 P 点的点值；一般地，欲计算函数 f 在球面上 P 点的 n 阶导数，需要知道 f 在各格网的 $n-1$ 阶导数值与在 P 点的 $n-1$ 阶导数值。欲计算 P 点的 g_1 值，先用各格网的 δg 和 P 点的 δg 按式(9.98)积分计算 P 点的 $L(\delta g)$，再乘以 $-h$ 即得。由式(9.91)与式(9.103)的第二式知，P 点的 g_2 值是涉及该点的两项 $L[L(\delta g)]$ 之线性组合，而求 $L[L(\delta g)]$，又需要用到各格网的 $L(\delta g)$ 和该点的 $L(\delta g)$，这样还需计算每一格网的 $L(\delta g)$。可见，g_2 涉及各格网的 $L(\delta g)$ 计算。按此推理，g_3 将涉及大量的 $L[L(\delta g)]$ 计算，g_4 将涉及大量的 $L\{L[L(\delta g)]\}$ 计算，等等。显然，随着 g 的次数 n 的增加，梯度计算的反复度和复杂度都将越来越大，以致最后难以操控。

以上算法的缺点是，$L(\delta g)$ 的反复计算多，而且后面要用前面的结果，这样导致存储中间结果开销大。为避免这些缺点，可以采用另一种算法。将式(9.91)每一后项用前项代入，可以发现

$$g_1=-hL(\delta g)=-h\frac{\partial\delta g}{\partial r}$$

$$g_2 = \frac{h^2}{2} L\big[L(\delta g)\big] = \frac{h^2}{2} \frac{\partial^2 \delta g}{\partial r^2}$$

$$g_3 = -\frac{h^3}{6} L\big\{L\big[L(\delta g)\big]\big\} = -\frac{h^3}{6} \frac{\partial^3 \delta g}{\partial r^3} \qquad (9.104)$$

$$g_4 = \frac{h^4}{24} L\big\langle L\big\{L\big[L(\delta g)\big]\big\}\big\rangle = \frac{h^4}{24} \frac{\partial^4 \delta g}{\partial r^4}$$

$$\cdots\cdots$$

对我们的问题而言,重力扰动 δg 对 r 的 $1, 2, \cdots, 9$ 阶偏导数已在附录 B 的式(B.118)、式(B.119),$\cdots$,式(B.126)给出,即:

$$\frac{\partial \delta g}{\partial r} = \frac{R^2}{2\pi} \int_{\Omega_0} \frac{\delta g - \delta g_P}{\ell_0^3} \mathrm{d}\Omega' - \frac{2}{R} \delta g_P \qquad (9.105)$$

$$\frac{\partial^2 \delta g}{\partial r^2} = -\frac{2R}{\pi} \int_{\Omega_0} \frac{\delta g - \delta g_P}{\ell_0^3} \mathrm{d}\Omega' + \frac{6}{R^2} \delta g_P \qquad (9.106)$$

$$\frac{\partial^3 \delta g}{\partial r^3} = \frac{9}{4\pi} \int_{\Omega_0} \left(\frac{25}{6} - \frac{2R^2}{\ell_0^2}\right) \frac{\delta g - \delta g_P}{\ell_0^3} \mathrm{d}\Omega' - \frac{24}{R^3} \delta g_P \qquad (9.107)$$

$$\frac{\partial^4 \delta g}{\partial r^4} = \frac{1}{\pi R} \int_{\Omega_0} \left(-\frac{105}{2} + \frac{54R^2}{\ell_0^2}\right) \frac{\delta g - \delta g_P}{\ell_0^3} \mathrm{d}\Omega' + \frac{120}{R^4} \delta g_P \qquad (9.108)$$

$$\cdots\cdots$$

如果用这些偏导数计算已满足要求,显然从效率和内存开销上来说更合算一些。

现在对向下延拓作一简单小结。从基本公式式(9.69),有

$$\delta g_\mathrm{b} = \delta g - \sum_{n=1}^{\infty} \frac{1}{n!} h^n \frac{\partial^n \delta g}{\partial r^n} \qquad (9.109)$$

或

$$\delta g_\mathrm{b} = \left(I - \sum_{n=1}^{\infty} h^n L_n\right) \delta g \qquad (9.109\mathrm{a})$$

此式表明,为将 δg 延拓为 δg_b,首先应用式(9.98)依次计算 $L_1(\delta g)$,$L_2(\delta g) = (1/2)L^2(\delta g) = (1/2)L[L(\delta g)]$,$L_3(\delta g) = (1/6)L^3(\delta g) = (1/6)L\{L[L(\delta g)]\}$,$\cdots$,然后将它们和 δg 代入式(9.109),即得

$$\delta g_\mathrm{b} = \delta g - h L_1(\delta g) - h^2 L_2(\delta g) - h^3 L_3(\delta g) - \cdots \qquad (9.110)$$

这种延拓算法的缺点是,反复计算量多,中间存储量大。如果式(9.104)展开到 4 阶项即足,那么用一次性偏导数计算,其计算量和内存占用量都会小得多。

最后值得指出,式(9.92)和式(9.104)表明,Moritz 的解析延拓法与上一节的泰勒级数法实际上是一样的,两者殊途同归。然而,正如所看到的那样,泰勒级数法的计算效率更高,资源开销更省。

第 10 章 椭 球 改 正

10.1 基 本 原 理

椭球改正是相对球近似解而言的。对于球近似解，边界条件方程完全是球近似，而且在计算中地心向径 r 用 $R+h$ 代替，这里 R 为地球平均半径，h 为大地高。假如边界条件方程已包括了椭球改正项，计算中 r 不用球近似 $R+h$，而用严格的椭球公式，而且 Hotine 积分结合应用了移去-计算-恢复技术，那么椭球改正应该接近于 0（Huang and Veronneau, 2013; Featherstone, Kirby, Hirt et al., 2011; Huang, Meronneau, Pagiatakis, 2003）。

大地边值问题的经典解法，是在球近似解的基础上加椭球改正，给出椭球近似解。学者们为此给出了不同形式的椭球改正公式（例如，Rapp, 1981; Cruz, 1986; Petrovskaya, Vershkov and Pavlis, 2001；Sjöberg, 2003）。Huang 等对莫洛金斯基、叶列梅耶夫、尤尔金娜(1960)，Moritz(1974)，Martinec and Grafarend(1997)与 Fei and Sideris(2001)的公式做过分析比较，得出了有意义的结论（见 Huang, Meronneau, Pagiatakis, 2003）。

根据边值问题的经典解法，我们首先给出球近似解，然后加椭球改正，给出椭球近似解。按照这样的思路，我们这里推导了球近似解的椭球改正公式。

我们椭球改正的基本出发点，是 Moritz(1980a)阐发的球与椭球之间的映射关系。

扰动位（又称异常位）及所有扰动位场量 F 均可以展开为小参量 e^2（子午椭圆第一偏心率平方）的级数：

$$F = F^0 + e^2 F^1 + e^4 F^2 + \cdots \tag{10.1}$$

考虑到扰动位场量是一小量，上式仅保留到 e^2 项

$$F = F^0 + e^2 F^1 \tag{10.2}$$

扰动位场量同样是位置坐标，例如 φ, λ, h（大地纬度、经度和高度）的函数。如果它们参考于地球表面，h 也是 φ 和 λ 的函数，这样，扰动位场量仅是 φ 和 λ 的函数。所以，式(10.2)可以写成 φ 和 λ 的显式形式：

$$F(\varphi, \lambda) = F^0(\varphi, \lambda) + e^2 F^1(\varphi, \lambda) \tag{10.3}$$

函数 $F^0(\varphi, \lambda)$ 相应于 $e = 0$，可以视为定义在一个球上的函数，φ 和 λ 可以看作该球的球坐标。这样我们已经将椭球上大地坐标为 (φ, λ) 的一点映射到球面上其球坐标亦为 (φ, λ) 的一点，就是说我们已经建立了参考椭球到球的一对一映射关系。

如此定义了点的映射关系之后，我们还需要定义球上函数 $F^0(\varphi, \lambda)$ 到椭球上函数 $F(\varphi, \lambda)$ 的映射关系。

现在我们讨论确定函数 $F^1(\varphi, \lambda)$ 的基本原理。对丁扰动位 T，我们定义

$$T^1(\varphi, \lambda) = 0 \tag{10.4}$$

就是说，扰动位对于椭球和对于球是相等的。于是，我们有基本映射方程

$$T^0(\varphi,\lambda)=T(\varphi,\lambda) \tag{10.5}$$

这样，扰动位场量的球值 $F^0(\varphi,\lambda)$ 按照球的关系由基本量 $T^0(\varphi,\lambda)$ 唯一地定义了。另一方面，相应的函数 $F(\varphi,\lambda)$ 代表它们在椭球上的真实值，在方程 $T(\varphi,\lambda)=T^0(\varphi,\lambda)$ 的条件下用适当的椭球公式同样得以确定，这样就定义了球上函数 $F^0(\varphi,\lambda)$ 到椭球上函数 $F(\varphi,\lambda)$ 的映射关系。既然 $F^0(\varphi,\lambda)$ 已由球关系确定，那么函数 $F(\varphi,\lambda)$ 一经确定，函数 $F^1(\varphi,\lambda)$，即椭球改正项也就确定了。

顺便指出，这里我们可以更好地理解球近似的意义。球近似就是将有大地坐标的椭球点映射成其球坐标数值上等于椭球点坐标的球点；并且一阶项 $e^2F^1(\varphi,\lambda)$ 和更高阶项都忽略了。在考虑椭球改正情况下，椭球和球的映射关系是相同的，也是使椭球上和球上的大地坐标相等，不同的是保留了一阶项 $e^2F^1(\varphi,\lambda)$。从映射角度来说，在椭球改正情况下，除考虑椭球上和球上点的位置映射关系外，还考虑了球上函数 $F^0(\varphi,\lambda)$ 和椭球上函数 $F(\varphi,\lambda)$ 的映射关系。

以下我们依据上述椭球改正原理来研究几种扰动位场量的椭球改正。需要说明，以下的研究要涉及扰动位模型，而位模型通常使用地心经纬度 ϕ、λ，而不使用大地经纬度 φ、λ。所以下面我们说到位置坐标将使用地心纬度和经度 ϕ、λ，必要时也用到归化纬度和经度 β、λ。

10.2　高程异常的椭球改正

地面上一点 (r,ϕ,λ) 的扰动位可用球谐级数表示：

$$T(r,\phi,\lambda)=\sum_{j=0}^{\infty}\left(\frac{a}{r}\right)^{j+1}\sum_{m=-j}^{j}T_{jm}Y_{jm}(\phi,\lambda) \tag{10.6}$$

式中，a 为地球赤道半径；r 为 P 点的地心向径；$r=r_E+h$（见图 10.1），这里 r_E 为地心至椭球面的向径；h 为 P 点的大地高；T_{jm} 为完全正常化的位系数；$Y_{jm}(\phi,\lambda)$ 为完全正常化的勒让德函数。如前所述，我们确定椭球改正的原理，基于这样一个假设：对于椭球近似与球近似，扰动位是不变量。式(10.6)当 $r=r_E+h$ 时，即是实际扰动位（椭球近似解扰动位）；当 $r=R+h$ 时，即是以平均地球半径 R 为半径的球近似解扰动位。这样我们容易得到扰动位的球近似解的椭球改正。将 r 写成形式

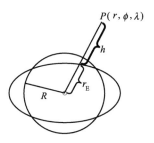

图 10.1　椭球与球的几何

$$r = r_E + h = R + h + (r_E - R) \tag{10.7}$$

并将因子 $(a/r)^{j+1}$ 作如下化算:

$$\left(\frac{a}{r}\right)^{j+1} \approx \left(\frac{a}{R+h}\right)^{j+1} \left(1 + \frac{r_E - R}{R+h}\right)^{-(j+1)} = \left(\frac{a}{R+h}\right)^{j+1} \left[1 - (j+1)\frac{r_E - R}{R+h} + \cdots\right]$$

$$\approx \left(\frac{a}{R+h}\right)^{j+1} - (j+1)\left(\frac{r_E - R}{R}\right)\left(\frac{a}{R}\right)^{j+1}\left(1 + \frac{h}{R}\right)^{-(j+2)} + \cdots \tag{10.8}$$

在以上化算中,有关小量 $(r_E - R)/(R+h)$ 和 (h/R) 的展开式仅取至各自的一次项。

利用

$$R = \sqrt[3]{a^2 b} = a(1 - e^2)^{1/6}, \quad b \text{ 为参考椭球短半轴} \tag{10.9}$$

$$r_E = \frac{a\sqrt{1 - e^2}}{\sqrt{1 - e^2 \cos^2 \phi}}, \quad \text{见式 (E.1)} \tag{10.10}$$

则

$$\frac{a}{R} = \left(1 - e^2\right)^{-1/6} = 1 + \frac{1}{6}e^2 + \cdots \tag{10.11}$$

$$\frac{r_E}{R} = \frac{\left(1 - e^2\right)^{1/3}}{\sqrt{1 - e^2 \cos^2 \phi}} = \left(1 - \frac{1}{3}e^2 + \cdots\right)\left(1 + \frac{1}{2}e^2 \cos^2 \phi + \cdots\right)$$

$$= 1 - \frac{1}{3}e^2 + \frac{1}{2}e^2 \cos^2 \phi + \cdots \tag{10.12}$$

将式 (10.11) 和式 (10.12) 代入式 (10.8),略去 e^2 以下的小量,我们得

$$\left(\frac{a}{r}\right)^{j+1} = \left(\frac{a}{R+h}\right)^{j+1} - (j+1)\left(-\frac{1}{3}e^2 + \frac{1}{2}e^2 \cos^2 \phi\right) \tag{10.13}$$

需要说明,高程依赖项 (h/R) 小于 $O(e^2)$,上式中忽略的 (h/R) 有关项为 $O(e^4)$。

将式 (10.13) 代入式 (10.6),有

$$T(r, \phi, \lambda) = \sum_{j=0}^{\infty} \left(\frac{a}{R+h}\right)^{j+1} \sum_{m=-j}^{j} T_{jm} Y_{jm}(\phi, \lambda)$$

$$+ e^2 \sum_{j=0}^{\infty} (j+1)\left(\frac{1}{3} - \frac{1}{2}\cos^2 \phi\right) \sum_{m=-j}^{j} T_{jm} Y_{jm}(\phi, \lambda) \tag{10.14}$$

于是,得高程异常的球谐表示

$$\zeta = \frac{T(r, \phi, \lambda)}{\gamma} = \zeta^0 + e^2 \zeta^1 \tag{10.15}$$

式中,第一项为高程异常的球近似项,第二项为其椭球改正,即

$$\zeta^0 = \frac{1}{\gamma} \sum_{j=0}^{\infty} \left(\frac{a}{R+h}\right)^{j+1} \sum_{m=-j}^{j} T_{jm} Y_{jm}(\phi, \lambda) \tag{10.16}$$

$$\zeta^1 = \frac{1}{\gamma} \sum_{j=0}^{\infty} (j+1) \left(\frac{1}{3} - \frac{1}{2} \cos^2 \phi \right) \sum_{m=-j}^{j} T_{jm} Y_{jm} (\phi, \lambda) \tag{10.17}$$

注意，在式(10.16)中，我们有意保留了因子 $a/(R+h)$，以此标识出它是球近似项。还需要指出，与地形高 h 有关的项小于 e^2 量级，而被忽略了。

10.3　大地水准面高的椭球改正

椭球面上的扰动位由如下球谐级数给出：

$$T(r_{\mathrm{E}}, \phi, \lambda) = \sum_{j=0}^{\infty} \left(\frac{a}{r_{\mathrm{E}}} \right)^{j+1} \sum_{m=-j}^{j} T_{jm} Y_{jm} (\phi, \lambda) \tag{10.18}$$

由于 $r_{\mathrm{E}} = R + (r_{\mathrm{E}} - R)$，所以

$$\frac{a}{r_{\mathrm{E}}} = \frac{a}{R} \left(1 - \frac{r_{\mathrm{E}} - R}{R} + \cdots \right) \tag{10.19}$$

该式右端取至小量 $(r_{\mathrm{E}} - R)/R$ 的一次项，借助它得到

$$\left(\frac{a}{r_{\mathrm{E}}} \right)^{j+1} = \left(\frac{a}{R} \right)^{j+1} \left(1 - \frac{r_{\mathrm{E}} - R}{R} \right)^{j+1}$$

将上式引入式(10.11)和式(10.12)，取至 e^2 项，得

$$\left(\frac{a}{r_{\mathrm{E}}} \right)^{j+1} = \left(\frac{a}{R} \right)^{j+1} - (j+1) \left(-\frac{1}{3} e^2 + \frac{1}{2} e^2 \cos^2 \phi \right) \tag{10.20}$$

将式(10.20)代入式(10.18)，得

$$\begin{aligned} T(r_{\mathrm{E}}, \phi, \lambda) = & \sum_{j=0}^{\infty} \left(\frac{a}{R} \right)^{j+1} \sum_{m=-j}^{j} T_{jm} Y_{jm} (\phi, \lambda) \\ & + e^2 \sum_{j=0}^{\infty} (j+1) \left(\frac{1}{3} - \frac{1}{2} \cos^2 \phi \right) \sum_{m=-j}^{j} T_{jm} Y_{jm} (\phi, \lambda) \end{aligned} \tag{10.21}$$

由此，我们写出大地水准面高的表示式：

$$N = \frac{T(r_{\mathrm{E}}, \phi, \lambda)}{g_0} = N^0 + e^2 N^1 \quad (g_0 \text{ 为椭球面附近的重力}) \tag{10.22}$$

式中第一项为大地水准面高的球近似项，第二项为其椭球改正，即

$$N^0 = \frac{1}{g_0} \sum_{j=0}^{\infty} \left(\frac{a}{R} \right)^{j+1} \sum_{m=-j}^{j} T_{jm} Y_{jm} (\phi, \lambda) \tag{10.23}$$

$$N^1 = \frac{1}{g_0} \sum_{j=0}^{\infty} (j+1) \left(\frac{1}{3} - \frac{1}{2} \cos^2 \phi \right) \sum_{m=-j}^{j} T_{jm} Y_{jm} (\phi, \lambda) \tag{10.24}$$

显然，大地水准面高的椭球改正与地形高 h 无关。比较式(10.17)和式(10.24)可知，大地水准面高的椭球改正与高程异常的椭球改正的差异在 e^2 量级以下。

需要说明，在式(10.23)中，我们有意保留了因子(a/R)，以此标识出它是球近似项。作为一个例子，我们给出一个试验区 230 461 个 $2'\times2'$ 格网中心大地水准面高的椭球改正的统计数据：最小值：−0.19 m；最大值：0.253 m；平均值：0.024 m；rms 值：0.058 m。图 10.2 是它们的三维分布图。

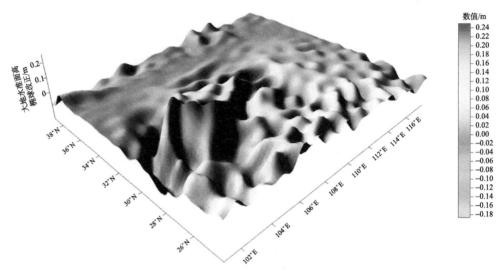

图 10.2　大地水准面高的椭球改正

10.4　垂线偏差的椭球改正

地面垂线偏差　根据式(3.57)，地面垂线偏差的子午和卯酉分量分别由下式给出：

$$\xi = -\frac{\partial \zeta}{r\partial \phi} \tag{10.25}$$

$$\eta = -\frac{\partial \zeta}{r\cos\phi\partial \lambda} \tag{10.26}$$

将式(10.15)、式(10.16)和式(10.17)代入式(10.25)，对 ϕ 微分，得

$$\xi = \xi^0 + e^2\xi^1 \tag{10.27}$$

式中，第一项为地面垂线偏差子午分量的球近似项，第二项为其椭球改正：

$$\xi^0 = -\frac{1}{r\gamma}\sum_{j=0}^{\infty}\left(\frac{a}{R+h}\right)^{j+1}\sum_{m=-j}^{j}T_{jm}\frac{\partial}{\partial \phi}Y_{jm}(\phi,\lambda) \tag{10.28}$$

$$\xi^1 = -\frac{1}{r\gamma}\sum_{j=0}^{\infty}(j+1)(\sin\phi\cos\phi)\sum_{m=-j}^{j}T_{jm}Y_{jm}(\phi,\lambda)$$
$$-\frac{1}{r\gamma}\sum_{j=0}^{\infty}(j+1)\left(\frac{1}{3}-\frac{1}{2}\cos^2\phi\right)\sum_{m=-j}^{j}T_{jm}\frac{\partial}{\partial \phi}Y_{jm}(\phi,\lambda) \tag{10.29}$$

将式(10.15)、式(10.16)和式(10.17)代入式(10.26)，对 λ 微分，得

$$\eta = \eta^0 + e^2 \eta^1 \tag{10.30}$$

其中第一项为地面垂线偏差卯酉分量的球近似项，第二项为其椭球改正：

$$\eta^0 = -\frac{1}{\gamma r \cos\phi} \sum_{j=0}^{\infty} \left(\frac{a}{R+h}\right)^{j+1} \sum_{m=-j}^{j} T_{jm} \frac{\partial}{\partial \lambda} Y_{jm}(\phi, \lambda) \tag{10.31}$$

$$\eta^1 = -\frac{1}{\gamma r \cos\phi} \sum_{j=0}^{\infty} (j+1)\left(\frac{1}{3} - \frac{1}{2}\cos^2\phi\right) \sum_{m=-j}^{j} T_{jm} \frac{\partial}{\partial \lambda} Y_{jm}(\phi, \lambda) \tag{10.32}$$

式(10.28)、式(10.29)、式(10.31)和式(10.32)中的偏导数按下式计算：

$$T_{jm} \frac{\partial Y_{jm}(\phi, \lambda)}{\partial \phi} = \left\langle \begin{matrix} \overline{C}_{jm} \cos m\lambda \\ \overline{S}_{jm} \sin m\lambda \end{matrix} \right\rangle \frac{\partial \overline{P}_{jm}(\sin\phi)}{\partial \phi} \tag{10.33}$$

$$T_{jm} \frac{\partial Y_{jm}(\phi, \lambda)}{\partial \lambda} = m \left\langle \begin{matrix} -\overline{C}_{jm} \sin m\lambda \\ \overline{S}_{jm} \cos m\lambda \end{matrix} \right\rangle \overline{P}_{jm}(\sin\phi) \tag{10.34}$$

$$\frac{\partial \overline{P}_{jm}(\sin\phi)}{\partial \phi} = \frac{1}{\cos\phi}\left[(j+1)\sqrt{\frac{j^2-m^2}{(2j+1)(2j-1)}}\overline{P}_{j-1,m}(\sin\phi) - j\sqrt{\frac{(j+1)^2-m^2}{(2j+3)(2j+1)}}\overline{P}_{j+1,m}(\sin\phi) \right]$$
$$\tag{10.35}$$

或

$$\frac{\partial \overline{P}_{jm}(\sin\phi)}{\partial \phi} = \frac{1}{\cos\phi}\sqrt{\frac{(2j+1)(j+m)(j-m)}{2j-1}}\overline{P}_{j-1,m}(\sin\phi) - j\tan\varphi\overline{P}_{jm}(\sin\phi) \tag{10.36}$$

式中，$\overline{P}_{jm}(\sin\phi)$ 为完全正常化的勒让德函数；$\overline{C}_{jm}, \overline{S}_{jm}$ 为完全正常化的球谐系数。

作为一个例子，我们给出一个试验区 230 461 个 2′×2′ 格网中心地面垂线偏差南北分量的椭球改正的统计值，最小值：−0.617″；最大值：0.981″；平均值：0.012″；　rms 值：0.134″；东西分量的椭球改正的统计数据：最小值：−1.15″；最大值：0.897″；平均值：0.000 2″；rms 值：0.149″。图 10.3 (a)、(b) 分别为南北分量和东西分量的立体图。

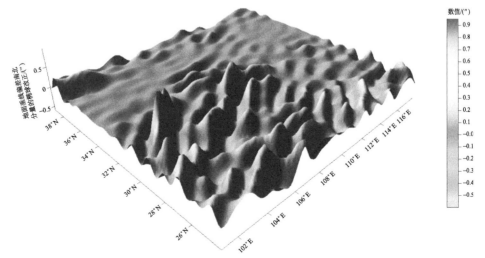

图 10.3 (a)　地面垂线偏差南北分量的椭球改正

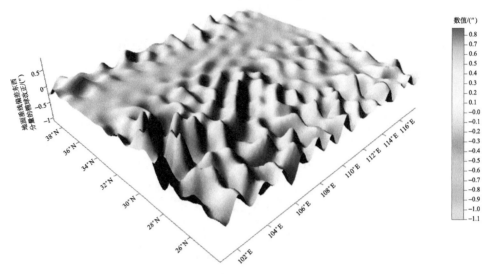

图 10.3(b)　地面垂线偏差东西分量的椭球改正

椭球面垂线偏差　椭球面垂线偏差的子午和卯酉分量分别由下式给出：

$$\xi_0 = -\frac{\partial N}{R\partial \phi} \tag{10.37}$$

$$\eta_0 = -\frac{\partial N}{R\cos\phi\partial \lambda} \tag{10.38}$$

将式(10.22)、式(10.23)和式(10.24)代入式(10.37)，有

$$\xi_0 = \xi_0^0 + e^2\xi_0^1 \tag{10.39}$$

其中第一项为椭球面垂线偏差子午分量的球近似项，第二项为其椭球改正：

$$\xi_0^0 = -\frac{1}{Rg_0}\sum_{j=0}^{\infty}\left(\frac{a}{R}\right)^{j+1}\sum_{m=-j}^{j}T_{jm}\frac{\partial}{\partial\phi}Y_{jm}(\phi,\lambda) \tag{10.40}$$

$$
\begin{aligned}
\xi_0^1 = &-\frac{1}{Rg_0}\sum_{j=0}^{\infty}(j+1)(\sin\phi\cos\phi)\sum_{m=-j}^{j}T_{jm}Y_{jm}(\phi,\lambda)\\
&-\frac{1}{Rg_0}\sum_{j=0}^{\infty}(j+1)\left(\frac{1}{3}-\frac{1}{2}\cos^2\phi\right)\sum_{m=-j}^{j}T_{jm}\frac{\partial}{\partial\phi}Y_{jm}(\phi,\lambda)
\end{aligned} \tag{10.41}
$$

将式(10.22)、式(10.23)、式(10.24)代入式(10.38)，得

$$\eta_0 = \eta_0^0 + e^2\eta_0^1 \tag{10.42}$$

其中第一项为椭球面垂线偏差卯酉分量的球近似项，第二项为其椭球改正：

$$\eta_0^0 = -\frac{1}{Rg_0\cos\phi}\sum_{j=0}^{\infty}\left(\frac{a}{R}\right)^{j+1}\sum_{m=-j}^{j}T_{jm}\frac{\partial}{\partial\lambda}Y_{jm}(\phi,\lambda) \tag{10.43}$$

$$\eta_0^1 = -\frac{1}{Rg_0\cos\phi}\sum_{j=0}^{\infty}(j+1)\left(\frac{1}{3}-\frac{1}{2}\cos^2\phi\right)\sum_{m=-j}^{j}T_{jm}\frac{\partial}{\partial\lambda}Y_{jm}(\phi,\lambda) \tag{10.44}$$

式中的偏导数按式(10.33)～式(10.36)计算。

10.5 重力扰动的椭球改正

根据一点 $P(r, \phi, \lambda)$ 的扰动位模型

$$T(r, \phi, \lambda) = \sum_{n=0}^{\infty} \left(\frac{a}{r}\right)^{n+1} \sum_{m=-n}^{n} T_{nm} Y_{nm}(\phi, \lambda) \tag{10.45}$$

式中，a 为地球赤道半径(尺度因子)；$Y_{nm}(\phi, \lambda)$ 为完全正常化的勒让德函数；T_{nm} 为完全正常化的系数。我们得到参考椭球面上的扰动位(假定扰动位级数一直到参考椭球面是收敛的)

$$T(r_{\mathrm{E}}, \phi, \lambda) = \sum_{n=0}^{\infty} \left(\frac{a}{r_{\mathrm{E}}}\right)^{n+1} \sum_{m=-n}^{n} T_{nm} Y_{nm}(\phi, \lambda) \tag{10.46}$$

式中，r_{E} 为参考椭球面处的地心向径[见式(E.1)]：

$$r_{\mathrm{E}} = \frac{a\sqrt{1-e^2}}{\sqrt{1-e^2 \cos^2 \phi}} \tag{10.47}$$

由此得到

$$\frac{a}{r_{\mathrm{E}}} = \sqrt{\frac{1-e^2 \cos^2 \phi}{1-e^2}} = \left(1 - \frac{1}{2}e^2 \cos^2 \phi + \cdots\right)\left(1 + \frac{1}{2}e^2 + \cdots\right) = 1 + \frac{1}{2}e^2 \sin^2 \phi + \cdots \tag{10.48}$$

将式(10.48)代入式(10.46)，取至 e^2 的一次项项得

$$\begin{aligned} T(r_{\mathrm{E}}, \phi, \lambda) &= \sum_{n=0}^{\infty} \sum_{m=-n}^{n} T_{nm} Y_{nm}(\phi, \lambda) + \frac{1}{2}e^2 \sum_{n=0}^{\infty} \sum_{m=-n}^{n} (n+1)\sin^2 \phi T_{nm} Y_{nm}(\phi, \lambda) \\ &= \sum \sum \overline{P}_{nm}(\sin \phi)\left(T_{nm}^{\mathrm{c}} \cos m\lambda + T_{nm}^{\mathrm{s}} \sin m\lambda\right) \\ &\quad + \frac{1}{2}e^2 \sum \sum (n+1)\sin^2 \phi\, \overline{P}_{nm}(\sin \phi)\left(T_{nm}^{\mathrm{c}} \cos m\lambda + T_{nm}^{\mathrm{s}} \sin m\lambda\right) \end{aligned} \tag{10.49}$$

利用式(D.27)，即

$$\sin^2 \phi \overline{P}_{nm}(\sin \phi) = \overline{\alpha}_{nm} \overline{P}_{n+2,m}(\sin \phi) + \overline{\beta}_{nm} \overline{P}_{nm}(\sin \phi) + \overline{\gamma}_{nm} \overline{P}_{n-2,m}(\sin \phi) \tag{10.50}$$

其中

$$\begin{aligned} \overline{\alpha}_{nm} &= \frac{1}{2n+3}\left[\frac{(n+1-m)(n+1+m)(n+2-m)(n+2+m)}{(2n+1)(2n+5)}\right]^{1/2} \\ \overline{\beta}_{nm} &= \frac{(n+1-m)(n+1+m)}{(2n+3)(2n+1)} + \frac{(n-m)(n+m)}{(2n+1)(2n-1)} \\ \overline{\gamma}_{nm} &= \frac{1}{2n-1}\left[\frac{(n-m)(n+m)(n-1-m)(n-1+m)}{(2n+1)(2n-3)}\right]^{1/2} \end{aligned} \tag{10.51}$$

将式(10.50)代入式(10.49)，得

$$T(r_{\mathrm{E}},\phi,\lambda) = \sum\sum \overline{P}_{nm}(\sin\phi)\left(T_{nm}^{c}\cos m\lambda + T_{nm}^{s}\sin m\lambda\right)$$

$$+\frac{1}{2}e^{2}\sum\sum\left\{(n+1)\overline{\alpha}_{nm}\overline{P}_{n+2,m}\ \left(T_{nm}^{c}\cos m\lambda + T_{nm}^{s}\sin m\lambda\right)\right.$$

$$+(n+1)\overline{\beta}_{nm}\overline{P}_{nm}\left(T_{nm}^{c}\cos m\lambda + T_{nm}^{s}\sin m\lambda\right)$$

$$\left.+(n+1)\overline{\gamma}_{nm}\overline{P}_{n-2,m}\left(T_{nm}^{c}\cos m\lambda + T_{nm}^{s}\sin m\lambda\right)\right\} \tag{10.52}$$

引用下列关系式，例如：

$$\sum_{n=2}^{\infty}\overline{\alpha}_{nm}T_{nm}^{c}\overline{P}_{n-2,m} = \sum_{n=0}^{\infty}\overline{\alpha}_{n+2,m}T_{n+2,,m}^{c}\overline{P}_{nm} \tag{10.53}$$

调整式(10.52)中 $\overline{P}_{n+2,m}$ 和 $\overline{P}_{n-2,m}$ 的阶次使其成为 $\overline{P}_{nm}$ ，那么式(10.52)变成

$$T(r_{\mathrm{E}},\phi,\lambda) = \sum_{n=0}^{\infty}\sum_{m=0}^{n}\overline{P}_{nm}(\sin\phi)\left(A_{nm}\cos m\lambda + B_{nm}\sin m\lambda\right) \tag{10.54}$$

式中

$$A_{nm} = T_{nm}^{c} + \frac{1}{2}e^{2}E_{nm}, \quad B_{nm} = T_{nm}^{s} + \frac{1}{2}e^{2}F_{nm}$$

$$E_{nm} = (n-1)\overline{\alpha}_{n-2,m}T_{n-2,m}^{c} + (n+1)\overline{\beta}_{nm}T_{nm}^{c} + (n+3)\overline{\gamma}_{n+2,m}T_{n+2,m}^{c} \tag{10.55}$$

$$F_{nm} = (n-1)\overline{\alpha}_{n-2,m}T_{n-2,m}^{s} + (n+1)\overline{\beta}_{nm}T_{nm}^{s} + (n+3)\overline{\gamma}_{n+2,m}T_{n+2,m}^{s}$$

现将式(10.54)简写为

$$T = \sum\sum T_{nm}(\phi,\lambda) \tag{10.56}$$

该式给出了参考椭球面上的扰动位 T。在参考椭球的外部空间，T 可以表示为

$$T(u,\beta,\lambda) = \sum\sum S_{nm}(u)T_{nm}(\beta,\lambda) \tag{10.57}$$

式中

$$S_{nm}(u) = \frac{Q_{nm}\left(i\dfrac{u}{E}\right)}{Q_{nm}\left(i\dfrac{b}{E}\right)}, \quad E = \sqrt{a^{2} - b^{2}} \tag{10.58}$$

Q_{nm} 为第二类勒让德函数；u 为通过所考虑空间点与参考椭球共焦的旋转椭球的短半轴；对于参考椭球，$u=b$（b 为参考椭球短半轴）；β,λ 为归化纬度和经度。$T_{nm}(\beta,\lambda)$ 为表示为坐标 β,λ 之函数的参考椭球面扰动位。下面我们推导 $T_{nm}(\beta,\lambda)$ 的表达式。

由几何大地测量学知，地心纬度 ϕ 与归化纬度 β 之间的关系是

$$\tan\beta = \frac{\tan\phi}{\sqrt{1-e^{2}}} \tag{10.59}$$

由此式得到，至 e^{2} 级

$$\beta = \phi + \frac{1}{2}e^{2}\cos\phi\sin\phi, \quad \phi = \beta - \frac{1}{2}e^{2}\cos\beta\sin\beta \tag{10.60}$$

进一步得

$$\sin\phi = \sin\beta - \frac{1}{2}e^2\cos^2\beta\sin\beta \tag{10.61}$$

$$\overline{P}_{nm}(\sin\phi) = \overline{P}_{nm}(\sin\beta) - \frac{1}{2}e^2\cos\beta\sin\beta\frac{\mathrm{d}\overline{P}_{nm}(\sin\beta)}{\mathrm{d}\beta} \tag{10.62}$$

将式 (10.62) 代入式 (10.54)，我们有

$$T(r_{\mathrm{E}},\phi,\lambda) = \sum_{n=0}^{\infty}\sum_{m=0}^{n}\left[\overline{P}_{nm}(\sin\beta) - \frac{1}{2}e^2\cos\beta\sin\beta\frac{\mathrm{d}\overline{P}_{nm}(\sin\beta)}{\mathrm{d}\beta}\right](A_{nm}\cos m\lambda + B_{nm}\sin m\lambda)$$
$$\tag{10.63}$$

式中的 $\cos\beta\sin\beta\mathrm{d}\overline{P}_{nm}(\sin\beta)/\mathrm{d}\beta$ 用附录 D 式 (D.35) 代替，即

$$\frac{\mathrm{d}\overline{P}_{nm}(\sin\beta)}{\mathrm{d}\beta}\cos\beta\sin\beta = \overline{a}_{nm}\overline{P}_{n+2,m}(\sin\beta) + \overline{b}_{nm}\overline{P}_{nm}(\sin\beta) + \overline{c}_{nm}\overline{P}_{n-2,m}(\sin\beta) \tag{10.64}$$

其中

$$\begin{aligned}
\overline{a}_{nm} &= -\frac{n}{2n+3}\left[\frac{(n+1-m)(n+1+m)(n+2-m)(n+2+m)}{(2n+1)(2n+5)}\right]^{1/2}\\
\overline{b}_{nm} &= \frac{2n^3+3n^2+n-3(2n+1)m^2}{(2n+3)(2n+1)(2n-1)}\\
\overline{c}_{nm} &= \frac{n+1}{2n-1}\left[\frac{(n-m)(n+m)(n-1-m)(n-1+m)}{(2n+1)(2n-3)}\right]^{1/2}
\end{aligned} \tag{10.65}$$

我们有

$$T(r_{\mathrm{E}},\phi,\lambda) = \sum_{n=0}^{\infty}\sum_{m=0}^{n}\left[\overline{P}_{nm}(\sin\beta) - \frac{1}{2}e^2\left(\overline{a}_{nm}\overline{P}_{n+2,m} + \overline{b}_{nm}\overline{P}_{nm} + \overline{c}_{nm}\overline{P}_{n-2,m}\right)\right](A_{nm}\cos m\lambda + B_{nm}\sin m\lambda)$$
$$\tag{10.66}$$

最后，将式中 $\overline{P}_{n+2,m}$ 和 $\overline{P}_{n-2,m}$ 均变换为 $\overline{P}_{nm}$，式 (10.54) 即变换为以椭球坐标 β,λ 表示的形式：

$$T(\beta,\lambda) = \sum\sum(C_{nm}\cos m\lambda + D_{nm}\sin m\lambda)P_{nm}(\sin\beta) \tag{10.67}$$

其中

$$\begin{aligned}
C_{nm} &= A_{nm} - \frac{1}{2}e^2K_{nm}, \quad D_{nm} = B_{nm} - \frac{1}{2}e^2L_{nm}\\
K_{nm} &= \overline{a}_{n-2,m}A_{n-2,m} + \overline{b}_{nm}A_{nm} + \overline{c}_{n+2,m}A_{n+2,m}\\
L_{nm} &= \overline{a}_{n-2,m}B_{n-2,m} + \overline{b}_{nm}B_{nm} + \overline{c}_{n+2,m}B_{n+2,m}
\end{aligned} \tag{10.68}$$

式 (10.67) 就是我们要求的表示为 (β, λ) 之函数的参考椭球面上的扰动位。作为推导正确性的验证，让我们看式 (10.67) 是否可以变换回式 (10.54)。为此，我们利用式 (10.62)，即

$$\bar{P}_{nm}(\sin\beta) = \bar{P}_{nm}(\sin\phi) + \frac{1}{2}e^2\cos\beta\sin\beta\frac{\mathrm{d}\bar{P}_{nm}(\sin\beta)}{\mathrm{d}\beta} \qquad (10.69)$$

因右端的第二项为 e^2 级，其中的 β 可以用 ϕ 代替，则

$$\bar{P}_{nm}(\sin\beta) = \bar{P}_{nm}(\sin\phi) + \frac{1}{2}e^2\cos\phi\sin\phi\frac{\mathrm{d}\bar{P}_{nm}(\sin\phi)}{\mathrm{d}\phi} \qquad (10.70)$$

用式(10.64)，得

$$\bar{P}_{nm}(\sin\beta) = \bar{P}_{nm}(\sin\phi) + \frac{1}{2}e^2\left[\bar{a}_{nm}\bar{P}_{n+2,m}(\sin\phi) + \bar{b}_{nm}\bar{P}_{nm}(\sin\phi) + \bar{c}_{nm}\bar{P}_{n-2,m}(\sin\phi)\right]$$

$$(10.71)$$

将式(10.71)代入式(10.67)，得

$$\begin{aligned}
T(r_{\mathrm{E}},\beta,\lambda) = \sum\sum\Big\{&(A_{nm}\cos m\lambda + B_{nm}\sin m\lambda)\bar{P}_{nm}(\sin\phi) \\
&- \frac{1}{2}e^2(K_{nm}\cos m\lambda + L_{nm}\sin m\lambda)\bar{P}_{nm}(\sin\phi) \\
&+ \frac{1}{2}e^2(A_{nm}\cos m\lambda + B_{nm}\sin m\lambda)\big[\bar{a}_{nm}\bar{P}_{n+2,m}(\sin\phi) + \bar{b}_{nm}\bar{P}_{nm}(\sin\phi) \\
&+ \bar{c}_{nm}\bar{P}_{n-2,m}(\sin\phi)\big] + O(e^4)\Big\}
\end{aligned} \qquad (10.72)$$

上式经演算整理，并顾及式(10.68)，得到：

$$\begin{aligned}
T(r_{\mathrm{E}},\beta,\lambda) = \sum\sum\Big\{&(A_{nm}\cos m\lambda + B_{nm}\sin m\lambda)\bar{P}_{nm}(\sin\phi) \\
&- \frac{1}{2}e^2\big(\bar{a}_{n-2,m}A_{n-2,m}\bar{P}_{nm}(\sin\phi) + \bar{b}_{nm}A_{nm}\bar{P}_{nm}(\sin\phi) + \bar{c}_{n+2,m}A_{n+2,m}\bar{P}_{nm}(\sin\phi)\big)\cos m\lambda \\
&+ \frac{1}{2}e^2\big(\bar{a}_{nm}A_{nm}\bar{P}_{n+2,m}(\sin\phi) + \bar{b}_{nm}A_{nm}\bar{P}_{nm}(\sin\phi) + \bar{c}_{nm}A_{nm}\bar{P}_{n-2,m}(\sin\phi)\big)\cos m\lambda \\
&- \frac{1}{2}e^2\big(\bar{a}_{n-2,m}B_{n-2,m}\bar{P}_{nm}(\sin\phi) + \bar{b}_{nm}B_{nm}\bar{P}_{nm}(\sin\phi) + \bar{c}_{n+2,m}B_{n+2,m}\bar{P}_{nm}(\sin\phi)\big)\sin m\lambda \\
&+ \frac{1}{2}e^2\big(\bar{a}_{nm}B_{nm}\bar{P}_{n+2,m}(\sin\phi) + \bar{b}_{nm}B_{nm}\bar{P}_{nm}(\sin\phi) + \bar{c}_{nm}B_{nm}\bar{P}_{n-2,m}(\sin\phi)\big)\sin m\lambda\Big\}
\end{aligned}$$

将上式第三行 $\bar{P}_{n-2,m}$ 项和第五行 $\bar{P}_{n+2,m}$ 项的阶次加以调整使有关量均与 $\bar{P}_{n,m}$ 项相应，会立刻发现后四行均被抵消了，这样我们有

$$T(r_{\mathrm{E}},\beta,\lambda) = \sum\sum(A_{nm}\cos m\lambda + B_{nm}\sin m\lambda)\bar{P}_{nm}(\sin\phi) \qquad (10.73)$$

这就又得到了前面的式(10.54)。这说明 $T_{nm}(r_{\mathrm{E}},\beta,\lambda)$ 和 $T_{nm}(r_{\mathrm{E}},\phi,\lambda)$ 仅表示形式不同而已，实际上它们均代表椭球面上的扰动位。所以，如果仅从应用观点考虑，将 $T_{nm}(r_{\mathrm{E}},\phi,\lambda)$ 化为 $T_{nm}(r_{\mathrm{E}},\beta,\lambda)$ 的推导似乎多余。这样，从实用目的出发，不妨将式(10.57)径直改写为：

$$T(u,\beta,\lambda) = \sum\sum S_{nm}(u)T_{nm}(\phi,\lambda) \qquad (10.74)$$

现在可以运用在参考椭球面上的边界条件：

$$\delta g = -\frac{\partial T}{\partial h} \tag{10.75}$$

式(10.75)用扰动位的椭球法线导数(h方向)表示重力扰动δg。由于(见 Heiskanen and Moritz,1967; p. 68)

$$\frac{\partial}{\partial h} = \frac{1}{W_0}\frac{\partial}{\partial u} \tag{10.76}$$

这个导数等于

$$\frac{\partial T}{\partial h} = \frac{1}{W_0}\frac{\partial T}{\partial u} \tag{10.77}$$

其中

$$W_0 = \frac{1}{a}\sqrt{a^2\sin^2\beta + b^2\cos^2\beta} \tag{10.78}$$

将式(10.74)代入式(10.75)，得到

$$\delta g = -\sum\sum\left(\frac{\partial S_{nm}}{\partial h}\right)_0 T_{nm}(\phi,\lambda) \tag{10.79}$$

式中，符号$(\ )_0$表示括号内的量取参考椭球面值，即取 $u=b$ 时之值。

由式(10.58)，得

$$\frac{\partial S_{nm}}{\partial u} = \frac{i}{E}\frac{Q'_{nm}(z)}{Q_{nm}(z_0)} \tag{10.80}$$

其中

$$z = i\frac{u}{E}, \quad z_0 = i\frac{b}{E}$$
$$Q'_{nm}(z) = \frac{\mathrm{d}Q_{nm}(z)}{\mathrm{d}z} \tag{10.81}$$

用 $Q_{nm}(z)$ 的级数展开式(见 Hotine, 1969)：

$$Q_{nm}(z) = (-1)^m\frac{2^n n!(n+m)\,!}{(2n+1)\,!}\left(1-z^2\right)^{m/2}\left\{\frac{1}{z^{n+m+1}} + \frac{\mu_{nm}}{z^{n+m+3}} + \frac{\upsilon_{nm}}{z^{n+m+5}} + \cdots\right\} \tag{10.82}$$

式中

$$\mu_{nm} = \frac{(n+m+1)(n+m+2)}{2(2n+3)} \tag{10.83}$$

$$\upsilon_{nm} = \frac{(n+m+1)(n+m+2)(n+m+3)(n+m+4)}{2\cdot4\cdot(2n+3)(2n+5)} \tag{10.84}$$

式(10.82)对 z 微分，代入式(10.80)，并令 $z=z_0$，得到

$$\left(\frac{\partial S_{nm}}{\partial u}\right)_0 = \frac{i}{E}\frac{z_0}{1-z_0^2}(n+1)\left(1 - \frac{(n+m+1)(n-m+1)}{(n+1)(2n+3)}z_0^{-2} + \cdots\right) \tag{10.85}$$

用式(10.81)的第二个式子，经简单计算有

$$\frac{i}{E}\frac{z_0}{1-z_0^2}=-\frac{b}{a^2} \tag{10.86}$$

另外

$$-z_0^{-2}=e'^2=e^2+e^4+e^6+\cdots \tag{10.87}$$

e^2 之后的高阶项可以忽略。这样，式(10.80)化为

$$\left(\frac{\mathrm{d}S_{nm}}{\mathrm{d}u}\right)_0=-\frac{b}{a^2}\left(n+1+\frac{(n+m+1)(n-m+1)}{2n+3}e^2\right) \tag{10.88}$$

根据式(10.76)，有

$$\left(\frac{\partial S_{nm}}{\partial h}\right)_0=\frac{1}{W_0}\left(\frac{\partial S_{nm}}{\partial u}\right)_0 \tag{10.89}$$

式(10.78)展开，忽略 e^4 项和高阶项，得

$$\frac{1}{W_0}=1+\frac{1}{2}e^2\cos^2\beta=1+\frac{1}{2}e^2\cos^2\phi+O(e^4) \tag{10.90}$$

用平均地球半径 R 表示 a 和 b，有

$$\frac{b}{a^2}=\frac{1}{R}\left(1-\frac{2}{3}e^2\right) \tag{10.91}$$

将式(10.88)～式(10.91)代入式(10.79)，得

$$\delta g=\frac{1}{R}\sum_{n=0}^{\infty}\sum_{m=0}^{n}\left[n+1+e^2\left(\frac{(n+m+1)(n-m+1)}{2n+3}-\frac{2}{3}(n+1)+\frac{1}{2}(n+1)\cos^2\phi\right)\right]T_{nm}(\phi,\lambda)$$

$$\tag{10.92}$$

用式(10.54)代替上式中的 $T_{nm}(\phi,\lambda)$，得

$$\begin{aligned}\delta g=\frac{1}{R}\sum_{n=0}^{\infty}\sum_{m=0}^{n}\Big\{&(n+1)(A_{nm}\cos m\lambda+B_{nm}\sin m\lambda)\overline{P}_{nm}(\sin\phi)\\&+e^2\left[\frac{(n+m+1)(n-m+1)}{2n+3}-\frac{2}{3}(n+1)\right](A_{nm}\cos m\lambda+B_{nm}\sin m\lambda)\overline{P}_{nm}(\sin\phi)\\&+\frac{1}{2}e^2(n+1)(A_{nm}\cos m\lambda+B_{nm}\sin m\lambda)\cos^2\phi\overline{P}_{nm}(\sin\phi)\Big\}\end{aligned} \tag{10.93}$$

应用式(D.31)，即

$$\cos^2\phi\overline{P}_{nm}(\sin\phi)=-\overline{\alpha}_{nm}\overline{P}_{n+2,m}(\sin\phi)+\overline{\beta}'_{nm}\overline{P}_{nm}(\sin\phi)-\overline{\gamma}_{nm}\overline{P}_{n-2,m}(\sin\phi) \tag{10.94}$$

式中，$\overline{\alpha}_{nm}$ 和 $\overline{\gamma}_{nm}$ 参见式(10.51)，$\overline{\beta}'_{nm}$ 如式(D.32)所示，即

$$\overline{\beta}'_{nm}=1-\overline{\beta}_{nm}=\frac{2\left[2n^3+3n^2-n-1+(2n+1)m^2\right]}{(2n+3)(2n+1)(2n-1)} \tag{10.95}$$

式(10.93)中 $\cos^2\phi\overline{P}_{nm}(\sin\phi)$ 用式(10.94)代替，并将式中有关 $\overline{P}_{n+2,m}$ 和 $\overline{P}_{n-2,m}$ 项的阶次均调整得与 $\overline{P}_{nm}$ 相应，最后我们便得参考椭球面(边界面！)上重力扰动的球谐表示

$$\delta g = \delta g^0 + e^2 \delta g^1 \tag{10.96}$$

式中

$$\delta g^0 = \frac{1}{R} \sum_{n=2}^{\infty} (n+1) \sum_{m=0}^{n} \overline{P}_{nm} (\sin\phi) \left(A_{nm} \cos m\lambda + B_{nm} \sin m\lambda \right) \tag{10.97}$$

$$\delta g^1 = \frac{1}{R} \sum_{n=2}^{\infty} \sum_{m=0}^{n} \overline{P}_{nm} (\sin\phi) \left(G_{nm} \cos m\lambda + H_{nm} \sin m\lambda \right) \tag{10.98}$$

式中

$$\begin{aligned} G_{nm} &= \kappa_{nm} A_{n-2,m} + \lambda_{nm} A_{nm} + \mu_{nm} A_{n+2,m} \\ H_{nm} &= \kappa_{nm} B_{n-2,m} + \lambda_{nm} B_{nm} + \mu_{nm} B_{n+2,m} \end{aligned} \tag{10.99}$$

其中

$$\kappa_{nm} = -\frac{n-1}{2(2n-1)} \left[\frac{(n-1-m)(n-1+m)(n-m)(n+m)}{(2n-3)(2n+1)} \right]^{1/2}$$

$$\lambda_{nm} = \frac{(n+m+1)(n-m+1)}{2n+3} - \frac{2(n+1)}{3} + \frac{(n+1)\left[2n^3 + 3n^2 - n - 1 + (2n+1)m^2\right]}{(2n+3)(2n+1)(2n-1)}$$

$$\mu_{nm} = -\frac{n+3}{2(2n+3)} \left[\frac{(n+2-m)(n+2+m)(n+1-m)(n+1+m)}{(2n+5)(2n+1)} \right]^{1/2}$$

$$\tag{10.100}$$

式 (10.96) 的第一项为重力扰动的球近似项，第二项为其椭球改正。

作为一个例子，我们给出一个试验区 230 461 个 $2' \times 2'$ 格网的参考椭球面重力扰动椭球改正的数值：最小值为 –0.1168 mGal，最大值为 0.1179 mGal，平均值为 0.0059 mGal，rms 值为 0.0273 mGal。图 10.4 示出椭球改正的三维分布。

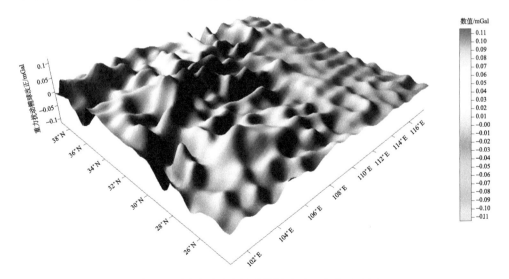

图 10.4 椭球面重力扰动的椭球改正立体分布图

第11章 仿 真 计 算

仿真计算是验证大地边值问题的重要方法(Huang et al., 2003)。其要点是用重力场模型产生仿真的输入和输出。在边值问题中，输入是地面的重力数据，而输出是大地水准面高和高程异常等。本章针对球近似解，重点研究重力数据和边界数据的仿真生成，并介绍仿真计算大纲。

11.1 输入和输出数据的仿真

在我们的问题中，输入量为地面重力 g。它为重力位 W 沿铅垂线方向的负偏导数，即：

$$g = -\frac{\partial W}{\partial H} \tag{11.1}$$

式(11.1)可以写为

$$g = -\frac{\partial W}{\partial h} + \left(\frac{\partial W}{\partial h} - \frac{\partial W}{\partial H}\right) = -\cos\psi \frac{\partial W}{\partial r} - \sin\psi \frac{\partial W}{r\partial \phi} + \left(\frac{\partial W}{\partial h} - \frac{\partial W}{\partial H}\right) \tag{11.2}$$

这里已引用了附录 E 的式(E.14)；式中 $\partial W / \partial r$ 和 $\partial W / r\partial \phi$ 分别表示 W 沿地心向径 r 和地心纬度 ϕ 增加方向的偏导数；$\partial W / \partial h$ 表示 W 沿大地高 h 方向的偏导数；ψ 表示地心向径 r 与椭球法线 h 之间的角度，可用下式计算：

$$\psi \approx f \sin 2\phi \qquad [见式(11.35)] \tag{11.3}$$

$\cos\psi$ 和 $\sin\psi$ 亦可用附录 E 的式(E.15)和式(E.16)计算；右端最后一项用式(11.30)计算，即

$$\frac{\partial W}{\partial h} - \frac{\partial W}{\partial H} = \frac{1}{2}\varepsilon^2 \gamma + \xi\gamma_e \sin 2\varphi \left[f^* + \frac{1}{2}(f^2 - 5m)\cos 2\varphi + (6f - 5m)\frac{h}{a} \right] \frac{h}{a} \tag{11.4}$$

式中，φ 为大地纬度。

重力位 W 为引力位 V 与离心力位 Φ 之和：

$$W = V + \Phi \tag{11.5}$$

Φ 用下式表示：

$$\Phi = \frac{1}{2}\omega^2(x^2 + y^2) = \frac{1}{2}\omega^2 r^2 \cos^2\phi \tag{11.6}$$

式中，x, y 为一点的地心直角坐标；r 为地心向径；ϕ 为地心纬度；ω 为地球旋转角速度。

V 用下式表示：

$$V = \frac{GM}{r}\left[1 + \sum_{n=2}^{n_{max}} \sum_{m=0}^{n} \left(\frac{a}{r}\right)^n \left(\bar{C}_{nm}\cos m\lambda + \bar{S}_{nm}\sin m\lambda\right)\bar{P}_{nm}(\sin\phi) \right] \tag{11.7}$$

式中，GM 为地心引力常数；r 为地心向径；a 为椭球长半轴；ϕ 为地心纬度；λ 为地心

经度(=大地经度)；$\bar{C}_{nm}, \bar{S}_{nm}$ 为完全正常化的位系数；$\bar{P}_{nm}(\sin\phi)$ 为完全正常化的缔合勒让德函数。

将式(11.6)、式(11.7)代入式(11.5)，得 W 的表示式

$$W = \frac{GM}{r}\left[1 + \sum_{n=2}^{n_{\max}} \sum_{m=0}^{n} \left(\frac{a}{r}\right)^n \left(\bar{C}_{nm}\cos m\lambda + \bar{S}_{nm}\sin m\lambda\right)\bar{P}_{nm}(\sin\phi) \right] + \frac{1}{2}\omega^2 r^2 \cos^2\phi$$

$$(11.8)$$

该式分别对 r 和 ϕ 求偏导，得

$$\frac{\partial W}{\partial r} = -\frac{GM}{r^2}\left[1 + \sum_{n=2}^{n_{\max}}(n+1)\sum_{m=0}^{n}\left(\frac{a}{r}\right)^n\left(\bar{C}_{nm}\cos m\lambda + \bar{S}_{nm}\sin m\lambda\right)\bar{P}_{nm}(\sin\phi)\right] + \omega^2 r\cos^2\phi$$

$$(11.9)$$

$$\frac{\partial W}{r\partial\phi} = \frac{GM}{r^2}\left[\sum_{n=2}^{n_{\max}}\sum_{m=0}^{n}\left(\frac{a}{r}\right)^n\left(\bar{C}_{nm}\cos m\lambda + \bar{S}_{nm}\sin m\lambda\right)\frac{\partial}{\partial\phi}\bar{P}_{nm}(\sin\phi)\right] - \frac{1}{2}\omega^2 r\sin 2\phi$$

$$(11.10)$$

上式中的 $\partial\bar{P}_{nm}(\sin\phi)/\partial\phi$，用式(7.42)或式(7.43)计算，也可用下式计算：

$$\frac{\mathrm{d}\bar{P}_{nm}(\sin\phi)}{\mathrm{d}\phi} = (n+1)\tan\phi\,\bar{P}_{nm}(\sin\phi) - \frac{1}{\cos\phi}\sqrt{\frac{(2n+1)(n+1-m)(n+1+m)}{2n+3}}\,\bar{P}_{n+1,m}(\sin\phi)$$

$$(11.11)$$

该式可以从附录 D 的式(D.20)出发，通过完全正常化勒让德函数得到。

利用式(11.2)、式(11.4)、式(11.9)、式(11.10)可以计算 g 的仿真值。

输出量为大地水准面高，可以用下式产生：

$$N(r,\phi,\lambda) = \frac{GM}{a\gamma_{\mathrm{E}}}\left[\sum_{n=2}^{n_{\max}}\left(\frac{a}{r_{\mathrm{E}}}\right)^n\sum_{m=0}^{n}\left(\bar{C}_{nm}^{*}\cos m\lambda + \bar{S}_{nm}\sin m\lambda\right)\bar{P}_{nm}(\sin\phi)\right] \quad (11.12)$$

式中，r_{E} 代表椭球面上一点的地心向径；γ_{E} 代表椭球面上的正常重力；$\bar{C}_{nm}^{*}$ 代表被椭球正常场的偶阶带谐系数约化的完全正常化的球谐系数，即

$$\bar{C}_{nm}^{*} = \bar{C}_{nm} - \bar{C}_{n'0}' \qquad n'=2,4,6,8,\cdots \quad (11.13)$$

式中，$\bar{C}_{nm}$ 为完全正常化的引力位系数；$\bar{C}_{n'0}'$ 为椭球正常场的完全正常化的偶阶带谐系数。

对于高程异常仿真，只需将式(11.12)中的 r_{E} 换成计算点的 r，γ_{E} 换成相应计算点的似地形面上的 γ 即可。

11.2　边界数据生成

重力扰动 δg 的表达式是：

$$\delta g = g - \gamma = -\frac{\partial W}{\partial H} + \frac{\partial U}{\partial h} \tag{11.14}$$

式中，右端第一项为重力位 W 沿铅垂线方向 H 的负偏导数，第二项为正常重力位 U 沿椭球面法线方向 h 的偏导数。式 (11.14) 可以改写为

$$\delta g = g - \gamma = -\frac{\partial W}{\partial h} + \frac{\partial U}{\partial h} - \left(\frac{\partial W}{\partial H} - \frac{\partial W}{\partial h}\right) \tag{11.15}$$

由于扰动位 $T = W - U$，我们写出

$$\delta g = -\frac{\partial T}{\partial h} - \left(\frac{\partial W}{\partial H} - \frac{\partial W}{\partial h}\right) \tag{11.16}$$

根据附录 E 的式 (E.14)

$$\frac{\partial T}{\partial h} = \cos\psi \frac{\partial T}{\partial r} + \sin\psi \frac{\partial T}{r\partial\phi} \tag{11.17}$$

其中 $\partial T / \partial r$ 和 $\partial T / r\partial\phi$ 分别代表 T 沿地心向径 r 方向和沿与其正交的 ϕ 增加方向的偏导数，ϕ 代表地心纬度，ψ 代表大地纬度 φ 与地心纬度 ϕ 之差，$\psi = \varphi - \phi$，因 ψ 系小角度，$\cos\psi \approx 1 - \psi^2/2$，$\sin\psi \approx \psi$，所以

$$\frac{\partial T}{\partial h} = \frac{\partial T}{\partial r} - \frac{\psi^2}{2}\frac{\partial T}{\partial r} + \psi\frac{\partial T}{r\partial\phi} \tag{11.18}$$

将式 (11.18) 代入式 (11.16)：

$$\frac{\partial T}{\partial r} = -\delta g + \frac{\psi^2}{2}\frac{\partial T}{\partial r} - \psi\frac{\partial T}{r\partial\phi} - \left(\frac{\partial W}{\partial H} - \frac{\partial W}{\partial h}\right) \tag{11.19}$$

让我们推导右端的括号项。重力位 W 沿重力方向的导数，可用 $\mathrm{d}H$ 相对法线方向的方向余弦表示为

$$\frac{\partial W}{\partial H} = \frac{\partial W}{\partial h}\frac{\partial h}{\partial H} + \frac{\partial W}{M\partial\varphi}\frac{M\partial\varphi}{\partial H} + \frac{\partial W}{N\cos\varphi\partial\lambda}\frac{N\cos\varphi\partial\lambda}{\partial H} \tag{11.20}$$

式中，φ 和 λ 为大地纬度和大地经度；M 和 N 为子午圈曲率半径和卯酉圈曲率半径。由图 11.1 知 (参见 Claessens, 2006)：

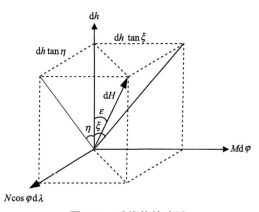

图 11.1　垂线偏差改正

$$\frac{\partial h}{\partial H} = \cos \varepsilon \; ; \quad \frac{M \partial \varphi}{\partial H} = \frac{M \partial \varphi}{\partial h} \frac{\partial h}{\partial H} = \tan \xi \cos \varepsilon \; ; \quad \frac{N \cos \varphi \partial \lambda}{\partial H} = \frac{N \cos \varphi \partial \lambda}{\partial h} \frac{\partial h}{\partial H} = \tan \eta \cos \varepsilon$$
(11.21)

式中，ε 为全垂线偏差，ξ 和 η 为它的子午和卯酉分量。

将式 (11.21) 代入式 (11.20)，即得

$$\frac{\partial W}{\partial H} = \cos \varepsilon \left(\frac{\partial W}{\partial h} + \tan \xi \frac{\partial W}{M \partial \varphi} + \tan \eta \frac{\partial W}{N \cos \varphi \partial \lambda} \right)$$
(11.22)

将球面三角公式

$$\cos \varepsilon = \cos \xi \cos \eta$$
(11.23)

代入式 (11.22)，则得

$$\begin{aligned}
\frac{\partial W}{\partial h} - \frac{\partial W}{\partial H} &= (1 - \cos \varepsilon) \frac{\partial W}{\partial h} - \cos \eta \sin \xi \frac{\partial W}{M \partial \varphi} - \cos \xi \sin \eta \frac{\partial W}{N \cos \varphi \partial \lambda} \\
&= (\cos \varepsilon - 1) \cos \varepsilon \frac{\partial W}{\partial H} - \cos \eta \sin \xi \frac{\partial U}{M \partial \varphi} - \cos \xi \sin \eta \frac{\partial U}{N \cos \varphi \partial \lambda} \\
&\quad - \cos \eta \sin \xi \frac{\partial T}{M \partial \varphi} - \cos \xi \sin \eta \frac{\partial T}{N \cos \varphi \partial \lambda}
\end{aligned}$$
(11.24)

在此式中引入近似 $\cos \xi = \cos \eta = 1$；$\sin \xi = \xi$; $\sin \eta = \eta$; $g = \gamma$；$M = N = R$（地球平均半径），并利用 Heiskanen and Moritz (1967) 的式 (2-204)

$$\xi = -\frac{\partial T}{\gamma R \partial \varphi}, \qquad \eta = -\frac{\partial T}{\gamma R \cos \varphi \partial \lambda}$$
(11.25)

则有

$$\frac{\partial W}{\partial h} - \frac{\partial W}{\partial H} = (\cos \varepsilon - 1) \gamma - \xi \frac{\partial U}{M \partial \varphi} - \eta \frac{\partial U}{N \cos \varphi \partial \lambda} + \xi^2 \gamma + \eta^2 \gamma$$
(11.26)

正常位 U 与 λ 无关，所以等式右端第三项等于 0。而右端第二项不等于 0。取一阶近似，令

$$U = U_0 + \frac{\partial U}{\partial h} h = U_0 - \gamma h$$
(11.27)

其中 U_0 为椭球面的正常位（常数）。所以

$$\frac{\partial U}{\partial \varphi} = -\frac{\partial \gamma}{\partial \varphi} h$$
(11.28)

根据 Heiskanen and Moritz (1967) 的式 (2-116)、式 (2-115) 和式 (2-124)，我们得

$$\frac{\partial \gamma}{\partial \varphi} = \gamma_e \sin 2\varphi \left[f^* + \left(\frac{f^2}{2} - \frac{5}{2} m \right) \cos 2\varphi + (6f - 5m) \frac{h}{a} \right]$$
(11.29)

式中，a 和 f 为参考椭球的长半轴和几何扁率；f^* 为重力扁率，$f^* = (\gamma_p - \gamma_e) / \gamma_e$，$\gamma_e$ 和 γ_p 为赤道和极正常重力，$m = \omega^2 a^2 b / GM$，ω 为地球旋转角速度，GM 为地心引力常数。将此式代入式 (11.28)，再将 $\partial U / \partial \varphi$ 代入式 (11.26)，并运用近似 $\varepsilon^2 = \xi^2 + \eta^2$，即得

$$\frac{\partial W}{\partial h} - \frac{\partial W}{\partial H} = \frac{1}{2}\varepsilon^2\gamma + \xi\gamma_e \sin 2\varphi \left[f^* + \frac{1}{2}\left(f^2 - 5m\right)\cos 2\varphi + \left(6f - 5m\right)\frac{h}{a} \right]\frac{h}{a} \quad (11.30)$$

当所讨论的点位于椭球面上时，$h=0$，右端第二项等于 0，所以我们有

$$\frac{\partial W}{\partial h} - \frac{\partial W}{\partial H} = \frac{1}{2}\varepsilon^2\gamma \quad (11.31)$$

式(11.30)代表重力的垂线偏差改正。

将式(11.25)和式(11.30)分别代替式(11.19)右端第三和第四项，我们有

$$\frac{\partial T}{\partial r} = -\delta g + \frac{\psi^2}{2}\frac{\partial T}{\partial r} + \psi\gamma\xi + \frac{1}{2}\gamma\varepsilon^2 + \xi\gamma_e\sin 2\varphi\left[f^* + \frac{1}{2}\left(f^2 - 5m\right)\cos 2\varphi + \left(6f - 5m\right)\frac{h}{a}\right]\frac{h}{a}$$

$$(11.32)$$

将此式右端的 $\partial T / \partial r$ 用 $-\delta g$ 代替，最后得

$$\frac{\partial T}{\partial r} = -\delta g + \varepsilon_{\delta g} \quad (11.33)$$

其中

$$\varepsilon_{\delta g} = -\frac{\delta g}{2}\psi^2 + \gamma\xi\psi + \frac{\gamma}{2}\varepsilon^2 + \xi\gamma_e\sin 2\varphi\left[f^* + \frac{1}{2}\left(f^2 - 5m\right)\cos 2\varphi + \left(6f - 5m\right)\frac{h}{a}\right]\frac{h}{a}$$

$$(11.34)$$

称为重力扰动的椭球改正。其中 ε 和 ξ 可用已知的近似值，或用引力位模型计算。根据附录 E 的式(E.16)，小角度 ψ 的算式是

$$\psi \approx f\sin 2\phi \quad (11.35)$$

式中，f 代表参考椭球几何偏率。

我们估计 $\varepsilon_{\delta g}$ 的量级。地球扰动位不超过 1000 m^2/s^2，则重力扰动不超过 20 mGal；ψ 不超过 f(弧度)，$\varepsilon_{\delta g}$ 的第一项不超过 0.1 μGal，可略去；在喜马拉雅山脉，ε 可以达到 70″(见 Bomford，1971)；同时假设 ξ 也不超过 70″，那么 $\varepsilon_{\delta g}$ 的第二项不超过 1 137 μGal，第三项不超过 56 μGal。

11.3　仿真计算大纲

问题：已知全球 2.5′×2.5′格网的地形高(相对参考椭球面的高度，即大地高)和全球重力场模型。求定 3°×3° 范围内每个 2.5′×2.5′格网中心点处的大地水准面高、高程异常和垂线偏差。

(1)生成地面重力数据

用全球重力场模型产生试验地区 4°×4° 范围内每个 2.5′×2.5′格网交叉点的重力值，以及 3°×3° 范围内每个 2.5′×2.5′格网中心处的重力值(见图 11.2)。计算步骤如下：

a. 计算地心向径 r 和地心纬度 ϕ：

给定大地纬度 φ、大地经度 λ 和 2.5′×2.5′ 的数字高程 h(大地高)，计算：

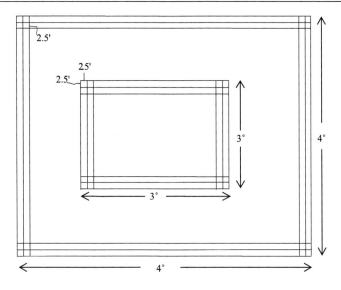

图 11.2 仿真区域

$$N = a / \sqrt{1 - e^2 \sin^2 \varphi}, \quad N \text{ 为卯酉圈曲率半径，} \varphi \text{ 为大地纬度} \tag{11.36}$$

$$x = (N + h)\cos\varphi\cos\lambda, \quad y = (N + h)\cos\varphi\sin\lambda, \quad z = \left[N\left(1 - e^2\right) + h\right]\sin\varphi \tag{11.37}$$

$$r = \sqrt{x^2 + y^2 + z^2}, \quad \phi = \sin^{-1}\left(z / r\right) = \cos^{-1}\left(\sqrt{x^2 + y^2} / r\right) = \tan^{-1}\left(z / \sqrt{x^2 + y^2}\right)$$

$$\tag{11.38}$$

b. 用重力场模型计算垂线偏差：

$$\xi = -\sum_{n=2}^{n\max} \sum_{m=0}^{n} (\overline{C}_{nm}^* \cos m\lambda + \overline{S}_{nm} \sin m\lambda) \cdot \left(\frac{1}{\cos\phi} \sqrt{\frac{(2n+1)(n^2 - m^2)}{2n - 1}} \overline{P}_{n-1,m}(\sin\phi) - n\tan\phi \overline{P}_{nm}(\sin\phi) \right)$$

$$\eta = -\frac{1}{\cos\phi} \sum_{n=2}^{n\max} \sum_{m=0}^{n} m\left(-\overline{C}_{nm}^* \sin m\lambda + \overline{S}_{nm} \cos m\lambda\right) \overline{P}_{nm}(\sin\phi) \tag{11.39}$$

$$\varepsilon^2 = \xi^2 + \eta^2 \tag{11.40}$$

c. 计算正常重力：

$$\gamma_h = \gamma_0 \left[1 - \frac{2}{a}\left(1 + f + m - 2f\sin^2\varphi\right)h + \frac{3h^2}{a^2} \right] \tag{11.41}$$

式中，h 为大地高；γ_0 为椭球面正常重力；对于 CGCS 2000 椭球，用下式计算：

$$\gamma_0 = 9.780\,325\,334\,9\,(1 + 0.005\,302\,44\sin^2\varphi - 0.000\,005\,82\sin^2 2\varphi), \quad \text{ms}^{-2} \tag{11.42}$$

d. 用式(11.9)计算 $\partial W / \partial r$，用式(11.10)计算 $\partial W / r\partial \phi$。

e. 用附录 E 的式(E.15)计算 $\cos\psi$，用式(E.16)计算 $\sin\psi$。

f. 用式(11.30)计算 $(\partial W / \partial h - \partial W / \partial H)$。

g. 用式(11.2)计算 g。

(2)计算球近似解

a. 生成 Helmert 地面重力改正

地面重力数据 g + 直接地形影响 δA (用地形高计算)→Helmert 地面重力→减去正常重力→Helmert 地面重力扰动 $-\varepsilon_{\delta g}$ [见式(11.34)]=改正后的 Helmert 地面重力扰动。

b. Helmert 地面重力扰动向下延拓

a) 生成 $4° \times 4°$ 范围内每个 $2.5' \times 2.5'$ 格网的平均重力扰动：取 4 个交叉点的重力扰动的算术平均值作为格网的平均重力扰动→将得到的平均值延拓到参考椭球面。

b) 将 $3° \times 3°$ 范围内每个 $2.5' \times 2.5'$ 格网的重力扰动延拓到参考椭球面。

延拓方法见第 9 章。不论采用 Poisson 积分延拓，还是采用解析延拓，积分半径取 $1°$ 试之。

c. 计算球近似解 $N, \zeta, \xi/\eta$

计算：Helmert 扰动位→Helmert 大地水准面高、高程异常和垂线偏差→这些场元加上各自的地形间接影响(用地形高的数字模型计算)→真正大地水准面高、高程异常和垂线偏差。

d. 球近似解检核

与式(11.12)计算的 N 进行比较。

(3)计算椭球改正

椭球改正计算方法见第 10 章。

检核：(N 的球近似解+椭球改正) $-$ 式(11.12)计算的 $N=$ ？

第 12 章　重力数据准备与数据流程

12.1　重力扰动数据

假定已拥有计算区及周围的重力和地形数据，并假定重力数据是点值形式的重力，而地形数据是相对于参考椭球面的地形高度（大地高）。作为数据流程的第一步，需要利用点值形式的重力，生成格网化的地面重力扰动数据。

为此，首先将地面重力归算至参考椭球面，并应用地形数据生成那里的地形均衡重力；其次在参考椭球面上，通过插值生成格网化的平均均衡重力；然后通过去均衡化过程将参考椭球面的均衡重力归算至地面，得到地面的重力；最后将归算的地面重力减去正常重力生成格网化的地面重力扰动。如此从地面至椭球面，又从椭球面再至地面的往返归算，目的在于平滑地形起伏的影响，以便在参考椭球面进行重力的精密插值，从而进一步得到更精确的格网化地面重力扰动，作为边值问题的输入数据。

12.2　重 力 归 算

这里所说的重力归算是指通过除去并补偿地形质量将测量重力从地面至参考椭球面的归算，或者相反从参考椭球面到地面的归算。显然这就是传统的重力归算。

一点的重力扰动定义为该点的重力与正常重力之差。地面的重力扰动，同重力异常一样，受地形起伏影响变化较大，不利于精确插值。重力归算的目的，主要在于平滑不规则地形对重力的影响，以便精确插值。重力归算通常是将重力归算到一个比较规则的面，在这里进行插值；在 Stokes 问题中，这个面是大地水准面；在我们的第二边值问题中，这个面是参考椭球面。如所周知，对于重力异常，我们有空间重力异常、布格重力异常和均衡重力异常。对于重力扰动，类似地，我们定义**空中**重力扰动（注意这里我们未使用"空间重力扰动"一词，以免同真正的"空间重力扰动"混淆！），布格重力扰动和均衡重力扰动。

1. 空中重力扰动

假设参考椭球面以上没有质量，地面重力 g 归算至参考椭球面的值与参考椭球面正常重力 γ_0 之差，称为空中重力扰动（free-air gravity disturbance），即：

$$\delta g_{\mathrm{F}} = g - \frac{\partial g}{\partial h} h - \gamma_0 \tag{12.1}$$

式中，h 为重力点的大地高；$\partial g / \partial h$ 为重力垂直梯度，用正常重力垂直梯度 $\partial \gamma / \partial h$ 代替，即

$$\frac{\partial g}{\partial h} \approx \frac{\partial \gamma}{\partial h} = -0.3086 \times 10^{-5}\,\text{ms}^{-2}/\text{m} \tag{12.2}$$

令

$$dg_{\text{F}} = -\frac{\partial \gamma}{\partial h} h = +0.3086\,h, \quad \text{mGal（空中改正）} \tag{12.3}$$

则式（12.1）变成

$$\delta g_{\text{F}} = g + dg_{\text{F}} - \gamma_0 \tag{12.4}$$

注意，空中重力扰动和地面重力扰动不同，前者在参考椭球面，后者在地球表面。

空中重力扰动、地面重力扰动与地形起伏密切相关，对高度变化比较敏感，直接按高差内插将产生较大误差。而布格重力扰动和地形均衡重力扰动随高度变化比较平缓，更适宜于重力扰动的插值。所以地面重力扰动的插值，一般通过布格重力扰动或地形均衡重力扰动进行。

2. 布格重力扰动

空中重力扰动与地面和参考椭球面之间的布格壳（通常视为平板）质量的引力之差，称为布格重力扰动（Bouguer gravity disturbance），即

$$\delta g_{\text{B}} = \delta g_{\text{F}} - \text{布格壳引力}$$

$$= \delta g_{\text{F}} - 2\pi G \rho h$$

$$= \delta g_{\text{F}} - 0.1119 h, \quad 10^{-5}\,\text{m s}^{-2} \tag{12.5}$$

式中，G 为牛顿引力常数，$G = 6.672 \times 10^{-11}\,\text{kg}^{-1}\text{m}^3\text{s}^{-2}$；$\rho$ 为平均地壳密度，取 2 670 kg/m^3；h 为大地高，单位为 m。这里，地面计算点与参考椭球面之间的布格壳被视为厚度为 h 的平板。

布格板视计算点下面的地形为一平行平板，布格重力改正相当于将布格板内的地形质量的引力完全除去。实际上，计算点周围的地形有起伏，凸出部分有质量盈余，凹下部分有质量亏损。计算点周围地形起伏对计算点重力的影响，称为局部地形改正，或简单地称为地形改正（terrain correction）。布格重力扰动 δg_{B} 与局部地形改正 dg_{TC} 之和，称为完全布格重力扰动（complete Bouguer gravity disturbance）。

设想在参考椭球面设置一直角坐标系，z 轴沿椭球面法线，向外为正。那么，局部地形改正可以表示为（李建成等，2003）

$$dg_{\text{TC}} = G \rho \int_{x=x_1}^{x_2} \int_{y=y_1}^{y_2} \int_{h=h_p}^{h} \frac{z - h_p}{r^3} dx dy dz \tag{12.6}$$

式中，r 为计算点与流动点之间的距离

$$r = \sqrt{(x - x_P)^2 + (y - y_P)^2 + (z - z_P)^2} \tag{12.7}$$

局部地形改正恒为正。

3. 地形均衡重力扰动

布格重力扰动加上地形均衡改正 dg_{IC}，称为地形均衡重力扰动（topographic-isostatic gravity disturbance)，用下式表示：

$$\delta g_{IC} = \delta g_B + \mathrm{dg}_{IC} \tag{12.8}$$

重力均衡改正的目的在于按照均衡理论将地壳规则化，以消除或削弱地形起伏对重力的影响，使经均衡改正的重力，随地形的变化不大，以便其内插或外插。按照 Airy-Heiskanen 均衡模型(参见 Heiskanen and Moritz, 1967)，密度为 $\rho_0=2.67$ g/cm³ 的山体漂浮在密度为 $\rho_1=3.27$ g/cm³ 的深层岩浆之上，山体越高下沉越深，山体下面存在根构造；相反，海洋下面存在反根构造。假设正常地壳厚度为 T，陆壳厚度大于 T，洋壳厚度小于 T，陆壳与洋壳下面质量有盈余，海洋质量有亏损。在 Airy-Heiskanen 模型中，均衡改正除去海水面以上的地形，并不象布格改正那样将其彻底除去，而是将它拿来填充大陆根的质量亏损，使那里的密度从 $\rho_0 = 2.67$ g/cm³ 升到 $\rho_1 = 3.27$ g/cm³。换句话说，均衡改正使得海水面以上的地形连同它的补偿(表现为密度差 $\Delta\rho = \rho_1 - \rho_0 = 0.6$ g/cm³)一起除去了。最后的结果是厚度为 T、密度为 ρ_0 的理想均匀壳层，从而使地壳规则化。

Airy-Heiskanen 模型，对于以大地水准面(近似为平均海水面)为边界面的 Stokes 问题是适用的，对于以参考椭球面为边界面的第二大地边值问题已经不完全适用了。由于以参考椭球面为边界面，我们将地形定义为从参考椭球面(而不是平均海水面)起算的地壳。这样，除了陆地之外，海洋面也可能在参考椭球面之上，也可能在参考椭球面之下。大气也可能出现在参考椭球面之下。根据这些情况，这里我们特别提出扩展的 Airy-Heiskanen 均衡模型。

4. 扩展的 Airy-Heiskanen 均衡模型

像通常的 Airy-Heiskanen 模型一样，假定地形体或不同地形单元的组合体漂浮在密度为 $\rho_1=3.27$ g/cm³ 的岩浆上，漂浮的高度与沉入岩浆的深度随地形高度的地质构造而变。高于参考椭球面的地形(如岩石)，产生正根；低于参考椭球面的地形，产生反根，然而，高出参考椭球面的海洋，也可认为同样可以产生反根。

岩石、大气、海水等介质，这里均被视为地形(topograpy)，地形被分为 A、B、C、D、E 五类[见图 12.1(a)、(b)]。假定其顶面与参考椭球面平齐的 E 类岩石地形厚度 T 代表地壳的正常厚度，根深为 0。其余四类地形的空间特征情况如下。

A 类[图 12.1(a)]：高于参考椭球面的岩石地形，地形下面的地壳厚度大于 T，有正根。根据飘浮平衡条件

$$t(\rho_1 - \rho_0) = h\rho_0 \tag{12.9}$$

式中，h 为地形高度，得正根厚度 t

$$t = \frac{\rho_0}{\rho_1 - \rho_0} h \quad \rightarrow t = 4.45\, h \tag{12.10}$$

B 类[图 12.1(a)]：低于参考椭球面的岩石地形，在参考椭球面与地形面之间充满大气，地壳厚度小于 T。大气产生反根。根据平衡条件

$$t_1(\rho_1 - \rho_0) = h_1(\rho_0 - \rho_{air}) \tag{12.11}$$

式中，h_1 为椭球面至岩石层的距离；ρ_{air} 为大气密度($\rho_{air} =0.001\,293$ g/cm³)。反根厚度 t_1 为

$$t_1 = \frac{\rho_0 - \rho_{air}}{\rho_1 - \rho_0} h_1 \quad \rightarrow t_1 = 4.448 h_1 \tag{12.12}$$

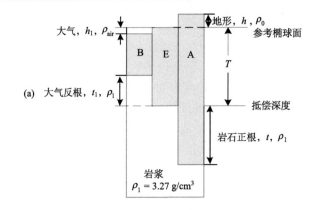

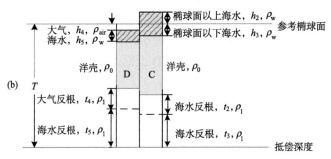

图 12.1　扩展的 Airy-Heiskanen 均衡系统

C 类 [图 12.1(b)]：海洋海水，一部分在参考椭球面以上；另一部分在参考椭球面以下。椭球面以上的海水，在洋壳下产生反根。设反根的厚度为 t_2，则平衡条件是

$$t_2(\rho_1 - \rho_0) = h_2 \rho_w \tag{12.13}$$

式中，h_2 为海水深度；ρ_w 为海水密度（ρ_w=1.027 g/cm³）。由此得

$$t_2 = \frac{\rho_w}{\rho_1 - \rho_0} h_2 \quad \rightarrow t_2 = 1.712 h_2 \tag{12.14}$$

椭球面以下的海水，被认为在洋壳下面存在反根与之相平衡。设反根厚度为 t_3，密度为 ρ_1，则漂浮平衡条件是

$$t_3(\rho_1 - \rho_0) = h_3(\rho_0 - \rho_w) \tag{12.15}$$

于是

$$t_3 = \frac{\rho_0 - \rho_w}{\rho_1 - \rho_0} h_3 \quad \rightarrow t_3 = 2.738 h_3 \tag{12.16}$$

D 类 [图 12.1(b)]：海水面在参考椭球面以下，在参考椭球面与海水面之间存在大气。假设它们在洋壳下面均存在反根。大气反根在上，海水反根在下。

假设大气厚度为 h_4，密度为 ρ_{air}，反根厚度为 t_4，密度为 ρ_1；假设海水深度为 h_5，密度为 ρ_w，反根厚度为 t_5，密度为 ρ_1。大气的平衡条件是

$$t_4(\rho_1 - \rho_0) = h_4(\rho_0 - \rho_{air}) \tag{12.17}$$

于是

$$t_4 = \frac{\rho_0 - \rho_{air}}{\rho_1 - \rho_0} h_4 \quad \rightarrow t_4 = 4.448 h_4 \tag{12.18}$$

对于海水，平衡条件是

$$t_5(\rho_1 - \rho_0) = h_5(\rho_0 - \rho_w) \tag{12.19}$$

于是

$$t_5 = \frac{\rho_0 - \rho_w}{\rho_1 - \rho_0} h_5 \quad \rightarrow t_5 = 2.738\, h_5 \tag{12.20}$$

5. 地形均衡改正

根据 Airy-Heiskanen 均衡模型，当存在地形质量(假设密度为 ρ_0)时，在抵偿深度以下，必有正山根。山根质量(密度 ρ_0)有亏损(相对 ρ_1)。此时，重力归算将地形质量全部除去(布格改正)，均衡改正则是将除去的地形质量填充于正山根的质量亏损。当地形质量亏损(相对 ρ_0)时，在抵偿深度之上必有反根，反根质量密度为 ρ_1，有质量盈余(相对 ρ_0)。此时，均衡改正是用反根质量盈余补偿地球表面下亏损的地形质量，使整个抵偿厚度内的密度一致为 ρ_0。就是说，正山根不存在了，反根也不存在了。

不论除去质量盈余，或者填充质量亏损，将使计算点引力发生变化。而引力变化可从(除去或填充的)地形质量在计算点产生的引力位 v 导出。让我们推导引力位的表达式。

我们将除去质量盈余或补偿质量亏损的地形单元理想化为矩形棱柱。在计算点 P 建立站心直角坐标系，x 轴指向北，y 轴指向东，z 轴向上方。棱柱地形单元内一点 Q 在此坐标系中的坐标为 x,y,z(假设在地心坐标系 O-XYZ，计算点 P 的坐标为 X_P,Y_P,Z_P；点 Q 的坐标为 X,Y,Z；则在点 P 的站心坐标系 P-xyz，点 Q 的坐标为 $x = X-X_P$，$y = Y-Y_P$，$z = Z-Z_P$，在该点的质量元为 $dm = \Delta\rho dxdydz$，$\Delta\rho$ 为棱柱密度(常量)，那么整个棱柱地形在计算点 P 产生的引力位是：

$$v = G\Delta\rho \int_{x=x_1}^{x_2} \int_{y=y_1}^{y_2} \int_{z=z_1}^{z_2} \frac{dxdydz}{\ell} \tag{12.21}$$

其中

$$\ell = \sqrt{x^2 + y^2 + z^2} \tag{12.22}$$

棱柱质量在计算点 P 产生的垂直引力为 v 对 z 的负导数

$$A = -\frac{\partial v}{\partial z} = G\Delta\rho \int_{x=x_1}^{x_2} \int_{y=y_1}^{y_2} \int_{z=z_1}^{z_2} \frac{z}{\ell^3} dxdydz \tag{12.23}$$

完成三重积分，我们得

$$A = G\Delta\rho \left\| x\ln(y+\ell) + y\ln(x+\ell) - z\arctan\frac{xy}{z\ell}\Big|_{x_1}^{x_2}\Big|_{y_1}^{y_2}\Big|_{z_1}^{z_2} \right. \tag{12.24}$$

适当选择 $\Delta\rho$ 以及积分上下限，式(12.24)可以用来计算地形均衡改正，也可以用来计算局部地形改正(Nagy et al., 2000)。兹将我们的扩展的 Airy-Heiskannen 地形均衡改正按地形情况分别叙述如下。

1) A 类地形

A 类地形为纯岩石地形，且地形上界面高出参考椭球面，在抵偿面之下有正山根(密

度 ρ_0)。均衡改正是用除去的地形质量(布格改正)填补(补偿)山根的质量亏损(相对 ρ_1),使填补后的山根质量密度等于 ρ_1。均衡改正公式是

$$\mathrm{dg_{IC}}=A \tag{12.25}$$

这里 A 代表式(12.24);式中 $\Delta\rho=\rho_1-\rho_0$。积分上、下限参考图 12.2 确定。

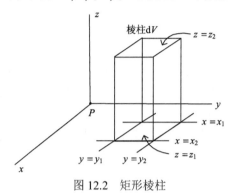

图 12.2　矩形棱柱

2)B 类地形

岩石地形在参考椭球面之下,岩石地形与椭球面之间充满大气,岩石地形下面存在大气反根。均衡改正是用反根的质量盈余,补偿大气的质量亏损,改正公式是

$$\mathrm{dg_{IC}}=-A_1+A_2 \tag{12.26}$$

式中,$-A_1$ 代表除去反根质量盈余;$+A_2$ 代表补偿大气质量亏损;计算 A_1 和 A_2 均用式(12.24)。当计算 A_1 时,$\Delta\rho=\rho_1-\rho_0$;当计算 A_2 时,$\Delta\rho=\rho_0-\rho_{\mathrm{air}}$。计算 A_1 和 A_2 的积分上下限,由大气反根棱柱与实际大气棱柱的顶点之实际坐标决定。

3)C 类地形

椭球面以上的海水在洋壳下产生反根。除去此反根的质量盈余的均衡改正公式是

$$\mathrm{dg_{IC}}=-A \tag{12.27}$$

式中,A 代表式(12.24),式中 $\Delta\rho=\rho_1-\rho_0$。

注意,参考椭球面以上的海水质量亏损不再需要补偿了(布格改正已经除去)。

参考椭球面以下的海水在洋壳下产生反根。除去此反根的质量盈余与补偿椭球面以下海水的质量亏损的均衡改正用公式是

$$\mathrm{dg_{IC}}=-A_1+A_2 \tag{12.28}$$

式中,$-A_1$ 表示除去反根的质量盈余;$+A_2$ 表示补偿海水的质量亏损。计算 A_1 和 A_2 均用式(12.24),计算 A_1 时,式中 $\Delta\rho=\rho_1-\rho_0$;计算 A_2 时,式中 $\Delta\rho=\rho_0-\rho_w$。

4)D 类地形

除去大气反根的质量盈余与补偿大气质量亏损的均衡改正公式是

$$\mathrm{dg_{IC}}=-A_1+A_2 \tag{12.29}$$

式中,$-A_1$ 表示除去大气反根的质量盈余,计算 A_1 用式(12.24),式中 $\Delta\rho=\rho_1-\rho_0$;A_2 表

示补偿大气的质量亏损,计算 A_2 亦用式(12.24),式中 $\Delta\rho=\rho_0-\rho_{air}$。

除去海水反根的质量盈余与补偿海水质量亏损的均衡改正公式是

$$dg_{IC}=-A_1+A_2 \tag{12.30}$$

这里 $-A_1$ 表示除去海水反根的质量盈余,计算 A_1 用式(12.24),式中 $\Delta\rho=\rho_1-\rho_0$;A_2 表示补偿海水的质量亏损,计算 A_2 亦用式(12.24),式中 $\Delta\rho=\rho_0-\rho_w$。

一点注释

在全球地心坐标系中,假设计算点 P 的坐标为 X_P,Y_P,Z_P(和 φ_p,λ_p,h_p),棱柱体一点 Q 的坐标为 X,Y,Z。那么,Q 点在 P 点站心地平坐标系(x 轴向北,y 轴向东,z 轴向上)的坐标 x,y,z,可按下式由地心坐标转换得到:

$$\begin{pmatrix} y \\ x \\ z \end{pmatrix} = \boldsymbol{R}_1(90°-\varphi_P)\boldsymbol{R}_3(90°+\lambda_P)\begin{pmatrix} X-X_P \\ Y-Y_P \\ Z-Z_P \end{pmatrix} \tag{12.31}$$

式中,$\boldsymbol{R}_1$ 和 $\boldsymbol{R}_3$ 为旋转矩阵

$$\boldsymbol{R}_1(\alpha)=\begin{pmatrix} 1 & 0 & 0 \\ 0 & \cos\alpha & \sin\alpha \\ 0 & -\sin\alpha & \cos\alpha \end{pmatrix}, \quad \boldsymbol{R}_3(\alpha)=\begin{pmatrix} \cos\alpha & \sin\alpha & 0 \\ -\sin\alpha & \cos\alpha & 0 \\ 0 & 0 & 1 \end{pmatrix} \tag{12.32}$$

将 $\boldsymbol{R}_1$ 和 $\boldsymbol{R}_3$ 代入转换关系式,进行矩阵运算后,得

$$\begin{aligned} x &= -\sin\varphi_P\cos\lambda_P(X-X_P)-\sin\varphi_P\sin\lambda_P(Y-Y_P)+\cos\varphi_P(Z-Z_P) \\ y &= -\sin\lambda_P(X-X_P)+\cos\lambda_P(Y-Y_P) \\ z &= \cos\varphi_P\cos\lambda_P(X-X_P)+\cos\varphi_P\sin\lambda_P(Y-Y_P)+\sin\varphi_P(Z-Z_P) \end{aligned} \tag{12.33}$$

利用以上三式,根据下式可计算 Q 点的方位角 A 和高度角 E:

$$A=\arccos\frac{x}{\sqrt{x^2+y^2}}, \quad A=\arcsin\frac{y}{\sqrt{x^2+y^2}}$$

$$E=\arcsin\frac{z}{\sqrt{x^2+y^2+z^2}} \tag{12.34}$$

12.3 重力数据编辑

重力数据编辑是为了检查数据质量,剔除质量不好的数据点。设想有一组离散的重力点值,让检查其质量。为此,首先对每一点生成重力扰动 $\delta g=g-\gamma$,这里 g 为测量重力值,γ 为该点的正常重力值。其次,用高阶(例如,2190 阶)扰动位模型计算该点的重力扰动 δg_m。然后,将实际重力扰动 δg 减去模型重力扰动 δg_m,得到残余重力扰动,$\delta g_r=\delta g-\delta g_m$。对于 2 190 阶扰动位模型生成的重力扰动 δg_m,频谱范围为 0 到 2 190 阶,与 $5'\times5'$ 地形产生的重力场频谱大致相当。残余重力扰动相对 $5'\times5'$ 地形的平均高度的波形如图 12.3 所示。残余重力扰动用地形数据可以模型化为(Forsberg,1984)

图 12.3　残余重力扰动信号

$$(\delta g_r)_m = 2\pi G\rho(h_P - h_{\text{ref}}) - G\int_{\Omega_0}\int_{h_{\text{ref}}}^{h}\frac{\rho(h_P - z)}{\left((x - x_P)^2 + (y - y_P)^2 + (h - h_P)^2\right)^{3/2}}\text{d}x\text{d}y\text{d}z \qquad (12.35)$$

式中，第一项为两个布格板引力之差；第一个是计算点与参考椭球面之间的布格板；第二个是 $5'\times 5'$地形面与参考椭球面组成的布格板；第二项是局部地形改正，积分限从$5'\times 5'$地形的平均高度 h_{ref}到积分点的高度 h。

我们可以用量

$$\Delta\delta g_r = \delta g_r - (\delta g_r)_m \qquad (12.36)$$

作为统计量进行重力数据编辑。假若 $\Delta\delta g_r$大于其标准差的 3 倍，重力值予以剔除。用通过该阈值的重力点参与随后的重力扰动数据的格网化过程。

12.4　重力扰动数据格网化

计算大地水准面，输入数据是离散分布的地面重力点值，输出数据通常是一定分辨率格网的大地水准面值，这意味着必须生成格网化的地面重力扰动值。我们采取如下步骤生成格网化地面重力扰动：①将离散的地面重力值进行地形均衡改正，得到参考椭球面上的均衡重力；②根据参考椭球面上离散点的均衡重力，在参考椭球面上进行插值，生成格网化的均衡重力；③计算参考椭球面格网的均衡改正，从插值得到的格网均衡重力减去计算的均衡改正，得到地面格网的空间重力值，然后从中减去地面正常重力，即生成地面格网空间重力扰动。我们采取上述步骤计算格网空间重力扰动(注意，勿与重力归算得到的空中重力扰动混淆!)，目的在于减弱不规则地形起伏对重力插值的影响，以得到比较精确的格网化地面重力扰动。

理论上，地形均衡重力具有最佳规则化地形的性质，地形均衡重力比较平滑，随地形起伏变化小，因而比其他重力更适于内插或外插。但是，由于不能准确知道均衡深度和补偿密度，得到的均衡重力不见得最平滑。实践中，数据插值可以先用均衡重力进行。如果效果欠佳，不妨用布格重力试之，布格重力也有较好的平滑性。我们的数值实验表明，通过地形均衡重力进行重力插值还是比较适宜的。

归结起来，给定离散点重力值，我们生成地面格网重力扰动的步骤是：

(1)由离散点地面重力 g_i，加地形均衡改正，生成参考椭球面离散点均衡重力 g_i^{l}，$i = 1, 2, \cdots, N$；

(2)用参考椭球面离散点均衡重力 g_i^{l}，利用 Shepard 法插值生成参考椭球面格网的均衡重力 $g_{i,j}^{\text{l}}$；$i = 1, 2, \cdots, n$；$j = 1, 2, \cdots, m$；

(3)计算格网均衡重力改正 $\text{d}g_{i,j}^{\text{l}}$；$i = 1, 2, \cdots, n$；$j = 1, 2, \cdots, m$；

(4)参考椭球面格网的均衡重力 $g_{i,j}^1$ 减去格网均衡重力改正 $\mathrm{d}g_{i,j}^1$，生成地面格网的空间重力 $g_{i,j}$，$i=1, 2, \cdots, n$；$j=1, 2, \cdots, m$；

(5)计算地面格网的正常重力 $\gamma_{i,j}$，$i=1, 2, \cdots, n$；$j=1, 2, \cdots, m$；

(6)地面格网的空间重力 $g_{i,j}$ 减去格网正常重力 $\gamma_{i,j}$，生成地面格网的重力扰动 $\delta g_{i,j}$，$i=1, 2, \cdots, n$；$j=1, 2, \cdots, m$。

通过以上 6 个步骤，我们生成地面格网的重力扰动。地面重力扰动加上地形对重力的影响(直接影响)，即得 Helmert 地面格网重力扰动。Helmert 地面重力扰动向下延拓至参考椭球面，即得到我们问题边界面上的 Helmert 重力扰动(边界数据)。

常用的重力插值方法，有 Shepard 法、最小二乘拟合法和连续曲率拉伸样条法。兹分别扼要叙述如下。

1. Shepard 法(李建成等，2003)

假定已知一个函数 $f(x,y)$ 的采样值 $f_i=f(x_i, y_i)$，$i=1, 2, \cdots, N$；ρ_i 为插值点 (x, y) 与采样点 (x_i, y_i) 之间的距离，$\rho_i = \sqrt{(x-x_i)^2 + (y-y_i)^2}$；采样值 $f_i=f(x_i, y_i)$ 的权 $p_i = p(\rho_i)$ 由下式定义：

$$p(\rho) = \begin{cases} \dfrac{1}{\rho} & 0 < \rho \leqslant \dfrac{R}{3} \\[2mm] \dfrac{27}{4R}\left(\dfrac{\rho}{R} - 1\right)^2 & \dfrac{R}{3} < \rho \leqslant R \\[2mm] 0 & \rho > R \end{cases} \tag{12.37}$$

式中，R 表示采样区域的半径。那么，插值点 (x, y) 上的函数插值 $F(x, y)$ 由下式给出：

$$F(x, y) = \begin{cases} \dfrac{\sum\limits_{i=1}^{N} f_i p_i^{\mu}}{\sum\limits_{i=1}^{N} p_i^{\mu}} & \rho_i \neq 0 \\[4mm] f_i & \rho_i = 0 \end{cases} \tag{12.38}$$

式中，μ 为一实数。经验表明，μ 宜取 2(李建成等，2003)。

区域半径 R 这样选择，使得区域内有适当的采样点数。一般情况下，$N<15$。

2. 最小二乘拟合法(袁惠林等，2015)

选择插值点 $P(x, y)$ 为坐标系原点，它周围的采样点 (x_i, y_i) 的坐标为

$$X_i = x_i - x_P \qquad Y_i = y_i - y_P \tag{12.39}$$

假定测量重力扰动 δg_i 为 X_i 和 Y_i 的线性函数：

$$\delta g_i = a + bX_i + cY_i \tag{12.40}$$

根据式(12.40)组成观测方程，并取权

$$p_i = 1/\rho_i^2 \tag{12.41}$$

式中，ρ_i 为采样点与 P 点之间的距离。按最小二乘法求定系数 a, b, c。

对于插值点，$X_i=Y_i=0$，于是，插值点的重力扰动 $\delta g = a$。

3. 连续曲率拉伸样条法(Smith and Wessel, 1990)

连续曲率拉伸样条法是最小曲率法(Briggs, 1974)的一种改进。最小曲率法产生的曲面类似于通过每一数据点的线性弹性薄板，弯曲度最小、最平滑，最接近采样数据。但是，最小曲率法不是严格的插值法。最小曲率法的缺点是在数据(约束)点之间可能产生振荡。克服这一缺点的办法是在数据失配准和解的曲率之间做一折中。有拉伸参数的连续曲率样条可以避免数据点之间的振荡现象。

假设在插值区采样点的经纬度坐标为 X_i，Y_i，采样值为 Z_i 坐标，$i=1, 2, \cdots, n$。则有拉伸参数的连续曲率样条法用以下 4 步产生最后的格网值：

(1) 最小二乘回归模型 $AX+BY+C=Z$ 拟合数据；

(2) 数据值减去在数据位置的平面回归模型值，得到残差数据值；

(3) 用最小曲率算法内插格网节点处的残差值；

(4) 在格网节点处的平面回归模型值，加上内插的残差值，即得最后的内插曲面。

如果一格网节点附近有观测数据，那个格网节点被定义为固定的，它的值等于附近数据的算术中数。

如果一格网节点 Z_{ij} 没有被数据约束，则节点的值由解以下齐次差分方程得到：

$$(1-T_\mathrm{I})\nabla^2(\nabla^2 Z) - T_\mathrm{I}\nabla^2(\nabla^2 Z) = 0 \tag{12.42}$$

有三个边界条件：

在边界：
$$(1-T_\mathrm{b})\frac{\partial^2 Z}{\partial n^2} = 0 \tag{12.43}$$

在边界：
$$\frac{\partial(\nabla^2 Z)}{\partial n} = 0 \tag{12.44}$$

在角上：
$$\frac{\partial^2 Z}{\partial x \partial y} = 0 \tag{12.45}$$

式中，∇^2 是拉普拉斯算子；n 是边界的法线；T_I 是内部拉伸参数，用于在内部控制弯曲量；T_I 越大，弯曲越小；T_b 是边界拉伸参数，用于在边界控制弯曲量。T_I 和 T_b 的范围为 0 到 1。

有拉伸参数的连续曲率样条法详见 Smith and Wessel(1990)。

12.5　重力大地水准面计算

1. 计算所用参数、常数与正常重力公式

椭球参数及有关常数(CGCS2000 系统)

参考椭球长半轴 $a = 6\,378\,137.0$ m

地心引力常数(包含大气层) $GM = 3\,986\,004.418\times10^8\mathrm{m^3s^{-2}}$

参考椭球扁率 $f = 0.003\,352\,810\,681\,18$

地球自转角速度　$\omega = 7\ 292\ 115.0 \times 10^{-11} \mathrm{rad\ s^{-1}}$

第一偏心率平方　$e^2 = 0.006\ 694\ 380\ 022\ 90$

第二偏心率平方　$e'^2 = 0.006\ 739\ 496\ 775\ 48$

参考椭球短半轴　$b = 6\ 356\ 752.314\ 1\ \mathrm{m}$

线偏心率　　$E = 521\ 854.009\ 700\ 25\ \mathrm{m}$

椭球常数 $m = \omega^2 a^2 b / GM$；$m = 0.003\ 449\ 786\ 506\ 78$

地球（与椭球同体积之球）平均半径　　$R = 6\ 371\ 000.790\ 0\ \mathrm{m}$

赤道正常重力 $\gamma_e = 9.780\ 325\ 336\ 1\ \mathrm{ms^{-2}}$

极正常重力 $\gamma_p = 9.832\ 184\ 937\ 9\ \mathrm{ms^{-2}}$

平均正常重力　$\overline{\gamma} = 9.797\ 643\ 222\ 4\ \mathrm{ms^{-2}}$

椭球面正常位　$U_0 = 62\ 636\ 851.714\ 9\ \mathrm{m^2 s^{-2}}$

大地水准面位　$W_0 = 62\ 636\ 856.0 \pm 0.5\ \mathrm{m^2 s^{-2}}$

地壳平均密度　$\rho = 2.67 \mathrm{g/cm^3} = 2\ 670\ \mathrm{kg/m^3}$

牛顿引力常数　$G = 6.673 \times 10^{-11} \mathrm{m^3 kg^{-1} s^{-2}}$

地球引力常数与地壳密度之乘积　$\mu = G\rho = 1.781\ 691 \times 10^{-7} \mathrm{s^{-2}}$

正常重力公式（CGCS 2000 系统）（Heiskanen and Moritz, 1967）

$$\gamma = \gamma_0 \left[1 - 2(1 + f + m - 2f \sin^2 \varphi)\frac{h}{a} + 3\left(\frac{h}{a}\right)^2 \right] \tag{12.46}$$

式中，f 为参考椭球扁率；m 为椭球常数；φ 为计算点的大地纬度；h 为正常高，用大地高代替；γ_0 为参考椭球面的正常重力，采用如下公式计算：

$$\gamma_0 = 9.780\ 325\ 334\ 9(1 + 0.005\ 302\ 44 \sin^2 \varphi - 0.000\ 005\ 82 \sin^2 2\varphi), \quad \mathrm{ms^{-2}} \tag{12.47}$$

2. 数据及数据流程

数据　除重力数据外，还包括以下两类数据：

A. SRTM（shuttle radar topography mission）**地形数据**

地形数据为空间分辨率 $3'' \times 3''$ 的地形高，从平均海水面起算。根据需要，我们利用 EGM96 重力场模型（Lemoine, Kenyon, Factor et al., 1998）将地形数据的起算面改化为参考椭球面。此外，以 $3'' \times 3''$ 数据为基础，我们生成了 $6'' \times 6''$、$30'' \times 30''$ 和 $30' \times 30'$ 的数据。

B. 2190 阶重力场模型 EIGEN-6C4 的位系数（Förste, Ch., S.L. Bruinsma, O. Abrikosov, et al., 2014; Kostelecky, Klokočník, Bucha et al., 2015）

在以上两类数据的基础上，生成如下基础数据：

a. 用截断至 360 阶的 EIGEN-6C4 模型和地形数据，生成 360 阶 Helmert 扰动位模型

b. 用 EIGEN-6C4 生成 2190 阶的截断系数（$\psi_0 = 1°$）

c. 用地形数据生成 360 阶的残余地形位模型 DeltaV1（用于计算高程异常间接影响）

d. 用地形数据生成 360 阶的残余地形位模型 DeltaV0（用于计算大地水准面高间接影响）

数据流程

A. 生成地面重力扰动

　　a. 地面离散点重力加均衡改正归算至参考椭球面

　　b. 参考椭球面离散点均衡重力插值为 2′×2′格网的平均均衡重力

　　c. 计算参考椭球面 2′×2′格网的均衡改正

　　d. 参考椭球面格网的平均均衡重力减去格网的均衡改正数，生成地面格网平均空间重力

　　e. 地面格网平均空间重力减去格网正常重力，生成地面格网的平均重力扰动

　　B. 生成参考椭球面上的边界值

　　a. 用 360 阶残余地形位模型计算地形对格网重力的直接影响

　　b. 地面格网平均重力扰动加上直接地形影响，生成地面格网 Helmert 重力扰动

　　c. 地面格网 Helmert 重力扰动向下延拓至参考椭球面(真正边界面)

　　C. 生成调整边界面的格网重力扰动

　　a. 计算参考椭球面格网的 Helmert 重力扰动垂直梯度

　　b. 利用前款计算的垂直梯度和地形对大地水截面高的间接影响（见 G 款）计算至调整边界面的延拓改正

　　c. 参考椭球面格网 Helmert 重力扰动加延拓改正，生成调整边界面格网的 Helmert 重力扰动

　　D. 生成调整边界面上残余 Helmert 重力扰动

　　a. 用 Helmert 扰动位模型计算边界面上的 Helmert 重力扰动

　　b. 调整边界面格网的 Helmert 重力扰动减去模型 Helmert 重力扰动，生成调整边界面上残余 Helmert 重力扰动

　　E. 计算残余 Helmert 大地水准面/似大地水准面

　　a. 计算修正 Hotine 积分核函数

　　b. 计算残余 Helmert 高程异常

　　c. 计算残余 Helmert 大地水准面高

　　d. 计算残余 Helmert 地面垂线偏差

　　e. 计算残余 Helmert 椭球面垂线偏差

　　F. 计算模型 Helmert 大地水准面/模型 Helmert 似大地水准面

　　a. 用 360 阶 Helmert 扰动位模型计算模型 Helmert 高程异常

　　b. 用 360 阶 Helmert 扰动位模型计算模型 Helmert 大地水准面高

　　c. 用 360 阶 Helmert 扰动位模型计算模型 Helmert 地面垂线偏差

　　d. 用 360 阶 Helmert 扰动位模型计算模型 Helmert 椭球面垂线偏差

　　G. 计算间接影响

　　a. 用 360 阶残余地形位模型 DeltaV1 计算地形对高程异常间接影响

　　b. 用 360 阶残余地形位模型 DeltaV0 计算地形对大地水准面高间接影响

　　c. 用 360 阶残余地形位模型 DeltaV1 计算地形对地面垂线偏差间接影响

　　d. 用 360 阶残余地形位模型 DeltaV0 计算地形对椭球面垂线偏差间接影响

　　H. 计算截断偏差

　　a. 用 361～2190 阶截断系数计算高程异常截断偏差

　　b. 用 361～2190 阶截断系数计算大地水准面高截断偏差

　　c. 用 361～2190 阶截断系数计算地面垂线偏差截断偏差

d. 用 $361\sim2190$ 阶截断系数计算椭球面垂线偏差截断偏差

I. 计算最终大地水准面/似大地水准面

a. 最终高程异常=模型 Helmert 高程异常+残余 Helmert 高程异常+地形对高程异常间接影响+高程异常截断偏差改正+0 阶项

b. 最终大地水准面高=模型 Helmert 大地水准面高+残余 Helmert 大地水准面高+地形对大地水准面高间接影响+大地水准面高截断偏差改正+0 阶项

c. 最终地面垂线偏差=模型 Helmert 地面垂线偏差+残余 Helmert 地面垂线偏差+地形对地面垂线偏差间接影响+地面垂线偏差截断偏差改正

d. 最终椭球面垂线偏差=模型 Helmert 椭球面垂线偏差+残余 Helmert 椭球面垂线偏差+地形对椭球面垂线偏差间接影响+椭球面垂线偏差截断偏差改正

数据流程框图(见图 12.4)

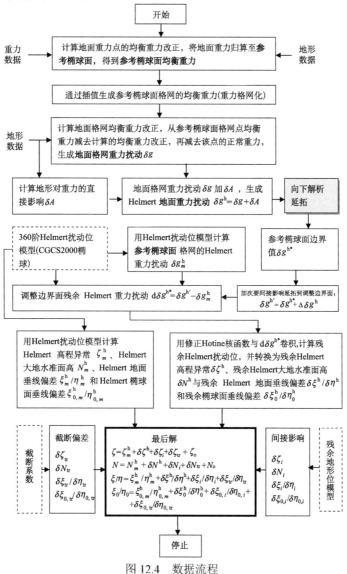

图 12.4　数据流程

第13章 数值实验

数值实验的目的，在于检验我们的第二大地边值问题理论、方法的有效性；验证确定大地水准面和似大地水准面的精度。

实验区覆盖 23°～40°N，100°～119°E，东濒黄海东海，西临青藏高原，北抵内蒙古草原，南过北回归线，跨越中国大陆 22 个省份。实验区西部和南部多山和丘陵，东北部多平原。地形高度最低 –8.6m，最高 6 112.4m，平均 1 067.2m。值得指出，这里及下文所说高程，除非特别说明，均指大地高，起算面为 CGCS2000 参考椭球面。实验区地形如图 13.1 所示。

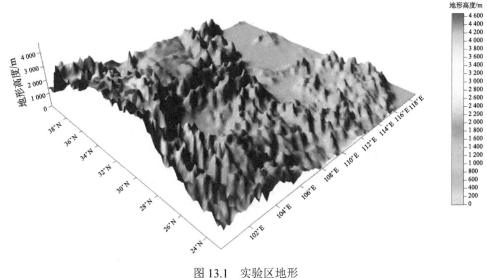

图 13.1 实验区地形

13.1 数 据

地形数据 原始数据为 SRTM 地形高数据，分辨率为 3″×3″，高程系统为正高(参考面为 EGM96 的大地水准面)。根据我们问题的需要，将正高改化为大地高(参考面为 CGCS2000 参考椭球面)，大地高=正高+大地水准面高，后者用 EGM96 模型(Lemoine et al., 1998)计算。如前所述，实验区地形高度，平均为 1 067.2 m，最小为–8.6m，最大为 6 112.4m。为了与计算的扰动位场元的分辨率(2′×2′)一致，我们地形高的基本分辨率采用 2′×2′。根据计算的需要，我们在 3″×3″数据的基础上，用取算术平均的方法，生成了分辨率为 6″×6″，30″×30″和 30′×30′的数据。

重力数据 参与实验的重力点数为 251 656，平均密度为 0.87 点每 2′ 格网， 5.4 点每 5′ 格网，山区比较稀疏。重力值属零潮汐系统，2000 基本网系统。重力点的高程值为正常高(1985 国家高程基准)。在我们的边值问题中，重力点的高程为大地高(参考面为 CGCS2000 参考椭球面)。因此，我们将正常高转换为大地高，大地高=正常高+高程异常，高程异常用 EGM2008 模型(Pavlis et al., 2012)计算。

13.2 地面格网重力扰动生成

从离散的地面重力点重力，生成地面 2′格网重力扰动，通过以下三步完成。

第一步 将离散重力点的重力值加均衡改正，归算至参考椭球面，在那里生成离散重力点的均衡重力。

均衡改正为空中改正、布格板改正、局部地形改正与均衡改正之和。前两项改正计算，见第 12 章；局部地形改正和均衡改正计算，采用平顶的矩形棱柱模型(见附录 A)；在计算点周围 3′(≈5.5 km)的内区，地形高数据用分辨率为 3″的地形高(由分辨率为 6″的地形高通过双三次样条插值得到)，在内区之外到角半径 0.5°的范围，用分辨率 6″的地形高。

第二步 根据参考椭球面上离散重力点的均衡重力值，采用 shepard 插值法，生成 2′格网中心处的椭球面均衡重力。

为使插值精确起见，我们将一个 2′×2′的格网，细分为 3×3 个 40″×40″的子格网，先内插每个子格网中心的均衡重力，尔后将 9 个子格网的插值取平均，作为 2′格网中心的均衡重力。

第三步 计算地面 2′格网中心的均衡重力改正，从参考椭球面 2′格网的均衡重力减去计算的均衡重力改正，得到地面 2′格网中心的重力，并存储以资后用。之后，我们计算地面 2′格网中心处的正常重力，并将其从地面 2′格网中心的重力减去，得到地面 2′格网中心的重力扰动值。

上述三步紧密衔接，上步计算的输出即是下步计算的输入。略去中间步骤的结果，我们这里直接展示地面 2′格网中心点的重力扰动值。其空间分布见图 13.2，统计值见表 13.1。比较图 13.1 与图 13.2 可见，地面重力扰动变化与地形变化有几分相似，山区和丘陵地区尤为明显，暗示那里重力扰动含有丰富的高频成分；在平原地区，重力扰动变化幅度较小。经查，"尖峰"处高度 5 503 m(附近山峰 5925 m)，重力扰动达到极值 274.9 mGal，恐是地壳质量局部异常所致。

表 13.1 地面 2′ 格网重力扰动统计 (单位：mGal)

统计量	值
最小值	−237.133
最大值	274.9
平均值	−28.252
中位值	−26.399
均方值	48.296

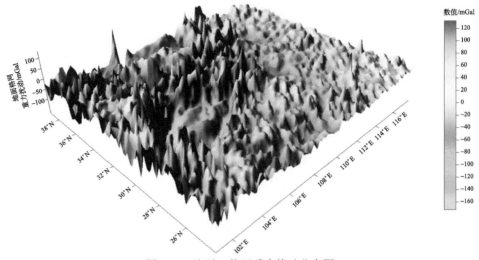

图 13.2   地面 2′格网重力扰动分布图

13.3   边界面重力扰动生成

Hotine 积分操作调整边界面上的 Helmert 重力扰动，所以地面重力扰动必须转换为调整边界面上 Helmert 重力扰动。这项任务通过以下 4 步实现：

第一步   将地面重力扰动转换成地面 Helmert 重力扰动。

首先，我们用 360 阶残余地形位球谐模型计算地形对重力的直接影响(360 阶的残余地形位模型用分辨率为 30′的地形高数据预先生成)，然后，将直接影响加至地面重力扰动得到地面 Helmert 重力扰动。直接影响分布见图 13.3。最小值为–8.729mGal，最大值为 11.315 mGal，平均值为–0.048 mGal，均方值为 1.44 mGal。图 13.3 可见山区有显著的直接影响。

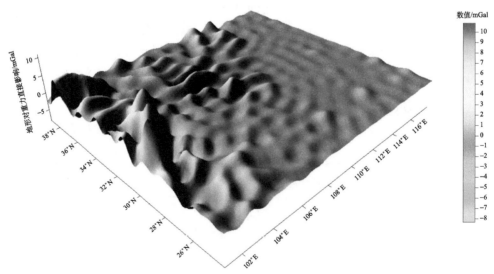

图 13.3   地形对重力的直接影响

地面 Helmert 重力扰动的空间分布示于图 13.4。最小值为–241.107 mGal，最大值为 280.551 mGal，平均值为–28.300 mGal，均方值为 48.954 mGal。图 13.4 与图 13.2 的相似性是一目了然的，直接影响的数值相对重力扰动一般要小得多。

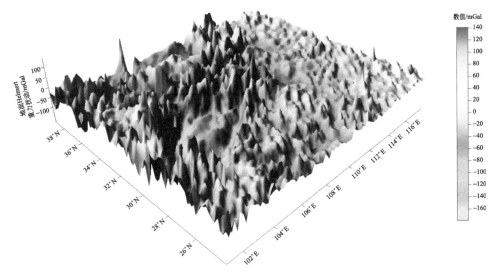

图 13.4 地面 Helmert 重力扰动

第二步 将地面 Helmert 重力扰动延拓到参考椭球面(边界面)

解析延拓采用泰勒级数法，积分半径采用 3°。图 13.5 示出延拓改正数，这里延拓改正数定义为参考椭球面重力扰动值减去地面重力扰动值。最小值为–179.911 mGal，最大值为 374.906 mGal，平均值为 1.361 mGal，均方值为 16.927 mGal。在平原地区，延拓量很小；在山区，延拓量可能达数百毫伽。

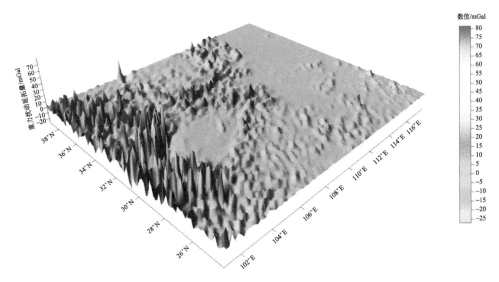

图 13.5 向下延拓量分布

图 13.6 绘出延拓到参考椭球面的 Helmert 重力扰动，等于地面 Helmert 重力扰动与延拓量之和。最小值为–314.483 mGal，最大值为 655.457 mGal，平均值为–26.939 mGal，均方值为 57.287 mGal。

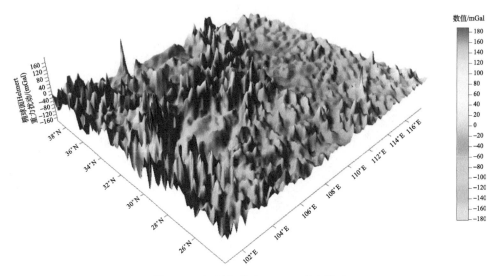

图 13.6　参考椭球面 Helmert 重力扰动

第三步　由参考椭球面 Helmert 重力扰动，生成参考椭球面残余 Helmert 重力扰动

首先，用 Helmert 扰动位模型(见第 7 章)计算参考椭球面模型 Helmert 重力扰动，见图 13.7，最小值–147.259 mGal，最大值为 126.933 mGal，平均值为–21.927 mGal，均方值为 36.551 mGal；然后，从第二步延拓到参考椭球面的 Helmert 重力扰动减去那里的计算的模型 Helmert 重力扰动值，得到参考椭球面残余 Helmert 重力扰动值。它们的空间分布见图 13.8，最小值为–352.192 mGal，最大值为 614.934 mGal，平均值为–5.013 mGal，均方值为 40.786 mGal。

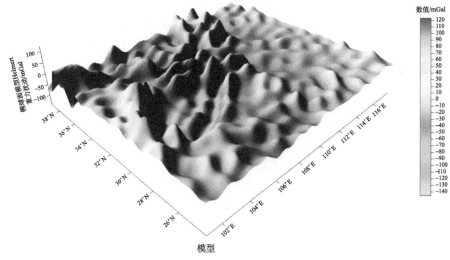

图 13.7　参考椭球面模型 Helmert 重力扰动分布

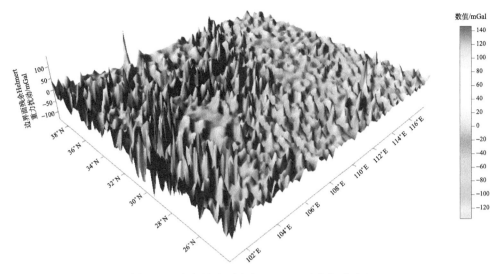

图 13.8　参考椭球面残余 Helmert 重力扰动分布

第四步　将参考椭球面残余 Helmert 重力扰动进一步延拓到调整边界面，以便随后进行 Hotine 积分。

首先，根据重力扰动的垂直梯度 $\partial \delta g^h / \partial r$ 和地形对大地水准面高的间接影响，我们计算地形对重力扰动的次要间接影响；然后，参考椭球面残余 Helmert 重力扰动，加上计算的次要地形间接影响，并加上重力扰动的椭球改正，即得调整边界面上的残余 Helmert 重力扰动(参见第 3 章边界条件)。

Helmert 重力扰动的垂直梯度分布见图 13.9，统计数据见表 13.2。Helmert 重力扰动的次要地形间接影响见图 13.10，统计值见表 13.2。我们发现，重力扰动的垂直梯度甚小，次要地形间接影响可以安全地忽略。

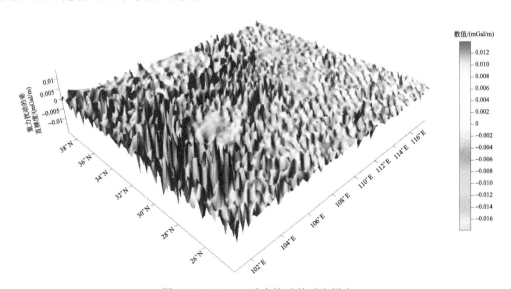

图 13.9　Helmert 重力扰动的垂直梯度

表 13.2　Helmert 重力扰动的垂直梯度与次要地形间接影响统计

统计量	垂直梯度/(mGal/m)	次要地形间接影响/mGal
最小值	−0.068	−0.038
最大值	0.060	0.038
平均值	2.4E-5	−3.6E-5
中位值	0.000 298	2.0E-5
均方值	0.007 1	0.002 1

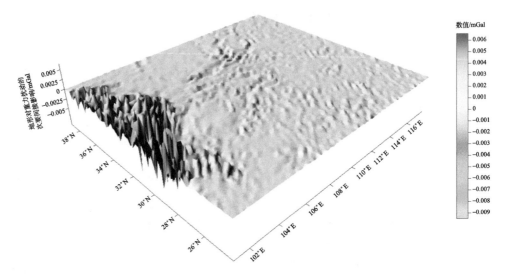

图 13.10　Helmert 重力扰动的次要地形间接影响

　　Helmert 重力扰动椭球改正，是由球近似引起的一项改正(参见第 3 章)，其值见表 13.3，分布见图 13.11。

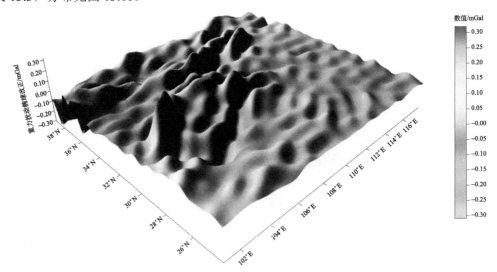

图 13.11　重力扰动的椭球改正

表 13.3　**Helmert 重力扰动的椭球改正统计**　　　　　　　（单位：mGal）

统计量	值
最小值	−0.316
最大值	0.33
平均值	−0.016
中位值	−0.018
均方值	0.061

　　参考椭球面残余 Helmert 重力扰动，加上椭球改正微小的与次要间接地形影响，便得到 Hotine 积分要求的调整边界面上的残余 Helmert 重力扰动，其值分布示于图 13.12，统计数据列于表 13.4。

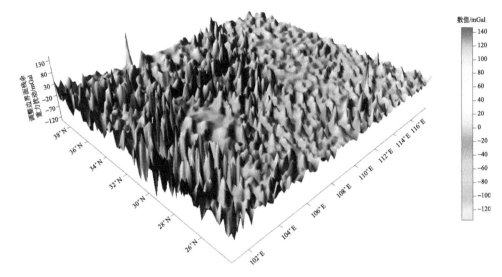

图 13.12　调整边界面残余 Helmert 重力扰动

表 13.4　**调整边界面残余 Helmert 重力扰动统计**　　　　（单位：mGal）

统计量	值
最小值	−352.163
最大值	614.962
平均值	−5.029
中位值	−4.89
均方值	40.787

　　值得指出，对于我们的边值问题，对重力扰动的次要地形间接影响可以忽略，最后一步从参考椭球面到调整边界面的归算或延拓，实际上可以省略。在此情形下，椭球改正当提前进行。

13.4　大地水准面高

1. 大地水准面高计算及数值结果

大地水准面高计算包括：

（1）用 360 阶 Helmert 扰动位球谐模型计算 Helmert 大地水准面高。

我们利用重力场模型 EIGEN-6C4，残余地形位模型与 CGCS2000 椭球正常位生成 360 阶的 Helmert 扰动位球谐模型（见第 7 章）。用该模型计算的模型 Helmert 大地水准面高的等高线图见图 13.13（a），立体图见图 13.13（b），统计数据见表 13.5。

（2）用残余 Helmert 重力扰动进行 Hotine 积分，计算残余 Helmert 扰动位，并将其转换为残余 Helmert 大地水准面高。Hotine 积分的角半径为 1°，对计算点周围的最内区 2′格网的数值奇异现象，进行了特别处理（见第 6 章）。残余 Helmert 大地水准面高的等高线图见 13.14（a），空间分布图见图 13.14（b），统计数据见表 13.5。

（3）用 361～2 190 阶的截断系数计算远区（$\psi_0 > 1°$）影响。其等高线图见 13.15（a），空间分布见图 13.15（b），统计数据见表 13.5。

（4）用残余地形位之 360 阶球谐模型计算（见第 4 章）地形间接影响。其等高线图见 13.16（a），空间分布见图 13.16（b），统计数据见表 13.5。

考虑到 CGCS2000 椭球面正常位 U_0 与大地水准面位 W_0 之间的偏差，大地水准面高有 0 阶项，$N_0 = (U_0 - W_0)/g_0 = -4.2851 \mathrm{m^2 s^{-2}}/g_0$，这里 g_0 为大地水准面附近的重力，取 $g_0 \approx 9.8 \mathrm{m/s^2}$，得 $N_0 = -0.437 \mathrm{m}$。

大地水准面高 0 阶项，模型 Helmert 值，残余 Helmert 值，远区影响与地形间接影响，合计为总的大地水准面高。其等高线图见 13.17（a），空间分布见图 13.17（b），统计数据见表 13.5。

表 13.5　大地水准面高结果统计　　　　　　　　　　　　（单位：m）

统计量	模型 Helmert 值	残余 Helmert 值	远区影响	地形间接影响	总大地水准面高
最小值	−47.975	−1.688	−0.247	−0.806	−48.29
最大值	5.737	2.294	0.269	0.183	5.377
平均值	−24.902	−0.016	−0.000	0.024	−25.312
中位值	−26.605	−0.017	0	0.091	−26.988
均方值	27.295	0.253	0.046	0.174	27.692

表 13.5 表明，在大地水准面高的诸分量中，到 360 阶的模型值是主项，占压倒优势。相对主项，360 阶以上的残余分量、远区的影响和地形间接影响，在均方意义上，数值很小。当今人们在考虑 1 cm 大地水准面，这些小项同样不可忽视。

在大地水准面高的各分量中，山区和平原的界限是分明的，四川盆地的影子也是可见的。

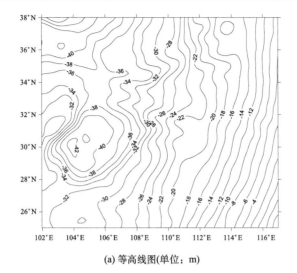

(a) 等高线图(单位：m)

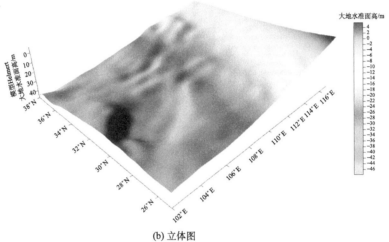

(b) 立体图

图 13.13　模型 Helmert 大地水准面高

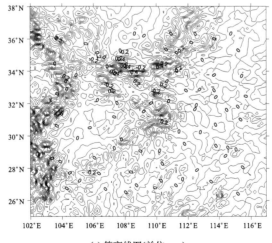

(a) 等高线图(单位：m)

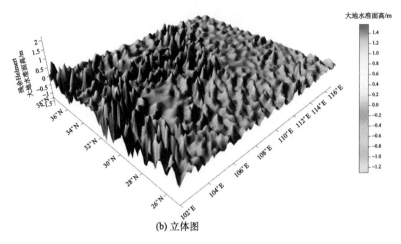

(b) 立体图

图 13.14　残余 Helmert 大地水准面高

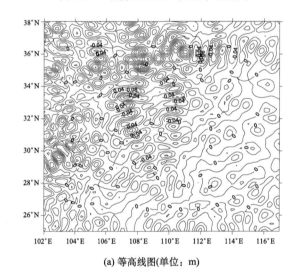

(a) 等高线图(单位：m)

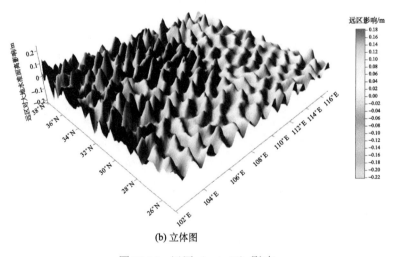

(b) 立体图

图 13.15　远区（$\psi_0 > 1°$）影响

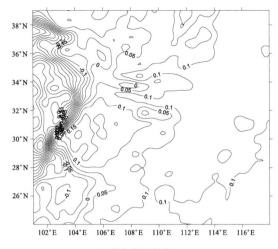

(a) 等高线图(单位：m)

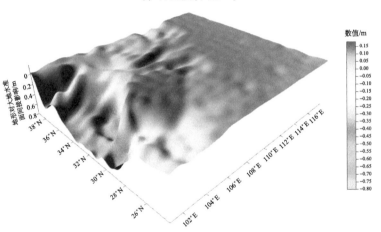

(b) 立体图

图 13.16 地形间接影响

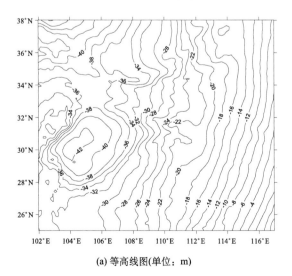

(a) 等高线图(单位：m)

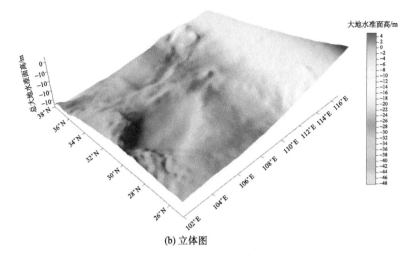

(b) 立体图

图 13.17　总的大地水准面高

2. 大地水准面高的外部检核

大地水准面高 N 与高程异常 ζ 之间存在近似关系(见附录 F):

$$\zeta = N - \frac{H}{\bar{\gamma}}(\delta g - \Delta g_{\mathrm{B}})$$

式中，δg 为地面点重力扰动；$\Delta g_{\mathrm{B}} = 2\pi G\rho H$ 为布格异常；H 为地面点正高；$\bar{\gamma}$ 为平均正常重力。

为了将我们的边值解与 GPS 水准点的高程异常 ζ_{GPS} 比较，我们将得到的大地水准面高 N 转换为高程异常 ζ，并用这些 ζ 值内插 747 个 GPS 水准点的高程异常，记之为 ζ_N。ζ_N 与 ζ_{GPS} 之间的不符值列于表 13.6。

表 13.6　ζ_N 与 ζ_{GPS} 之间的不符值统计　　　　　　　　　(单位：m)

统计量	值
最小值	−0.461
最大值	0.758
平均值	0.240
中位值	0.247
均方值	0.266
标准差	0.114

为便于了解标准差(0.114 m)的意义，进行了两项比较计算：一项是用完全至 2 190 阶的 EIGEN-6C4 模型计算了每个 GPS 水准点的高程异常，记之为 $\zeta_{6\mathrm{C}4}$，并将其与 ζ_{GPS} 比较。由 $\zeta_{6\mathrm{C}4}$ 与 ζ_{GPS} 的不符值推得 $\zeta_{6\mathrm{C}4}$ 的标准差为 0.101m。另一项是用边值解 N 内插 GPS 水准点之大地水准面高，我们将其称为伪高程异常，记为 ζ_{pseudo}，并将 ζ_{pseudo} 与 ζ_{GPS} 比较。由两者之不符值得到的 ζ_{pseudo} 的标准差为 0.254m。这表明，由边值问题解转换得

到的 ζ_N 之内符精度，接近 ζ_{6C4} 之内符精度，大约为 ζ_{pseudo} 的内符精度之 2.2 倍。由此推断，我们边值问题解给出的大地水准面高的精度是相当满意的。照推理，其实际精度只可能比高程异常解好，不应比高程异常解差。

13.5 高 程 异 常

1. 高程异常计算及数值结果

高程异常计算包括：

（1）用 360 阶 Helmert 扰动位球谐模型计算 Helmert 高程异常，数值结果图示于图 13.18（a）、（b），统计数据见表 13.7。

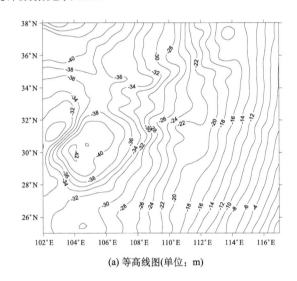

(a) 等高线图(单位：m)

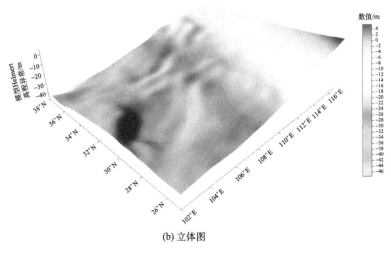

(b) 立体图

图 13.18 模型 Helmert 高程异常

表 13.7　高程异常结果统计　　　　　　　　　（单位：m）

统计量	模型 Helmert 值	残余 Helmert 值	远区影响	地形间接影响	总高程异常
最小值	−47.662	−1.465	−0.231	0.091	−47.719
最大值	5.733	1.435	0.235	1.241	5.381
平均值	−24.876	−0.020	−0.000	0.258	−25.097
中位值	−26.586	−0.017	0	0.172	−26.872
均方值	27.264	0.211	0.042	0.345	27.430

（2）用残余 Helmert 重力扰动进行 Hotine 积分（积分半径为 1°），计算残余 Helmert 扰动位，并将其转换为残余 Helmert 高程异常。数值结果图示于图 13.19(a)、(b)，统计数据见表 13.7。

（3）用 361～2 190 阶的截断系数计算远区（$\psi_0 > 1°$）影响（见第 8 章）。结果图示于图 13.20(a)、(b)，统计数据见表 13.7。

（4）用残余地形位之 360 阶球谐模型计算地形间接影响，结果如图 13.21(a)(b) 所示，统计数据见表 13.7。

高程异常的 0 阶项 $\zeta_0 = (U_0 - W_0)/\gamma = -4.2851\,\mathrm{m^2 s^{-2}}/\gamma$，这里 γ 为似地形面上的正常重力，取 $\gamma \approx 9.8\,\mathrm{m/s^2}$，则 $\zeta_0 = -0.437$ m。

总的高程异常等于 0 阶项、模型值、残余值、远区影响与地形间接影响之和。其结果示于图 13.22(a)、(b)，统计数据见表 13.7。

在高程异常中，低频成分贡献是主要的，高频成分贡献很小。在山区、平原和盆地，高程异常的特征表现，各图清晰可见。相应示图对比可见，高程异常与大地水准面高的表现，如所预料，极大的相似性。

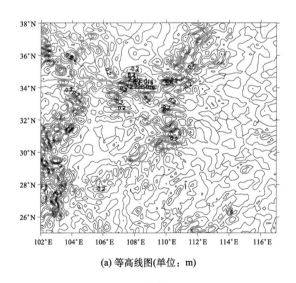

(a) 等高线图(单位：m)

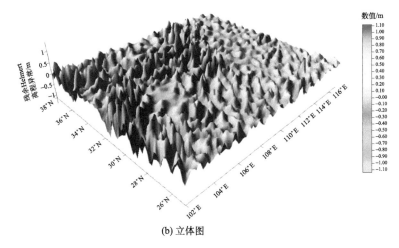

(b) 立体图

图 13.19 残余 Helmert 高程异常

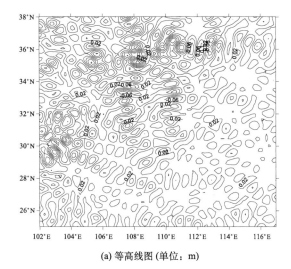

(a) 等高线图 (单位：m)

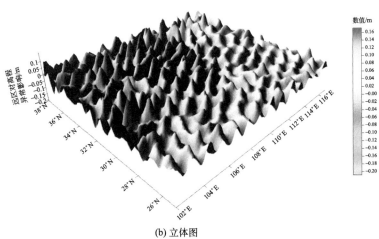

(b) 立体图

图 13.20 远区 $(\psi_0 > 1°)$ 影响

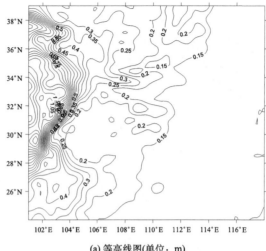

(a) 等高线图(单位：m)

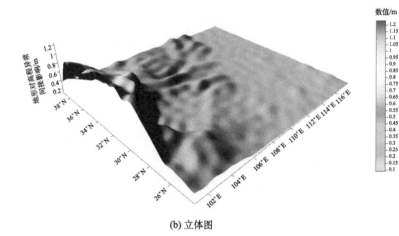

(b) 立体图

图 13.21 地形对高程异常的间接影响

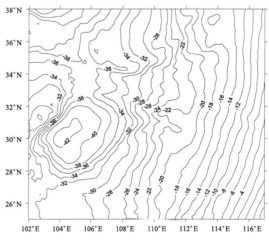

(a) 等高线图(单位：m)

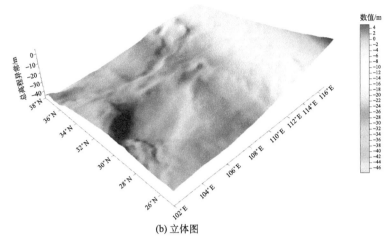

(b) 立体图

图 13.22　总高程异常

2. 高程异常的外部检核

我们用高程异常解内插实验区内 747 个 GPS 水准点的高程异常,并将其与 GPS/水准点的高程异常值进行比较。不符值分布如图 13.23(a)、(b) 所示,不符值统计见表 13.8。标准差(0.095m) 代表高程异常解与 GPS 水准点的高程异常的符合程度,平均值(0.266m) 代表 1985 国家高程基准相对由 W_0 定义的全球高程基准的垂直偏差(亦见 Wei and Jiao, 2003)。

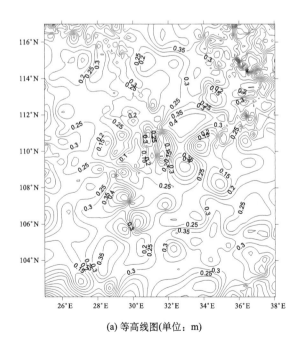

(a) 等高线图(单位:m)

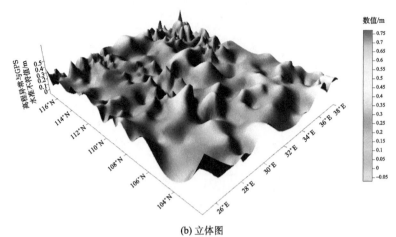

(b) 立体图

图 13.23   高程异常与 GPS 水准的比较

表 13.8   最后高程异常与 GPS/水准的不符值   (单位：m)

统计量	值
最小值	−0.097
最大值	0.558
平均值	0.266
中位值	0.267
均方值	0.283
标准差	0.095

假定 W_0 定义的基准没有误差，并假定水准误差为 1 cm，GPS 测量误差为 2 cm，由此 GPS 水准（高程异常）误差为±2.3 cm。那么，我们边值问题解给出的高程异常的实际误差 $\approx \sqrt{9.5^2 - 2.3^2} = \pm 9.2$ cm。

3. 高程异常与大地水准面高的比较

将我们边值问题的高程异常 ζ 解与大地水准面高 N 解进行比较是有意义的。据 176 341 个 2′ 格网的数据统计，$\zeta - N$ 值列于表 13.9，图示于图 13.24(a)、(b)。数据表明，在陆地，一般 $\zeta > N$，即似大地水准面在大地水准面之上方（见 Heiskanen and Moritz，1967），$\zeta - N$ 之最大值为 2.09 m（在山区），平均值为 0.215 m，均方根值为 0.388 m。

表 13.9   高程异常与大地水准面高之差统计值   (单位：m)

统计量	值
最小值	−0.559
最大值	2.088
平均值	0.215
中位值	0.1
均方值	0.388
标准差	0.323

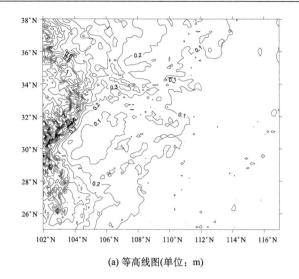

(a) 等高线图(单位：m)

(b) 立体图

图 13.24 高程异常与大地水准面高之差

13.6 椭球面垂线偏差

椭球面垂线偏差计算及数值结果

椭球面垂线偏差计算包括：

(1)用 360 阶 Helmert 扰动位球谐模型计算 Helmert 椭球面垂线偏差；

(2)用残余 Helmert 重力扰动进行 Hotine 积分(积分半径 1°)，计算残余 Helmert 扰动位，并将其转换为残余 Helmert 椭球面垂线偏差；

(3)用 361～2 190 阶截断系数计算远区($\psi_0 > 1°$)影响；

(4)用 360 阶的残余地形位球谐模型计算地形间接影响。

总的垂线偏差为以上 4 项之和。

我们的数值结果汇集于表 13.10，图示于图 13.25～图 13.29。

表 13.10a   椭球面垂线偏差南北分量   （单位："）

统计量	模型 Helmert 值	残余 Helmert 值	远区影响	间接地形影响	总偏差值
最小值	−23.364	−23.228	−6.592	−1.264	−39.256@3286.4m
最大值	20.764	28.895	7.35	1.592	33.283@3476.1m
平均值	1.483	−0.003	−0.001	0.002	1.479
中位值	1.654	0.006	−0.001	−0.001	1.559
均方值	4.547	3.036	0.773	0.193	5.434

表 13.10b   椭球面垂线偏差东西分量   （单位："）

统计量	模型 Helmert 值	残余 Helmert 值	远区影响	间接地形影响	总偏差值
最小值	−20.187	−68.37	−5.396	−2.488	−64.875@3913.1m
最大值	27.013	57.151	4.968	0.681	75.525@3778.5m
平均值	−4.563	−0.003	−0.001	−0.068	−4.635
中位值	−5.65	0.018	−0.001	−0.007	−5.806
均方值	7.160	5.297	0.724	0.245	8.905

　　垂线偏差可以看做两部分组成：一部分反映地区密度分布；另一部分反映地球表面的地形和附近的密度异常。第一部分一般在平原和低地占优势，第二部分在山区地形占优势(Vaníček and Krakiwsky, 1986)。由表 13.10 可见，在总偏差值中，模型部分主要反映地区性的密度分布，而最大的贡献者源自附近的地形影响，表现为残余 Helmert 分量。在高山区往往出现最大值，表 13.10 中 4 个极值均是如此(参见表中 4 个极值后注明的所在点高度)。总的来说，垂线偏差对地形变化的频率响应比高程异常要敏感得多，即使在平原，微小的波纹状变化常依稀可辩。

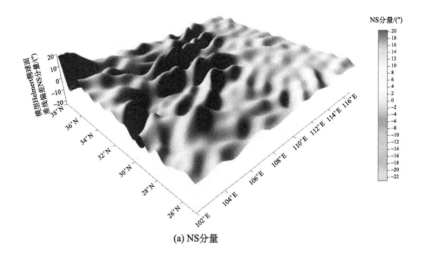

(a) NS分量

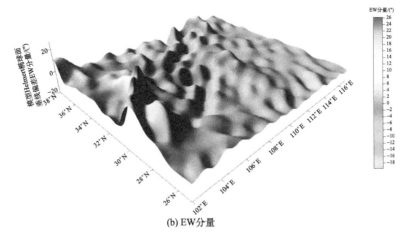

(b) EW分量

图 13.25 模型 Helmert 椭球面垂线偏差

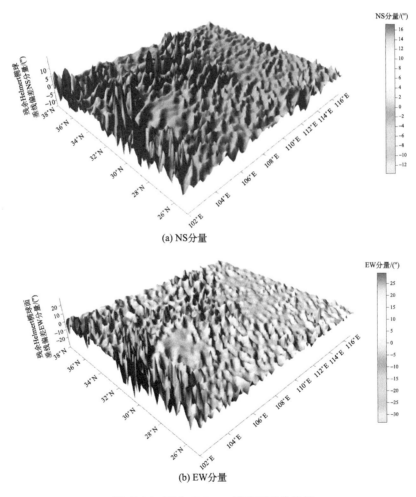

(a) NS分量

(b) EW分量

图 13.26 残余 Helmert 椭球面垂线偏差

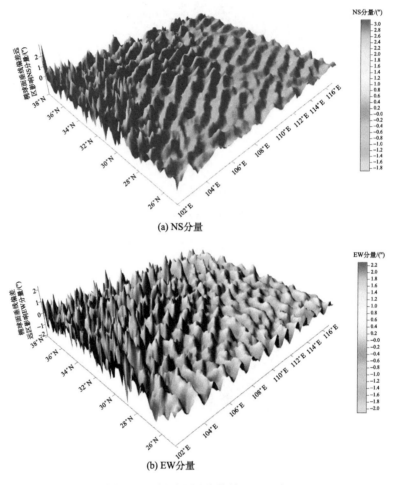

(a) NS分量

(b) EW分量

图 13.27　椭球面垂线偏差远区影响

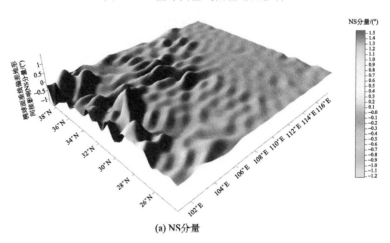

(a) NS分量

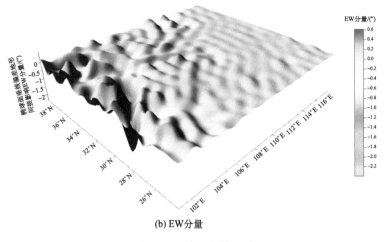

(b) EW分量

图 13.28 地形间接影响

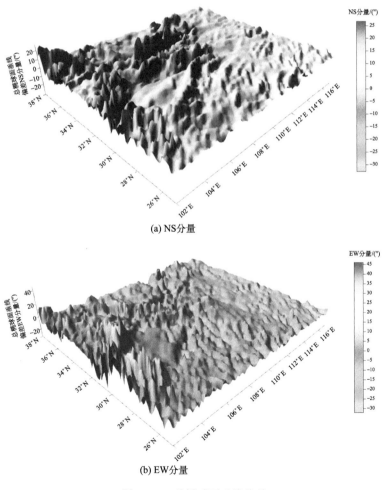

(a) NS分量

(b) EW分量

图 13.29 总椭球面垂线偏差

13.7　地面垂线偏差

1. 地面垂线偏差计算及数值结果

地面垂线偏差计算包括：

(1) 用 360 阶 Helmert 扰动位球谐模型计算 Helmert 地面垂线偏差；

(2) 用残余 Helmert 重力扰动进行 Hotine 积分（积分半径 1°），计算残余 Helmert 扰动位，并将其转换为残余 Helmert 地面垂线偏差；

(3) 用 361～2 190 阶截断系数计算远区（ψ>1°）影响；

(4) 用 360 阶的残余地形位球谐模型计算地形间接影响。

总的垂线偏差为以上 4 项之和。

我们的数值结果汇集于表 13.11，图示于图 13.30～图 13.34。

表 13.11a　地面垂线偏差南北分量　　　　　　（单位：″）

统计量	模型 Helmert 值	残余 Helmert 值	远区影响	间接地形影响	总偏差值
最小值	−22.941	−19.305	−5.187	−1.658	−37.675 @ 2598.1 m
最大值	19.489	23.414	5.667	1.333	32.16 @ 940.3 m
平均值	1.474	−0.004	−0.002	−0.008	1.462
中位值	1.656	0.005	−0.002	−0.005	1.572
均方值	4.427	2.780	0.529	0.201	5.410

表 13.11b　地面垂线偏差东西分量　　　　　　（单位：″）

统计量	模型 Helmert 值	残余 Helmert 值	远区影响	间接地形影响	总偏差值
最小值	−19.45	−33.964	−4.085	−0.613	−34.662 @1755.9 m
最大值	26.52	35.13	3.765	2.722	58.057 @2334.1 m
平均值	−4.564	−0.004	−0.001	0.097	−4.472
中位值	−5.628	0.013	−0.001	0.027	−5.554
均方值	7.088	4.011	0.531	0.267	8.289

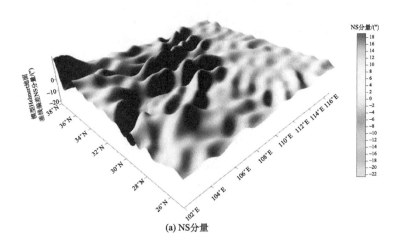

(a) NS分量

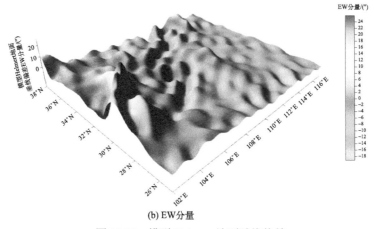

(b) EW分量

图 13.30 模型 Helmert 地面垂线偏差

Helmert 垂线偏差的模型值代表中、低频成分,而残余值则代表高频成分。在山区,地形起伏大,垂线偏差值往往很大。大垂线偏差值,或者出现在高山区,或者出现于地形变化大的地点(参见上表中 4 个极值后注明的所在点高度)。

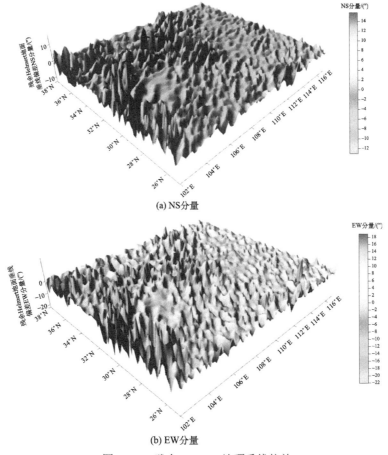

(a) NS分量

(b) EW分量

图 13.31 残余 Helmert 地面垂线偏差

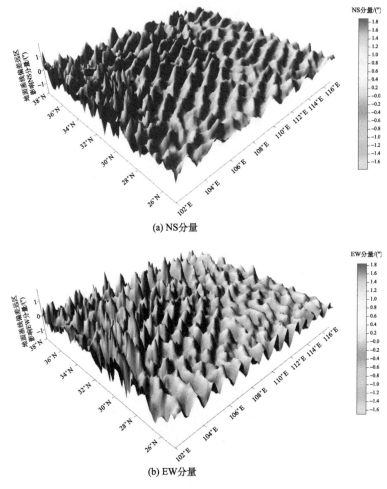

(a) NS分量

(b) EW分量

图 13.32　地面垂线偏差远区影响

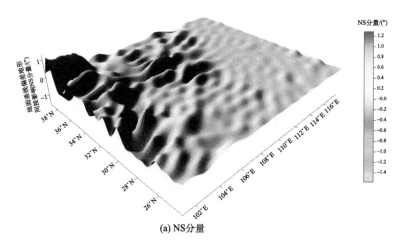

(a) NS分量

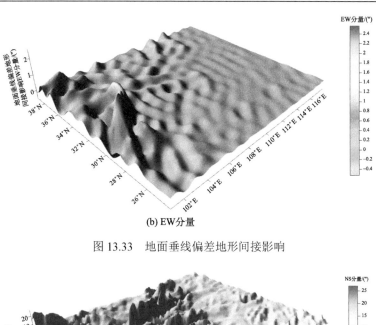

(b) EW 分量

图 13.33　地面垂线偏差地形间接影响

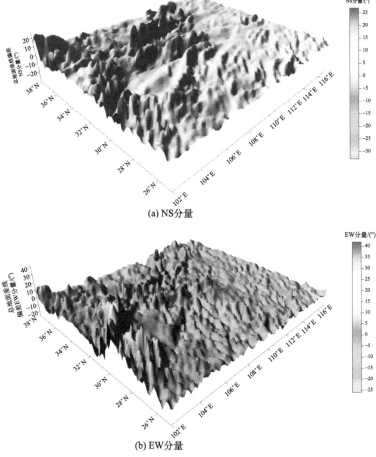

(a) NS 分量

(b) EW 分量

图 13.34　总地面垂线偏差

　　我们的垂线偏差结果，目前尚未进行外部检核。实验数据，特别是山区的数值之大可能会令人震惊。其实，这种现象并不新奇，早为学者们所注意。19 世纪中叶，Prait

在喜马拉雅山脉发现，根据地形质量引力计算一个站的垂线偏差为 28″，而天文观测值却为 5″(Heiskanen and Moritz, 1967)。当时人们已发现，计算值大于观测值好几倍。Bouguer 在秘鲁进行弧度测量时同样发现，由山的质量计算的垂线偏差大于观测值(Torge, 2001)。原来是，在山区，地形质量被补偿了，实际垂线偏差没有计算值那么大。地球物理与大地测量的证据表明(Heiskanen and Moritz, 1967)，地球大约 90% 都被均衡补偿掉了。根据 Martinec 的研究，相对 Helmert 第二压缩模型，Airy-Heiskanen 均衡模型可以更有效地减小空间重力异常的高频成分(Martinec, 1996)。为了查明山区垂线偏差值出现异常的原因，进行用 Airy-Heiskanen 均衡模型计算垂线偏差的实验看来是必要的。

2. 地面垂线偏差与椭球面垂线偏差的比较

我们做该项比较的目的，在于考察地形对垂线偏差的影响。表 13.12 列出了 176 341 个 2′ 格网的地面垂线偏差值与其相应的椭球面垂线偏差不符值的统计数据。图 13.35 绘出了不符值的空间分布。表 13.13a 和表 13.13b 列出了表 13.12 中紧邻 4 个极值点的周围地形情况。在那里，我们用加黑体特别标出了 ξ 或 η 的极值，及其对应的地形高度值 h。我们发现，所有极值点的出现，均与地形高的突然变化有关。这说明，地面垂线偏差与椭球面垂线偏差的差异较大，主要由地形变化所致。不过，由于地壳均衡关系，垂线偏差变化或许没有表列数值那么大。

表 13.12　地面垂线偏差–椭球面垂线偏差统计　　　　　　　(单位：″)

统计量	NS 分量	EW 分量
最小值	**−10.153**	**−31.901**
最大值	**9.124**	**43.695**
平均值	−0.024	0.163
中位值	−0.028	0.046
均方值	0.606	1.985

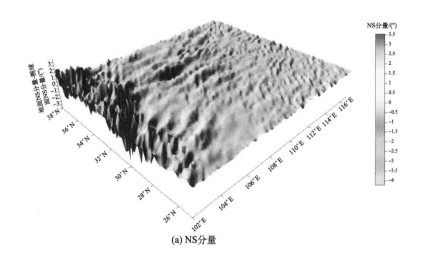

(a) NS 分量

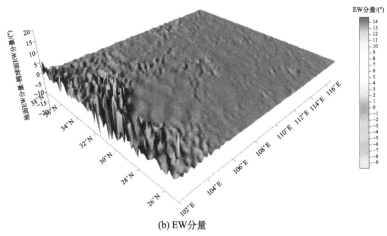

(b) EW分量

图 13.35　地面垂线偏差–椭球面垂线偏差

表 13.13a　垂线偏差南北分量极值点及其周围的地形高变化

h/m	$\xi/''$	$\eta/''$
332.5	−0.403	−0.108
4 504.9	**−10.153**	−24.541
3 605.6	−5.903	−22.809
20.8	−0.249	−0.141
4 377.7	**9.124**	20.119
4 118.4	8.403	8.952

表 13.13b　垂线偏差东西分量极值点及其周围的地形高变化

h/m	$\xi/''$	$\eta/''$
287.6	0.014	−0.053
4 904.6	−0.917	**−31.901**
3 778.5	−1.040	−26.307
4 168.0	−3.667	−14.730
3 351.4	−3.700	5.461
4 238.5	−2.127	**43.695**
5 038.6	−5.988	8.434
4 195.8	−6.214	−21.017

　　至此，我们不妨对本次数值实验简单做一小结：实验验证了我们的第二大地边值问题的理论方法，检验了大地水准面高解和高程异常解的精度，给出的数值结果还是比较满意的。至于垂线偏差解，目前尚无外部检核。有些问题(如高山区数值偏大问题)尚需进一步探讨。

　　关于第二大地边值问题(以参考椭球面为边界面)的研究，我们已经取得了一些有意义的成果，但是某些问题研究得尚不够深入，某些问题甚至还未研究。在第二大地边值问题的执行方面，更存在一些实际问题。在理论和实践方面，我们觉得，以下两个问题尤其值得关注。

地形均衡改正问题　在重力大地边值问题中，常常要求重力进行地形均衡归算。对于我们的以参考椭球面为边界面的第二大地边值问题，离散重力值的插值选择在参考椭球面上进行，因而地面重力需要归算到参考椭球面。当前均衡归算多采用 Airy-Heiskanen 模型。在陆地，该模型大抵适用；在海洋，出现一些新情况。海洋面或者在参考椭球面之上，或者在参考椭球面之下，或者部分在之上和部分在之下。还有一种情况，即在参考椭球面积之下，存在一种以大气形式出现的"地形"。这些特殊情况，原来的 Airy-Heiskannen 模型不曾遇到，我们这里均针对性地提出了相应的改正方法与模型。我们的扩展的 Airy-Heiskanen 模型还有待检验。毫无疑问，还有完善和改进的空间。

数据问题　当前重力点高程为大地高者甚少，绝大多数重力点历史数据，是重力异常，而不是重力扰动；其高程是正高或正常高，而不是大地高。为执行以参考椭球面为边界面的第二大地边值问题，正高或正常高需要转换为大地高，重力异常需要转换为重力扰动。这些转换原则上说无技术上困难，但执行起来并非易事，涉及诸多方面，需要赋诸多方面努力。

第 14 章　旋转椭球面第二大地边值问题

14.1　引　　言

地球形状的第一近似是球；第二近似是旋转椭球。用球近似 Stokes 问题或 Hotine 问题确定大地水准面高的相对误差为地球扁率级 3×10^{-3}，绝对误差为 0.3 m 甚至更大；假定以旋转椭球面为边界面，由椭球线性化引起的大地水准面的相对误差为 1.5×10^{-5}，绝对误差不超过 2 mm(Martinec，1998)。可见，研究旋转椭球面大地边值问题是有意义的，特别是在追求 1 cm 大地水准面的 21 世纪，研究这一问题更有现实意义。Claessens(2006)在球谐框架下解椭球面边值问题，应用于全球重力场模型计算与 Stokes 积分的椭球改正。该方法仅用重力场球谐模型，不用地面重力数据，应用于计算局部或地区大地水准面受限。Martinec 和 Grafarend(1997)在椭球谐框架下解椭球面 Stokes 问题，给出了椭球 Stokes 函数(实际为椭球改正)的空间形式，用 Stokes 积分加边界面椭球化引起的改正之和作为最后解，这一方法不失为一条通向计算局部或地区大地水准面的可行途径。然而，椭球 Stokes 函数的空间形式比较复杂，也难于把握精度。我们沿用这一思想讨论椭球面 Hotine 问题，用球 Hotine 积分加上椭球 Hotine 函数改正作为最后解。不过我们使用谱形式的椭球 Hotine 函数，而未使用其空间形式，使用椭球函数的谱形式计算，机时开销稍大，但却能取得更精确的结果。对于现代计算能力而言，机时开销似乎不应是过分担心的严重问题。

我们主张，第二大地边值问题的边界面采用地心参考椭球面，因为只有这样才能直接确定大地水准面高，同时又能够直接确定地面点的高程异常。可以得到大地水准面高，又可以得到地面点高程异常，岂不是两全其美！Molodensky 理论允许人们直接确定地面点的高程异常。人们如果既想得到地面点高程异常，又想得到大地水准面高，通常是要利用大地水准面高与高程异常之间的关系($N-\zeta=\dfrac{\bar{g}-\bar{\gamma}}{\bar{\gamma}}H$，$\bar{g}-\bar{\gamma}\approx\Delta g_{\mathrm{B}}$)进一步推算出大地水准面高。我们称这样的过程叫做间接确定大地水准面高。如此得到的大地水准面高，经验证明往往难以保证精度。倘若我们视地球表面为旋转椭球面作为边界面来确定地面点的扰动位，进而确定该点相对地心参考椭球(旋转椭球)面的高程，这样得到的高程是通过地面点的那个水准面之高程，并非大地水准面之高程。唯有以地心参考椭球面为边界面，才能得到真正大地水准面高。所以，在下面的讨论中，我们假定参考椭球面为边界面，并且假定参考椭球面以外的地形质量已经移去。

14.2　扰动位解式

研究椭球面边值问题，通常使用椭球坐标 u,ϑ,λ，这里 u 代表通过讨论点的共焦椭球的短半轴，ϑ、λ 代表讨论点的余归化纬度和地心经度，下文用 Ω 表示。关于椭球坐标详情见本章附录 1。

椭球面第二大地边值问题公式化为求扰动位 T，使得

$$
\begin{cases}
\nabla^2 T = 0 & \text{边界面外} & (14.1a) \\
\dfrac{\partial T}{\partial h} = -\delta g & \text{在边界面} \quad (h \text{ 代表边界面的外法线方向}) & (14.1b) \\
T = 0 & \text{无穷远} & (14.1c)
\end{cases}
$$

Laplace 方程（14.1a）的解可用下式表示（Heiskanen and Mozitz, 1967）

$$
T(u,\Omega) = \sum_{j=0}^{\infty} \sum_{m=-j}^{j} T_{jm} \frac{Q_{jm}(iu/E)}{Q_{jm}(ib/E)} Y_{jm}(\Omega) \tag{14.2}
$$

式中，T_{jm} 为椭球谐系数；$Q_{jm}(iu/E)$ 和 $Q_{jm}(ib/E)$ 为第二类勒让德函数；$Y_{jm}(\Omega)$ 为 j 阶 m 次球谐函数；b 为参考（旋转）椭球的短半轴。

$Q_{jm}(iu/E)$ 可表示为（见本章附录 2）

$$
Q_{jm}(iu/E) = (-1)^{m-(j+1)/2} \frac{(j+m)!}{(2j+1)!!} e^{j+1} \sum_{k=0}^{\infty} \alpha_{jmk} e^{2k} \tag{14.3}
$$

式中，e 为短半轴为 u 的共焦椭球的子午椭圆之第一偏心率；系数 α_{jmk} 由如下递推关系定义（见本章附录 2）

$$
\alpha_{jmk} = \frac{(j+2k-1)^2 - m^2}{2k(2j+2k+1)} \alpha_{jm,k-1} \quad k \geqslant 1 \quad \text{初始值} \, \alpha_{jm0} = 1 \tag{14.4}
$$

类似地，$Q_{jm}(ib/E)$ 可表示为

$$
Q_{jm}(ib/E) = (-1)^{m-(j+1)/2} \frac{(j+m)!}{(2j+1)!!} e_0^{j+1} \sum_{k=0}^{\infty} \alpha_{jmk} e_0^{2k} \tag{14.5}
$$

式中，e_0 是短半轴为 b 的参考椭球的子午椭圆之第一偏心率。

将式（14.3）和式（14.5）代入式（14.2），扰动位 $T(u,\Omega)$ 可化为

$$
T(u,\Omega) = \sum_{j=0}^{\infty} \sum_{m=-j}^{j} T_{jm} \frac{e^{j+1} \sum\limits_{k=0}^{\infty} \alpha_{jmk} e^{2k}}{e_0^{j+1} \sum\limits_{k=0}^{\infty} \alpha_{jmk} e_0^{2k}} Y_{jm}(\Omega) \tag{14.6}
$$

首先，让我们推求系数 T_{jm}。如所周知，扰动重力 $\delta g(\Omega)$ 可以展开为球谐 $Y_{jm}(\Omega)$ 的级数

$$
\delta g(\Omega) = \frac{1}{4\pi} \sum_{j=0}^{\infty} \sum_{m=-j}^{j} \int_{\Omega_0} \delta g(\Omega') Y_{jm}(\Omega') \mathrm{d}\Omega' Y_{jm}(\Omega) \tag{14.7}
$$

另一方面，根据边界条件（14.1b），$\delta g(\Omega)$ 又可表示为 $T(u,\Omega)$ 在边界面 h 方向的导数

$$
-\delta g(\Omega) = \sum_{j=0}^{\infty} \sum_{m=-j}^{j} \frac{1}{Q_{jm}(ib/E)} \left[\frac{\partial Q_{jm}(iu/E)}{\partial u} \frac{\partial u}{\partial h} \right]_{u=b} T_{jm} Y_{jm}(\Omega) \tag{14.8}
$$

比较式 (14.7) 和式 (14.8) 中球谐 $Y_{jm}(\Omega)$ 之前的因式，得知系数 T_{jm} 可表示为

$$T_{jm} = -\frac{1}{4\pi} \frac{\displaystyle\int_{\Omega_0} \delta g(\Omega') Y_{jm}(\Omega') \mathrm{d}\Omega'}{\displaystyle\frac{1}{Q_{jm}(ib/E)} \left[\frac{\partial Q_{jm}(iu/E)}{\partial u} \frac{\partial u}{\partial h} \right]\bigg|_{u=b}} \qquad (14.9)$$

在参考椭球面，u 对 h 的偏导数是

$$\frac{\partial u}{\partial h}\bigg|_{u=b} = \frac{1}{\sqrt{1-e_0^2 \sin^2 \vartheta}} \quad (\text{见附录 E}) \qquad (14.10)$$

将分母展开为 e_0^2 的幂级数，得

$$\frac{\partial h}{\partial u}\bigg|_{u=b} = \sqrt{1-e_0^2 \sin^2 \vartheta} = 1 - \frac{e_0^2}{2}\sin^2 \vartheta + \cdots \qquad (14.10\mathrm{a})$$

此式取至 e_0^2 项，代入式 (14.9)

$$T_{jm} = -\frac{1}{4\pi}\left(1 - \frac{1}{2}e_0^2 \sin^2 \vartheta\right) \frac{\displaystyle\int_{\Omega_0} \delta g(\Omega') Y_{jm}(\Omega') \mathrm{d}\Omega'}{\displaystyle\frac{1}{Q_{jm}(ib/E)} \frac{\partial Q_{jm}(iu/E)}{\partial u}\bigg|_{u=b}} \qquad (14.11)$$

根据式 (14.3)，得

$$\frac{\partial Q_{jm}(iu/E)}{\partial u} = (-1)^{m-(j+1)/2} \frac{(j+m)!}{(2j+1)!!} e^j \sum_{k=0}^{\infty}(2k+j+1)\alpha_{jmk}e^{2k}\frac{\partial e}{\partial u} \qquad (14.12)$$

根据

$$e = \frac{E}{\sqrt{u^2+E^2}} \qquad (14.13)$$

得

$$\frac{\partial e}{\partial u} = (1-e^2)\frac{e}{u} \qquad (14.14)$$

将式 (14.14) 代入式 (14.12)，得

$$\frac{\partial Q_{jm}(iu/E)}{\partial u} = (-1)^{m-(j+1)/2}\frac{(j+m)!}{(2j+1)!!}(1-e^2)\frac{e^{j+1}}{u}\sum_{k=0}^{\infty}(-2k-j-1)\alpha_{jmk}e^{2k} \qquad (14.15)$$

那么，根据式 (14.15) 和式 (14.5)，得

$$\frac{1}{Q_{jm}(ib/E)}\frac{\mathrm{d}Q_{jm}(iu/E)}{\mathrm{d}u}\bigg|_{u=b} = \frac{(1-e_0^2)\displaystyle\sum_{k=0}^{\infty}(-2k-j-1)\alpha_{jmk}e_0^{2k}}{b\displaystyle\sum_{k=0}^{\infty}\alpha_{jmk}e_0^{2k}} \qquad (14.16)$$

将式 (14.16) 代入式 (14.11)，得到系数 T_{jm} 的表达式

$$T_{jm} = -\frac{b}{4\pi}\left(1 - \frac{1}{2}e_0^2\sin^2\vartheta\right)\frac{\sum\limits_{k=0}^{\infty}\alpha_{jmk}e_0^{2k}}{(1-e_0^2)\sum\limits_{k=0}^{\infty}(-2k-j-1)\alpha_{jmk}e_0^{2k}}\int_{\Omega_0}\delta g(\Omega')Y_{jm}(\Omega')\mathrm{d}\Omega' \qquad (14.17)$$

将此式代入式(14.6)，并交换积分与求和的顺序，得扰动位的最后解式

$$T(u,\Omega) = \frac{b}{4\pi}\left(1 - \frac{1}{2}e_0^2\sin^2\vartheta\right)\int_{\Omega_0}\delta g(\Omega')\sum_{k=0}^{\infty}\frac{1}{j+1}\sum_{m=-j}^{\infty}c_{jm}(e)Y_{jm}(\Omega')Y_{jm}(\Omega)\mathrm{d}\Omega' \qquad (14.18)$$

式中

$$c_{jm}(e) = \frac{e^{j+1}\sum\limits_{k=0}^{\infty}\alpha_{jmk}e^{2k}}{(1-e_0^2)e_0^{j+1}\sum\limits_{k=0}^{\infty}\left(\frac{2k}{j+1}+1\right)\alpha_{jmk}e_0^{2k}} \qquad (14.19)$$

14.3　大地水准面高解式

根据式(14.18)，对于边界面(参考椭球面)上一点，有

$$T(b,\Omega) = \frac{b}{4\pi}\left(1 - \frac{1}{2}e_0^2\sin^2\vartheta\right)\int_{\Omega_0}\delta g(\Omega')\sum_{j=0}^{\infty}\frac{1}{j+1}\sum_{m=-j}^{j}c_{jm}(e_0)Y_{jm}(\Omega')Y_{jm}(\Omega)\mathrm{d}\Omega'$$

$$(14.20)$$

式中

$$c_{jm}(e_0) = \frac{\sum\limits_{k=0}^{\infty}\alpha_{jmk}e_0^{2k}}{(1-e_0^2)\sum\limits_{k=0}^{\infty}\left(\frac{2k}{j+1}+1\right)\alpha_{jmk}e_0^{2k}} \qquad (14.21)$$

令

$$\mu_{jm}(e_0) = c_{jm}(e_0) - 1 = \frac{\sum\limits_{k=0}^{\infty}\alpha_{jmk}e_0^{2k} - (1-e_0^2)\sum\limits_{k=0}^{\infty}\left(\frac{2k}{j+1}+1\right)\alpha_{jmk}e_0^{2k}}{(1-e_0^2)\sum\limits_{k=0}^{\infty}\left(\frac{2k}{j+1}+1\right)\alpha_{jmk}e_0^{2k}} \qquad (14.22)$$

则式(14.20)可以改写成

$$T(b,\Omega) = \frac{b}{4\pi}\left(1 - \frac{1}{2}e_0^2\sin^2\vartheta\right)\int_{\Omega_0}\delta g(\Omega')\sum_{j=0}^{\infty}\frac{1}{j+1}\sum_{m=-j}^{j}\left(1+\mu_{jm}(e_0)\right)Y_{jm}(\Omega')Y_{jm}(\Omega)\mathrm{d}\Omega'$$

$$(14.23)$$

利用分解定理

$$p_j(\cos\psi) = \frac{1}{2j+1}\sum_{m=-j}^{j}Y_{jm}(\Omega')Y_{jm}(\Omega) \qquad (14.24)$$

$$\cos\psi = \cos\vartheta\cos\vartheta' + \sin\vartheta\sin\vartheta'\cos(\lambda'-\lambda) \tag{14.25}$$

那么到 e_0^2 项，式(14.23)变为

$$T(b,\Omega) = \frac{b}{4\pi}\int_{\Omega_0}\delta g(\Omega')\Big[H(\psi) + H^{ell}(\Omega,\ \Omega')\Big]\mathrm{d}\Omega' \tag{14.26}$$

式中

$$H(\psi) = \sum_{j=0}^{\infty}\frac{2j+1}{j+1}P_j(\cos\psi) \tag{14.27}$$

为熟知的球 Hotine 函数

$$\begin{aligned}
H^{ell}(\Omega,\Omega') = {} & \sum_{j=0}^{\infty}\frac{1}{j+1}\sum_{m=-j}^{j}\mu_{jm}(e_0)Y_{jm}(\Omega')Y_{jm}(\Omega) \\
& -\frac{1}{2}e_0^2\sin^2\vartheta\sum_{j=0}^{\infty}\frac{2j+1}{j+1}P_j(\cos\psi)
\end{aligned} \tag{14.28}$$

为边界面的椭球 Hotine 函数。

下面简化 $H^{ell}(\Omega,\Omega')$。根据式(14.22)，系数 $\mu_{jm}(e_0)$ 改化为

$$\begin{aligned}
\mu_{jm}(e_0) = {} & \frac{e_0^2\sum_{k=0}^{\infty}\alpha_{jmk}e_0^{2k} - (1-e_0^2)\sum_{k=0}^{\infty}\left(\dfrac{2k}{j+1}\right)\alpha_{jmk}e_0^{2k}}{(1-e_0^2)\sum_{k=0}^{\infty}\left(\dfrac{2k}{j+1}+1\right)\alpha_{jmk}e_0^{2k}} \\[2mm]
= {} & \frac{e_0^2\Big[1-2\alpha_{jm1}/(j+1)\Big] + e_0^4\Big[\alpha_{jm1}\big(1+2/(j+1)\big)-4\alpha_{jm2}/(j+1)\Big] + O(e_0^6)}{1-e_0^2\Big[1-\alpha_{jm1}\big(1+2/(j+1)\big)\Big]-e_0^4\Big[\alpha_{jm1}\big(1+2/(j+1)\big)-\alpha_{jm2}\big(1+4/(j+1)\big)\Big]+O(e_0^6)} \\[2mm]
= {} & e_0^2\left(1-\frac{2\alpha_{jm1}}{j+1}\right) + e_0^4\left(1-\frac{2\alpha_{jm1}}{j+1}+\frac{2\alpha_{jm1}^2}{j+1}+\frac{4\alpha_{jm1}^2}{(j+1)^2}-\frac{4\alpha_{jm1}^2}{j+1}\right)+O(e_0^6)
\end{aligned} \tag{14.29}$$

利用

$$\alpha_{jm1} = \frac{(j+1)^2-m^2}{2(2j+3)} \tag{14.30}$$

则得，至 e_0^2 项

$$\mu_{jm}(e_0^2) = e_0^2\left(1-\frac{(j+1)^2-m^2}{(2j+3)(j+1)}\right) \tag{14.31}$$

于是，有

$$H^{ell}(\Omega,\Omega') = e_0^2\left(\sum_{j=0}^{\infty}\sum_{m=-j}^{j}s_{jm}Y_{jm}(\Omega')Y_{jm}(\Omega)-\frac{\sin^2\vartheta}{2}\sum_{j=0}^{\infty}t_jP_j(\cos\psi)\right) \tag{14.32}$$

式中

$$s_{jm} = \frac{1}{j+1} - \frac{(j+1)^2 - m^2}{(2j+3)(j+1)^2}, \quad t_j = \frac{2j+1}{j+1} \tag{14.33}$$

$$Y_{jm}(\Omega')Y_{jm}(\Omega) = P_{jm}(\cos\vartheta')P_{jm}(\cos\vartheta)\cos(m\lambda' - m\lambda) \tag{14.34}$$

式中，ϑ'、λ' 和 ϑ、λ 分别代表积分点和计算点的余归化纬度与地心经度。

最后，用似 Bruns 公式将扰动位 $T(b, \Omega)$ 转换成大地水准面高：

$$N(b, \Omega) = \frac{b}{4\pi g_0} \int_{\Omega_0} \delta g(\Omega') \left[H(\psi) + H^{\text{ell}}(\Omega, \Omega') \right] \mathrm{d}\Omega' \tag{14.35}$$

式中，g_0 为参考椭球面处的重力。

14.4　高程异常解式

式 (14.18) 表明，扰动位 $T(u, \Omega)$ 仅系数 $c_{jm}(e)$ 与 u 有关。$c_{jm}(e)$ 可展开为在 $u=b$ 处的 $\Delta u = u - b$ 之泰勒级数，至 Δu 的一次项，我们有

$$c_{jm}(e) = c_{jm}(e_0) + \left. \frac{\partial c_{jm}(e)}{\partial u} \right|_{u=b} \Delta u \tag{14.36}$$

根据式 (14.19)，$c_{jm}(e)$ 对 e 取偏导数，得

$$\frac{\partial c_{jm}(e)}{\partial e} = \frac{\sum\limits_{k=0}^{\infty}(2k+j+1)\alpha_{jmk}e^{2k+j}}{(1-e_0^2)e_0^{j+1}\sum\limits_{k=0}^{\infty}\left(\frac{2k}{j+1}+1\right)\alpha_{jmk}e_0^{2k}} \tag{14.37}$$

那么

$$\frac{\partial c_{jm}(e)}{\partial u} = \frac{\partial c_{jm}(e)}{\partial e}\frac{\partial e}{\partial u} = -\frac{1}{u}\frac{(1-e^2)\sum\limits_{k=0}^{\infty}(2k+j+1)\alpha_{jmk}e^{2k+j+1}}{(1-e_0^2)\sum\limits_{k=0}^{\infty}\left(\frac{2k}{j+1}+1\right)\alpha_{jmk}e_0^{2k+j+1}} \tag{14.38}$$

这里用到了式 (14.14)。在参考椭球面上，

$$\left. \frac{\partial c_{jm}(e)}{\partial u} \right|_{u=b} = -\frac{j+1}{b} \tag{14.39}$$

这样，根据式 (14.36)，注意到式 (14.22)，有

$$c_{jm}(e) = 1 + \mu_{jm}(e_0) - (j+1)\frac{\Delta u}{b} \tag{14.40}$$

将该式代入式 (14.18)，得地球表面一点 (u, Ω) 的扰动位

$$T(u, \Omega) = \frac{b}{4\pi}\left(1 - \frac{1}{2}e_0^2\sin^2\vartheta\right)\int_{\Omega_0}\delta g(\Omega')\sum_{j=0}^{\infty}\sum_{m=-j}^{j}\left[\frac{1}{j+1} + \frac{\mu_m(e_0)}{j+1} - \frac{\Delta u}{b}\right]Y_{jm}(\Omega')Y_{jm}(\Omega)\mathrm{d}\Omega' \tag{14.41}$$

运用分解定理，并注意到 $\Delta u/b$ 与 e 的同量级，则该式可以进一步写成

$$T(u,\Omega)=\frac{b}{4\pi}\int_{\Omega_0}\delta g(\Omega')\Big[H(\psi)+H_{\text{surface}}^{\text{ell}}(\Omega,\Omega')\Big]\mathrm{d}\Omega' \tag{14.42}$$

式中，$H(\psi)$ 为球 Hotine 函数，用式（14.27）计算；$H_{\text{surface}}^{\text{ell}}$ 为地面的椭球 Hotine 函数，

$$H_{\text{surface}}^{\text{ell}}(\Omega,\Omega')=e_0^2\left(\sum_{j=0}^{\infty}\sum_{m=-j}^{j}\left(s_{jm}-\frac{\Delta u}{b}\right)Y_{jm}(\Omega')Y_{jm}(\Omega)\mathrm{d}\Omega'-\frac{\sin^2\vartheta}{2}\sum_{j=0}^{\infty}t_jP_j(\cos\psi)\right)$$
$$\tag{14.43}$$

式中，s_{jm} 和 t_j 用式（14.33）计算。

最后，用 Bruns 公式将扰动位 $T(u,\Omega)$ 转换成高程异常：

$$\zeta(u,\Omega)=\frac{b}{4\pi\gamma}\int_{\Omega_0}\delta g(\Omega')\Big[H(\psi)+H_{\text{surface}}^{\text{ell}}(\Omega,\Omega')\Big]\mathrm{d}\Omega' \tag{14.44}$$

式中，γ 代表似地形面上的正常重力。

14.5　小结与展望

本章研究了真正意义上的椭球面第二大地边值问题。所谓真正意义是指边界面为旋转椭球面而言。我们问题的边界面选择了地心参考椭球面，如此选择的好处是既能直接确定大地水准面高，也能直接确定地面高程异常。本章首先推导了扰动位的解式，然后又给出了大地水准面高和高程异常的解式。这些解式的积分核函数形式都是球 Hotine 积分核加上椭球 Hotine 函数，与通常的球 Hotine 积分加上椭球改正的惯常作法一致。这样做是为了便于局部或地区大地水准面计算，现有软件的程序也不需要大的改动。

球是地球形状的第一近似，旋转椭球是其第二近似。地心参考椭球面是与全球大地水准面最接近的一个数学面，椭球面第二大地边值问题是研究地球形状与其外部重力场很有用的工具。随着地球形状及其外部重力场研究的深入，大地边值问题的理论需要有新发展、新突破；旋转椭球面第二大地边值问题当是大地边值问题研究的发展趋势，符合大地测量的发展方向。旋转椭球面第二大地边值问题具有广泛的内涵，包括椭球面大地边值问题的解法，以及椭球谐位理论与模型的应用等。真正椭球面大地边值问题包含有别于传统大地边值问题的新内容。另一方面，真正椭球面大地边值问题并不是独立于传统大地边值方法而孤立存在的。事实上，椭球面大地边值问题是球近似大地边值问题的发展，与球近似大地边值问题具有密切的联系。球近似大地边值问题一定是椭球面大地边值问题的比较和参照。对于旋转椭球面大地边值问题研究，我们给出的边值问题解法或解式，无疑需要进一步细化和具体化，如 Hotine 积分半径选择，椭球 Hotine 函数的频谱阶次选择及其与积分半径的关系；远区影响的顾及方法，移去-计算-恢复技术的应用等问题，不可避免地都要涉及。诸多问题的满意回答显然有赖于进一步的研究工作。

附录 1 椭 球 坐 标

一点 P 的直角坐标为 x,y,z。设想通过 P 作一旋转椭球面，其中心在 xyz 坐标系原点 O，旋转轴与 z 轴重合，线偏心率为常数值 $E=\sqrt{a^2-b^2}$，a、b 为参考椭球的长、短半轴。坐标 u 为该旋转椭球之短半轴，ϑ 为 P 点余归化纬度，λ 为 P 点的地心经度。椭球坐标 u,ϑ,λ 到直角坐标 x,y,z 的转换关系是 (Heiskanen and Mozitz, 1967)

$$
\begin{aligned}
x &= \sqrt{u^2+E^2}\,\sin\vartheta\cos\lambda \\
y &= \sqrt{u^2+E^2}\,\cos\vartheta\cos\lambda \\
z &= u\sin\vartheta
\end{aligned}
\tag{附 1.1}
$$

由直角坐标 x,y,z 到椭球坐标 u,ϑ,λ 的转换关系是 (Vaníček and Krakiwsky, 1986; NIMA WGS84 update committee, 1997)

$$
u = \left\{\frac{1}{2}\left[x^2+y^2+z^2-E^2+\sqrt{(x^2+y^2+z^2-E^2)^2+4E^2z^2}\right]\right\}^{1/2}
$$

$$
\vartheta = \mathrm{ctg}^{-1}\left(\frac{z\sqrt{u^2+E^2}}{u\sqrt{x^2+y^2}}\right)
\tag{附 1.2}
$$

$$
\lambda = \cos^{-1}\left(\sqrt{\frac{x^2+y^2}{u^2+E^2}}\right)
$$

附录 2 第二类勒让德函数的幂级数展开式

以下推导参照 Martinec and Grafarend (1997)。设 z 为一复数，对于 $|z|>1$，第二类勒让德函数定义为 (亦见《数学手册》编写组，1979)

$$
Q_{jm}(z) = \frac{e^{i\pi m}\sqrt{\pi}\,\Gamma(1+j+m)}{2^{j+1}\,\Gamma\left(j+\frac{3}{2}\right)}\frac{(z^2-1)^{\frac{m}{2}}}{z^{1+j+m}}F\left(\frac{1+j+m}{2},\frac{2+j+m}{2};\ j+\frac{3}{2};\frac{1}{z^2}\right)
\tag{附 2.1}
$$

式中，$\Gamma(z)$ 为 Γ 函数；$F(\alpha,\beta;\gamma;z)$ 为超几何函数。用超几何函数的线性变换公式 (亦见《数学手册》编写组，1979)

$$
F(\alpha,\beta;\gamma;z) = (1-z)^{-\alpha}F\left(\alpha,\gamma-\beta;\gamma;\frac{z}{z-1}\right)
\tag{附 2.2}
$$

上式中的超几何函数变成

$$
F\left(\frac{1+j+m}{2},\frac{2+j+m}{2};j+\frac{3}{2};\frac{1}{z^2}\right) = \left(1-\frac{1}{z^2}\right)^{-\frac{1+j+m}{2}}F\left(\frac{j+m+1}{2},\frac{j-m+1}{2};j+\frac{3}{2};\frac{1}{1-z^2}\right)
$$

$$
\tag{附 2.3}
$$

利用关系式(亦见《数学手册》编写组，1979)

$$\Gamma(j+m+1)=(j+m)! \qquad (j+m \text{ 为正整数}) \tag{附 2.4}$$

$$\Gamma\left(j+\frac{3}{2}\right)=\frac{(2j+1)!!}{2^{j+1}}\sqrt{\pi} \tag{附 2.5}$$

并考虑到(附 2.3)，有

$$Q_{jm}(z)=(-1)^m\frac{(j+m)!}{(2j+1)!!}\left(z^2-1\right)^{-\frac{j+1}{2}}F\left(\frac{j+m+1}{2},\frac{j-m+1}{2};j+\frac{3}{2};\frac{1}{1-z^2}\right) \tag{附 2.6}$$

这里仅考虑了 m 为整数，这样 $e^{im\pi}=(-1)^m$。

特别地，若

$$z=i\frac{u}{E} \tag{附 2.7}$$

有

$$1-z^2=\frac{1}{e^2} \tag{附 2.8}$$

这里 e 为第一偏心率。现在(附 2.6)变成

$$Q_{jm}\left(i\frac{u}{E}\right)=(-1)^{m-(j+1)/2}\frac{(j+m)!}{(2j+1)!!}e^{j+1}F\left(\frac{j+m+1}{2},\frac{j-m+1}{2};j+\frac{3}{2};e^2\right) \tag{附 2.9}$$

对于 $|z|<1, \gamma\neq 0,-1,-2,\cdots$，超级几何函数可以表示为高斯超级几何级数(亦见《数学手册》编写组，1979)

$$F(\alpha,\beta;\gamma;z)=\frac{\Gamma(\gamma)}{\Gamma(\alpha)\Gamma(\beta)}\sum_{k=0}^{\infty}\frac{\Gamma(k+\alpha)\Gamma(k+\beta)}{\Gamma(k+\gamma)}\frac{z^k}{k!} \tag{附 2.10}$$

用该式，得到

$$Q_{jm}\left(i\frac{u}{E}\right)=(-1)^{m-(j+1)/2}\frac{(j+m)!}{(2j+1)!!}e^{j+1}\sum_{k=0}^{\infty}\alpha_{jmk}e^{2k} \tag{附 2.11}$$

式中

$$\alpha_{jmk}=\frac{1}{k!}\frac{\Gamma\left(\frac{j+m+1}{2}+k\right)\Gamma\left(\frac{j-m+1}{2}+k\right)\Gamma\left(\frac{2j+3}{2}\right)}{\Gamma\left(\frac{j+m+1}{2}\right)\Gamma\left(\frac{j-m+1}{2}\right)\Gamma\left(\frac{2j+3}{2}+k\right)} \tag{附 2.12}$$

下面计算系数 α_{jmk}。用

$$\Gamma\left(n+\frac{1}{2}\right)=\frac{(2n-1)!!}{2^n}\sqrt{\pi} \tag{附 2.13}$$

代替式(附 2.12)中的 Γ 函数，得

$$\alpha_{jmk} = \frac{1}{k!2^n} \frac{\left[2\left(\dfrac{j+m+2k-2}{2}\right)+1\right]!!\left[2\left(\dfrac{j-m+2k-2}{2}\right)+1\right]!!(2j+1)!!}{\left[2\left(\dfrac{j+m-2}{2}\right)+1\right]!!\left[2\left(\dfrac{j-m-2}{2}\right)+1\right]!!(2j+2k+1)!!} \quad (附 2.14)$$

用

$$(2n+1)!! = \frac{(2n+1)!}{2^n n!} \quad (附 2.15)$$

代替上式中 $(2n+1)$ 的双阶乘，经整理得

$$\alpha_{jmk} = \frac{1}{k!2^k} \frac{(j+1+m)(j+1-m)(j+3+m)(j+3-m)\cdots(j+2k-1+m)(j+2k-1-m)}{(2j+3)(2j+5)\cdots(2j+2k+1)}$$

$$= \frac{1}{2^k k!} \frac{\prod\limits_{\ell=0}^{k-1}\left[(j+2\ell+1)^2 - m^2\right]}{\prod\limits_{\ell=0}^{k-1}(2j+2\ell+3)} \quad (附 2.16)$$

该式使我们能够用如下递推关系定义系数 α_{jmk}:

$$\forall k \geqslant 1: \quad \alpha_{jmk} = \frac{(j+2k-1)^2 - m^2}{2k(2j+2k+1)}\alpha_{jm,k-1}, \quad 初始值\ \alpha_{jm0} = 1 \quad (附 2.17)$$

参 考 文 献

《数学手册》编写组. 1979. 数学手册. 北京: 高等教育出版社.

李斐, 陈武, 岳建利. 2003a. GPS 在物理大地测量中的应用及 GPS 边值问题. 测绘学报, 32 (3): 198-201.

李斐, 陈武, 岳建利. 2003b. GPS/重力边值问题的求解及应用. 地球物理学报, 46 (5): 595-599.

李斐, 岳建利, 张利明. 2005. 应用 GPS/重力数据确定 (似) 大地水准面. 地球物理学报, 48 (2): 294-298.

李建成. 2012. 最新中国陆地数字高程基准模型: 重力似大地水准面 CNGG2011. 测绘学报, 41 (5): 651-660.

李建成, 陈俊勇, 宁津生, 晁定波. 2003. 重力场逼近理论与中国 2000 似大地水准面的确定. 武汉: 武汉大学出版社.

梁昆淼. 1998. 数学物理方法 (第三版, 修订本). 北京: 高等教育出版社.

莫洛金斯基 M C, 叶列梅耶夫 B Ф, 尤尔金娜 M И. 1960. 地球形状与外部引力场的研究方法. 沈鸣岐, 胡明理译自 ТРУДЫЦНИИГАиКВып, 131, MOCKBA 1960. 中国人民解放军总参谋部测绘局印.

于锦海, 张传定. 2003. GPS-重力边值问题. 中国科学 (D 辑), 33 (10): 988-996.

袁惠林, 程传录, 孙彦龙, 等. 2015. 宁夏卫星导航连续运行基准网 (NXCORS) 项目技术总结.

张利明, 李斐, 章传银. 2008. GPS/重力边值问题实用公式推导及分析. 地球物理学进展, 23 (6): 1746-1750.

朱长江, 邓引斌. 2007. 偏微分方程教程. 北京: 科学出版社.

Bjerhammar A, Högskolan K T, Svensson L. 1983. On the geodetic boundary value problem for a fixed boundary surface-satellite approach. Bull. Géod. 57: 382-393.

Bomford G. 1971. Geodesy. Third edition. Oxford University Press.

Briggs I C. 1974. Machine contouring using minimum curvature. Geophysics, 39 (1): 39-48.

Claessens S J. 2006. Solutions to ellipsoidal boundary value problems for gravity field modelling. Thesis for the degree of Doctor of Philosophy of Curtin University of Technology.

Cruz J Y. 1986. Ellipsoidal corrections to potential coefficients obtained from Gravity anomaly data on the ellipsoid. Report 371, Department of Geodetic Science and Surveying, Ohio State University, Columbus, USA.

Eshagh M, Sjöberg L E. 2009. Atmospheric effects on satellite gravity gradiometry data. Journal of Geodynamics, 47: 9-19.

Featherstone W E, Holmes S A, Kirby J F, et al. 2004. Comparison of remove-compute-restore and University of New Brunswick techniques to geoid determination over Australia, and inclusion of Wiener-type filters in reference field contribution. J. Surv. Eng. 130: 40-47.

Featherstone W E, Kirby J F, Hirt C, et al. 2011. The AUSGeoid09 model of the Australian height datum. J. Journal of Geodynamics, 85: 133-150.

Fei Z L, Sideris M. 2001. A new method for computing the ellipsoidal correction for Stokes's formula. Journal of Geodynamics, 74: 223-231, 671.

Forsberg R. 1984. A Study of terrain reductions, density anomalies and geophysical inversion methods in gravity field modelling. Reports of the Department of Geodetic Science and Surveying, Report No. 355.

Förste Ch, Bruinsma S L, Abrikosov O, et al. 2014. EIGEN-6C4—The latest combined global gravity field model including GOCE data up to degree and order 2190 of GFZ Potsdam and GRGS Toulouse.

Goli M, Najafi-Alaamdari M, Vaníček P. 2011. Numerical behaviour of the downward continuation of gravity anomalies. Stud. Geophys. Geod. 55: 191-202.

Heck B. 1997. Formulation and linearization of boundary value problems: from observables to a mathematical model. in: Geodetic boundary value problems in view of the one centimeter geoid, ed. by Fernando Sansò; Reiner Rummel. - Springer.

Heck B. 2003. On Helmert's methods of condensation. Journal of Geodesy, 77: 155-170.

Heck B, K Seitz. 2003. Solution of the linearized geodetic boundary value problem for an ellipsoidal boundary to order e^3. Journal of Geodesy, 77: 182-192.

Heiskanen W A, Moritz H. 1967. Physical Geodesy. W. H. Freeman and Co. , San Francisco.

Hofmann-Wellenhof B, Moritz H. 2006. Physical Geodecy, second edition. Springer Wien New York.

Hotine M. 1969. Mathematical Geodesy. ESSA Monograph 2, U. S Department of Commerce, Washington D. C.

Huang J, Véronneau M. 2005. Applications of downward-continuation in gravimetric geoid modeling: case studies in Western Canada. J Geod, 79: 135-145.

Huang J, Véronneau M. 2013. Canadian gravimetric geoid model 2010. J Geod, 87: 771-790.

Huang J, Veronneau M , Pagiatakis S D . 2003. On the ellipsoidal correction to the spherical Stokes solution of the gravimetric geoid. Journal of Geodesy, 77: 171-181.

Koch K R. 1971. Die geodätische randwertaufgabe bei bekannter Erdoberfläche. ZfV Nr. 6: 218-224.

Kostelecky J, J Klokočník, Bucha B, Bezděk A et al. 2015. Evaluation of the gravity field model EIGEN-6C4 in comparison with EGM2008 by means of various functions of the gravity potential and by GNSS/levelling. Geoinformatics FCE CTU, 14(1).

Lemoine F G, Kenyon S C, Factor J K, et al. 1998. The development of the joint NASA GSFC and the National Imagery and Mapping Agency (NIMA) geopotential model EGM96. National Aeronautics and Space Adminstration Goddard Space Flight Center Greenbelt, Maryland 20771.

Macmillan W D. 1958. The theory of the potential. Dover Publications, Inc. , New York.

Martinec Z. 1996. Stability investigation of a discrete downward continuation problem for geoid determination in the Canadian Rocky mountains. Journal of Geodesy, 70: 805-828.

Martinec Z. 1998. Boundary-value problems for gravimetric determination of a precise geoid. Springer.

Martinec Z, Grafarend E W. 1997. Solution to the Stokes boundary-value problem on an ellipsoid of revolution. Stud Geophys. Geod, 41: 103-129.

Moritz H. 1974. Precise gravimetric geodesy. Rep. 219, Department of Geodetic Science and Surveying, The Ohio State University, Columbus.

Moritz H. 1980a. Advanced physical geodesy. Sammlung Wichmann Neue Folge, Band 13, Herbert Wichmann Verlag Karlsruhe Abacus Press Tunbridge Wells Kent.

Moritz H. 1980b. Geodetic Reference System 1980. Bull Geod., 54: 395-405.

Nagy D, Papp G, Benedek J. 2000. The gravitational potential and its derivatives for the prizm. Jornal of Geodesy, 74: 552-560.

NIMA WGS 84 Update Committee. 1997. Department of Defense World Geodetic System 1984, Its Definition and Relationships with Local Geodetic Systems, NIMA TR8350. 2 Third Edition.

Novak P. 2000. Evaluation of gravity data for the Stokes-Helmert solution to the geodetic boundary-value problem. Department of Geodetic and Geomatics Engineering University of New Brunswick, Fredericton, N. B. Canada.

Pavlis N K, Holme S A, Kenyon S C, et al. 2012. The development and evaluation of the Earth gravitational model 2008(EGM2008). J. Geophys. Res. 117, B04406, doi: 10. 1029/2011JB008916.

Petrovskaya M S, Vershkov A N, Pavlis N K. 2001. New analytical and numerical approaches for geopotential modeling. Journal of Geodesy, 75(12): 661-672.

Rapp R H. 1981. Ellipsoidal corrections for geoid undulation computations using gravity anomalies in a cap. J. Geophys. Res. , 86(B11): 10843-10848.

Seitz K. 2003. Ellipsoidal and topographical effects in the scalar free geodetic boundary value problem. in: Grafarend E W, Krumm F W, Schwarze V S, (eds). Geodesy-The Challenge of the 3rd Millennium 234-245.

Sigl R. 1985. Introduction to potential theory. Abacus Press in association with Herbert Wichmann Verlag.

Sjöberg L E. 2000. Topographic effects by the Stokes-Helmert method of geoid and quasi-geoid determinations. Journal of Geodesy, 74: 255-268.

Sjöberg L E. 2003. The ellipsoidal correction to Stokes's formula. in: Proceedings of the 3rd Meeting of the International Gravity and Geoid Commission: Gravity and Geoid 2002, Tziavos, Z. N. (ed.), Ziti Editions, Thessaloniki, Greece, 97-101.

Sjöberg L E. 2005. A discussion on the approximations made in the Practical Implementation of the Remove-Compute-Restore Technique in regional Geoid Modelling, Journal of Geodesy, 78: 645-653.

Sjöberg L E, Nahavandchi H. 1999. On the indirect effect in the Stokes-Helmert method of geoid determination. Journal of Geodesy, 73: 87-93.

Smith W H F, P Wessel. 1990. Geophysics, 55(3): 293-305.

Sternberg W J, T L Smith. 1964. The theory of potential and spherical harmonics. University of Toronto Press.

Sünkel H. 1997. GBVP—Classical solutions and implementation. in F Sanso and R Rummel(Eds.)Geodetic boundary value problems in view of the one centimeter geoid, Springer.

Tenzer R, Novak P, Moore P, et al. 2006. Atmospheric effects in the derivation of geoid-generated gravity anomalies, Stud. Geophys. Geod, 50: 583-593.

The U. S. Standard atmosphere 1976-PDAS. www. pdas. com/atmos. htm.

Torge W. 2001. Geodesy. 3rd Eddition. Berlin, New York: de Gruyter.

Vaníček P, Featherstone W E. 1998. Performance of three types of Stokes's kernel in the combined solution for the geoid. Journal of Geodesy, 72: 684-697.

Vaníček P, Huang J, Novák P, et al. 1999. Determination of the boundary values for the Stokes-Helmert problem. Journal of Geodesy, 73: 180-192.

Vaníček P, Kleusberg A, Chang R G, et al. 1987. The Canadian Geoid. Technical Report No. 129, Department of Geodesy and Geomatics Engineering University of New Brunswick, Fredericton, N. B. Canada.

Vaníček P, Krakiwsky E. 1986. Geodesy: the concepts. second edition, North-Holland.

Vaníček P, Martinec Z. 1994. The Stokes-Helmert scheme for the evaluation of a precise geoid, Manuscripta

Geodaetica, 19: 119-128.

Vaníček P, Najafi M, Martinec Z, et al. 1995. Higher-degree reference field in the generalized Stokes-Helmert scheme for geoid computation. Journal of Geodesy, 70: 176-182.

Vaníček P , Sjöberg L E. 1991. Reformulation of Stokes's theory for higher than second-degree reference field and modification of integration kernels. J. Geophys. Res, 96（B4）: 6529-6539.

Vaníček P, Sun W, Ong P, et al. 1996. Downward continuation of Helmert's gravity. Journal of Geodesy 71: 21-34.

Wang Y M. 2011. Precise computation of the direct and indirect topographic effects of Helmert's 2th method of condensation using SRTM30 digital elevation model. Jounal of Geodetic Science, 1（4）: 305-313.

Wang Y M, Salch J, Li X, Roman D R. 2012. The US gravimetric geoid of 2009（USGG2009）: model development and evaluation. J. Geod, 86: 165-180.

Wei Z. 2014. High-order radial derivatives of harmonic function and gravity anomaly. Journal of Physical Science and Application, 4（7）: 454-467.

Wei Z, Jiao W. 2003. Determination of geopotential of local vertical datum surface. Geo-Spatial Information Science, 6（1）: 1-4.

Wichiencharoen C. 1982. The indirect effects on the computation of geoid undulations. Rep 336. Department of Geodetic Science and Surveying, the Ohio State University. Columbus.

Zhang P V, Chang you, E S Less. 1992. A comparison of Stokes and Hotine's approaches to geoid computation. Manuscripta Geodatica 17: 29-35.

附录 A 地形质量引力公式

A.1 布格壳引力与局部地形引力

A.1.1 地形质量引力表示

设 P 点为计算点，Q 点为积分点，地形质量在 P 点产生的引力位用下式表示（见正文图 4.1）：

$$v^t = G \int_{\Omega_0} \int_R^{R+h(\Omega')} \frac{\rho r'^2 \mathrm{d}r' \mathrm{d}\Omega'}{\ell} \tag{A.1}$$

式中，G 为牛顿引力常数；ρ 为地壳密度（常量）；$\mathrm{d}\Omega' = \sin\theta' \mathrm{d}\theta' \mathrm{d}\lambda' = \sin\psi \mathrm{d}\psi \mathrm{d}\alpha$；$\ell$（在图 1 中为 ℓ_{PQ}）为 P 点与积分点之间的距离，$\ell = \sqrt{r^2 + r'^2 - 2rr'\cos\psi}$。

地形质量在 P 点产生的引力用下式表示

$$
\begin{aligned}
A^t &= -\frac{\partial v^t}{\partial r} = -G\rho \int_{\Omega_0} \int_R^{R+h(\Omega')} \frac{\partial}{\partial r}\left(\frac{r'^2 \mathrm{d}r' \mathrm{d}\Omega'}{\ell}\right) \\
&= G\rho \int_{\Omega_0} \int_R^{R+h(\Omega')} \frac{r'^2(r - r'\cos\psi)\mathrm{d}r' \mathrm{d}\Omega'}{\ell^3} \\
&= G\rho \int_{\Omega_0} r \int_R^{R+h(\Omega')} \frac{r'^2 \mathrm{d}r' \mathrm{d}\Omega'}{\ell^3} - G\rho \int_{\Omega_0} \int_R^{R+h(\Omega')} \frac{r'^3 \mathrm{d}r' \cos\psi \mathrm{d}\Omega'}{\ell^3}
\end{aligned}
\tag{A.2}
$$

让我们演算积分

$$r \int \frac{r'^2 \mathrm{d}r'}{\ell^3} - \cos\psi \int \frac{r'^3 \mathrm{d}r'}{\ell^3}。$$

该积分式 $= r \int \dfrac{r'^2 \mathrm{d}r'}{\ell^3} - \cos\psi \int \dfrac{r'\mathrm{d}r'}{\ell} - 2r\cos^2\psi \int \dfrac{r'^2\mathrm{d}r'}{\ell^3} + r^2\cos\psi \int \dfrac{r'\mathrm{d}r'}{\ell^3}$

$= -\cos\psi \int \dfrac{r'\mathrm{d}r'}{\ell} + r(1 - 2\cos^2\psi) \int \dfrac{r'^2\mathrm{d}r'}{\ell^3} + r^2\cos\psi \int \dfrac{r'\mathrm{d}r'}{\ell^3}$

$= -\ell\cos\psi - r\cos^2\psi \int \dfrac{\mathrm{d}r'}{\ell} + r(1 - 2\cos^2\psi) \int \dfrac{r'^2\mathrm{d}r'}{\ell^3} + \dfrac{r\cos\psi(r'\cos\psi - r)}{\ell\sin^2\psi}$

$= -\ell\cos\psi - r\cos^2\psi \int \dfrac{\mathrm{d}r'}{\ell} + r(1 - 2\cos^2\psi)\left[\dfrac{(2\cos^2\psi - 1)r' - r\cos\psi}{\ell\sin^2\psi} + \int \dfrac{\mathrm{d}r'}{\ell}\right]$

$\qquad + \dfrac{r\cos\psi(r'\cos\psi - r)}{\ell\sin^2\psi}$

$= -\ell\cos\psi + r(1 - 3\cos^2\psi) \int \dfrac{\mathrm{d}r'}{\ell} + r(1 - 2\cos^2\psi)\left[\dfrac{(2\cos^2\psi - 1)r' - r\cos\psi}{\ell\sin^2\psi}\right]$

$\qquad + \dfrac{r\cos\psi(r'\cos\psi - r)}{\ell\sin^2\psi}$

$$= -\ell\cos\psi + r\left(1 - 3\cos^2\psi\right)\int\frac{dr'}{\ell} - \frac{rr'\left(1 - 5\cos^2\psi + 4\cos^4\psi\right)}{\ell\sin^2\psi} - \frac{2r^2\cos\psi}{\ell}$$

$$= -\ell\cos\psi + r\left(1 - 3\cos^2\psi\right)\ln(\ell + r' - r\cos\psi) - \frac{rr'\left(1 - 4\cos^2\psi\right)}{\ell} - \frac{2r^2\cos\psi}{\ell}$$

$$= r\left(1 - 3\cos^2\psi\right)\ln(\ell + r' - r\cos\psi) - \frac{rr' + \left(3r^2 + r'^2\right)\cos\psi - 6rr'\cos^2\psi}{\ell}$$

将上式代入式(A.2)，并在 R 和 $R+h(\Omega')=R+h_Q$ 之间积分，得地形质量在 P 点产生的引力

$$A^t = -G\rho\int_{\Omega_0}\left[\frac{rr' + (3r^2 + r'^2)\cos\psi - 6rr'\cos^2\psi}{\ell}\right.$$
$$\left. - r\left(1 - 3\cos^2\psi\right)\ln\left(\ell + r' - r\cos\psi\right)\right]\Bigg|_{r'=R}^{r'=R+h_Q}d\Omega' \tag{A.3}$$

式中

$$r = R + h_P$$

$$r'\big|_{r'=R} = R, \quad r'\big|_{r'=R+h_Q} = R + h_Q$$

$$\ell\big|_{r'=R} = \sqrt{r^2 + R^2 - 2rR\cos\psi}, \quad \ell\big|_{r'=R+h_Q} = \sqrt{r^2 + (R+h_Q)^2 - 2r(R+h_Q)\cos\psi}$$

在上面推导中，我们用到下列积分(见积分表)：

$$\int\frac{r'^3 dr'}{\ell^3} = \int\frac{r' dr'}{\ell} + 2r\cos\psi\int\frac{r'^2 dr'}{\ell^3} - r^2\int\frac{r' dr'}{\ell^3}$$

$$\int\frac{r' dr'}{\ell} = \ell + r\cos\psi\int\frac{dr'}{\ell}$$

$$\int\frac{r' dr'}{\ell^3} = \frac{r'\cos\psi - r}{r\ell\sin^2\psi}$$

$$\int\frac{r'^2 dr'}{\ell^3} = \frac{\left(2\cos^2\psi - 1\right)r' - r\cos\psi}{\ell\sin^2\psi} + \int\frac{dr'}{\ell}$$

式(A.2)形式上可以写成

$$\int_{\Omega_0}\int_{r'=R}^{R+h_Q}(\cdot)dr'd\Omega' = \int_{\Omega_0}\int_{r'=R}^{R+h_P}(\cdot)dr'd\Omega' + \int_{\Omega_0}\int_{r'=R+h_P}^{R+h_Q}(\cdot)dr'd\Omega' \tag{A.2a}$$

式(A.2a)右端第一项为布格壳(Bouguer shell)产生的引力，第二项为局部地形(local terrain)或地形粗糙度(terrain roughness)产生的引力。下面对这两项分别进行详细推导。

A.1.2　布格壳引力

根据式(A.2)，得到布格壳引力：

$$A'_{\text{Bouguer}} = 2\pi G\rho r \int_{r'=R}^{r'=R+h_P} r'^2 \mathrm{d}r' \int_{\psi=0}^{\psi=\pi} \frac{\sin\psi \mathrm{d}\psi}{\ell^3} - 2\pi G\rho \int_{r'=R}^{r'=R+h_P} r'^3 \mathrm{d}r' \int_{\psi=0}^{\psi=\pi} \frac{\cos\psi \sin\psi \mathrm{d}\psi}{\ell^3}$$

$$= -2\pi G\rho r \int_{r'=R}^{r'=R+h_P} r'^2 \mathrm{d}r' \int_{x=1}^{x=-1} \frac{\mathrm{d}x}{(r^2 + r'^2 - 2rr'x)^{3/2}}$$

$$+ 2\pi G\rho \int_{r'=R}^{r'=R+h_P} r'^3 \mathrm{d}r' \int_{x=1}^{x=-1} \frac{x\mathrm{d}x}{(r^2 + r'^2 - 2rr'x)^{3/2}} \qquad (x = \cos\psi)$$

$$= -2\pi G\rho r \int_{r'=R}^{r'=R+h_P} r'^2 \mathrm{d}r' \frac{1}{rr'(r^2 + r'^2 - 2rr'x)^{1/2}}\bigg|_{x=1}^{x=-1}$$

$$+ 2\pi G\rho \int_{r'=R}^{r'=R+h_P} r'^3 \mathrm{d}r' \frac{1}{2r^2r'^2}\left[\left(r^2 + r'^2 - 2rr'x\right)^{1/2} + \frac{r^2 + r'^2}{(r^2 + r'^2 - 2rr'x)^{1/2}}\right]_{x=1}^{x=-1}$$

$$= -2\pi G\rho \int_{r'=R}^{r'=R+h_P} r'\left(\frac{1}{r+r'} - \frac{1}{r-r'}\right)\mathrm{d}r' + \frac{2\pi G\rho}{r^2} \int_{r'=R}^{r'=R+h_P} r'^2\left(1 - \frac{r^2 + r'^2}{r^2 - r'^2}\right)\mathrm{d}r'$$

$$= -2\pi G\rho \int_{r'=R}^{r'=R+h_P} r'\left(\frac{-2r'}{r^2 - r'^2}\right)\mathrm{d}r' + \frac{2\pi G\rho}{r^2} \int_{r'=R}^{r'=R+h_P} r'^2\left(\frac{-2r'^2}{r^2 - r'^2}\right)\mathrm{d}r'$$

$$= 4\pi G\rho \int_{r'=R}^{r'=R+h_P} \frac{r'^2 \mathrm{d}r'}{r^2 - r'^2} - \frac{4\pi G\rho}{r^2} \int_{r'=R}^{r'=R+h_P} \frac{r'^4 \mathrm{d}r'}{r^2 - r'^2}$$

$$= 4\pi G\rho \int_{r'=R}^{r'=R+h_P} \frac{r'^2 \mathrm{d}r'}{r^2 - r'^2} + \frac{4\pi G\rho}{r^2}\left[\int_{r'=R}^{r'=R+h_P} r'^2 \mathrm{d}r' - r^2 \int_{r'=R}^{r'=R+h_P} \frac{r'^2 \mathrm{d}r'}{r^2 - r'^2}\right]$$

$$= \frac{4\pi G\rho}{r^2} \int_{r'=R}^{r'=R+h_P} r'^2 \mathrm{d}r' = \frac{4\pi G\rho}{r^2} \frac{r'^3}{3}\bigg|_{r'=R}^{r'=R+h_P}$$

$$= \frac{4\pi G\rho R^2 h_P}{r^2}\left(1 + \frac{h_P}{R} + \frac{h_P^2}{3R^2}\right) \tag{A.4}$$

这就是球近似下布格壳引力公式。

在上面推导中，用到下列积分（见积分表）：

$$\int (a+bx)^{-n/2} \mathrm{d}x = \frac{2(a+bx)^{(2-n)/2}}{b(2-n)}$$

$$\int x(a+bx)^{-n/2} \mathrm{d}x = \frac{2}{b^2}\left[\frac{(a+bx^2)^{(4-n)/2}}{4-n} - \frac{a(a+bx^2)^{(2-n)/2}}{2-n}\right]$$

A.1.3 局部地形引力

根据式（A.2），我们有局部地形引力：

$$A'_{\text{terrain}} = -G\rho \int_{\Omega_0}\left[\frac{rr' + (3r^2 + r'^2)\cos\psi - 6rr'\cos^2\psi}{\ell} - r(1 - 3\cos^2\psi)\ln(\ell + r' - r\cos\psi)\right]_{r'=R+h_p}^{r'=R+h_Q} \mathrm{d}\Omega'$$

$$\tag{A.5}$$

式（A.5）表明，为得到由 $r' = \langle r'_p, r'_Q \rangle$，$\psi = \langle \psi_1, \psi_2 \rangle$，$\alpha = \langle \alpha_1, \alpha_2 \rangle$ 构成的球冠台产生的

局部地形引力，需要完成以下积分：

$$\int_{r'=r_p}^{r_Q}\int_{\psi=\psi_1}^{\psi_2}\int_{\alpha=\alpha_1}^{\alpha_2}(\cdot)\mathrm{d}r'\mathrm{d}\psi\mathrm{d}\alpha \quad \text{或} \quad \int_{r'=r_p}^{r_Q}\int_{\ell=\ell_1}^{\ell_2}\int_{\alpha=\alpha_1}^{\alpha_2}(\cdot)\mathrm{d}r'\mathrm{d}\ell\mathrm{d}\alpha$$

让我们讨论对 ψ 或对 $\ell(\psi)$ 的积分。首先研究式 (A.5) 第一个积分

$$-\int\frac{rr'+(3r^2+r'^2)\cos\psi-6rr'\cos^2\psi}{\ell}\sin\psi\mathrm{d}\psi \tag{A.6}$$

令 $x=\cos\psi$，则 $\mathrm{d}x=-\sin\psi\mathrm{d}\psi$，式 (A.6) 变成

$$\int\frac{rr'+(3r^2+r'^2)x-6rr'x^2}{\sqrt{r^2+r'^2-2rr'x}}\mathrm{d}x=-\ell-\frac{\left[(r^2+r'^2)+rr'x\right](3r^2+r'^2)}{3r^2r'^2}\ell$$

$$+\frac{2\left[2(r^2+r'^2)^2+2(r^2+r'^2)rr'x+3r^2r'^2x^2\right]}{5r^2r'^2}\ell$$

$$=-\ell-\frac{(3r^2-7r'^2)(r^2+r'^2+rr'x)-18r^2r'^2x^2}{15r^2r'^2}\ell \tag{A.7}$$

其次，我们研究式 (A.5) 的第二个积分

$$\int_{\psi=\psi_1}^{\psi_2}r(1-3\cos^2\psi)\ln(\ell+r'-r\cos\psi)\sin\psi\mathrm{d}\psi \tag{A.8}$$

令 $x=\cos\psi$, $\mathrm{d}x=-\sin\psi\mathrm{d}\psi$，对上式作变量替换，并用分部积分，该式等于

$$-\int_{x=x_1}^{x_2}r(1-3x^2)\ln(\ell+r'-rx)\mathrm{d}x$$

$$=-r(x-x^3)\ln(\ell+r'-rx)+r\int_{x=x_1}^{x_2}(x-x^3)\frac{(-rr'/\ell-r)\mathrm{d}x}{\ell+r'-rx} \tag{A.9}$$

式 (A.9) 第一项已积出。现在我们讨论第二项积分。由

$$\ell^2=r^2+r'^2-2rr'x$$

得

$$x=-\frac{\ell^2-r^2-r'^2}{2rr'},\quad \mathrm{d}x=-\frac{\ell\mathrm{d}\ell}{rr'} \tag{A.10}$$

利用这两式将第二项由对 x 的积分变换为对 ℓ 的积分。经化简，该项变成

$$\int_{\ell=\ell_1}^{\ell_2}\left[-\frac{\ell^2-r^2-r'^2}{r'}+\frac{(\ell^2-r^2-r'^2)^3}{4r^2r'^3}\right]\frac{(r'+\ell)\mathrm{d}\ell}{\ell^2+2r'\ell+(r'^2-r^2)}$$

$$=\int_{\ell_1}^{\ell_2}\left[\frac{\ell^7}{4r^2r'^3}-\frac{3(r^2+r'^2)\ell^5}{4r^2r'^3}+\left(\frac{3\left(r^2+r'^2\right)^2}{4r^2r'^3}-\frac{1}{r'}\right)\ell^3-\left(\frac{\left(r^2+r'^2\right)^3}{4r^2r'^3}-\frac{r^2+r'^2}{r'}\right)\ell\right.$$

$$\left.+\frac{\ell^6}{4r^2r'^2}-\frac{3(r^2+r'^2)\ell^4}{4r^2r'^2}+\left(\frac{3\left(r^2+r'^2\right)^2}{4r^2r'^2}-1\right)\ell^2-\left(\frac{\left(r^2+r'^2\right)^3}{4r^2r'^2}-\left(r^2+r'^2\right)\right)\right]$$

$$\times\frac{\mathrm{d}\ell}{\ell^2+2r'\ell+(r'^2-r^2)} \tag{A.11}$$

引用符号

$$a_0 = -\frac{(r^2 + r'^2)^3}{4r^2r'^2} + (r^2 + r'^2), \quad a_1 = -\frac{(r^2 + r'^2)^3}{4r^2r'^3} + \frac{r^2 + r'^2}{r'}$$

$$a_2 = \frac{3(r^2 + r'^2)^2}{4r^2r'^2} - 1, \quad a_3 = \frac{3(r^2 + r'^2)^2}{4r^2r'^3} - \frac{1}{r'}$$

$$a_4 = -\frac{3(r^2 + r'^2)}{4r^2r'^2}, \quad a_5 = -\frac{3(r^2 + r'^2)}{4r^2r'^3}$$

$$a_6 = \frac{1}{4r^2r'^2}, \quad a_7 = \frac{1}{4r^2r'^3}$$

将式(A.11)写成简洁形式

$$\int_{\ell_1}^{\ell_2} \left(a_7\ell^7 + a_6\ell^6 + a_5\ell^5 + a_4\ell^4 + a_3\ell^3 + a_2\ell^2 + a_1\ell + a_0 \right) \frac{\mathrm{d}\ell}{X} \tag{A.12}$$

其中

$$X = \ell^2 + 2r'\ell + r'^2 - r^2 \tag{A.13}$$

根据积分表，式(A.12)积分是

$$\int \frac{\mathrm{d}\ell}{X} = \frac{1}{2r} \ln \frac{\ell + r' - r}{\ell + r' + r} \tag{A.14}$$

$$\int \frac{\ell \mathrm{d}\ell}{X} = \frac{1}{2} \ln X - r' \int \frac{\mathrm{d}\ell}{X} \tag{A.15}$$

$$\int \frac{\ell^2 \mathrm{d}\ell}{X} = \ell - r' \ln X + (r'^2 + r^2) \int \frac{\mathrm{d}\ell}{X} \tag{A.16}$$

$$\int \frac{\ell^n \mathrm{d}\ell}{X} = \frac{\ell^{(n-1)}}{n-1} - (r'^2 - r^2) \int \frac{\ell^{(n-2)} \mathrm{d}\ell}{X} - 2r' \int \frac{\ell^{(n-1)} \mathrm{d}\ell}{X}, \quad n \geqslant 3 \tag{A.17}$$

由式(A.14)~式(A.17)看出，一旦积出$\int \mathrm{d}\ell/X$，其余积分$\int \ell^n \mathrm{d}\ell/X$，$n \geqslant 1$，可递推出来。作为检核，下面给出每项积分公式：

$$\int \frac{\ell \mathrm{d}\ell}{X} = \frac{1}{2} \ln X - \frac{r'}{2r} \ln \frac{\ell + r' - r}{\ell + r' + r} \tag{A.18}$$

$$\int \frac{\ell^2 \mathrm{d}\ell}{X} = \ell - r' \ln X + \frac{r^2 + r'^2}{2r} \ln \frac{\ell + r' - r}{\ell + r' + r} \tag{A.19}$$

$$\int \frac{\ell^3 \mathrm{d}\ell}{X} = \frac{\ell^2}{2} - 2r'\ell + \frac{3r'^2 + r^2}{2} \ln X - \frac{r'^3 + 3r^2r'}{2r} \ln \frac{\ell + r' - r}{\ell + r' + r} \tag{A.20}$$

$$\int \frac{\ell^4 \mathrm{d}\ell}{X} = \frac{\ell^3}{3} - r'\ell^2 + \left(3r'^2 + r^2\right)\ell - 2r'(r'^2 + r^2)\ln X + \frac{r^4 + r'^4 + 6r^2r'^2}{2r} \ln \frac{\ell + r' - r}{\ell + r' + r} \tag{A.21}$$

$$\int \frac{\ell^5 \mathrm{d}\ell}{X} = \frac{\ell^4}{4} - 2r'\frac{\ell^3}{3} + \left(3r'^2 + r^2\right)\frac{\ell^2}{2} - 4(r'^3 + r^2r')\ell + \frac{5r'^4 + 10r^2r'^2 + r^4}{2} \ln X$$

$$- \frac{r'^5 + 10r^2r'^3 + 5r^4r'}{2r} \ln \frac{\ell + r' - r}{\ell + r' + r} \tag{A.22}$$

$$\int \frac{\ell^6 \mathrm{d}\ell}{X} = \frac{\ell^5}{5} - r'\frac{\ell^4}{2} + \left(3r'^2 + r^2\right)\frac{\ell^3}{3} - 2(r'^3 + r^2 r')\ell^2 + (5r'^4 + 10r^2 r'^2 + r^4)\ell$$

$$-\left(3r'^5 + 3r^4 r' + 10r^2 r'^3\right)\ln X + \frac{15r^4 r'^2 + r'^6 + 15r^2 r'^4 + r^6}{2r}\ln\frac{\ell + r' - r}{\ell + r' + r} \quad (A.23)$$

$$\int \frac{\ell^7 \mathrm{d}\ell}{X} = \frac{\ell^6}{6} - 2r'\frac{\ell^5}{5} + \left(3r'^2 + r^2\right)\frac{\ell^4}{4} - 4(r'^3 + r^2 r')\frac{\ell^3}{3} + (5r'^4 + 10r^2 r'^2 + r^4)\frac{\ell^2}{2}$$

$$-\left(6r'^5 + 6r^4 r' + 20r^2 r'^3\right)\ell + \frac{7r'^6 + 35r^2 r'^4 + 21r^4 r'^2 + r^6}{2}\ln X$$

$$-\frac{r'^7 + 21r^2 r'^5 + 35r^4 r'^3 + 7r^6 r'}{2r}\ln\frac{\ell + r' - r}{\ell + r' + r} \quad (A.24)$$

至此，通过简单的代入，即可得到球近似下局部地形引力公式。对于由 $\langle r_P,\ r'_Q \rangle$，$\langle \psi_1,\ \psi_2 \rangle$ 和 $\langle \alpha_1,\ \alpha_2 \rangle$ 构成的球冠台地形，我们有局部引力的形式表达式

$$A'_{\text{terrain}} = -G\rho\left[\ell + \frac{(3r^2 - 7r'^2)(r^2 + r'^2 + rr'\cos\psi) - 18r^2 r'^2 \cos^2\psi}{15r^2 r'^2}\ell \right.$$

$$\left. + r\cos\psi\sin^2\psi \ln(\ell + r' - r\cos\psi) - \sum_{n=0}^{7} a_n f_n(\ell) \right]\Bigg|_{r'=r}^{r'_2}\Bigg|_{\ell=\ell_1}^{\ell_2}\Bigg|_{\alpha'=\alpha'_1}^{\alpha'_2} \quad (A.25)$$

式中，$f_n(\ell)$ 代表积分 $\int \ell^n \mathrm{d}\ell / X$，前面已经给出；系数 a_n 并非常数，而是 r 和 r' 的函数。

A.2　局部地形引力(矩形棱柱模型)

在球坐标系中，局部地形引力公式复杂一些，使用受到限制。局部地形模型，通常在局部范围使用。在局部范围内，正矩形棱柱模型已能满足要求，使用也比较方便。下面我们讨论矩形棱柱模型。首先讨论地形引力位，然后讨论局部地形引力。

A.2.1　地形质量引力位

地形被划分为平顶的矩形棱柱体单元，每一棱柱的密度可以相同，也可以不同。在下面的讨论中，假设具有常密度的地形质量在任意点 P 的引力位可以表示为

$$V_p^t = G\rho\int_V \frac{1}{\ell}\mathrm{d}V \quad (A.26)$$

这里 G 是牛顿引力常数；ρ 为地形质量的体密度；ℓ 是 P 点到微分体积元 $\mathrm{d}V$ 的距离，

$$\ell = \sqrt{(X - X_P)^2 + (Y - Y_P)^2 + (Z - Z_P)^2}$$

三维直角坐标形式的引力位表示是：

$$V_P^t(X_P, X_P, Z_P) = G\rho\int_V \frac{\mathrm{d}V}{\sqrt{(X - X_P)^2 + (Y - Y_P)^2 + (Z - Z_P)^2}} \quad (A.27)$$

这里 $(X_P, Y_P, Z_P) = P$ 点的直角坐标；$(X, Y, Z) = \mathrm{d}V(= \mathrm{d}X\mathrm{d}Y\mathrm{d}Z)$ 的直角坐标 $(+Z$ 向上)。

我们将坐标系原点平移至 P 点（见图 A.1）。在 P 点为原点的坐标系中，任意点的坐标变成 $x = X - X_P$，$y = Y - Y_P$，$z = Z - Z_P$。此时，式(A.27)变成：

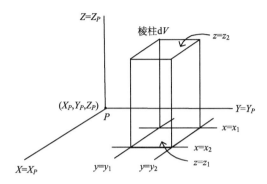

图 A.1　矩形棱柱

$$V_P^t = G\rho \int_{x=x_1}^{x_2} \int_{y=y_1}^{y_2} \int_{z=z_1}^{z_2} \frac{\mathrm{d}x\mathrm{d}y\mathrm{d}z}{s} \tag{A.28}$$

其中

$$s = \sqrt{x^2 + y^2 + z^2} \tag{A.29}$$

式(A.28)的被积函数的分子分母均乘以 s^2，并在分子中加上 s^2，则式(A.28)变成：

$$\begin{aligned}
2V_P^t &= G\rho \int_{x=x_1}^{x_2} \int_{y=y_1}^{y_2} \int_{z=z_1}^{z_2} \left(\frac{x^2 + y^2 + z^2 + x^2 + y^2 + z^2}{s^3} \right) \mathrm{d}x\mathrm{d}y\mathrm{d}z \\
&= G\rho \int_{x=x_1}^{x_2} \int_{y=y_1}^{y_2} \int_{z=z_1}^{z_2} \left(\frac{y^2 + z^2}{s^3} + \frac{x^2 + z^2}{s^3} + \frac{x^2 + y^2}{s^3} \right) \mathrm{d}x\mathrm{d}y\mathrm{d}z \\
&= G\rho \int_{x=x_1}^{x_2} \int_{y=y_1}^{y_2} \int_{z=z_1}^{z_2} \left(\frac{\partial}{\partial x}\left(\frac{x}{s} \right) + \frac{\partial}{\partial y}\left(\frac{y}{s} \right) + \frac{\partial}{\partial z}\left(\frac{z}{s} \right) \right) \mathrm{d}x\mathrm{d}y\mathrm{d}z \\
&= G\rho \int_{y=y_1}^{y_2} \int_{z=z_1}^{z_2} \left(\frac{x_2}{\sqrt{x_2^2 + y^2 + z^2}} - \frac{x_1}{\sqrt{x_1^2 + y^2 + z^2}} \right) \mathrm{d}y\mathrm{d}z \\
&\quad + G\rho \int_{x=x_1}^{x_2} \int_{z=z_1}^{z_2} \left(\frac{y_2}{\sqrt{x^2 + y_2^2 + z^2}} - \frac{y_1}{\sqrt{x^2 + y_1^2 + z^2}} \right) \mathrm{d}x\mathrm{d}z \\
&\quad + G\rho \int_{x=x_1}^{x_2} \int_{y=y_1}^{y_2} \left(\frac{z_2}{\sqrt{x^2 + y^2 + z_2^2}} - \frac{z_1}{\sqrt{x^2 + y^2 + z_1^2}} \right) \mathrm{d}x\mathrm{d}y
\end{aligned} \tag{A.30}$$

考察式(A.30)中的各个积分。首先讨论第一个括号中的第一个积分。将被积函数的分子分母乘以 $x_2^2 + y^2 + z^2$，则有

$$\int_{y=y_1}^{y_2}\int_{z=z_1}^{z_2}\frac{x_2}{\sqrt{x_2^2+y^2+z^2}}\mathrm{d}y\mathrm{d}z = x_2\int_{y=y_1}^{y_2}\int_{z=z_1}^{z_2}\frac{x_2^2+y^2+z^2}{(x_2^2+y^2+z^2)^{3/2}}\mathrm{d}y\mathrm{d}z$$

$$= x_2\int_{y=y_1}^{y_2}\int_{z=z_1}^{z_2}\left[\frac{\partial}{\partial z}\left(\frac{z}{\sqrt{x_2^2+y^2+z^2}}\right)+\frac{\partial}{\partial y}\left(\frac{y}{\sqrt{x_2^2+y^2+z^2}}\right)-\frac{x_2^2}{\left(\sqrt{x_2^2+y^2+z^2}\right)^{3/2}}\right]\mathrm{d}y\mathrm{d}z$$

$$= x_2\int_{y=y_1}^{y_2}\left(\frac{z_2}{\sqrt{x_2^2+y^2+z_2^2}}-\frac{z_1}{\sqrt{x_2^2+y^2+z_1^2}}\right)\mathrm{d}y + x_2\int_{z=z_1}^{z_2}\left(\frac{y_2}{\sqrt{x_2^2+y_2^2+z^2}}-\frac{y_1}{\sqrt{x_2^2+y_1^2+z^2}}\right)\mathrm{d}z$$

$$-x_2\int_{Y=y_1}^{y_2}\int_{z=z_1}^{z_2}\frac{x_2^2}{\left(x_2^2+y^2+z^2\right)^{3/2}}\mathrm{d}y\mathrm{d}z$$

$$= x_2 z_2\ln\left(y+\sqrt{x_2^2+y^2+z_2^2}\right)\Big|_{y_1}^{y_2} - x_2 z_1\ln\left(y+\sqrt{x_2^2+y^2+z_1^2}\right)\Big|_{y_1}^{y_2}$$

$$+x_2 y_2\ln\left(z+\sqrt{x_2^2+y_2^2+z^2}\right)\Big|_{z_1}^{z_2} - x_2 y_1\ln\left(z+\sqrt{x_2^2+y_1^2+z^2}\right)\Big|_{z_1}^{z_2}$$

$$-x_2^3\int_{z=z_1}^{z_2}\frac{1}{x_2^2+z^2}\frac{y}{\sqrt{x_2^2+y^2+z^2}}\Bigg|_{y_1}^{y_2}\mathrm{d}z$$

$$= x_2 z_2\ln\frac{y_2+\sqrt{x_2^2+y_2^2+z_2^2}}{y_1+\sqrt{x_2^2+y_1^2+z_2^2}} - x_2 z_1\ln\frac{y_2+\sqrt{x_2^2+y_2^2+z_1^2}}{y_1+\sqrt{x_2^2+y_1^2+z_1^2}} + x_2 y_2\ln\frac{z_2+\sqrt{x_2^2+y_2^2+z_2^2}}{z_1+\sqrt{x_2^2+y_2^2+z_1^2}}$$

$$-x_2 y_1\ln\frac{z_2+\sqrt{x_2^2+y_1^2+z_2^2}}{z_1+\sqrt{x_2^2+y_1^2+z_1^2}} - x_2^2\left(\arctan\frac{y_2 z_2}{x_2\sqrt{x_2^2+y_2^2+z_2^2}} - \arctan\frac{y_2 z_1}{x_2\sqrt{x_2^2+y_2^2+z_1^2}}\right)$$

$$+x_2^2\left(\arctan\frac{y_1 z_2}{x_2\sqrt{x_2^2+y_1^2+z_2^2}} - \arctan\frac{y_1 z_1}{x_2\sqrt{x_2^2+y_1^2+z_1^2}}\right) \tag{A.31}$$

为得到式(A.31)最后 4 项，我们用到了不定积分：

$$\int\frac{xy}{x^2+z^2}\cdot\frac{\mathrm{d}z}{\sqrt{x^2+y^2+z^2}} = \arctan\frac{yz}{x\sqrt{x^2+y^2+z^2}}+C \tag{A.32}$$

其次，我们考察式(A.30)第一个括号中第二个积分。将被积函数的分子分母均乘以 $x_1^2+y^2+z^2$，则有

$$-\int_{y=y_1}^{y_2}\int_{z=z_1}^{z_2}\frac{x_1}{\sqrt{x_1^2+y^2+z^2}}\mathrm{d}y\mathrm{d}z = -x_1\int_{y=y_1}^{y_2}\int_{z=z_1}^{z_2}\frac{x_1^2+y^2+z^2}{\left(x_1^2+y^2+z^2\right)^{3/2}}\mathrm{d}y\mathrm{d}z \tag{A.33}$$

如果接着继续推导，我们会得到类似于式(A.31)的式子。所不同的是：①符号相反；②x_2 用 x_1 置换。

我们对(A.30)式中其余 4 个积分进行类似推导(实际上对式(A.31)的相应符号的下标进行代换即可)，即会得到类似于式(A.31)的式子。将所得所有 48 个式子代入式(A.30)，其结果再除以 2 即得：

$$
\begin{aligned}
V_p^t = G\rho \Bigg\{ &\; x_2 y_2 \ln \frac{z_2 + \sqrt{x_2^2 + y_2^2 + z_2^2}}{z_1 + \sqrt{x_2^2 + y_2^2 + z_1^2}} - x_2 y_1 \ln \frac{z_2 + \sqrt{x_2^2 + y_1^2 + z_2^2}}{z_1 + \sqrt{x_2^2 + y_1^2 + z_1^2}} \\
&- x_1 y_2 \ln \frac{z_2 + \sqrt{x_1^2 + y_2^2 + z_2^2}}{z_1 + \sqrt{x_1^2 + y_2^2 + z_1^2}} + x_1 y_1 \ln \frac{z_2 + \sqrt{x_1^2 + y_1^2 + z_2^2}}{z_1 + \sqrt{x_1^2 + y_1^2 + z_1^2}} \\
&+ x_2 z_2 \ln \frac{y_2 + \sqrt{x_2^2 + y_2^2 + z_2^2}}{y_1 + \sqrt{x_2^2 + y_1^2 + z_2^2}} - x_2 z_1 \ln \frac{y_2 + \sqrt{x_2^2 + y_2^2 + z_1^2}}{y_1 + \sqrt{x_2^2 + y_1^2 + z_1^2}} \\
&- x_1 z_2 \ln \frac{y_2 + \sqrt{x_1^2 + y_2^2 + z_2^2}}{y_1 + \sqrt{x_1^2 + y_1^2 + z_2^2}} + x_1 z_1 \ln \frac{y_2 + \sqrt{x_1^2 + y_2^2 + z_1^2}}{y_1 + \sqrt{x_1^2 + y_1^2 + z_1^2}} \\
&+ y_2 z_2 \ln \frac{x_2 + \sqrt{x_2^2 + y_2^2 + z_2^2}}{x_1 + \sqrt{x_1^2 + y_2^2 + z_2^2}} - y_2 z_1 \ln \frac{x_2 + \sqrt{x_2^2 + y_2^2 + z_1^2}}{x_1 + \sqrt{x_1^2 + y_2^2 + z_1^2}} \\
&- y_1 z_2 \ln \frac{x_2 + \sqrt{x_2^2 + y_1^2 + z_2^2}}{x_1 + \sqrt{x_1^2 + y_1^2 + z_2^2}} + y_1 z_1 \ln \frac{x_2 + \sqrt{x_2^2 + y_1^2 + z_1^2}}{x_1 + \sqrt{x_1^2 + y_1^2 + z_1^2}} \\
&+ \frac{x_2^2}{2}\Bigg(\arctan \frac{y_1 z_2}{x_2 \sqrt{x_2^2 + y_1^2 + z_2^2}} - \arctan \frac{y_1 z_1}{x_2 \sqrt{x_2^2 + y_1^2 + z_1^2}} \\
&\qquad\quad - \arctan \frac{y_2 z_2}{x_2 \sqrt{x_2^2 + y_2^2 + z_2^2}} + \arctan \frac{y_2 z_1}{x_2 \sqrt{x_2^2 + y_2^2 + z_1^2}} \Bigg) \\
&+ \frac{x_1^2}{2}\Bigg(\arctan \frac{y_2 z_2}{x_1 \sqrt{x_1^2 + y_2^2 + z_2^2}} - \arctan \frac{y_2 z_1}{x_1 \sqrt{x_1^2 + y_2^2 + z_1^2}} \\
&\qquad\quad - \arctan \frac{y_1 z_2}{x_1 \sqrt{x_1^2 + y_1^2 + z_2^2}} + \arctan \frac{y_1 z_1}{x_1 \sqrt{x_1^2 + y_1^2 + z_1^2}} \Bigg) \\
&+ \frac{y_2^2}{2}\Bigg(\arctan \frac{x_1 z_2}{y_2 \sqrt{x_1^2 + y_2^2 + z_2^2}} - \arctan \frac{x_1 z_1}{y_2 \sqrt{x_1^2 + y_2^2 + z_1^2}} \\
&\qquad\quad - \arctan \frac{x_2 z_2}{y_2 \sqrt{x_2^2 + y_2^2 + z_2^2}} + \arctan \frac{x_2 z_1}{y_2 \sqrt{x_2^2 + y_2^2 + z_1^2}} \Bigg) \\
&+ \frac{y_1^2}{2}\Bigg(\arctan \frac{x_2 z_2}{y_1 \sqrt{x_2^2 + y_1^2 + z_2^2}} - \arctan \frac{x_2 z_1}{y_1 \sqrt{x_2^2 + y_1^2 + z_1^2}} \\
&\qquad\quad - \arctan \frac{x_1 z_2}{y_1 \sqrt{x_1^2 + y_1^2 + z_2^2}} + \arctan \frac{x_1 z_1}{y_1 \sqrt{x_1^2 + y_1^2 + z_1^2}} \Bigg) \\
&+ \frac{z_2^2}{2}\Bigg(\arctan \frac{x_1 y_2}{z_2 \sqrt{x_1^2 + y_2^2 + z_2^2}} - \arctan \frac{x_1 y_1}{z_2 \sqrt{x_1^2 + y_1^2 + z_2^2}}
\end{aligned}
$$

$$\begin{aligned}
&\left.-\arctan\frac{y_2 x_2}{z_2\sqrt{x_2^2+y_2^2+z_2^2}}+\arctan\frac{y_1 x_2}{z_2\sqrt{x_2^2+y_1^2+z_2^2}}\right) \\
&+\frac{z_1^2}{2}\left(\arctan\frac{y_2 x_2}{z_1\sqrt{x_2^2+y_2^2+z_1^2}}-\arctan\frac{y_1 x_2}{z_1\sqrt{x_2^2+y_1^2+z_1^2}}\right. \\
&\left.\left.-\arctan\frac{x_1 y_2}{z_1\sqrt{x_1^2+y_2^2+z_1^2}}+\arctan\frac{x_1 y_1}{z_1\sqrt{x_1^2+y_1^2+z_1^2}}\right)\right\}
\end{aligned} \tag{A.34}$$

式(A.34)可写成简洁形式:

$$\begin{aligned}
V_p^t = G\rho \Big\| xy\ln(z+s)+xz\ln(y+s)+yz\ln(x+s) \\
\left.\left.\left.-\frac{x^2}{2}\arctan\frac{yz}{xs}-\frac{y^2}{2}\arctan\frac{zx}{ys}-\frac{z^2}{2}\arctan\frac{xy}{zs}\right|_{x_1}^{x_2}\right|_{y_1}^{y_2}\right|_{z_1}^{z_2}
\end{aligned} \tag{A.35}$$

或者写成更明了的形式:

$$\begin{aligned}
V_p^t = G\rho\sum_{i=1}^{2}\sum_{j=1}^{2}\sum_{k=1}^{2}(-1)^{(i+j+k)}\Big[x_i y_j\ln(z_k+s_{ijk})+x_i z_k\ln(y_j+s_{ijk}) \\
+y_j z_k\ln(x_i+s_{ijk})-\frac{x_i^2}{2}\arctan\frac{y_j z_k}{x_i s_{ijk}}-\frac{y_j^2}{2}\arctan\frac{z_k x_i}{y_j s_{ijk}}-\frac{z_k^2}{2}\arctan\frac{x_i y_j}{z_k s_{ijk}}\Big]
\end{aligned} \tag{A.36}$$

式中,下标 i, j, k 取 1 和 2; $s_{ijk}=\left(x_i^2+y_j^2+z_k^2\right)^{1/2}$。

以上推导,参考了 MacMillan(1958)。不同的是,他将坐标系原点置于矩形棱柱的中心,我们则置之于计算点 P 点,这样得到的公式显然是有区别的。式(A.36)与 Nagy 的公式(见 Nagy,1966;Nagy,Papp,Benedek,2000)的公式是一致的,两者的坐标系原点均在计算点,不过他用左手坐标系,+Z 轴指向地球内部。

A.2.2　地形质量引力

地形质量元 $\mathrm{d}V$ 对 P 点引力的垂直分量可以通过式(A.26)对垂直分量 Z_P 求导得到:

$$A_P^t\left(X_P,Y_P,Z_P\right)=-\frac{\partial V_P^t\left(X_P,Y_P,Z_P\right)}{\partial Z_P} \tag{A.37}$$

用直角坐标写成

$$A_P^t\left(X_P,Y_P,Z_P\right)=-G\rho\int_V\frac{(Z-Z_P)\mathrm{d}V}{\left[\left(X-X_P\right)^2+\left(Y-Y_P\right)^2+\left(Z-Z_P\right)^2\right]^{3/2}} \tag{A.38}$$

对于矩形棱柱体,则该式变成

$$A_P^t\left(X_P,Y_P,Z_P\right)=-G\rho\int_{X=X_1}^{X_2}\int_{Y=Y_1}^{Y_2}\int_{Z=Z_1}^{Z}\frac{(Z-Z_P)\mathrm{d}X\mathrm{d}Y\mathrm{d}Z}{\left[\left(X-X_P\right)^2+\left(Y-Y_P\right)^2+\left(Z-Z_P\right)^2\right]^{3/2}} \tag{A.39}$$

将坐标系原点平移至 P 点(见图 A.1)。在 P 点为原点的坐标系中,任意点的坐标变成 $x=X{-}X_P$, $y=Y{-}Y_P$, $z=Z{-}Z_P$。式(A.39)右端对 z 积分得

$$A_P^t\left(x_P,y_P,z_P\right)=G\rho\int_{x=x_1}^{x_2}\int_{y=y_1}^{y_2}\left.\left(\frac{1}{\sqrt{x^2+y^2+z^2}}\right)\right|_{z=z_1}^{z_2}\mathrm{d}x\mathrm{d}y$$

$$=G\rho\int_{x=x_1}^{x_2}\int_{y=y_1}^{y_2}\left(\frac{1}{\sqrt{x^2+y^2+z_2^2}}-\frac{1}{\sqrt{x^2+y^2+z_1^2}}\right)\mathrm{d}x\mathrm{d}y$$

$$=G\rho\int_{x=x_1}^{x_2}\left\{\ln\left(y_2+\sqrt{x^2+y_2^2+z_2^2}\right)-\ln\left(y_1+\sqrt{x^2+y_1^2+z_2^2}\right)\right.$$

$$\left.-\ln\left(y_2+\sqrt{x^2+y_2^2+z_1^2}\right)+\ln\left(y_1+\sqrt{x^2+y_1^2+z_1^2}\right)\right\}\mathrm{d}x \quad\text{(A.40)}$$

由积分表知

$$\int\ln\left(y+\sqrt{x^2+y^2+z^2}\right)\mathrm{d}x=x\ln\left(y+\sqrt{x^2+y^2+z^2}\right)+y\ln\left(x+\sqrt{x^2+y^2+z^2}\right)$$

$$-x+z\left(\arctan\frac{x}{z}-\arctan\frac{yx}{z\sqrt{x^2+y^2+z^2}}\right)+C \quad\text{(A.41)}$$

将此通式代入式(A.40),注意符号下标的变更,即得:

$$A_P^t=G\rho\left\{x_2\ln\left(y_2+\sqrt{x_2^2+y_2^2+z_2^2}\right)+y_2\ln\left(x_2+\sqrt{x_2^2+y_2^2+z_2^2}\right)\right.$$

$$-x_2+z_2\left(\arctan\frac{x_2}{z_2}-\arctan\frac{y_2x_2}{z_2\sqrt{x_2^2+y_2^2+z_2^2}}\right)$$

$$-x_1\ln\left(y_2+\sqrt{x_1^2+y_2^2+z_2^2}\right)-y_2\ln\left(x_1+\sqrt{x_1^2+y_2^2+z_2^2}\right)$$

$$+x_1-z_2\left(\arctan\frac{x_1}{z_2}-\arctan\frac{y_2x_1}{z_2\sqrt{x_1^2+y_2^2+z_2^2}}\right)$$

$$-x_2\ln\left(y_1+\sqrt{x_2^2+y_1^2+z_2^2}\right)-y_1\ln\left(x_2+\sqrt{x_2^2+y_1^2+z_2^2}\right)$$

$$+x_2-z_2\left(\arctan\frac{x_2}{z_2}-\arctan\frac{y_1x_2}{z_2\sqrt{x_2^2+y_1^2+z_2^2}}\right)$$

$$+x_1\ln\left(y_1+\sqrt{x_1^2+y_1^2+z_2^2}\right)+y_1\ln\left(x_1+\sqrt{x_1^2+y_1^2+z_2^2}\right)$$

$$-x_1+z_2\left(\arctan\frac{x_1}{z_2}-\arctan\frac{y_1x_1}{z_2\sqrt{x_1^2+y_1^2+z_2^2}}\right)$$

$$-x_2\ln\left(y_2+\sqrt{x_2^2+y_2^2+z_1^2}\right)-y_2\ln\left(x_2+\sqrt{x_2^2+y_2^2+z_1^2}\right)$$

$$+ x_2 - z_1 \left(\arctan \frac{x_2}{z_1} - \arctan \frac{y_2 x_2}{z_1 \sqrt{x_2^2 + y_2^2 + z_1^2}} \right)$$

$$+ x_1 \ln \left(y_2 + \sqrt{x_1^2 + y_2^2 + z_1^2} \right) + y_2 \ln \left(x_1 + \sqrt{x_1^2 + y_2^2 + z_1^2} \right)$$

$$- x_1 + z_1 \left(\arctan \frac{x_1}{z_1} - \arctan \frac{y_2 x_1}{z_1 \sqrt{x_1^2 + y_2^2 + z_1^2}} \right)$$

$$+ x_2 \ln \left(y_1 + \sqrt{x_2^2 + y_1^2 + z_1^2} \right) + y_1 \ln \left(x_2 + \sqrt{x_2^2 + y_1^2 + z_1^2} \right)$$

$$- x_2 + z_1 \left(\arctan \frac{x_2}{z_1} - \arctan \frac{y_1 x_2}{z_1 \sqrt{x_2^2 + y_1^2 + z_1^2}} \right)$$

$$- x_1 \ln \left(y_1 + \sqrt{x_1^2 + y_1^2 + z_1^2} \right) - y_1 \ln \left(x_1 + \sqrt{x_1^2 + y_1^2 + z_1^2} \right)$$

$$+ x_1 - z_1 \left(\arctan \frac{x_1}{z_1} - \arctan \frac{y_1 x_1}{z_1 \sqrt{x_1^2 + y_1^2 + z_1^2}} \right) \Bigg\} \tag{A.42}$$

式 (A.42) 中 x_i 项和 $z_i \cdot \arctan(x_i/z_i)$ 项有一正一负，正负恰好抵消。这样，我们得到

$$A_P^t = G\rho \Bigg\{ x_2 \ln \left(y_2 + \sqrt{x_2^2 + y_2^2 + z_2^2} \right) + y_2 \ln \left(x_2 + \sqrt{x_2^2 + y_2^2 + z_2^2} \right) - z_2 \arctan \frac{y_2 x_2}{z_2 \sqrt{x_2^2 + y_2^2 + z_2^2}}$$

$$- x_1 \ln \left(y_2 + \sqrt{x_1^2 + y_2^2 + z_2^2} \right) - y_2 \ln \left(x_1 + \sqrt{x_1^2 + y_2^2 + z_2^2} \right) + z_2 \arctan \frac{y_2 x_1}{z_2 \sqrt{x_1^2 + y_2^2 + z_2^2}}$$

$$- x_2 \ln \left(y_1 + \sqrt{x_2^2 + y_1^2 + z_2^2} \right) - y_1 \ln \left(x_2 + \sqrt{x_2^2 + y_1^2 + z_2^2} \right) + z_2 \arctan \frac{y_1 x_2}{z_2 \sqrt{x_2^2 + y_1^2 + z_2^2}}$$

$$+ x_1 \ln \left(y_1 + \sqrt{x_1^2 + y_1^2 + z_2^2} \right) + y_1 \ln \left(x_1 + \sqrt{x_1^2 + y_1^2 + z_2^2} \right) - z_2 \arctan \frac{y_1 x_1}{z_2 \sqrt{x_1^2 + y_1^2 + z_2^2}}$$

$$- x_2 \ln \left(y_2 + \sqrt{x_2^2 + y_2^2 + z_1^2} \right) - y_2 \ln \left(x_2 + \sqrt{x_2^2 + y_2^2 + z_1^2} \right) + z_1 \arctan \frac{y_2 x_2}{z_1 \sqrt{x_2^2 + y_2^2 + z_1^2}}$$

$$+ x_1 \ln \left(y_2 + \sqrt{x_1^2 + y_2^2 + z_1^2} \right) + y_2 \ln \left(x_1 + \sqrt{x_1^2 + y_2^2 + z_1^2} \right) - z_1 \arctan \frac{y_2 x_1}{z_1 \sqrt{x_1^2 + y_2^2 + z_1^2}}$$

$$+ x_2 \ln \left(y_1 + \sqrt{x_2^2 + y_1^2 + z_1^2} \right) + y_1 \ln \left(x_2 + \sqrt{x_2^2 + y_1^2 + z_1^2} \right) - z_1 \arctan \frac{y_1 x_2}{z_1 \sqrt{x_2^2 + y_1^2 + z_1^2}}$$

$$- x_1 \ln \left(y_1 + \sqrt{x_1^2 + y_1^2 + z_1^2} \right) - y_1 \ln \left(x_1 + \sqrt{x_1^2 + y_1^2 + z_1^2} \right) + z_1 \arctan \frac{y_1 x_1}{z_1 \sqrt{x_1^2 + y_1^2 + z_1^2}} \Bigg\} \tag{A.43}$$

式(A.43)可以写成简洁的形式：

$$A_P^t = G\rho \left\|\left\| x_i \ln(y_j + s_{ijk}) + y_j \ln(x_i + s_{ijk}) - z_k \arctan\left(\frac{x_i y_j}{z_k s_{ijk}}\right)\right|_{x_1}^{x_2}\right|_{y_1}^{y_2}\right|_{z_1}^{z_2} \tag{A.44}$$

或者写成更明了的形式：

$$A_P^t = G\rho \sum_{i=1}^{2}\sum_{j=1}^{2}\sum_{k=1}^{2}(-1)^{(i+j+k)}\left[x_i \ln\left(y_j + s_{ijk}\right) + y_j \ln\left(x_i + s_{ijk}\right) - z_k \arctan\left(\frac{x_i y_j}{z_k s_{ijk}}\right)\right] \tag{A.45}$$

式中

$$s_{ijk} = \left(x_i^2 + y_j^2 + z_k^2\right)^{1/2}, \quad i,j,k = 1,2 \tag{A.45a}$$

式(A.45)由 Nagy(1966)给出，参见 Smith 等(2001)。式(A.45)的展开形式是：

$$\begin{aligned}
A_P^t = G\rho\Bigg\{ & x_2 \ln \frac{\left(y_1 + \sqrt{x_2^2 + y_1^2 + z_1^2}\right)\left(y_2 + \sqrt{x_2^2 + y_2^2 + z_2^2}\right)}{\left(y_1 + \sqrt{x_2^2 + y_1^2 + z_2^2}\right)\left(y_2 + \sqrt{x_2^2 + y_2^2 + z_1^2}\right)} \\
& + y_2 \ln \frac{\left(x_1 + \sqrt{x_1^2 + y_2^2 + z_1^2}\right)\left(x_2 + \sqrt{x_2^2 + y_2^2 + z_2^2}\right)}{\left(x_1 + \sqrt{x_1^2 + y_2^2 + z_2^2}\right)\left(x_2 + \sqrt{x_2^2 + y_2^2 + z_1^2}\right)} \\
& + x_1 \ln \frac{\left(y_2 + \sqrt{x_1^2 + y_2^2 + z_1^2}\right)\left(y_1 + \sqrt{x_1^2 + y_1^2 + z_2^2}\right)}{\left(y_1 + \sqrt{x_1^2 + y_1^2 + z_1^2}\right)\left(y_2 + \sqrt{x_1^2 + y_2^2 + z_2^2}\right)} \\
& + y_1 \ln \frac{\left(x_1 + \sqrt{x_1^2 + y_1^2 + z_2^2}\right)\left(x_2 + \sqrt{x_2^2 + y_1^2 + z_1^2}\right)}{\left(x_1 + \sqrt{x_1^2 + y_1^2 + z_1^2}\right)\left(x_2 + \sqrt{x_2^2 + y_1^2 + z_2^2}\right)} \\
& - z_2 \arctan \frac{y_2 x_2}{z_2\sqrt{x_2^2 + y_2^2 + z_2^2}} + z_2 \arctan \frac{y_2 x_1}{z_2\sqrt{x_1^2 + y_2^2 + z_2^2}} \\
& + z_2 \arctan \frac{y_1 x_2}{z_2\sqrt{x_2^2 + y_1^2 + z_2^2}} - z_2 \arctan \frac{y_1 x_1}{z_2\sqrt{x_1^2 + y_1^2 + z_2^2}} \\
& + z_1 \arctan \frac{y_2 x_2}{z_1\sqrt{x_2^2 + y_2^2 + z_1^2}} - z_1 \arctan \frac{y_2 x_1}{z_1\sqrt{x_1^2 + y_2^2 + z_1^2}} \\
& - z_1 \arctan \frac{y_1 x_2}{z_1\sqrt{x_2^2 + y_1^2 + z_1^2}} + z_1 \arctan \frac{y_1 x_1}{z_1\sqrt{x_1^2 + y_1^2 + z_1^2}} \Bigg\}
\end{aligned} \tag{A.46}$$

引用式（A.45a），上式又可写成：

$$A_P^t = G\rho \left\{ x_2 \ln \frac{(y_1 + s_{211})(y_2 + s_{222})}{(y_1 + s_{212})(y_2 + s_{221})} + y_2 \ln \frac{(x_1 + s_{121})(x_2 + s_{222})}{(x_1 + s_{122})(x_2 + s_{221})} \right.$$

$$+ x_1 \ln \frac{(y_2 + s_{121})(y_1 + s_{112})}{(y_1 + s_{111})(y_2 + s_{122})} + y_1 \ln \frac{(x_1 + s_{112})(x_2 + s_{211})}{(x_1 + s_{111})(x_2 + s_{212})}$$

$$- z_2 \arctan \frac{y_2 x_2}{z_2 s_{222}} + z_2 \arctan \frac{y_2 x_1}{z_2 s_{122}} + z_2 \arctan \frac{y_1 x_2}{z_2 s_{212}} - z_2 \arctan \frac{y_1 x_1}{z_2 s_{112}}$$

$$\left. + z_1 \arctan \frac{y_2 x_2}{z_1 s_{221}} - z_1 \arctan \frac{y_2 x_1}{z_1 s_{121}} - z_1 \arctan \frac{y_1 x_2}{z_1 s_{211}} + z_1 \arctan \frac{y_1 x_1}{z_1 s_{111}} \right\} \quad (A.47)$$

式（A.45）或式（A.46）或式（A.47）即为计算地形引力的公式。在这些公式中，令 z_1 为计算点高程，且设 $z_1 = 0$，则 z_2 即为计算点的局部地形改正。

最后，我们给出局部地形改正的 2 维平面近似式（参见 Sideris, 1985）。前面我们已得出在 P 点为原点的 xyz 坐标系中地形质量引力表达式，即式（A.40）

$$A_P^t(x_P, y_P, z_P) = G\rho \int_{\text{plane}} \left(\frac{1}{\sqrt{x^2 + y^2 + z^2}} \right) \bigg|_{z=H_P}^{H} dxdy$$

$$= -G\rho \int_{\text{plane}} \left(\frac{1}{\sqrt{x^2 + y^2 + z^2}} \right) \bigg|_{z=H}^{H_P} dxdy = -G\rho \int_{\text{plane}} \left(\frac{1}{\sqrt{r_0^2 + z^2}} \right) \bigg|_{z=0}^{\Delta H} dxdy \quad (A.48)$$

式中，$r_0 = \sqrt{x^2 + y^2}$；$\Delta H = H_P - H$，这里 H_P 为计算点 P 的地形高，H 为积分点（流动点）的地形高。

式（A.48）可以改写成形式

$$A_P^t(x_P, y_P, z_P) = G\rho \int_{\text{plane}} \frac{1}{r_0} \left\{ 1 - \left[1 + \left(\frac{\Delta H}{r_0} \right)^2 \right]^{-1/2} \right\} dxdy \quad (A.49)$$

通常，$(\Delta H / r_0)^2 \leqslant 1$，中括号项还可进一步按泰勒级数展开。

式（A.49）为局部地形改正的 2 维平面近似公式。这一公式也是很有用的。

参 考 文 献

Macmillan W D. 1958. The theory of the potential. Dover Publications, Inc., New York.

Nagy D. 1966. The gravitational attraction of a right angular prism. Geophysics, 21(2): 362-371.

Nagy D, Papp G, Benedek J. 2000. The gravitational potential and its derivatives for the prism. Journal of Geodesy, 74: 552-560.

Sideris M G. 1985. A fast Fourier transform method of computing terrain corrections. Man Geod, 10: (1): 66-73.

Smith D A, Robertson D S, Milbert D G. 2001. Gravitational attraction of local crustal masses in spherical coordinates. Journal of Geodesy, 74: 783-795.

附录 B　调和函数的高阶球面径向导数的积分公式

任意调和函数的球面径向导数的积分公式,对于与重力垂直梯度有关的问题(如重力数据的解析延拓)是有用的。某些副产品公式对于其他问题也是很有用的。Heiskanen and Moritz, 1967, pp.37-39 已给出 1 阶球面径向导数表达式。在此基础上,我们又推导了 2 至 9 阶球面径向导数的表达式,以及重力扰动的 1 至 9 阶球面径向导数的表达式。我们从推导中又得到一些有用的副产公式,如后面的式(B.90)、式(B.91)等。

B.1　一般积分公式推导

Poisson 积分允许我们用球面(＝边界面)上的调和函数 $V(R, \Omega')$ 推算球面外部或内部一点的调和函数 $V(r,\Omega)$。在外部,我们可以写出

$$V(r,\Omega) = \frac{R(r^2 - R^2)}{4\pi}\int_{\Omega_0}\frac{V(R,\Omega')}{\ell^3}\mathrm{d}\Omega' \tag{B.1}$$

令

$$U(r,\psi,R) = (r^2 - R^2) / \ell^3 \tag{B.2}$$

其中

$$\ell = \sqrt{r^2 + R^2 - 2Rr\cos\psi} \qquad (\psi \text{ 为点 } (R, \Omega') \text{ 和 } (r, \Omega) \text{ 之间的角距}) \tag{B.3}$$

在球面上变成

$$\ell_0 = 2R\sin\frac{\psi}{2} \tag{B.3a}$$

那么,式(B.1)变为

$$V(r,\Omega) = \frac{R}{4\pi}\int_{\Omega_0}U(r,\psi,R)V(R,\Omega')\mathrm{d}\Omega' \tag{B.1a}$$

$U(r,\Psi,R)$ 对 r 是可微的,存在至无穷阶导数。这里,我们限于 9 阶导数。将式(B.1a)两端对 r 连续取 9 次导数,注意到导数仅涉及 U 对 r 求导,我们有

$$\frac{\partial^i V(r,\Omega)}{\partial r^i} = \frac{R}{4\pi}\int_{\Omega_0}\frac{\partial^i U}{\partial r^i}V(R,\Omega')\mathrm{d}\Omega' \qquad i = 1, 2, \cdots, 9 \tag{B.4}$$

式中

$$\frac{\partial U}{\partial r} = \frac{1}{\ell^5}\left(5R^2r - r^3 - Rr^2\cos\psi - 3R^3\cos\psi\right) \tag{B.5}$$

$$\frac{\partial^2 U}{\partial r^2} = \frac{1}{\ell^7}\left(-23R^2r^2 + 2r^4 + 5R^4 + 28R^3r\cos\psi - R^2r^2\cos^2\psi - 15R^4\cos^2\psi + 4Rr^3\cos\psi\right) \tag{B.6}$$

$$\frac{\partial^3 U}{\partial r^3} = -\frac{7}{\ell^9}\left(-23R^2 r^3 + 2r^5 + 5R^4 r + 51R^3 r^2 \cos\psi - 5R^2 r^3 \cos^2\psi\right.$$
$$-43R^4 r\cos^2\psi + 2Rr^4\cos^2\psi - 5R^5\cos\psi + R^3 r^2\cos^3\psi + 15R^5\cos^3\psi\big)$$
$$+\frac{1}{\ell^7}\left(-46R^2 r + 8r^3 + 28R^3\cos\psi - 2R^2 r\cos^2\psi + 12Rr^2\cos\psi\right) \tag{B.7}$$

$$\frac{\partial^4 U}{\partial r^4} = \frac{63}{\ell^{11}}\left(-23R^2 r^4 + 2r^6 + 5R^4 r^2 + 74R^3 r^3\cos\psi - 7R^2 r^4\cos^2\psi - 94R^4 r^2\cos^2\psi\right.$$
$$+58R^5 r\cos^3\psi + 6R^3 r^3\cos^3\psi - 10R^5 r\cos\psi + 5R^6\cos^2\psi - R^4 r^2\cos^4\psi - 15R^6\cos^4\psi\big)$$
$$-\frac{7}{\ell^9}\left(-115R^2 r^2 + 18r^4 + 5R^4 + 176R^3 r\cos\psi - 29R^2 r^2\cos^2\psi - 71R^4\cos^2\psi\right.$$
$$+4R^3 r\cos^3\psi + 12Rr^3\cos\psi\big) + \frac{1}{\ell^7}\left(-46R^2 + 24r^2 - 2R^2\cos^2\psi + 24Rr\cos\psi\right) \tag{B.8}$$

$$\frac{\partial^5 U}{\partial r^5} = -\frac{693}{\ell^{13}}\left(2r^7 - 23r^5 R^2 + 97r^4 R^3\cos\psi - 7r^5 R^2\cos^2\psi - 168r^3 R^4\cos^2\psi + 5r^3 R^4\right.$$
$$+13r^4 R^3\cos^3\psi + 152r^2 R^5\cos^3\psi - 15r^2 R^5\cos\psi - 7r^3 R^4\cos^4\psi - 73rR^6\cos^4\psi$$
$$+15rR^6\cos^2\psi - 2r^6 R\cos\psi + r^2 R^5\cos^5\psi + 15R^7\cos^5\psi - 5R^7\cos^3\psi\big)$$
$$+\frac{63}{\ell^{11}}\left(30r^5 - 6r^4 R\cos\psi - 207r^3 R^2 + 513r^2 R^3\cos\psi - 69r^3 R^2\cos^2\psi - 435rR^4\cos^2\psi\right.$$
$$+51r^2 R^3\cos^3\psi + 15rR^4 + 129R^5\cos^3\psi - 6rR^4\cos^4\psi - 15R^5\cos\psi\big)$$
$$-\frac{7}{\ell^9}\left(96r^3 + 36r^2 R\cos\psi - 276rR^2 - 84rR^2\cos^2\psi + 222R^3\cos\psi + 6R^3\cos^3\psi\right)$$
$$+\frac{1}{\ell^7}\left(48r + 24R\cos\psi\right) \tag{B.9}$$

$$\frac{\partial^6 U}{\partial r^6} = \frac{9009}{\ell^{15}}\left(2r^8 - 4r^7 R\cos\psi - 23r^6 R^2 + 120r^5 R^3\cos\psi - 5r^6 R^2\cos^2\psi - 265r^4 R^4\cos^2\psi\right.$$
$$+5r^4 R^4 + 20r^5 R^3\cos^3\psi + 320r^3 R^5\cos^3\psi - 20r^3 R^5\cos\psi - 20r^4 R^4\cos^4\psi$$
$$-225r^2 R^6\cos^4\psi + 30r^2 R^6\cos^2\psi + 8r^3 R^5\cos^5\psi + 88rR^7\cos^5\psi - 20rR^7\cos^3\psi$$
$$-r^2 R^6\cos^6\psi - 15R^8\cos^6\psi + 5R^8\cos^4\psi\big) - \frac{693}{\ell^{13}}\left(44r^6 - 48r^5 R\cos\psi - 322r^4 R^2\right.$$
$$+1108r^3 R^3\cos\psi - 98r^4 R^2\cos^2\psi - 1452r^2 R^4\cos^2\psi + 30r^2 R^4 + 172r^3 R^3\cos^3\psi$$
$$+868rR^5\cos^3\psi - 78r^2 R^4\cos^4\psi - 60rR^5\cos\psi - 202R^6\cos^4\psi + 8rR^5\cos^5\psi$$
$$+30R^6\cos^2\psi\big) + \frac{63}{\ell^{11}}\left(246r^4 - 84r^3 R\cos\psi - 897r^2 R^2 - 327r^2 R^2\cos^2\psi + 1\,524rR^3\cos\psi\right.$$
$$+192rR^3\cos^3\psi - 657R^4\cos^2\psi - 12R^4\cos^4\psi + 15R^4\big)$$
$$-\frac{7}{\ell^9}\left(336r^2 + 48rR\cos\psi - 276R^2 - 108R^2\cos^2\psi\right) + \frac{48}{\ell^7} \tag{B.10}$$

$$\frac{\partial^7 U}{\partial r^7} = -\frac{135\,135}{\ell^{17}}\Big(2r^9 - 6r^8 R\cos\psi - 23r^7 R^2 + 143r^6 R^3\cos\psi - r^7 R^2\cos^2\psi - 385r^5 R^4\cos^2\psi$$

$$+\,5r^5 R^4 + 25r^6 R^3\cos^3\psi + 585r^4 R^5\cos^3\psi - 25r^4 R^5\cos\psi - 40r^5 R^4\cos^4\psi$$

$$-\,545r^3 R^6\cos^4\psi + 50r^3 R^6\cos^2\psi + 28r^4 R^5\cos^5\psi + 313r^2 R^7\cos^5\psi - 50r^2 R^7\cos^3\psi$$

$$-\,9r^3 R^6\cos^6\psi - 103rR^8\cos^6\psi + 25rR^8\cos^4\psi + r^2 R^7\cos^7\psi + 15R^9\cos^7\psi - 5R^9\cos^5\psi\Big)$$

$$+\,\frac{9\,009}{\ell^{15}}\Big(60r^7 - 120r^6 R\cos\psi - 460r^5 R^2 + 2030r^4 R^3\cos\psi - 80r^5 R^2\cos^2\psi$$

$$-\,3\,620r^3 R^4\cos^2\psi + 370r^4 R^3\cos^3\psi + 50r^3 R^4 + 3\,280r^2 R^5\cos^3\psi - 330r^3 R^4\cos^4\psi$$

$$-\,150r^2 R^5\cos\psi - 1\,520rR^6\cos^4\psi + 110r^2 R^5\cos^5\psi + 150rR^6\cos^2\psi + 290R^7\cos^5\psi$$

$$-\,10rR^6\cos^6\psi - 50R^7\cos^3\psi\Big) - \frac{693}{\ell^{13}}\Big(510r^5 - 570r^4 R\cos\psi - 2\,185r^3 R^2 - 635r^3 R^2\cos^2\psi$$

$$+\,5\,745r^2 R^3\cos\psi + 1\,035r^2 R^3\cos^3\psi - 5\,085rR^4\cos^2\psi - 360rR^4\cos^4\psi + 75rR^4$$

$$+\,1\,525R^5\cos^3\psi + 20R^5\cos^5\psi - 75R^5\cos\psi\Big) + \frac{63}{\ell^{11}}\Big(1\,320r^3 - 540r^2 R\cos\psi - 2\,070rR^2$$

$$-\,810rR^2\cos^2\psi + 1\,800R^3\cos\psi + 300R^3\cos^3\psi\Big) - \frac{7}{\ell^9}\big(720r\big) \tag{B.11}$$

$$\frac{\partial^8 U}{\partial r^8} = \frac{2\,297\,295}{\ell^{19}}\Big(2r^{10} - 8r^9 R\cos\psi - 23r^8 R^2 + 166r^7 R^3\cos\psi + 5r^8 R^2\cos^2\psi - 528r^6 R^4\cos^2\psi$$

$$+\,5r^6 R^4 + 26r^7 R^3\cos^3\psi + 970r^5 R^5\cos^3\psi - 30r^5 R^5\cos\psi - 65r^6 R^4\cos^4\psi$$

$$-\,1130r^4 R^6\cos^4\psi + 75r^4 R^6\cos^2\psi + 68r^5 R^5\cos^5\psi + 858r^3 R^7\cos^5\psi - 100r^3 R^7\cos^3\psi$$

$$-\,37r^4 R^6\cos^6\psi - 416r^2 R^8\cos^6\psi + 75r^2 R^8\cos^4\psi + 10r^3 R^7\cos^7\psi + 118rR^9\cos^7\psi$$

$$-\,30rR^9\cos^5\psi - r^2 R^8\cos^8\psi - 15R^{10}\cos^8\psi + 5R^{10}\cos^6\psi\Big) - \frac{135\,135}{\ell^{17}}$$

$$\times\Big(78r^8 - 228r^7 R\cos\psi - 621r^6 R^2 + 3\,348r^5 R^3\cos\psi + 33r^6 R^2\cos^2\psi - 7\,575r^4 R^4\cos^2\psi$$

$$+\,75r^4 R^4 + 600r^5 R^3\cos^3\psi + 9\,240r^3 R^5\cos^3\psi - 900r^4 R^4\cos^4\psi - 300r^3 R^5\cos\psi$$

$$-\,6\,435r^2 R^6\cos^4\psi + 552r^3 R^5\cos^5\psi + 450r^2 R^6\cos^2\psi + 2\,436rR^7\cos^5\psi$$

$$-\,147r^2 R^6\cos^6\psi - 300rR^7\cos^3\psi - 393R^8\cos^6\psi + 12rR^7\cos^7\psi + 75R^8\cos^4\psi\Big)$$

$$+\,\frac{9\,009}{\ell^{15}}\Big(930r^6 - 1\,800r^5 R\cos\psi - 4\,485r^4 R^2 - 465r^4 R^2\cos^2\psi + 16\,050r^3 R^3\cos\psi$$

$$+\,3\,150r^3 R^3\cos^3\psi - 21\,690r^2 R^4\cos^2\psi - 2\,385r^2 R^4\cos^4\psi + 225r^2 R^4 + 13\,170rR^5\cos^3\psi$$

$$+\,600rR^5\cos^5\psi - 450rR^5\cos\psi - 3045R^6\cos^4\psi - 30R^6\cos^6\psi + 225R^6\cos^2\psi\Big)$$

$$-\,\frac{693}{\ell^{13}}\Big(3\,870r^4 - 4\,140r^3 R\cos\psi - 8\,625r^2 R^2 - 2\,175r^2 R^2\cos^2\psi + 15\,360rR^3\cos\psi$$

$$+\,3\,180rR^3\cos^3\psi - 6\,885R^4\cos^2\psi - 660R^4\cos^4\psi + 75R^4\Big)$$

$$-\,\frac{63}{\ell^{11}}\Big(4\,680r^2 - 1\,800rR\cos\psi - 2\,070R^2 - 810R^2\cos^2\psi\Big) - \frac{5\,040}{\ell^9} \tag{B.12}$$

$$\frac{\partial^9 U}{\partial r^9} = -\frac{43\,648\,605}{\ell^{21}}\Big(2r^{11} - 10r^{10}R\cos\psi - 23r^9R^2 + 189r^8R^3\cos\psi + 13r^9R^2\cos^2\psi$$

$$-694r^7R^4\cos^2\psi + 5r^7R^4 + 21r^8R^3\cos^3\psi + 1\,498r^6R^5\cos^3\psi - 35r^6R^5\cos\psi$$

$$-91r^7R^4\cos^4\psi - 2\,100r^5R^6\cos^4\psi + 105r^5R^6\cos^2\psi + 133r^6R^5\cos^5\psi$$

$$+1\,988r^4R^7\cos^5\psi - 175r^4R^7\cos^3\psi - 105r^5R^6\cos^6\psi - 1\,274r^3R^8\cos^6\psi$$

$$+175r^3R^8\cos^4\psi + 47r^4R^7\cos^7\psi + 534r^2R^9\cos^7\psi - 105r^2R^9\cos^5\psi - 11r^3R^8\cos^8\psi$$

$$-133rR^{10}\cos^8\psi + 35rR^{10}\cos^6\psi + r^2R^9\cos^9\psi + 15R^{11}\cos^9\psi - 5R^{11}\cos^7\psi\Big)$$

$$+\frac{2\,297\,295}{\ell^{19}}\Big(98r^9 - 378r^8R\cos\psi - 805r^7R^2 + 5\,131r^6R^3\cos\psi + 301r^7R^2\cos^2\psi$$

$$-14\,091r^5R^4\cos^2\psi + 105r^5R^4 + 749r^6R^3\cos^3\psi + 21\,665r^4R^5\cos^3\psi - 1\,890r^5R^4\cos^4\psi$$

$$-525r^4R^5\cos\psi - 20\,195r^3R^6\cos^4\psi + 1\,792r^4R^5\cos^5\psi + 1\,050r^3R^6\cos^2\psi$$

$$+11\,445r^2R^7\cos^5\psi - 847r^3R^6\cos^6\psi - 1\,050r^2R^7\cos^3\psi - 3\,661rR^8\cos^6\psi$$

$$+189r^2R^7\cos^7\psi + 525rR^8\cos^4\psi + 511R^9\cos^7\psi - 14rR^8\cos^8\psi - 105R^9\cos^5\psi\Big)$$

$$-\frac{135\,135}{\ell^{17}}\Big(1\,554r^7 - 4\,326r^6R\cos\psi - 8\,211r^5R^2 + 1\,533r^5R^2\cos^2\psi + 37\,275r^4R^3\cos\psi$$

$$+6\,615r^4R^3\cos^3\psi - 68\,040r^3R^4\cos^2\psi - 9\,135r^3R^4\cos^4\psi + 525r^3R^4$$

$$+62\,580r^2R^5\cos^3\psi + 4\,641r^2R^5\cos^5\psi - 1\,575r^2R^5\cos\psi - 29\,085rR^6\cos^4\psi$$

$$-924rR^6\cos^6\psi + 1\,575rR^6\cos^2\psi + 5\,481R^7\cos^5\psi + 42R^7\cos^7\psi - 525R^7\cos^3\psi\Big)$$

$$+\frac{9\,009}{\ell^{15}}\Big(9\,450r^5 - 17\,010r^4R\cos\psi - 26\,565r^3R^2 + 105r^3R^2\cos^2\psi + 72\,135r^2R^3\cos\psi$$

$$+14\,805r^2R^3\cos^3\psi - 65\,625rR^4\cos^2\psi - 8\,610rR^4\cos^4\psi + 525rR^4$$

$$+20\,055R^5\cos^3\psi + 1\,260R^5\cos^5\psi - 525R^5\cos\psi\Big)$$

$$-\frac{693}{\ell^{13}}\Big(20\,160r^3 - 18\,900r^2R\cos\psi - 19\,320rR^2 - 3\,360rR^2\cos^2\psi$$

$$+17\,430R^3\cos\psi + 3\,990R^3\cos^3\psi\Big)$$

$$+\frac{63}{\ell^{11}}(10\,080r - 2\,520R\cos\psi) \tag{B.13}$$

取一特别调和函数

$$V_1(r,\Omega) = R\,/\,r \tag{B.14}$$

在球面上

$$V_1(R,\Omega') = R\,/\,R = 1 \tag{B.14a}$$

V_1 对 r 连续微分 9 次，则有

$$\frac{\partial V_1}{\partial r} = -\frac{R}{r^2} \tag{B.15}$$

$$\frac{\partial^2 V_1}{\partial r^2} = \frac{2R}{r^3} \tag{B.16}$$

$$\frac{\partial^3 V_1}{\partial r^3} = -\frac{6R}{r^4} \tag{B.17}$$

$$\frac{\partial^4 V_1}{\partial r^4} = \frac{24R}{r^5} \tag{B.18}$$

$$\frac{\partial^5 V_1}{\partial r^5} = -\frac{120R}{r^6} \tag{B.19}$$

$$\frac{\partial^6 V_1}{\partial r^6} = \frac{720R}{r^7} \tag{B.20}$$

$$\frac{\partial^7 V_1}{\partial r^7} = -\frac{5040R}{r^8} \tag{B.21}$$

$$\frac{\partial^8 V_1}{\partial r^8} = \frac{40320R}{r^9} \tag{B.22}$$

$$\frac{\partial^9 V_1}{\partial r^9} = -\frac{362880R}{r^{10}} \tag{B.23}$$

注意到式(B.14a)，将式(B.15)～式(B.23)分别代入式(B.4)的 i 阶导数式，$i=1,2,\cdots,$ 9，得

$$-\frac{R}{r^2} = \frac{R}{4\pi} \int_{\Omega_0} \frac{\partial U}{\partial r} \mathrm{d}\Omega' \tag{B.24}$$

$$\frac{2R}{r^3} = \frac{R}{4\pi} \int_{\Omega_0} \frac{\partial^2 U}{\partial r^2} \mathrm{d}\Omega' \tag{B.25}$$

$$-\frac{6R}{r^4} = \frac{R}{4\pi} \int_{\Omega_0} \frac{\partial^3 U}{\partial r^3} \mathrm{d}\Omega' \tag{B.26}$$

$$\frac{24R}{r^5} = \frac{R}{4\pi} \int_{\Omega_0} \frac{\partial^4 U}{\partial r^4} \mathrm{d}\Omega' \tag{B.27}$$

$$-\frac{120R}{r^6} = \frac{R}{4\pi} \int_{\Omega_0} \frac{\partial^5 U}{\partial r^5} \mathrm{d}\Omega' \tag{B.28}$$

$$\frac{720R}{r^7} = \frac{R}{4\pi} \int_{\Omega_0} \frac{\partial^6 U}{\partial r^6} \mathrm{d}\Omega' \tag{B.29}$$

$$-\frac{5040R}{r^8} = \frac{R}{4\pi} \int_{\Omega_0} \frac{\partial^7 U}{\partial r^7} \mathrm{d}\Omega' \tag{B.30}$$

$$\frac{40320R}{r^9} = \frac{R}{4\pi} \int_{\Omega_0} \frac{\partial^8 U}{\partial r^8} \mathrm{d}\Omega' \tag{B.31}$$

$$-\frac{362880R}{r^{10}} = \frac{R}{4\pi} \int_{\Omega_0} \frac{\partial^9 U}{\partial r^9} \mathrm{d}\Omega' \tag{B.32}$$

式(B.24)～式(B.32)两端乘以 $V_P(r,\Omega)$，并依次从式(B.4)的第 i 式减去，得

$$\frac{\partial V}{\partial r} + \frac{R}{r^2} V_P = \frac{R}{4\pi} \int_{\Omega_0} \frac{\partial U}{\partial r} (V - V_P) \mathrm{d}\Omega' \tag{B.33}$$

$$\frac{\partial^2 V}{\partial r^2} - \frac{2R}{r^3}V_P = \frac{R}{4\pi}\int_{\Omega_0}\frac{\partial^2 U}{\partial r^2}(V - V_P)\mathrm{d}\Omega' \tag{B.34}$$

$$\frac{\partial^3 V}{\partial r^3} + \frac{6R}{r^4}V_P = \frac{R}{4\pi}\int_{\Omega_0}\frac{\partial^3 U}{\partial r^3}(V - V_P)\mathrm{d}\Omega' \tag{B.35}$$

$$\frac{\partial^4 V}{\partial r^4} - \frac{24R}{r^5}V_P = \frac{R}{4\pi}\int_{\Omega_0}\frac{\partial^4 U}{\partial r^4}(V - V_P)\mathrm{d}\Omega' \tag{B.36}$$

$$\frac{\partial^5 V}{\partial r^5} + \frac{120R}{r^6}V_P = \frac{R}{4\pi}\int_{\Omega_0}\frac{\partial^5 U}{\partial r^5}(V - V_P)\mathrm{d}\Omega' \tag{B.37}$$

$$\frac{\partial^6 V}{\partial r^6} - \frac{720R}{r^7}V_P = \frac{R}{4\pi}\int_{\Omega_0}\frac{\partial^6 U}{\partial r^6}(V - V_P)\mathrm{d}\Omega' \tag{B.38}$$

$$\frac{\partial^7 V}{\partial r^7} + \frac{5040R}{r^8}V_P = \frac{R}{4\pi}\int_{\Omega_0}\frac{\partial^7 U}{\partial r^7}(V - V_P)\mathrm{d}\Omega' \tag{B.39}$$

$$\frac{\partial^8 V}{\partial r^8} - \frac{40320R}{r^9}V_P = \frac{R}{4\pi}\int_{\Omega_0}\frac{\partial^8 U}{\partial r^8}(V - V_P)\mathrm{d}\Omega' \tag{B.40}$$

$$\frac{\partial^9 V}{\partial r^9} + \frac{362880R}{r^{10}}V_P = \frac{R}{4\pi}\int_{\Omega_0}\frac{\partial^9 U}{\partial r^9}(V - V_P)\mathrm{d}\Omega' \tag{B.41}$$

式中

$$V_P = V(r, \Omega), \quad V = V(R, \Omega') \tag{B.42}$$

为得到在半径为 R 的球面上的径向导数，我们在式(B.5)～式(B.13)中令 $r = R$，则 $\partial^i U / \partial r^i$, $i = 1, 2, \cdots, 9$，在球面上取形式

$$\left.\frac{\partial U}{\partial r}\right|_{r=R} = \frac{2R}{\ell_0^3} \tag{B.43}$$

$$\left.\frac{\partial^2 U}{\partial r^2}\right|_{r=R} = -\frac{4}{\ell_0^3} \tag{B.44}$$

$$\left.\frac{\partial^3 U}{\partial r^3}\right|_{r=R} = \frac{27}{2R\ell_0^3} - \frac{18R}{\ell_0^5} \tag{B.45}$$

$$\left.\frac{\partial^4 U}{\partial r^4}\right|_{r=R} = -\frac{60}{R^2\ell_0^3} + \frac{144}{\ell_0^5} \tag{B.46}$$

$$\left.\frac{\partial^5 U}{\partial r^5}\right|_{r=R} = \frac{2\,625}{8R^3\ell_0^3} - \frac{1\,125}{R\ell_0^5} + \frac{450R}{\ell_0^7} \tag{B.47}$$

$$\left.\frac{\partial^6 U}{\partial r^6}\right|_{r=R} = -\frac{8\,505}{4R^4\ell_0^3} + \frac{9\,450}{R^2\ell_0^5} - \frac{8\,100}{\ell_0^7} \tag{B.48}$$

$$\left.\frac{\partial^7 U}{\partial r^7}\right|_{r=R} = \frac{509\,355}{32R^5\ell_0^3} - \frac{694\,575}{8R^3\ell_0^5} + \frac{231\,525}{2R\ell_0^7} - \frac{22\,050R}{\ell_0^9} \tag{B.49}$$

$$\left.\frac{\partial^8 U}{\partial r^8}\right|_{r=R} = -\frac{135\,135}{R^6\ell_0^3} + \frac{873\,180}{R^4\ell_0^5} - \frac{1\,587\,600}{R^2\ell_0^7} + \frac{705\,600}{\ell_0^9} \tag{B.50}$$

$$\left.\frac{\partial^9 U}{\partial r^9}\right|_{r=R} = \frac{164\,189\,025}{128R^7\ell_0^3} - \frac{76\,621\,545}{8R^5\ell_0^5} + \frac{88\,409\,475}{4R^3\ell_0^7} - \frac{16\,074\,450}{R\ell_0^9} + \frac{1\,786\,050R}{\ell_0^{11}} \tag{B.51}$$

当 $\psi\to 0$ 时，以上诸项导数趋于 ∞，这意味着原来的式子式 (B.4) 不能用在球面上。但是在变换式 (B.33)～式 (B.41) 中，当 $\psi\to 0$ 时，我们有 $V-V_P\to 0$，这些导数在 $\psi\to 0$ 时的奇异性就不存在了。这样，将式 (B.43)～式 (B.51) 依次分别代入式 (B.33)～式 (B.41)，我们得

$$\frac{\partial V}{\partial r} = -\frac{1}{R}V_P + \frac{R^2}{2\pi}\int_{\Omega_0}\frac{V-V_P}{\ell_0^3}\mathrm{d}\Omega' \tag{B.52}$$

$$\frac{\partial^2 V}{\partial r^2} = \frac{2}{R^2}V_P - \frac{R}{\pi}\int_{\Omega_0}\frac{V-V_P}{\ell_0^3}\mathrm{d}\Omega' \tag{B.53}$$

$$\frac{\partial^3 V}{\partial r^3} = -\frac{6}{R^3}V_P + \frac{9}{4\pi}\int_{\Omega_0}\left(\frac{3}{2} - \frac{2R^2}{\ell_0^2}\right)\frac{V-V_P}{\ell_0^3}\mathrm{d}\Omega' \tag{B.54}$$

$$\frac{\partial^4 V}{\partial r^4} = \frac{24}{R^4}V_P - \frac{3}{\pi R}\int_{\Omega_0}\left(5 - \frac{12R^2}{\ell_0^2}\right)\frac{V-V_P}{\ell_0^3}\mathrm{d}\Omega' \tag{B.55}$$

$$\frac{\partial^5 V}{\partial r^5} = -\frac{120}{R^5}V_P + \frac{75}{4\pi R^2}\int_{\Omega_0}\left(\frac{35}{8} - \frac{15R^2}{\ell_0^2} + \frac{6R^4}{\ell_0^4}\right)\frac{V-V_P}{\ell_0^3}\mathrm{d}\Omega' \tag{B.56}$$

$$\frac{\partial^6 V}{\partial r^6} = \frac{720}{R^6}V_P + \frac{5}{4\pi R^3}\int_{\Omega_0}\left(-\frac{1701}{4} + \frac{1890R^2}{\ell_0^2} - \frac{1620R^4}{\ell_0^4}\right)\frac{V-V_P}{\ell_0^3}\mathrm{d}\Omega' \tag{B.57}$$

$$\frac{\partial^7 V}{\partial r^7} = -\frac{5\,040}{R^7}V_P + \frac{5}{4\pi R^4}\int_{\Omega_0}\left(\frac{101\,871}{32} - \frac{138\,915R^2}{8\ell_0^2} + \frac{46\,305R^4}{2\ell_0^4} - \frac{4\,410R^6}{\ell_0^6}\right)\frac{V-V_P}{\ell_0^3}\mathrm{d}\Omega' \tag{B.58}$$

$$\frac{\partial^8 V}{\partial r^8} = \frac{40\,320}{R^8}V_P + \frac{15}{4\pi R^5}\int_{\Omega_0}\left(-9\,009 + \frac{58\,212R^2}{\ell_0^2} - \frac{105\,840R^4}{\ell_0^4} + \frac{47\,040R^6}{\ell_0^6}\right)\frac{V-V_P}{\ell_0^3}\mathrm{d}\Omega' \tag{B.59}$$

$$\begin{aligned}\frac{\partial^9 V}{\partial r^9} = &-\frac{362\,880}{R^9}V_P + \frac{15}{4\pi R^6}\int_{\Omega_0}\left(\frac{10\,945\,935}{128} - \frac{5\,108\,103R^2}{8\ell_0^2} + \frac{5\,893\,965R^4}{4\ell_0^4}\right.\\ &\left. - \frac{1\,071\,630R^6}{\ell_0^6} + \frac{119\,070R^8}{\ell_0^8}\right)\frac{V-V_P}{\ell_0^3}\mathrm{d}\Omega'\end{aligned} \tag{B.60}$$

式 (B.52)～式 (B.60) 是 V 在球面上的 1 至 9 阶径向导数，用球面 $r=R$ 上的 V 表示；现在有

$$V_P = V(R,\Omega), \quad V = V(R,\Omega')$$

　　至此，我们已得到直至 9 阶导数的积分公式。其中式(B.52)已由 Heiskanen and Moritz(1967)给出。为完整起见，在此我们也一并作了推导。这些积分式适用于调和函数，所有量均参考于球面。由于球面上的任意函数均可表示为面球谐函数，所以，这些积分式实际上对于定义在球面上的任意函数 V 也成立。

　　下面，用球谐表示我们的解。V_P 可以表示为

$$V_P = \sum_{n=0}^{\infty} \left(\frac{R}{r}\right)^{n+1} Y_n(\Omega) \tag{B.61}$$

连续对 r 微分 9 次，有

$$\frac{\partial V}{\partial r} = -\sum_{n=0}^{\infty} (n+1)\frac{R^{n+1}}{r^{n+2}} Y_n(\Omega) \tag{B.62}$$

$$\frac{\partial^2 V}{\partial r^2} = \sum_{n=0}^{\infty} (n+1)(n+2)\frac{R^{n+1}}{r^{n+3}} Y_n(\Omega) \tag{B.63}$$

$$\frac{\partial^3 V}{\partial r^3} = -\sum_{n=0}^{\infty} (n+1)(n+2)(n+3)\frac{R^{n+1}}{r^{n+4}} Y_n(\Omega) \tag{B.64}$$

$$\frac{\partial^4 V}{\partial r^4} = \sum_{n=0}^{\infty} (n+1)(n+2)(n+3)(n+4)\frac{R^{n+1}}{r^{n+5}} Y_n(\Omega) \tag{B.65}$$

$$\frac{\partial^5 V}{\partial r^5} = -\sum_{n=0}^{\infty} (n+1)(n+2)(n+3)(n+4)(n+5)\frac{R^{n+1}}{r^{n+6}} Y_n(\Omega) \tag{B.66}$$

$$\frac{\partial^6 V}{\partial r^6} = \sum_{n=0}^{\infty} (n+1)(n+2)(n+3)(n+4)(n+5)(n+6)\frac{R^{n+1}}{r^{n+7}} Y_n(\Omega) \tag{B.67}$$

$$\frac{\partial^7 V}{\partial r^7} = -\sum_{n=0}^{\infty} (n+1)(n+2)(n+3)(n+4)(n+5)(n+6)(n+7)\frac{R^{n+1}}{r^{n+8}} Y_n(\Omega) \tag{B.68}$$

$$\frac{\partial^8 V}{\partial r^8} = \sum_{n=0}^{\infty} (n+1)(n+2)(n+3)(n+4)(n+5)(n+6)(n+7)(n+8)\frac{R^{n+1}}{r^{n+9}} Y_n(\Omega) \tag{B.69}$$

$$\frac{\partial^9 V}{\partial r^9} = -\sum_{n=0}^{\infty} (n+1)(n+2)(n+3)(n+4)(n+5)(n+6)(n+7)(n+8)(n+9)\frac{R^{n+1}}{r^{n+10}} Y_n(\Omega) \tag{B.70}$$

对于 $r = R$，这些式子变为

$$\frac{\partial V}{\partial r} = -\frac{1}{R} \sum_{n=0}^{\infty} (n+1) Y_n(\Omega) \tag{B.71}$$

$$\frac{\partial^2 V}{\partial r^2} = \frac{1}{R^2} \sum_{n=0}^{\infty} (n+1)(n+2) Y_n(\Omega) \tag{B.72}$$

$$\frac{\partial^3 V}{\partial r^3} = -\frac{1}{R^3} \sum_{n=0}^{\infty} (n+1)(n+2)(n+3) Y_n(\Omega) \tag{B.73}$$

$$\frac{\partial^4 V}{\partial r^4} = \frac{1}{R^4} \sum_{n=0}^{\infty} (n+1)(n+2)(n+3)(n+4) Y_n(\Omega) \tag{B.74}$$

$$\frac{\partial^5 V}{\partial r^5} = -\frac{1}{R^5} \sum_{n=0}^{\infty} (n+1)(n+2)(n+3)(n+4)(n+5) Y_n(\Omega) \tag{B.75}$$

$$\frac{\partial^6 V}{\partial r^6} = \frac{1}{R^6} \sum_{n=0}^{\infty} (n+1)(n+2)(n+3)(n+4)(n+5)(n+6) Y_n(\Omega) \tag{B.76}$$

$$\frac{\partial^7 V}{\partial r^7} = -\frac{1}{R^7} \sum_{n=0}^{\infty} (n+1)(n+2)(n+3)(n+4)(n+5)(n+6)(n+7) Y_n(\Omega) \tag{B.77}$$

$$\frac{\partial^8 V}{\partial r^8} = \frac{1}{R^8} \sum_{n=0}^{\infty} (n+1)(n+2)(n+3)(n+4)(n+5)(n+6)(n+7)(n+8) Y_n(\Omega) \tag{B.78}$$

$$\frac{\partial^9 V}{\partial r^9} = -\frac{1}{R^9} \sum_{n=0}^{\infty} (n+1)(n+2)(n+3)(n+4)(n+5)(n+6)(n+7)(n+8)(n+9) Y_n(\Omega) \tag{B.79}$$

式 (B.71)～式 (B.79) 分别是式 (B.52)～式 (B.60) 用球谐表示的等价式。根据这些式子，我们可以得到有用的副产品。

式 (B.71)～式 (B.78) 可以分别改写为

$$\frac{\partial V}{\partial r} = -\frac{1}{R} V_P - \frac{1}{R} \sum_{n=0}^{\infty} n Y_n(\Omega) \tag{B.80}$$

$$\frac{\partial^2 V}{\partial r^2} = \frac{2}{R^2} V_P + \frac{1}{R^2} \sum_{n=0}^{\infty} n(n+3) Y_n(\Omega) \tag{B.81}$$

$$\frac{\partial^3 V}{\partial r^3} = -\frac{6}{R^3} V_P - \frac{1}{R^3} \sum_{n=0}^{\infty} n(n^2 + 6n + 11) Y_n(\Omega) \tag{B.82}$$

$$\frac{\partial^4 V}{\partial r^4} = \frac{24}{R^4} V_P + \frac{1}{R^4} \sum_{n=0}^{\infty} n(n^3 + 10n^2 + 35n + 50) Y_n(\Omega) \tag{B.83}$$

$$\frac{\partial^5 V}{\partial r^5} = -\frac{120}{R^5} V_P - \frac{1}{R^5} \sum_{n=0}^{\infty} n(n^4 + 15n^3 + 85n^2 + 225n + 274) Y_n(\Omega) \tag{B.84}$$

$$\frac{\partial^6 V}{\partial r^6} = \frac{720}{R^6} V_P + \frac{1}{R^6} \sum_{n=0}^{\infty} n(n^5 + 21n^4 + 175n^3 + 735n^2 + 1\,624n + 1\,764) Y_n(\Omega) \tag{B.85}$$

$$\frac{\partial^7 V}{\partial r^7} = -\frac{5\,040}{R^7} V_P - \frac{1}{R^7} \sum_{n=0}^{\infty} n(n^6 + 28n^5 + 322n^4 + 1\,960n^3 + 6\,769n^2 + 13\,132n + 13\,068) Y_n(\Omega) \tag{B.86}$$

$$\frac{\partial^8 V}{\partial r^8} = \frac{40\,320}{R^8} V_P + \frac{1}{R^8} \sum_{n=0}^{\infty} n(n^7 + 36n^6 + 546n^5 + 4536n^4 + 22\,449n^3 + 67\,284n^2$$
$$+ 118\,124n + 109\,584) Y_n(\Omega) \tag{B.87}$$

$$\frac{\partial^9 V}{\partial r^9} = -\frac{362\,880}{R^9} V_P - \frac{1}{R^9} \sum_{n=0}^{\infty} n(n^8 + 45n^7 + 870n^6 + 9\,450n^5 + 63\,273n^4 + 269\,325n^3 + 723\,680n^2$$
$$+ 1\,172\,700n + 1\,026\,576) Y_n(\Omega) \tag{B.88}$$

将式 (B.80)～式 (B.88) 分别对应与式 (B.52)～式 (B.60) 比较，我们看到，在半径为 R

的球面上有

$$\frac{R^2}{2\pi}\int_{\Omega_0}\frac{V-V_P}{\ell_0^3}\mathrm{d}\Omega' = -\frac{1}{R}\sum_{n=0}^{\infty}nY_n(\Omega) \tag{B.89}$$

$$\frac{R}{\pi}\int_{\Omega_0}\frac{V-V_P}{\ell_0^3}\mathrm{d}\Omega' = -\frac{1}{R^2}\sum_{n=0}^{\infty}n(n+3)Y_n(\Omega) \tag{B.90}$$

$$\frac{9}{4\pi}\int_{\Omega_0}\left(\frac{3}{2}-\frac{2R^2}{\ell_0^2}\right)\frac{V-V_P}{\ell_0^3}\mathrm{d}\Omega' = -\frac{1}{R^3}\sum_{n=0}^{\infty}n(n^2+6n+11)Y_n(\Omega) \tag{B.91}$$

$$\frac{3}{\pi R}\int_{\Omega_0}\left(5-\frac{12R^2}{\ell_0^2}\right)\frac{V-V_P}{\ell_0^3}\mathrm{d}\Omega' = -\frac{1}{R^4}\sum_{n=0}^{\infty}n(n^3+10n^2+35n+50)Y_n(\Omega) \tag{B.92}$$

$$\frac{75}{4\pi R^2}\int_{\Omega_0}\left(\frac{35}{8}-\frac{15R^2}{\ell_0^2}+\frac{6R^4}{\ell_0^4}\right)\frac{V-V_P}{\ell_0^3}\mathrm{d}\Omega' = -\frac{1}{R^5}\sum_{n=0}^{\infty}n(n^4+15n^3+85n^2+225n+274)Y_n(\Omega) \tag{B.93}$$

$$\frac{5}{4\pi R^3}\int_{\Omega_0}\left(-\frac{1\,701}{4}+\frac{1\,890R^2}{\ell_0^2}-\frac{1\,620R^4}{\ell_0^4}\right)\frac{V-V_P}{\ell_0^3}\mathrm{d}\Omega'$$
$$=\frac{1}{R^6}\sum_{n=0}^{\infty}n(n^5+21n^4+175n^3+735n^2+1\,624n+1\,764)Y_n(\Omega) \tag{B.94}$$

$$\frac{5}{4\pi R^4}\int_{\Omega_0}\left(\frac{101\,871}{32}-\frac{138\,915R^2}{8\ell_0^2}+\frac{46\,305R^4}{2\ell_0^4}-\frac{4\,410R^6}{\ell_0^6}\right)\frac{V-V_P}{\ell_0^3}\mathrm{d}\Omega'$$
$$=-\frac{1}{R^7}\sum_{n=0}^{\infty}n(n^6+28n^5+322n^4+1\,960n^3+6\,769n^2+13\,132n+13\,068)Y_n(\Omega) \tag{B.95}$$

$$\frac{15}{4\pi R^5}\int_{\Omega_0}\left(-9\,009+\frac{58\,212R^2}{\ell_0^2}-\frac{105\,840R^4}{\ell_0^4}+\frac{47\,040R^6}{\ell_0^6}\right)\frac{V-V_P}{\ell_0^3}\mathrm{d}\Omega'$$
$$=\frac{1}{R^8}\sum_{n=0}^{\infty}n(n^7+36n^6+546n^5+4\,536n^4+22\,449n^3+67\,284n^2+118\,124n+109\,584)Y_n(\Omega) \tag{B.96}$$

$$\frac{15}{4\pi R^6}\int_{\Omega_0}\left(\frac{10\,945\,935}{128}-\frac{5\,108\,103R^2}{8\ell_0^2}+\frac{5\,893\,965R^4}{4\ell_0^4}-\frac{1\,071\,630R^6}{\ell_0^6}+\frac{119\,070R^8}{\ell_0^8}\right)\frac{V-V_P}{\ell_0^3}\mathrm{d}\Omega'$$
$$=-\frac{1}{R^9}\sum_{n=0}^{\infty}n(n^8+45n^7+870n^6+9\,450n^5+63\,273n^4+269\,325n^3+723\,680n^2$$
$$+1\,172\,700n+1\,026\,576)Y_n(\Omega) \tag{B.97}$$

式(B.89)已由 Heiskanen and Moritz(1967)给出。为完整起见，在此我们一并作了推导。

B.2 重力扰动径向导数的积分公式

现在让我们利用 B.1 节的公式推求重力扰动 δg 的径向导数的积分公式。

在第 9 章已经知道，$r\delta g$ 在边界面外部是调和的，所以我们有

$$r\delta g = \sum_{n=0}^{\infty}\left(\frac{R}{r}\right)^{n+1}R\delta g_n \tag{B.98}$$

式中，δg_n 为 δg 的 n 阶球谐，由此得

$$\delta g = \sum_{n=0}^{\infty}\left(\frac{R}{r}\right)^{n+2}\delta g_n \tag{B.99}$$

连续对 r 微分 9 次，有

$$\frac{\partial \delta g}{\partial r} = -\sum_{n=0}^{\infty}(n+2)\frac{R^{n+2}}{r^{n+3}}\delta g_n \tag{B.100}$$

$$\frac{\partial^2 \delta g}{\partial r^2} = \sum_{n=0}^{\infty}(n+2)(n+3)\frac{R^{n+2}}{r^{n+4}}\delta g_n \tag{B.101}$$

$$\frac{\partial^3 \delta g}{\partial r^3} = -\sum_{n=0}^{\infty}(n+2)(n+3)(n+4)\frac{R^{n+2}}{r^{n+5}}\delta g_n \tag{B.102}$$

$$\frac{\partial^4 \delta g}{\partial r^4} = \sum_{n=0}^{\infty}(n+2)(n+3)(n+4)(n+5)\frac{R^{n+2}}{r^{n+6}}\delta g_n \tag{B.103}$$

$$\frac{\partial^5 \delta g}{\partial r^5} = -\sum_{n=0}^{\infty}(n+2)(n+3)(n+4)(n+5)(n+6)\frac{R^{n+2}}{r^{n+7}}\delta g_n \tag{B.104}$$

$$\frac{\partial^6 \delta g}{\partial r^6} = \sum_{n=0}^{\infty}(n+2)(n+3)(n+4)(n+5)(n+6)(n+7)\frac{R^{n+2}}{r^{n+8}}\delta g_n \tag{B.105}$$

$$\frac{\partial^7 \delta g}{\partial r^7} = -\sum_{n=0}^{\infty}(n+2)(n+3)(n+4)(n+5)(n+6)(n+7)(n+8)\frac{R^{n+2}}{r^{n+9}}\delta g_n \tag{B.106}$$

$$\frac{\partial^8 \delta g}{\partial r^8} = \sum_{n=0}^{\infty}(n+2)(n+3)(n+4)(n+5)(n+6)(n+7)(n+8)(n+9)\frac{R^{n+2}}{r^{n+10}}\delta g_n \tag{B.107}$$

$$\frac{\partial^9 \delta g}{\partial r^9} = -\sum_{n=0}^{\infty}(n+2)(n+3)(n+4)(n+5)(n+6)(n+7)(n+8)(n+9)(n+10)\frac{R^{n+2}}{r^{n+11}}\delta g_n$$
$$\tag{B.108}$$

对于 $r = R$，这些式子变为

$$\frac{\partial \delta g}{\partial r} = -\frac{1}{R}\sum_{n=0}^{\infty}(n+2)\delta g_n \tag{B.109}$$

$$\frac{\partial^2 \delta g}{\partial r^2} = \frac{1}{R^2}\sum_{n=0}^{\infty}(n+2)(n+3)\delta g_n \tag{B.110}$$

$$\frac{\partial^3 \delta g}{\partial r^3} = -\frac{1}{R^3}\sum_{n=0}^{\infty}(n+2)(n+3)(n+4)\delta g_n \tag{B.111}$$

$$\frac{\partial^4 \delta g}{\partial r^4} = \frac{1}{R^4}\sum_{n=0}^{\infty}(n+2)(n+3)(n+4)(n+5)\delta g_n \tag{B.112}$$

$$\frac{\partial^5 \delta g}{\partial r^5} = -\frac{1}{R^5}\sum_{n=0}^{\infty}(n+2)(n+3)(n+4)(n+5)(n+6)\delta g_n \tag{B.113}$$

$$\frac{\partial^6 \delta g}{\partial r^6} = \frac{1}{R^6}\sum_{n=0}^{\infty}(n+2)(n+3)(n+4)(n+5)(n+6)(n+7)\delta g_n \tag{B.114}$$

$$\frac{\partial^7 \delta g}{\partial r^7} = -\frac{1}{R^7}\sum_{n=0}^{\infty}(n+2)(n+3)(n+4)(n+5)(n+6)(n+7)(n+8)\delta g_n \tag{B.115}$$

$$\frac{\partial^8 \delta g}{\partial r^8} = \frac{1}{R^8}\sum_{n=0}^{\infty}(n+2)(n+3)(n+4)(n+5)(n+6)(n+7)(n+8)(n+9)\delta g_n \tag{B.116}$$

$$\frac{\partial^9 \delta g}{\partial r^9} = -\frac{1}{R^9}\sum_{n=0}^{\infty}(n+2)(n+3)(n+4)(n+5)(n+6)(n+7)(n+8)(n+9)(n+10)\delta g_n \tag{B.117}$$

从式(B.109)～式(B.117)出发，我们可以推求 δg 的径向导数。

式(B.109)可改写为形式

$$\frac{\partial \delta g}{\partial r} = -\frac{1}{R}\sum_{n=0}^{\infty}n\delta g_n - \frac{2}{R}\sum_{n=0}^{\infty}\delta g_n$$

利用式(B.89)并令 $V=\delta g$ 和 $Y_n=\delta g_n$，注意到 $\delta g=\sum_{n=0}^{\infty}\delta g_n$，得到

$$\frac{\partial \delta g}{\partial r} = \frac{R^2}{2\pi}\int_{\Omega_0}\frac{\delta g-\delta g_P}{\ell_0^3}\mathrm{d}\Omega' - \frac{2}{R}\delta g_P \tag{B.118}$$

式(B.110)可改写为形式

$$\frac{\partial^2 \delta g}{\partial r^2} = \frac{1}{R^2}\sum_{n=0}^{\infty}n(n+3)\delta g_n + \frac{2}{R^2}\sum_{n=0}^{\infty}n\delta g_n + \frac{6}{R^2}\sum_{n=0}^{\infty}\delta g_n$$

利用式(B.90)和式(B.89)，并令 $V=\delta g$ 与 $Y_n=\delta g_n$，注意到 $\delta g=\sum_{n=0}^{\infty}\delta g_n$，立即可得

$$\frac{\partial^2 \delta g}{\partial r^2} = -\frac{R}{\pi}\int_{\Omega_0}\frac{\delta g-\delta g_P}{\ell_0^3}\mathrm{d}\Omega' - \frac{2R}{2\pi}\int_{\Omega_0}\frac{\delta g-\delta g_P}{\ell_0^3}\mathrm{d}\Omega' + \frac{6}{R^2}\delta g_P$$

$$= -\frac{2R}{\pi}\int_{\Omega_0}\frac{\delta g-\delta g_P}{\ell_0^3}\mathrm{d}\Omega' + \frac{6}{R^2}\delta g_P \tag{B.119}$$

式(B.111)可改写为形式

$$\frac{\partial^3 \delta g}{\partial r^3} = -\frac{1}{R^3}\sum_{n=0}^{\infty}(n+1)(n+2)(n+3)\,\delta g_n - \frac{3}{R^3}\sum_{n=0}^{\infty}(n+2)(n+3)\,\delta g_n$$

$$= -\frac{6}{R^3}\delta g_P - \frac{1}{R^3}\sum_{n=0}^{\infty}n\left(n^2+6n+11\right)\delta g_n - \frac{3}{R}\frac{\partial^2 \delta g}{\partial r^2}$$

（见式（B.73）、式（B.82）和式（B.110)）

利用式（B.119）和式（B.91）并令 $V = \delta g$ 和 $Y_n = \delta g_n$，注意到 $\delta g = \sum\limits_{n=0}^{\infty}\delta g_n$，可得

$$\frac{\partial^3 \delta g}{\partial r^3} = -\frac{6}{R^3}\delta g_P + \frac{9}{4\pi}\int_{\Omega_0}\left(\frac{3}{2}-\frac{2R^2}{\ell_0^2}\right)\frac{\delta g - \delta g_P}{\ell_0^3}\mathrm{d}\Omega' - \frac{3}{R}\left(-\frac{2R}{\pi}\int_{\Omega_0}\frac{\delta g - \delta g_P}{\ell_0^3}\mathrm{d}\Omega' + \frac{6}{R^2}\delta g_P\right)$$

$$= \frac{9}{4\pi}\int_{\Omega_0}\left(\frac{25}{6}-\frac{2R^2}{\ell_0^2}\right)\frac{\delta g - \delta g_P}{\ell_0^3}\mathrm{d}\Omega' - \frac{24}{R^3}\delta g_P \qquad (B.120)$$

式（B.112）可改写为形式

$$\frac{\partial^4 \delta g}{\partial r^4} = \frac{1}{R^4}\sum_{n=0}^{\infty}(n+1)(n+2)(n+3)(n+4)\,\delta g_n + \frac{4}{R^4}\sum_{n=0}^{\infty}(n+2)(n+3)(n+4)\,\delta g_n$$

$$= \frac{24}{R^4}\delta g_P + \frac{1}{R^4}\sum_{n=0}^{\infty}n\left(n^3+10n^2+35n+50\right)\delta g_n + \frac{4}{R}\left(-\frac{\partial^3 \delta g}{\partial r^3}\right)$$

（见式（B.74）、式（B.83）和式（B.111)）

利用式（B.120）和式（B.92），并令 $V = \delta g$ 和 $Y_n = \delta g_n$，注意到 $\delta g = \sum\limits_{n=0}^{\infty}\delta g_n$，可得

$$\frac{\partial^4 \delta g}{\partial r^4} = \frac{1}{\pi R}\int_{\Omega_0}\left(-15+\frac{36R^2}{\ell_0^2}\right)\frac{\delta g - \delta g_P}{\ell_0^3}\mathrm{d}\Omega'$$

$$+ \frac{4}{R}\left(\frac{9}{4\pi}\int_{\Omega_0}\left(-\frac{25}{6}+\frac{2R^2}{\ell_0^2}\right)\frac{\delta g - \delta g_P}{\ell_0^3}\mathrm{d}\Omega' + \frac{24}{R^3}\delta g_P\right) + \frac{24}{R^4}\delta g_P$$

$$= \frac{1}{\pi R}\int_{\Omega_0}\left(-\frac{105}{2}+\frac{54R^2}{\ell_0^2}\right)\frac{\delta g - \delta g_P}{\ell_0^3}\mathrm{d}\Omega' + \frac{120}{R^4}\delta g_P \qquad (B.121)$$

式（B.113）可改写为

$$\frac{\partial^5 \delta g}{\partial r^5} = -\frac{1}{R^5}\sum_{n=0}^{\infty}(n+1)(n+2)(n+3)(n+4)(n+5)\delta g_n - \frac{5}{R^5}\sum_{n=0}^{\infty}(n+2)(n+3)(n+4)(n+5)\delta g_n$$

$$= -\frac{120}{R^5}\delta g_P - \frac{1}{R^5}\sum_{n=0}^{\infty}n\left(n^4+15n^3+85n^2+225n+274\right)\delta g_n - \frac{5}{R}\left(\frac{\partial^4 \delta g}{\partial r^4}\right)$$

（见式（B.75）、式（B.84）和式（B.112)）

利用式（B.121）和式（B.93），并令 $V = \delta g$ 和 $Y_n = \delta g_n$，注意到 $\delta g = \sum\limits_{n=0}^{\infty}\delta g_n$，可得

$$\frac{\partial^5 \delta g}{\partial r^5} = \frac{75}{4\pi R^2} \int_{\Omega_0} \left(\frac{35}{8} - \frac{15R^2}{\ell_0^2} + \frac{6R^4}{\ell_0^4} \right) \frac{\delta g - \delta g_P}{\ell_0^3} \mathrm{d}\Omega' - \frac{5}{\pi R^2} \int_{\Omega_0} \left(-\frac{105}{2} + \frac{54R^2}{\ell_0^2} \right) \frac{\delta g - \delta g_P}{\ell_0^3} \mathrm{d}\Omega'$$

$$- \frac{720}{R^5} \delta g_P = \frac{75}{4\pi R^2} \int_{\Omega_0} \left(\frac{147}{8} - \frac{147R^2}{5\ell_0^2} + \frac{6R^4}{\ell_0^4} \right) \frac{\delta g - \delta g_P}{\ell_0^3} \mathrm{d}\Omega' - \frac{720}{R^5} \delta g_P \qquad (\mathrm{B}.122)$$

式 (B.114) 可改写为

$$\frac{\partial^6 \delta g}{\partial r^6} = \frac{1}{R^6} \sum_{n=0}^{\infty} (n+1)(n+2)(n+3)(n+4)(n+5)(n+6)\delta g_n$$

$$+ \frac{6}{R^6} \sum_{n=0}^{\infty} (n+2)(n+3)(n+4)(n+5)(n+6)\delta g_n$$

利用式 (B.76)、式 (B.85) 和式 (B.113) 可得

$$\frac{\partial^6 \delta g}{\partial r^6} = \frac{720}{R^6} \delta g_P + \frac{1}{R^6} \sum_{n=0}^{\infty} n\left(n^5 + 21n^4 + 175n^3 + 735n^2 + 1\,624n + 1\,764 \right) \delta g_n - \frac{6}{R} \left(\frac{\partial^5 \delta g}{\partial r^5} \right)$$

利用式 (B.122) 和式 (B.94)，并令 $V = \delta g$ 和 $Y_n = \delta g_n$，注意到 $\delta g = \sum_{n=0}^{\infty} \delta g_n$，最后得

$$\frac{\partial^6 \delta g}{\partial r^6} = \frac{5}{4\pi R^3} \int_{\Omega_0} \left(-\frac{1\,701}{4} + \frac{1\,890R^2}{\ell_0^2} - \frac{1\,620R^4}{\ell_0^4} \right) \frac{\delta g - \delta g_P}{\ell_0^3} \mathrm{d}\Omega'$$

$$- \frac{450}{4\pi R^3} \int_{\Omega_0} \left(\frac{147}{8} - \frac{147R^2}{5\ell_0^2} + \frac{6R^4}{\ell_0^4} \right) \frac{\delta g - \delta g_P}{\ell_0^3} \mathrm{d}\Omega' + \frac{5040}{R^6} \delta g_P$$

$$= \frac{5}{4\pi R^3} \int_{\Omega_0} \left(-\frac{1\,701}{4} + \frac{1\,890R^2}{\ell_0^2} - \frac{1\,620R^4}{\ell_0^4} \right) \frac{\delta g - \delta g_P}{\ell_0^3} \mathrm{d}\Omega'$$

$$- \frac{5}{4\pi R^3} \int_{\Omega_0} \left(\frac{6\,615}{4} - \frac{2\,646R^2}{\ell_0^2} + \frac{540R^4}{\ell_0^4} \right) \frac{\delta g - \delta g_P}{\ell_0^3} \mathrm{d}\Omega' + \frac{5\,040}{R^6} \delta g_P$$

$$= \frac{5}{4\pi R^3} \int_{\Omega_0} \left(-2\,079 + \frac{4\,536R^2}{\ell_0^2} - \frac{2\,160R^4}{\ell_0^4} \right) \frac{\delta g - \delta g_P}{\ell_0^3} \mathrm{d}\Omega' + \frac{5\,040}{R^6} \delta g_P \quad (\mathrm{B}.123)$$

式 (B.115) 可改写为

$$\frac{\partial^7 \delta g}{\partial r^7} = -\frac{1}{R^7} \sum_{n=0}^{\infty} (n+1)(n+2)(n+3)(n+4)(n+5)(n+6)(n+7)\delta g_n$$

$$- \frac{7}{R^7} \sum_{n=0}^{\infty} (n+2)(n+3)(n+4)(n+5)(n+6)(n+7)\delta g_n$$

利用式 (B.86) 和式 (B.114)，得

$$\frac{\partial^7 \delta g}{\partial r^7} = -\frac{5\,040}{R^7} \delta g_P - \frac{1}{R^7} \sum_{n=0}^{\infty} n\left(n^6 + 28n^5 + 322n^4 + 1\,960n^3 \right.$$

$$\left. + 6\,769n^2 + 13\,132n + 13\,068 \right) \delta g_n - \frac{7}{R} \left(\frac{\partial^6 \delta g}{\partial r^6} \right)$$

利用式 (B.123) 和式 (B.95)，并令 $V = \delta g$ 和 $Y_n = \delta g_n$，注意到 $\delta g = \sum\limits_{n=0}^{\infty} \delta g_n$，可得

$$\frac{\partial^7 \delta g}{\partial r^7} = \frac{5}{4\pi R^4} \int_{\Omega_0} \left(\frac{101\,871}{32} - \frac{138\,915 R^2}{8\ell_0^2} + \frac{46\,305 R^4}{2\ell_0^4} - \frac{4\,410 R^6}{\ell_0^6} \right) \frac{\delta g - \delta g_P}{\ell_0^3} \mathrm{d}\Omega'$$

$$- \frac{35}{4\pi R^4} \int_{\Omega_0} \left(-2\,079 + \frac{4\,536 R^2}{\ell_0^2} - \frac{2\,160 R^4}{\ell_0^4} \right) \frac{\delta g - \delta g_P}{\ell_0^3} \mathrm{d}\Omega' - \frac{40\,320}{R^7} \delta g_P$$

$$= \frac{5}{4\pi R^4} \int_{\Omega_0} \left(\frac{567\,567}{32} - \frac{392\,931 R^2}{8\ell_0^2} + \frac{76\,545 R^4}{2\ell_0^4} - \frac{4\,410 R^6}{\ell_0^6} \right) \frac{\delta g - \delta g_P}{\ell_0^3} \mathrm{d}\Omega' - \frac{40\,320}{R^7} \delta g_P$$

$$\text{(B.124)}$$

式 (B.116) 可改写为

$$\frac{\partial^8 \delta g}{\partial r^8} = \frac{1}{R^8} \sum_{n=0}^{\infty} (n+1)(n+2)(n+3)(n+4)(n+5)(n+6)(n+7)(n+8) \delta g_n$$

$$+ \frac{8}{R^8} \sum_{n=0}^{\infty} (n+2)(n+3)(n+4)(n+5)(n+6)(n+7)(n+8) \delta g_n$$

利用式 (B.78)、式 (B.87) 和式 (B.115)，得

$$\frac{\partial^8 \delta g}{\partial r^8} = \frac{40\,320}{R^8} \delta g_P + \frac{1}{R^8} \sum_{n=0}^{\infty} n(n^7 + 36 n^6 + 546 n^5 + 4\,536 n^4 + 22\,449 n^3 + 67\,284 n^2$$

$$+ 118\,124 n + 109\,584) \delta g_n - \frac{8}{R} \left(\frac{\partial^7 \delta g}{\partial r^7} \right)$$

利用式 (B.124) 和式 (B.96)，并令 $V = \delta g$ 和 $Y_n = \delta g_n$，注意到 $\delta g = \sum\limits_{n=0}^{\infty} \delta g_n$，可得

$$\frac{\partial^8 \delta g}{\partial r^8} = \frac{15}{4\pi R^5} \int_{\Omega_0} \left(-9\,009 + \frac{58\,212 R^2}{\ell_0^2} - \frac{105\,840 R^4}{\ell_0^4} + \frac{47\,040 R^6}{\ell_0^6} \right) \frac{\delta g - \delta g_P}{\ell_0^3} \mathrm{d}\Omega'$$

$$- \frac{15}{4\pi R^5} \int_{\Omega_0} \left(\frac{189\,189}{4} - \frac{130\,977 R^2}{\ell_0^2} + \frac{102\,060 R^4}{\ell_0^4} - \frac{11\,760 R^6}{\ell_0^6} \right) \frac{\delta g - \delta g_P}{\ell_0^3} \mathrm{d}\Omega' + \frac{362\,880}{R^8} \delta g_P$$

$$= -\frac{15}{4\pi R^5} \int_{\Omega_0} \left(\frac{225\,225}{4} - \frac{189\,189 R^2}{\ell_0^2} + \frac{207\,900 R^4}{\ell_0^4} - \frac{58\,800 R^6}{\ell_0^6} \right) \frac{\delta g - \delta g_P}{\ell_0^3} \mathrm{d}\Omega' + \frac{362\,880}{R^8} \delta g_P$$

$$\text{(B.125)}$$

式 (B.117) 可改写为

$$\frac{\partial^9 \delta g}{\partial r^9} = -\frac{1}{R^9} \sum_{n=0}^{\infty} (n+1)(n+2)(n+3)(n+4)(n+5)(n+6)(n+7)(n+8)(n+9) \delta g_n$$

$$- \frac{9}{R^9} \sum_{n=0}^{\infty} (n+2)(n+3)(n+4)(n+5)(n+6)(n+7)(n+8)(n+9) \delta g_n$$

利用式（B.79）、式（B.88）和式（B.116），得

$$\frac{\partial^9 \delta g}{\partial r^9} = -\frac{362\,880}{R^9}\delta g_P - \frac{1}{R^9}\sum_{n=0}^{\infty} n(n^8 + 45n^7 + 870n^6 + 9\,450n^5 + 63\,273n^4 + 269\,325n^3$$

$$+\,723\,680n^2 + 1\,172\,700n + 1\,026\,576)\delta g_n - \frac{9}{R}\left(\frac{\partial^8 \delta g}{\partial r^8}\right)$$

利用式（B.125）和式（B.97），并令 $V = \delta g$ 和 $Y_n = \delta g_n$，注意到 $\delta g = \sum_{n=0}^{\infty}\delta g_n$，可得

$$\frac{\partial^9 \delta g}{\partial r^9} = \frac{15}{4\pi R^6}\int_{\Omega_0}\left(\frac{10\,945\,935}{128} - \frac{5\,108\,103R^2}{8\ell_0^2} + \frac{5\,893\,965R^4}{4\ell_0^4} - \frac{1\,071\,630R^6}{\ell_0^6}\right.$$

$$\left.+\,\frac{119\,070R^8}{\ell_0^8}\right)\frac{\delta g - \delta g_P}{\ell_0^3}\mathrm{d}\Omega'$$

$$+\,\frac{135}{4\pi R^6}\int_{\Omega_0}\left(\frac{225\,225}{4} - \frac{189\,189R^2}{\ell_0^2} + \frac{207\,900R^4}{\ell_0^4} - \frac{58\,800R^6}{\ell_0^6}\right)\frac{\delta g - \delta g_P}{\ell_0^3}\mathrm{d}\Omega'$$

$$-\,\frac{3\,628\,800}{R^9}\delta g_P$$

$$=\frac{15}{4\pi R^6}\int_{\Omega_0}\left(\frac{75\,810\,735}{128} - \frac{1\,872\,971R^2}{8\ell_0^2} + \frac{13\,378\,365R^4}{4\ell_0^4} - \frac{1\,600\,830R^6}{\ell_0^6} + \frac{119\,070R^8}{\ell_0^8}\right)$$

$$\times\frac{\delta g - \delta g_P}{\ell_0^3}\mathrm{d}\Omega' - \frac{3\,628\,800}{R^9}\delta g_P \tag{B.126}$$

式（B.118）～式（B.126）即为我们所要求的重力扰动 δg 的 1 阶至 9 阶径向导数。

值得指出，这些式子不仅适用于重力扰动，对重力异常 Δg 同样适用，只需将式中的重力扰动 δg 换成重力异常 Δg 即可。

参 考 文 献

Heiskanen W A, H Moritz. 1967. Physical Geodesy. W. H. Freeman and Co., San Francisco.

附录 C 球函数与勒让德函数

球函数的表达式

球函数方程 $\dfrac{1}{\sin\theta}\dfrac{\partial}{\partial\theta}\left(\sin\theta\dfrac{\partial Y}{\partial\theta}\right)+\dfrac{1}{\sin^2\theta}\dfrac{\partial^2 Y}{\partial\lambda^2}+n(n+1)Y=0$ 的解 $Y(\theta,\lambda)$ 称为球面谐函数或球谐函数。一般情况下，球函数方程的分离变量的解是

$$Y_{nm}(\theta,\lambda)=P_{nm}(\cos\theta)\begin{Bmatrix}\sin m\lambda\\\cos m\lambda\end{Bmatrix}\begin{pmatrix}m=0,1,2\cdots,n\\n=0,1,2,3,\cdots\end{pmatrix} \tag{C.1}$$

记号 { } 表示列举的函数是线性独立的，可以任取其一；或者其复数形式

$$Y_{nm}(\theta,\lambda)=P_{n|m|}(\cos\theta)e^{im\lambda},\quad i=\sqrt{-1}\quad\begin{pmatrix}m=-n,-n+1,\cdots,0,1,\cdots n\\n=0,1,2,3,\cdots\end{pmatrix} \tag{C.2}$$

式中，m 可以是正整数，也可以是负整数。

独立的 n 阶球函数共有 $2n+1$ 个。

$Y_{nm}(\theta,\lambda)$ 称为 n 阶 (degree) m 次 (order) 球面谐函数或球谐函数，简称 n 阶 m 次球谐函数。

$P_{nm}(\cos\theta)$ 叫做第一类缔合勒让德多项式，定义为

$$P_{nm}(x)=\frac{1}{2^n n!}\left(1-x^2\right)^{m/2}\frac{\mathrm{d}^{n+m}}{\mathrm{d}x^{n+m}}\left(x^2-1\right)^n,\quad x=\cos\theta,\ 0\leqslant\theta\leqslant\pi \tag{C.3}$$

当 $m=0$ 时，$P_{n0}(x)$ 叫做勒让德多项式

$$P_{n0}(x)=P_n(x)=\frac{1}{2^n n!}\frac{\mathrm{d}^n}{\mathrm{d}x^n}\left(x^2-1\right)^n,\quad x=\cos\theta,\ 0\leqslant\theta\leqslant\pi \tag{C.4}$$

勒让德多项式的母函数（又称生成函数）是

$$\frac{1}{\sqrt{1-2r\cos\theta+r^2}} \tag{C.5}$$

$P_n(\cos\theta)$ 是母函数在单位球内或外展成的幂级数的系数：

$$\frac{1}{\sqrt{1-2r\cos\theta+r^2}}=\sum_{n=0}^{\infty}r^n P_n(\cos\theta),\quad r<1 \tag{C.6}$$

$$\frac{1}{\sqrt{1-2r\cos\theta+r^2}}=\sum_{n=0}^{\infty}\frac{1}{r^n}P_n(\cos\theta),\quad r>1 \tag{C.7}$$

球函数的乘积

第一种形式

$$Y_{lm}(\theta,\lambda)Y_{kn}(\theta,\lambda) = P_{lm}(\cos\theta)P_{kn}(\cos\theta)\begin{Bmatrix}\sin m\lambda \\ \cos m\lambda\end{Bmatrix}\begin{Bmatrix}\sin n\lambda \\ \cos n\lambda\end{Bmatrix}\begin{pmatrix}m=0,1,\cdots n \\ m=-n,\cdots-1\end{pmatrix}$$

$$= P_{lm}(\cos\theta)P_{kn}(\cos\theta)(\cos m\lambda\cos n\lambda + \sin m\lambda\sin n\lambda) \tag{C.8}$$

第二种形式

$$Y_{lm}^{*}(\theta,\lambda)Y_{kn}(\theta,\lambda) = \Re\left[Y_{lm}^{*}(\theta,\lambda)Y_{kn}(\theta,\lambda)\right]$$

$$= \Re\left[P_{lm}(\cos\theta)(\cos m\lambda - i\sin m\lambda)P_{kn}(\cos\theta)(\cos n\lambda + i\sin n\lambda)\right]$$

$$= P_{lm}(\cos\theta)P_{kn}(\cos\theta)(\cos m\lambda\cos n\lambda + \sin m\lambda\sin n\lambda) \tag{C.9}$$

符号*代表共轭复数；$\Re$ 代表取复数的实部。

完全正常化的球函数

$$\overline{Y}_{nm}(\theta,\lambda) = \overline{P}_{nm}(\cos\theta)\begin{Bmatrix}\cos m\lambda \\ \sin |m|\lambda\end{Bmatrix}\begin{pmatrix}m=0,1,\cdots,n \\ m=-n,\cdots,-1\end{pmatrix} \tag{C.10}$$

$$\overline{P}_{nm}(\cos\theta) = \sqrt{(2-\delta_{m0})(2n+1)\frac{(n-m)!}{(n+m)!}}P_{nm}(\cos\theta) \tag{C.11}$$

或

$$\overline{P}_{n}(\cos\theta) = \sqrt{(2n+1)}P_{n}(\cos\theta) \tag{C.11a}$$

$$\overline{P}_{nm}(\cos\theta) = \sqrt{2(2n+1)\frac{(n-m)!}{(n+m)!}}P_{nm}(\cos\theta), \quad m\neq 0 \tag{C.11b}$$

加法定理(分解公式)

$$P_{n}(\cos\psi_{PQ}) = Y_{n0}(\theta_{P},\lambda_{P})Y_{n0}(\theta_{Q},\lambda_{Q}) + 2\sum_{m=1}^{n}\frac{(n-m)!}{(n+m)!}Y_{nm}(\theta_{P},\lambda_{P})Y_{nm}(\theta_{Q},\lambda_{Q}) \tag{C.12}$$

$$P_{n}(\cos\psi_{PQ}) = \frac{1}{2n+1}\sum_{m=0}^{n}\overline{Y}_{nm}(\theta_{P},\lambda_{P})\overline{Y}_{nm}(\theta_{Q},\lambda_{Q}) \tag{C.13}$$

正交关系

任意两个不同函数 $Y_{lm}(\theta,\lambda)$ 和 $Y_{kn}(\theta,\lambda)$ 在单位球上的积分 (即 $0\leqslant\theta\leqslant\pi$; $0\leqslant\lambda\leqslant 2\pi$) 等于0, 或者说任意两个不同的函数 $Y_{lm}(\theta,\lambda)$ 和 $Y_{kn}(\theta,\lambda)$ 在单位球面上正交:

$$\iint_{\sigma}Y_{lm}(\theta,\lambda)Y_{kn}(\theta,\lambda)\mathrm{d}\sigma = 0, \ \mathrm{d}\sigma = \sin\theta\mathrm{d}\theta\mathrm{d}\lambda, \quad (m\neq n\text{和}/\text{或}l\neq k) \tag{C.14}$$

对于完全正常化的球谐函数,

$$\frac{1}{4\pi}\iint_{\sigma}\overline{Y}_{lm}(\theta,\lambda)\overline{Y}_{kn}(\theta,\lambda)\mathrm{d}\sigma = \delta_{kl}\delta_{nm} \tag{C.15}$$

参 考 文 献

梁昆淼. 1998. 数学物理方法(第三版，修订本). 北京: 高等教育出版社.

Heiskanen W A, Moritz H. 1967. Physical Geodesy. W. H. Freeman and Co., San Francisco.

附录 D　勒让德函数及其导数与积分的递推关系

D.1　勒让德函数及其导数的递推关系

在下面关系式中，$x=\cos\theta$，$P_n(x)$ 表示常规勒让德函数，$\overline{P}_n(x)$ 表示完全正常化勒让德函数：

$$(n+1)P_{n+1}(x)-(2n+1)xP_n(x)+nP_{n-1}(x)=0 \tag{D.1}$$

$$\frac{n+1}{\sqrt{2n+3}}\overline{P}_{n+1}(x)-\frac{2n+1}{\sqrt{2n+1}}x\overline{P}_n(x)+\frac{n}{\sqrt{2n-1}}\overline{P}_{n-1}(x)=0 \tag{D.2}$$

$$\frac{\mathrm{d}P_{n+1}(x)}{\mathrm{d}x}-\frac{\mathrm{d}P_{n-1}(x)}{\mathrm{d}x}-(2n+1)P_n(x)=0 \tag{D.3}$$

$$\frac{1}{\sqrt{2n+3}}\frac{\mathrm{d}\overline{P}_{n+1}(x)}{\mathrm{d}x}-\frac{1}{\sqrt{2n-1}}\frac{\mathrm{d}\overline{P}_{n-1}(x)}{\mathrm{d}x}-\sqrt{2n+1}\overline{P}_n(x)=0 \tag{D.4}$$

$$\frac{\mathrm{d}P_{n+1}(x)}{\mathrm{d}x}-x\frac{\mathrm{d}P_n(x)}{\mathrm{d}x}-(n+1)P_n(x)=0 \tag{D.5}$$

$$\frac{1}{\sqrt{2n+3}}\frac{\mathrm{d}\overline{P}_{n+1}(x)}{\mathrm{d}x}-\frac{x}{\sqrt{2n+1}}\frac{\mathrm{d}\overline{P}_n(x)}{\mathrm{d}x}-\frac{n+1}{\sqrt{2n+1}}\overline{P}_n(x)=0 \tag{D.6}$$

$$\left(1-x^2\right)\frac{\mathrm{d}^2P_n(x)}{\mathrm{d}x^2}-2x\frac{\mathrm{d}P_n(x)}{\mathrm{d}x}+n(n+1)P_n(x)=0 \tag{D.7}$$

$$\left(1-x^2\right)\frac{\mathrm{d}^2\overline{P}_n(x)}{\mathrm{d}x^2}-2x\frac{\mathrm{d}\overline{P}_n(x)}{\mathrm{d}x}+n(n+1)\overline{P}_n(x)=0 \tag{D.8}$$

另外，

$$\frac{\mathrm{d}P_{n+1}(x)}{\mathrm{d}\theta}-\frac{\mathrm{d}P_{n-1}(x)}{\mathrm{d}\theta}+(2n+1)\sqrt{1-x^2}\,P_n(x)=0 \tag{D.9}$$

$$\frac{1}{\sqrt{2n+3}}\frac{\mathrm{d}\overline{P}_{n+1}(x)}{\mathrm{d}\theta}-\frac{1}{\sqrt{2n-1}}\frac{\mathrm{d}\overline{P}_{n-1}(x)}{\mathrm{d}\theta}+\sqrt{2n+1}\sqrt{1-x^2}\,\overline{P}_n(x)=0 \tag{D.10}$$

$$\frac{\mathrm{d}P_{n+1}(x)}{\mathrm{d}\theta}-x\frac{\mathrm{d}P_n(x)}{\mathrm{d}\theta}+(n+1)\sqrt{1-x^2}\,P_n(x)=0 \tag{D.11}$$

$$\frac{1}{\sqrt{2n+3}}\frac{\mathrm{d}\overline{P}_{n+1}(x)}{\mathrm{d}\theta}-\frac{x}{\sqrt{2n+1}}\frac{\mathrm{d}\overline{P}_n(x)}{\mathrm{d}\theta}+\frac{n+1}{\sqrt{2n+1}}\sqrt{1-x^2}\,\overline{P}_n(x)=0 \tag{D.12}$$

D.2　缔合勒让德函数及其导数的递推关系

在下面关系式中，$x=\cos\theta$，$P_n(x)$ 表示常规勒让德函数，$\overline{P}_n(x)$ 表示完全正常化勒让德函数：

$$(2n+1)xP_{nm}(x)=(n+m)P_{n-1,m}(x)+(n-m+1)P_{n+1,m}(x) \tag{D.13}$$

$$x\overline{P}_{nm}(x)=\left[\frac{(n+1-m)(n+1+m)}{(2n+1)(2n+3)}\right]^{1/2}\overline{P}_{n+1,m}(x)+\left[\frac{(n+m)(n-m)}{(2n+1)(2n-1)}\right]^{1/2}\overline{P}_{n-1,m}(x)$$
$$\tag{D.14}$$

$$(2n+1)\left(1-x^2\right)^{1/2}P_{nm}(x)=P_{n+1,m+1}(x)-P_{n-1,m+1}(x) \tag{D.15}$$

$$\left(1-x^2\right)^{1/2}\overline{P}_{nm}(x)=\sqrt{\frac{(n+m+2)(n+m+1)}{(2n+3)(2n+1)}}\overline{P}_{n+1,m+1}(x)-\sqrt{\frac{(n-m)(n-m-1)}{(2n+1)(2n-1)}}\overline{P}_{n-1,m+1}(x)$$
$$\tag{D.16}$$

$$(2n+1)\left(1-x^2\right)^{1/2}P_{nm}(x)=(n+m)(n+m-1)P_{n-1,m-1}(x)-(n-m+2)(n-m+1)P_{n+1,m-1}(x)$$
$$\tag{D.17}$$

$$\left(1-x^2\right)^{1/2}\overline{P}_{nm}(x)=\sqrt{\frac{(n+m)(n+m-1)}{(2n+1)(2n-1)}}\overline{P}_{n-1,m-1}(x)-\sqrt{\frac{(n-m+2)(n-m+1)}{(2n+3)(2n+1)}}\overline{P}_{n+1,m-1}(x)$$
$$\tag{D.18}$$

$$\left(1-x^2\right)\frac{\mathrm{d}P_{nm}(x)}{\mathrm{d}x}=(n+1)xP_{nm}(x)-(n-m+1)P_{n+1,m}(x) \tag{D.19}$$

$$\left(1-x^2\right)\frac{\mathrm{d}\overline{P}_{nm}(x)}{\mathrm{d}x}=(n+1)x\overline{P}_{nm}(x)-\left[\frac{(2n+1)(n+m+1)(n-m+1)}{2n+3}\right]^{1/2}\overline{P}_{n+1,m}(x)$$
$$\tag{D.20}$$

D.3　缔合勒让德函数的其他递推关系

令 $x=\cos\theta=\sin\phi$，根据基本递推式 (D.13) 和 (D.19)，有

$$\sin\phi P_{nm}(\sin\phi)=\frac{n-m+1}{2n+1}P_{n+1,m}(\sin\phi)+\frac{n+m}{2n+1}P_{n-1,m}(\sin\phi) \tag{D.21}$$

$$\sin\phi\overline{P}_{nm}(\sin\phi)=\left[\frac{(n+1-m)(n+1+m)}{(2n+1)(2n+3)}\right]^{1/2}\overline{P}_{n+1,m}(\sin\phi)+\left[\frac{(n+m)(n-m)}{(2n+1)(2n-1)}\right]^{1/2}\overline{P}_{n-1,m}(\sin\phi)$$
$$\tag{D.22}$$

$$\frac{\mathrm{d}P_{nm}(\sin\phi)}{\mathrm{d}\phi}\cos\phi=(n+1)\sin\phi P_{nm}(\sin\phi)-(n-m+1)P_{n+1,m}(\sin\phi) \tag{D.23}$$

$$\frac{\mathrm{d}\overline{P}_{nm}(\sin\phi)}{\mathrm{d}\phi}\cos\phi=(n+1)\sin\phi\overline{P}_{nm}(\sin\phi)-\left[\frac{(2n+1)(n+m+1)(n-m+1)}{2n+3}\right]^{1/2}\overline{P}_{n+1,m}(\sin\phi)$$
$$\tag{D.24}$$

根据以上四式，可以导出其他若干递推关系式。

将式(D.21)两端乘以 $\sin\phi$，得

$$\sin^2\phi P_{nm}(\sin\phi) = \frac{n-m+1}{2n+1}\sin\phi P_{n+1,m}(\sin\phi) + \frac{n+m}{2n+1}\sin\phi P_{n-1,m}(\sin\phi)$$

对右端项应用式(D.21)，即得

$$\sin^2\phi P_{nm}(\sin\phi) = \alpha_{nm}P_{n+2,m}(\sin\phi) + \beta_{nm}P_{nm}(\sin\phi) + \gamma_{nm}P_{n-2,m}(\sin\phi) \tag{D.25}$$

其中

$$\alpha_{nm} = \frac{(n-m+1)(n-m+2)}{(2n+1)(2n+3)}, \qquad \beta_{nm} = \frac{4n^3+6n^2-1-2(2n+1)m^2}{(2n+3)(2n+1)(2n-1)}$$

$$\gamma_{nm} = \frac{(n+m)(n+m-1)}{(2n+1)(2n-1)} \tag{D.26}$$

类似地，有完全正常化勒让德函数的对应关系式

$$\sin^2\phi \bar{P}_{nm}(\sin\phi) = \bar{\alpha}_{nm}\bar{P}_{n+2,m}(\sin\phi) + \bar{\beta}_{nm}\bar{P}_{nm}(\sin\phi) + \bar{\gamma}_{nm}\bar{P}_{n-2,m}(\sin\phi) \tag{D.27}$$

其中

$$\bar{\alpha}_{nm} = \frac{1}{2n+3}\left[\frac{(n+1-m)(n+1+m)(n+2-m)(n+2+m)}{(2n+1)(2n+5)}\right]^{1/2}$$

$$\bar{\beta}_{nm} = \frac{(n+1-m)(n+1+m)}{(2n+3)(2n+1)} + \frac{(n-m)(n+m)}{(2n+1)(2n-1)}$$

$$\bar{\gamma}_{nm} = \frac{1}{2n-1}\left[\frac{(n-m)(n+m)(n-1-m)(n-1+m)}{(2n+1)(2n-3)}\right]^{1/2} \tag{D.28}$$

式(D.25)两端减去 $P_{nm}(\sin\phi)$ 给出

$$\cos^2\phi P_{nm}(\sin\phi) = -\alpha_{nm}P_{n+2,m} + \beta'_{nm}\,P_{nm} - \gamma_{nm}P_{n-2,m} \tag{D.29}$$

其中

$$\beta'_{nm} = 1 - \beta_{nm} = \frac{2\left[2n^3+3n^2-n-1+(2n+1)m^2\right]}{(2n+3)(2n+1)(2n-1)} \tag{D.30}$$

类似地，有完全正常化勒让德函数的对应关系

$$\cos^2\phi \bar{P}_{nm}(\sin\phi) = -\bar{\alpha}_{nm}\bar{P}_{n+2,m}(\sin\phi) + \bar{\beta}'_{nm}\bar{P}_{nm}(\sin\phi) - \bar{\gamma}_{nm}\bar{P}_{n-2,m}(\sin\phi) \tag{D.31}$$

其中

$$\bar{\beta}'_{nm} = 1 - \bar{\beta}_{nm} = \frac{2\left[2n^3+3n^2-n-1+(2n+1)m^2\right]}{(2n+3)(2n+1)(2n-1)} \tag{D.32}$$

式(D.23)两端乘 $\sin\phi$，并应用式(D.25)和式(D.21)，得

$$\frac{\mathrm{d}P_{nm}(\sin\phi)}{\mathrm{d}\phi}\cos\phi\sin\phi = a_{nm}P_{n+2,m}(\sin\phi) + b_{nm}P_{nm}(\sin\phi) + c_{nm}P_{n-2,m}(\sin\phi) \tag{D.33}$$

其中

$$a_{nm} = -\frac{n(n-m+1)(n-m+2)}{(2n+1)(2n+3)}$$

$$b_{nm} = \frac{2n^3 + 3n^2 + n - 3(2n+1)m^2}{(2n+3)(2n+1)(2n-1)} \tag{D.34}$$

$$c_{nm} = \frac{(n+1)(n+m)(n+m-1)}{(2n+1)(2n-1)}$$

对于完全正常化勒让德函数的对应关系，有

$$\frac{\mathrm{d}\bar{P}_{nm}(\sin\phi)}{\mathrm{d}\phi}\cos\phi\sin\phi = \bar{a}_{nm}\bar{P}_{n+2,m}(\sin\phi) + \bar{b}_{nm}\bar{P}_{nm}(\sin\phi) + \bar{c}_{nm}\bar{P}_{n-2,m}(\sin\phi) \tag{D.35}$$

其中

$$\bar{a}_{nm} = -\frac{n}{2n+3}\left[\frac{(n+1-m)(n+1+m)(n+2-m)(n+2+m)}{(2n+1)(2n+5)}\right]^{1/2}$$

$$\bar{b}_{nm} = \frac{2n^3 + 3n^2 + n - 3(2n+1)m^2}{(2n+3)(2n+1)(2n-1)}$$

$$\bar{c}_{nm} = \frac{n+1}{2n-1}\left[\frac{(n-m)(n+m)(n-1-m)(n-1+m)}{(2n+1)(2n-3)}\right]^{1/2} \tag{D.36}$$

D.4　勒让德多项式积分的递推关系

已知勒让德多项式的递推关系：

$$P_n(t) = \frac{2n-1}{n}tP_{n-1}(t) - \frac{n-1}{n}P_{n-2}(t) \tag{D.37}$$

由此得

$$tP_{n-1}(t) = \frac{n}{2n-1}P_n(t) + \frac{n-1}{2n-1}P_{n-2}(t) \tag{D.38}$$

式中

$$t = \cos\theta$$

另外，已知勒让德多项式对 θ 的导数

$$\frac{\mathrm{d}P_n(t)}{\mathrm{d}\theta} = \mathrm{nctg}\,\theta P_n(t) - \frac{n}{\sin\theta}P_{n-1}(t) \tag{D.39}$$

下面要用到以上关系式，推导以下递推关系

(1) $\int_{\theta_1}^{\theta_2} P_n(\cos\theta)\sin\theta\mathrm{d}\theta$ 的递推关系

式 (D.37) 两端乘 $\sin\theta$，对 θ 积分

$$\int P_n(t)\sin\theta\mathrm{d}\theta = \frac{2n-1}{n}\int P_{n-1}(t)\cos\theta\sin\theta\mathrm{d}\theta - \frac{n-1}{n}\int P_{n-2}(t)\sin\theta\mathrm{d}\theta \tag{D.40}$$

考察右端第一个积分。利用式(D.39)

$$\int P_{n-1}(t)\cos\theta\sin\theta\mathrm{d}\theta = \frac{1}{2}\int P_{n-1}(t)\mathrm{d}\sin^2\theta = \frac{1}{2}\left[P_{n-1}(t)\sin^2\theta - \int \sin^2\theta \frac{\mathrm{d}P_{n-1}(t)}{\mathrm{d}\theta}\mathrm{d}\theta\right]$$

$$= \frac{1}{2}\left[P_{n-1}(t)\sin^2\theta - (n-1)\int P_{n-1}(t)\cos\theta\sin\theta\mathrm{d}\theta + (n-1)\int P_{n-2}(t)\sin\theta\mathrm{d}\theta\right]$$

由此式得

$$\int P_{n-1}(t)\cos\theta\sin\theta\mathrm{d}\theta = \frac{1}{n+1}\left[P_{n-1}(t)\sin^2\theta + (n-1)\int P_{n-2}(t)\sin\theta\mathrm{d}\theta\right] \tag{D.41}$$

将式(D.41)代入式(D.40)得

$$\int P_n(t)\sin\theta\mathrm{d}\theta = \frac{2n-1}{n(n+1)}P_{n-1}(t)\sin^2\theta + \frac{(n-1)(n-2)}{n(n+1)}\int P_{n-2}(t)\sin\theta\mathrm{d}\theta \tag{D.42}$$

在 θ_1 与 θ_2 之间取定积分，我们得勒让德多项式积分 $\int_{\theta_1}^{\theta_2} P_{n-2}(t)\sin\theta\mathrm{d}\theta \to \int_{\theta_1}^{\theta_2} P_n(t)$ $\sin\theta\mathrm{d}\theta$ 的递推关系

$$\int_{\theta_1}^{\theta_2} P_n(t)\sin\theta\mathrm{d}\theta = \frac{2n-1}{n(n+1)}P_{n-1}(t)\sin^2\theta\Big|_{\theta_1}^{\theta_2} + \frac{(n-1)(n-2)}{n(n+1)}\int_{\theta_1}^{\theta_2} P_{n-2}(t)\sin\theta\mathrm{d}\theta \tag{D.43}$$

初始值($n=2$)：

$$\begin{cases} P_{n-1}(t)\sin^2\theta\Big|_{\theta_1}^{\theta_2} = P_1(t)\sin^2\theta\Big|_{\theta_1}^{\theta_2} = \cos\theta_2\sin^2\theta_2 - \cos\theta_1\sin^2\theta_1 \\ \int_{\theta_1}^{\theta_2} P_{n-2}(t)\sin\theta\mathrm{d}\theta = \int_{\theta_1}^{\theta_2} P_0(t)\sin\theta\mathrm{d}\theta = \int_{\theta_1}^{\theta_2}\sin\theta\mathrm{d}\theta = -\cos\theta_2 + \cos\theta_1 \end{cases} \tag{D.44}$$

顺便指出，根据式(D.41)，可以得到从 $\int_{\theta_1}^{\theta_2} P_{n-1}(t)\sin\theta\mathrm{d}\theta \to \int_{\theta_1}^{\theta_2} P_n(t)\cos\theta\sin\theta\mathrm{d}\theta$ 的递推关系：

$$\int_{\theta_1}^{\theta_2} P_n(t)\cos\theta\sin\theta\mathrm{d}\theta = \frac{1}{n+2}\left[P_n(t)\sin^2\theta\Big|_{\theta_1}^{\theta_2} + n\int_{\theta_1}^{\theta_2} P_{n-1}(t)\sin\theta\mathrm{d}\theta\right] \tag{D.45}$$

初始值($n=1$)：

$$\begin{cases} P_1(t)\sin^2\theta\Big|_{\theta_1}^{\theta_2} = \cos\theta_2\sin^2\theta_2 - \cos\theta_1\sin^2\theta_1 \\ \int_{\theta_1}^{\theta_2} P_0(t)\sin\theta\mathrm{d}\theta = -\cos\theta_2 + \cos\theta_1 \end{cases} \tag{D.46}$$

(2) $\int_{\theta_1}^{\theta_2} P_n(t)\cos\theta\sin\theta\mathrm{d}\theta$ 的递推关系

根据式(D.37)，可以写出

$$\int P_n(t)\cos\theta\sin\theta\mathrm{d}\theta = \frac{2n-1}{n}\int P_{n-1}(t)\cos^2\theta\sin\theta\mathrm{d}\theta - \frac{n-1}{n}\int P_{n-2}(t)\cos\theta\sin\theta\mathrm{d}\theta$$

$$\tag{D.47}$$

考察右端第一个积分。利用式(D.39)

$$\int P_{n-1}(t)\cos^2\theta\sin\theta\mathrm{d}\theta = \frac{1}{2}\int P_{n-1}(t)\cos\theta\mathrm{d}\sin^2\theta$$

$$= \frac{1}{2}\left[P_{n-1}(t)\cos\theta\sin^2\theta - \int\sin^2\theta\left(\cos\theta\frac{\mathrm{d}P_{n-1}(t)}{\mathrm{d}\theta} + P_{n-1}(t)\frac{\mathrm{d}\cos\theta}{\mathrm{d}\theta}\right)\mathrm{d}\theta\right]$$

$$= \frac{1}{2}\left[P_{n-1}(t)\cos\theta\sin^2\theta - (n-1)\int P_{n-1}(t)\sin\theta\cos^2\theta\mathrm{d}\theta\right.$$

$$\left. + (n-1)\int P_{n-2}(t)\sin\theta\cos\theta\mathrm{d}\theta + \int P_{n-1}(t)\sin\theta\mathrm{d}\theta - \int P_{n-1}(t)\sin\theta\cos^2\theta\mathrm{d}\theta\right]$$

或

$$\int P_{n-1}(t)\cos^2\theta\sin\theta\mathrm{d}\theta = \frac{1}{n+2}P_{n-1}(t)\cos\theta\sin^2\theta + \frac{1}{n+2}\int P_{n-1}(t)\sin\theta\mathrm{d}\theta$$

$$+ \frac{n-1}{n+2}\int P_{n-2}(t)\sin\theta\cos\theta\mathrm{d}\theta \tag{D.48}$$

根据式 (D.41)，我们有

$$\int P_{n-1}(t)\sin\theta\mathrm{d}\theta = -\frac{1}{n}P_n(t)\sin^2\theta + \frac{n+2}{n}\int P_n(t)\cos\theta\sin\theta\mathrm{d}\theta$$

将此式代入式 (D.48) 得

$$\int P_{n-1}(t)\cos^2\theta\sin\theta\mathrm{d}\theta = \frac{1}{n+2}P_{n-1}(t)\cos\theta\sin^2\theta - \frac{1}{n(n+2)}P_n(t)\sin^2\theta$$

$$+ \frac{1}{n}\int P_n(t)\cos\theta\sin\theta\mathrm{d}\theta + \frac{n-1}{n+2}\int P_{n-2}(t)\cos\theta\sin\theta\mathrm{d}\theta \tag{D.49}$$

将此式代入式 (D.47)，经化简整理得

$$\frac{(n-1)^2}{n^2}\int P_n(t)\cos\theta\sin\theta\mathrm{d}\theta = \frac{2n-1}{n}\left(\frac{1}{n+2}P_{n-1}(t)\cos\theta\sin^2\theta - \frac{1}{n(n+2)}P_n(t)\sin^2\theta\right)$$

$$+ \left(\frac{n-1}{n}\right)\left(\frac{n-3}{n+2}\right)\int P_{n-2}(t)\cos\theta\sin\theta\mathrm{d}\theta$$

或

$$\int P_n(t)\cos\theta\sin\theta\mathrm{d}\theta = \frac{n(2n-1)}{(n-1)^2}\left(\frac{1}{n+2}P_{n-1}(t)\cos\theta\sin^2\theta - \frac{1}{n(n+2)}P_n(t)\sin^2\theta\right)$$

$$+ \frac{n(n-3)}{(n-1)(n+2)}\int P_{n-2}(t)\cos\theta\sin\theta\mathrm{d}\theta \tag{D.50}$$

在 θ_1 与 θ_2 之间取定积分，得递推关系：

$$\int_{\theta_1}^{\theta_2} P_n(t)\cos\theta\sin\theta\mathrm{d}\theta = \frac{n(2n-1)}{(n-1)^2}\left(\frac{1}{n+2}P_{n-1}(t)\cos\theta\sin^2\theta - \frac{1}{n(n+2)}P_n(t)\sin^2\theta\right)\bigg|_{\theta_1}^{\theta_2}$$

$$+ \frac{n(n-3)}{(n-1)(n+2)}\int_{\theta_1}^{\theta_2} P_{n-2}(t)\cos\theta\sin\theta\mathrm{d}\theta \tag{D.51}$$

递推初值：$n=2$

$$\begin{cases} P_{n-1}(t)\cos\theta\sin^2\theta\Big|_{\theta_1}^{\theta_2} = P_1(t)\cos\theta\sin^2\theta\Big|_{\theta_1}^{\theta_2} = \cos^2\theta_2\sin^2\theta_2 - \cos^2\theta_1\sin^2\theta_1 \\[2mm] P_n(t)\sin^2\theta\Big|_{\theta_1}^{\theta_2} = P_2(t)\sin^2\theta\Big|_{\theta_1}^{\theta_2} = \left(\frac{3}{2}\cos^2\theta_2 - \frac{1}{2}\right)\sin^2\theta_2 - \left(\frac{3}{2}\cos^2\theta_1 - \frac{1}{2}\right)\sin^2\theta_1 \\[2mm] \int_{\theta_1}^{\theta_2} P_{n-2}(t)\cos\theta\sin\theta\mathrm{d}\theta = \int_{\theta_1}^{\theta_2} P_0(t)\cos\theta\sin\theta\mathrm{d}\theta = -\frac{1}{2}\cos^2\theta_2 + \frac{1}{2}\cos^2\theta_1 \end{cases}$$

$$\text{(D.52)}$$

(3) $\int_{\theta_1}^{\theta_2} P_n(t)P_m(t)\sin\theta\mathrm{d}\theta$ 的计算与递推关系

首先讨论当 $n\neq m$ 时的情况

将勒让德方程

$$\left(1-t^2\right)\frac{\mathrm{d}^2 y}{\mathrm{d}t^2} - 2t\frac{\mathrm{d}y}{\mathrm{d}t} + n(n+1)y = 0 \tag{D.53}$$

改写为形式

$$\frac{\mathrm{d}}{\mathrm{d}t}\left[\left(1-t^2\right)\frac{\mathrm{d}y}{\mathrm{d}t}\right] + n(n+1)y = 0 \tag{D.54}$$

由于勒让德多项式 $P_n(t)$ 与 $P_m(t)$ 是勒让德方程的解，所以写出

$$\frac{\mathrm{d}}{\mathrm{d}t}\left[\left(1-t^2\right)\frac{\mathrm{d}P_n(t)}{\mathrm{d}t}\right] + n(n+1)P_n(t) = 0 \tag{D.55}$$

$$\frac{\mathrm{d}}{\mathrm{d}t}\left[\left(1-t^2\right)\frac{\mathrm{d}P_m(t)}{\mathrm{d}t}\right] + m(m+1)P_m(t) = 0 \tag{D.56}$$

式 (D.55) 乘 $P_m(t)$ 减去式 (D.56) 乘 $P_n(t)$ 得

$$P_m(t)\frac{\mathrm{d}}{\mathrm{d}t}\left[\left(1-t^2\right)\frac{\mathrm{d}P_n(t)}{\mathrm{d}t}\right] - P_n(t)\frac{\mathrm{d}}{\mathrm{d}t}\left[\left(1-t^2\right)\frac{\mathrm{d}P_m(t)}{\mathrm{d}t}\right] + \left[n(n+1) - m(m+1)\right]P_n(t)P_m(t) = 0$$

将上式在 t_2 和 t_1 之间作定积分得

$$\int_{t_1}^{t_2} P_m(t)\frac{\mathrm{d}}{\mathrm{d}t}\left[\left(1-t^2\right)\frac{\mathrm{d}P_n(t)}{\mathrm{d}t}\right]\mathrm{d}t - \int_{t_1}^{t_2} P_n(t)\frac{\mathrm{d}}{\mathrm{d}t}\left[\left(1-t^2\right)\frac{\mathrm{d}P_m(t)}{\mathrm{d}t}\right]\mathrm{d}t$$

$$+ \left[n(n+1) - m(m+1)\right]\int_{t_1}^{t_2} P_n(t)P_m(t)\mathrm{d}t = 0$$

进行分部积分，有

$$\left(P_m(t)\left(1-t^2\right)\frac{\mathrm{d}P_n(t)}{\mathrm{d}t}\right)\Bigg|_{t_1}^{t_2} - \int_{t_1}^{t_2}\left(1-t^2\right)\frac{\mathrm{d}P_n(t)}{\mathrm{d}t}\frac{\mathrm{d}P_m(t)}{\mathrm{d}t}\mathrm{d}t$$

$$-\left(P_n(t)\left(1-t^2\right)\frac{\mathrm{d}P_m(t)}{\mathrm{d}t}\right)\Bigg|_{t_1}^{t_2} + \int_{t_1}^{t_2}\left(1-t^2\right)\frac{\mathrm{d}P_m(t)}{\mathrm{d}t}\frac{\mathrm{d}P_n(t)}{\mathrm{d}t}\mathrm{d}t$$

$$+\left[n(n+1) - m(m+1)\right]\int_{t_1}^{t_2} P_n(t)P_m(t)\mathrm{d}t = 0$$

上式的第二与第四项抵消，所以得

$$\int_{t_1}^{t_2} P_n(t) P_m(t) \mathrm{d}t = \frac{1}{n(n+1) - m(m+1)} \left(P_n(t)\left(1-t^2\right)\frac{\mathrm{d}P_m(t)}{\mathrm{d}t} - P_m(t)\left(1-t^2\right)\frac{\mathrm{d}P_n(t)}{\mathrm{d}t} \right) \Bigg|_{t_1}^{t_2}$$

(D.57)

代入 $t = \cos\theta$ ，$dt = -\sin\theta\mathrm{d}\theta$ ，得

$$\int_{\theta_1}^{\theta_2} P_n(t) P_m(t) \sin\theta\mathrm{d}\theta = \frac{1}{n(n+1) - m(m+1)} \left(P_n(t)\sin\theta\frac{\mathrm{d}P_m(t)}{\mathrm{d}\theta} - P_m(t)\sin\theta\frac{\mathrm{d}P_n(t)}{\mathrm{d}\theta} \right) \Bigg|_{\theta_1}^{\theta_2}$$

(D.58)

顾及到式(D.39)，最后得

$$\int_{\theta_1}^{\theta_2} P_n(t) P_m(t) \sin\theta\mathrm{d}\theta = \frac{1}{n(n+1) - m(m+1)}$$
$$\times \left[m P_n(t)(\cos\theta P_m(t) - P_{m-1}(t)) - n P_m(t)(\cos\theta P_n(t) - P_{n-1}(t)) \right] \Big|_{\theta_1}^{\theta_2}$$

(D.59)

式(D.59)表明，不同阶的勒让德多项式之乘积的定积分可由勒让德多项式的值求得，无需借助递推关系。

式(D.59)的一个特殊情形。当 $m=0$ 时，式(D.59)变成

$$\int_{\theta_1}^{\theta_2} P_n(t) \sin\theta\mathrm{d}\theta = -\frac{1}{n+1} \left[\cos\theta P_n(t) - P_{n-1}(t) \right] \Big|_{\theta_1}^{\theta_2}$$

(D.60)

式(D.60)显然比式(D.43)更简单，也更实用。

其次让我们讨论当 $n=m$ 时的情况。

由式(D.37)的递推关系，得

$$n P_n(t) - (2n-1) t P_{n-1}(t) + (n-1) P_{n-2}(t) = 0$$

(D.61a)

$$(n+1) P_{n+1}(t) - (2n+1) t P_n(t) + n P_{n-1}(t) = 0$$

(D.61b)

式(D.61a)两端同乘 $(2n+1)P_n(t)$ ，得

$$n(2n+1) P_n^2(t) - (2n-1)(2n+1) t P_{n-1}(t) P_n(t) + (n-1)(2n+1) P_{n-2}(t) P_n(t) = 0 \quad \text{(D.62)}$$

式(D.61b)两端同乘 $(2n-1)P_{n-1}(t)$ ，得

$$(n+1)(2n-1) P_{n+1}(t) P_{n-1}(t) - (2n-1)(2n+1) t P_{n-1}(t) P_n(t) + n(2n-1) P_{n-1}^2(t) = 0 \quad \text{(D.63)}$$

式(D.62)减式(D.63)，得

$$n(2n+1) P_n^2(t) - n(2n-1) P_{n-1}^2(t) + (n-1)(2n+1) P_{n-2}(t) P_n(t) - (n+1)(2n-1) P_{n+1}(t) P_{n-1}(t) = 0$$

由此

$$P_n^2(t) = \frac{2n-1}{2n+1} P_{n-1}^2(t) - \frac{n-1}{n} P_n(t) P_{n-2}(t) + \frac{(n+1)(2n-1)}{n(2n+1)} P_{n+1}(t) P_{n-1}(t)$$

将上式在 t_2 和 t_1 之间作定积分，得

$$\int_{t_1}^{t_2} P_n^2(t)\mathrm{d}t = \frac{2n-1}{2n+1} \int_{t_1}^{t_2} P_{n-1}^2(t)\mathrm{d}t - \frac{n-1}{n} \int_{t_1}^{t_2} P_n(t) P_{n-2}(t)\mathrm{d}t + \frac{(n+1)(2n-1)}{n(2n+1)} \int_{t_1}^{t_2} P_{n+1}(t) P_{n-1}(t)\mathrm{d}t$$

(D.64)

利用式（D.57），有

$$\int_{t_1}^{t_2} P_n^2(t)\mathrm{d}t = \frac{2n-1}{2n+1}\int_{t_1}^{t_2} P_{n-1}^2(t)\mathrm{d}t - \frac{n-1}{n}\frac{1}{n(n+1)-(n-2)(n-1)}$$

$$\times\left[P_n(t)(1-t^2)\frac{\mathrm{d}P_{n-2}(t)}{\mathrm{d}t} - P_{n-2}(t)(1-t^2)\frac{\mathrm{d}P_n(t)}{\mathrm{d}t}\right]\Bigg|_{t_1}^{t_2}$$

$$+\frac{(n+1)(2n-1)}{n(2n+1)}\frac{1}{(n+1)(n+2)-(n-1)n}$$

$$\times\left[P_{n+1}(t)(1-t^2)\frac{\mathrm{d}P_{n-1}(t)}{\mathrm{d}t} - P_{n-1}(t)(1-t^2)\frac{\mathrm{d}P_{n+1}(t)}{\mathrm{d}t}\right]\Bigg|_{t_1}^{t_2} \quad (\text{D.65})$$

代入 $t=\cos\theta$，$\mathrm{d}t=-\sin\theta\mathrm{d}\theta$，得

$$\int_{\theta_1}^{\theta_2} P_n^2(t)\sin\theta\mathrm{d}\theta = \frac{2n-1}{2n+1}\int_{\theta_1}^{\theta_2} P_{n-1}^2(t)\sin\theta\mathrm{d}\theta - \frac{n-1}{n}\frac{1}{n(n+1)-(n-2)(n-1)}$$

$$\times\left[P_n(t)\sin\theta\frac{\mathrm{d}P_{n-2}(t)}{\mathrm{d}\theta} - P_{n-2}(t)\sin\theta\frac{\mathrm{d}P_n(t)}{\mathrm{d}\theta}\right]\Bigg|_{\theta_1}^{\theta_2}$$

$$+\frac{(n+1)(2n-1)}{n(2n+1)}\frac{1}{(n+1)(n+2)-(n-1)n}$$

$$\times\left[P_{n+1}(t)\sin\theta\frac{\mathrm{d}P_{n-1}(t)}{\mathrm{d}\theta} - P_{n-1}(t)\sin\theta\frac{\mathrm{d}P_{n+1}(t)}{\mathrm{d}\theta}\right]\Bigg|_{\theta_1}^{\theta_2}$$

运用式（D.39），最后得

$$\int_{\theta_1}^{\theta_2} P_n^2(t)\sin\theta\mathrm{d}\theta = \frac{2n-1}{2n+1}\int_{\theta_1}^{\theta_2} P_{n-1}^2(t)\sin\theta\mathrm{d}\theta - \frac{n-1}{n}\frac{1}{n(n+1)-(n-2)(n-1)}$$

$$\times\left[(n-2)P_n(t)(\cos\theta P_{n-2}(t)-P_{n-3}(t)) - nP_{n-2}(t)(\cos\theta P_n(t)-P_{n-1}(t))\right]\Bigg|_{\theta_1}^{\theta_2}$$

$$+\frac{(n+1)(2n-1)}{n(2n+1)}\frac{1}{(n+1)(n+2)-(n-1)n}$$

$$\times\left[(n-1)P_{n+1}(t)(\cos\theta P_{n-1}(t)-P_{n-2}(t)) - (n+1)P_{n-1}(t)(\cos\theta P_{n+1}(t)-P_n(t))\right]\Bigg|_{\theta_1}^{\theta_2}$$

$$(\text{D.66})$$

递推初值：$n=3$

$$\int_{\theta_1}^{\theta_2} P_2^2(t)\sin\theta\mathrm{d}\theta = \int_{\theta_1}^{\theta_2}\left(\frac{3}{2}\cos^2\theta - \frac{1}{2}\right)^2\sin\theta\mathrm{d}\theta = -\left(\frac{9}{20}\cos^5\theta - \frac{1}{2}\cos^3\theta + \frac{1}{4}\cos\theta\right)\Bigg|_{\theta_1}^{\theta_2}$$

$$(\text{D.67})$$

$$\int_{\theta_1}^{\theta_2} P_1^2(t)\sin\theta\mathrm{d}\theta = \int_{\theta_1}^{\theta_2}\cos^2\theta\sin\theta\mathrm{d}\theta = -\frac{1}{3}\cos^3\theta\Big|_{\theta_1}^{\theta_2} = -\frac{1}{3}\cos^3\theta_2 + \frac{1}{3}\cos^3\theta_1 \quad (\text{D.68})$$

$$\int_{\theta_1}^{\theta_2} P_0^2(t)\sin\theta\mathrm{d}\theta = \int_{\theta_1}^{\theta_2}\sin\theta\mathrm{d}\theta = -\cos\theta\Big|_{\theta_1}^{\theta_2} = -\cos\theta_2 + \cos\theta_1 \quad (\text{D.69})$$

式 (D.66) 表明，当 $n=m$ 时，存在从 $\int_{\theta_1}^{\theta_2} P_{n-1}^2(t)\sin\theta\mathrm{d}\theta$ 到 $\int_{\theta_1}^{\theta_2} P_n^2(t)\sin\theta\mathrm{d}\theta$ 的递推关系。

参 考 文 献

陆仲连. 1998. 球谐函数. 北京: 解放军出版社.

于涛. 2008. 数学物理方程与特殊函数. 北京: 科学出版社.

Moritz H. 1980. Advanced Physical Geodesy. Sammlung Wichmann Neue Folge, Band 13, Herbert Wichmann Verlag Karlsruhe Abacus Press Tunbridge Wells Kent.

Paul M K. 1978. Recurrence relations for integrals of associated Legendre functions. Bull. Geod., 52: 177-190.

附录 E 椭球面几何及法线导数

E.1 椭球面几何

椭球面一点的向径可表示为

$$r = \frac{a\sqrt{1-e^2}}{\sqrt{1-e^2\cos^2\phi}} = \frac{b}{\sqrt{1-e^2\cos^2\phi}} \tag{E.1}$$

式中，a、b 分别为参考椭球的长半轴和短半轴；e 为子午椭圆的第一偏心率；ϕ 为地心纬度。由几何大地测量学知，地心纬度 ϕ 与归化纬度 β、大地纬度 φ 之间的关系是

$$\tan\phi = \frac{b}{a}\tan\beta = \frac{b^2}{a^2}\tan\varphi \tag{E.2}$$

从式(E.2)出发，利用三角函数关系，易得：

$$\cos\beta = \frac{\sqrt{1-e^2}\cos\phi}{\sqrt{1-e^2\cos^2\phi}} = \frac{\cos\varphi}{\sqrt{1-e^2\sin^2\varphi}} \tag{E.3}$$

$$\sin\beta = \frac{\sin\phi}{\sqrt{1-e^2\cos^2\phi}} = \frac{\sqrt{1-e^2}\sin\varphi}{\sqrt{1-e^2\sin^2\varphi}} \tag{E.4}$$

$$\cos\phi = \frac{\cos\beta}{\sqrt{1-e^2\sin^2\beta}} = \frac{a^2\cos\varphi}{\sqrt{a^4\cos^2\varphi+b^4\sin^2\varphi}} \tag{E.5}$$

$$\sin\phi = \frac{\sqrt{1-e^2}\sin\beta}{\sqrt{1-e^2\sin^2\beta}} = \frac{b^2\sin\varphi}{\sqrt{a^4\cos^2\varphi+b^4\sin^2\varphi}} \tag{E.6}$$

$$\cos\varphi = \frac{\sqrt{1-e^2}\cos\beta}{\sqrt{1-e^2\cos^2\beta}} = \frac{(1-e^2)\cos\phi}{\sqrt{1-\left[(a^4-b^4)/a^4\right]\cos^2\phi}} \tag{E.7}$$

$$\sin\varphi = \frac{\sin\beta}{\sqrt{1-e^2\cos^2\beta}} = \frac{\sin\phi}{\sqrt{1-\left[(a^4-b^4)/a^4\right]\cos^2\phi}} \tag{E.8}$$

根据式(E.5)和式(E.6)，易得

$$\sin(\phi-\beta) = \frac{\left(\sqrt{1-e^2}-1\right)\sin\beta\cos\beta}{\sqrt{1-e^2\sin^2\beta}} \tag{E.9}$$

反正弦函数按 e^2 展开，取至 e^4 项，得

$$\phi-\beta = -\frac{e^2}{2}\sin\beta\cos\beta - \frac{e^4}{8}\sin\beta\cos\beta - \frac{e^4}{2}\sin^3\beta\cos\beta \tag{E.10}$$

根据式(E.5)和式(E.6)，易得

$$\sin(\varphi-\phi)=\frac{e^2\sin\varphi\cos\varphi}{\sqrt{1-e^2\sin^2\varphi}} \tag{E.11}$$

$$\cos(\varphi-\phi)=\sqrt{1-e^2\sin^2\varphi} \tag{E.12}$$

因 $\varphi-\phi$ 是小量，展开式(E.11)，取至 e^4 项，得

$$\varphi-\phi=e^2\sin\varphi\cos\varphi+\frac{e^4}{2}\sin^3\varphi\cos\varphi \tag{E.13}$$

或

$$\phi=\varphi-e^2\sin\varphi\cos\varphi-\frac{e^4}{2}\sin^3\varphi\cos\varphi \tag{E.13a}$$

E.2 椭球面外法线方向的偏导数式

由图 E.1，

$$\frac{\partial}{\partial h}=\frac{\partial r}{\partial h}\frac{\partial}{\partial r}+\frac{\partial(rd\phi)}{\partial h}\frac{\partial}{r\partial\phi}=\cos\psi\frac{\partial}{\partial r}+\sin\psi\frac{\partial}{r\partial\phi} \tag{E.14}$$

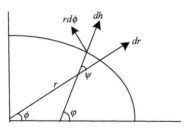

图 E.1 椭球几何

利用三角函数关系和式(E.5)、式(E.6)，不难得到：

$$\cos\psi=\frac{1-e^2\cos^2\phi}{\sqrt{1-e^2(2-e^2)\cos^2\phi}} \tag{E.15}$$

$$\sin\psi=\frac{e^2\cos\phi\sin\phi}{\sqrt{1-e^2(2-e^2)\cos^2\phi}} \tag{E.16}$$

将以上两式和式(E.1)代入式(E.14)，即得

$$\frac{\partial}{\partial h}=\frac{1-e^2\cos^2\phi}{\sqrt{1-e^2(2-e^2)\cos^2\phi}}\frac{\partial}{\partial r}+\frac{e^2\cos\phi\sin\phi\sqrt{1-e^2\cos^2\phi}}{b\sqrt{1-e^2(2-e^2)\cos^2\phi}}\frac{\partial}{\partial\phi} \tag{E.17}$$

根号项按 e^2 展开，保留到 e^4，得

$$\frac{\partial}{\partial h}=\left(1-\frac{1}{2}e^4\cos^2\phi+\frac{1}{2}e^4\cos^4\phi\right)\frac{\partial}{\partial r}+\left(e^2\cos\phi\sin\phi+\frac{e^4}{2}\cos^3\phi\sin\phi\right)\frac{\partial}{b\partial\phi} \qquad (E.18)$$

这就是我们所寻求的偏导数式。作为一种检核，下面给出另一推导方法。

在椭球面上，有(Heiskanen and Moritz, 1967, p68)

$$dh=\sqrt{1-e^2\cos^2\beta}\,du \qquad (E.19)$$

式中，u、β 为椭球坐标。由此，得

$$\frac{\partial}{\partial h}=\frac{1}{\sqrt{1-e^2\cos^2\beta}}\frac{\partial}{\partial u} \qquad (E.20)$$

$\partial/\partial u$ 可以表示为

$$\frac{\partial}{\partial u}=\frac{\partial r}{\partial u}\frac{\partial}{\partial r}+\frac{\partial\phi}{\partial u}\frac{\partial}{\partial\phi} \qquad (E.21)$$

下面进一步求 $\partial r/\partial u$ 和 $\partial\phi/\partial u$。利用等式

$$\begin{cases}\sqrt{u^2+E^2}\cos\beta=r\cos\phi\\ u\sin\beta=r\sin\phi\end{cases} \qquad (E.22)$$

得

$$\begin{cases}r=\sqrt{u^2+E^2\cos^2\beta}\\ \tan\phi=\dfrac{u}{\sqrt{u^2+E^2}}\tan\beta\end{cases} \qquad (E.23)$$

根据式(E.23)的第一式，r 对 u 求导

$$\frac{\partial r}{\partial u}=\frac{u}{\sqrt{u^2+E^2\cos^2\beta}} \qquad (E.24)$$

根据式(E.23)的第二式，ϕ 对 u 求导，并用式(E.22)，经演算得

$$\frac{\partial\phi}{\partial u}=\frac{E^2\cos^2\beta\sin\beta}{r^3\cos\phi} \qquad (E.25)$$

利用式(E.2)和式(E.3)，有

$$\frac{\partial\phi}{\partial u}=\frac{E^2(1-e^2)\cos\phi\sin\phi}{r^3(1-e^2\cos^2\phi)^{3/2}} \qquad (E.26)$$

在椭球面上，

$$\left.\frac{\partial r}{\partial u}\right|_E=\frac{\sqrt{1-e^2}}{\sqrt{1-e^2+e^2\cos^2\beta}}=\frac{\sqrt{1-e^2}}{\sqrt{1-e^2\sin^2\beta}}=\sqrt{1-e^2\cos^2\phi} \qquad (E.27)$$

$$\left.\frac{\partial\phi}{\partial u}\right|_E=\frac{1}{b}e^2\cos\phi\sin\phi \qquad (E.28)$$

将此二式代入式(E.21)和式(E.20)，得到

$$\frac{\partial}{\partial h} = \frac{1}{\sqrt{1 - e^2 \cos^2 \beta}} \left(\sqrt{1 - e^2 \cos^2 \phi} \frac{\partial}{\partial r} + \frac{e^2 \cos \phi \sin \phi}{b} \frac{\partial}{\partial \phi} \right) \tag{E.29}$$

$$\frac{\sqrt{1 - e^2 \cos^2 \phi}}{\sqrt{1 - e^2 \cos^2 \beta}} = 1 - \frac{e^4}{2} \cos^2 \phi + \frac{e^4}{2} \cos^4 \phi + O(e^6) \tag{E.30}$$

$$\frac{1}{\sqrt{1 - e^2 \cos^2 \beta}} \frac{e^2 \cos \phi \sin \phi}{b} = \frac{e^2 \cos \phi \sin \phi}{b} + \frac{e^4 \cos^3 \phi \sin \phi}{2b} + O(e^6) \tag{E.31}$$

将此二式代入式(E.29)，即得

$$\frac{\partial}{\partial h} = \left(1 - \frac{1}{2} e^4 \cos^2 \phi + \frac{1}{2} e^4 \cos^4 \phi \right) \frac{\partial}{\partial r} + \left(e^2 \cos \phi \sin \phi + \frac{e^4}{2} \cos^3 \phi \sin \phi \right) \frac{\partial}{b \partial \phi}$$

这就是前面得到的式(E.18)。

参 考 文 献

Claessens S J. 2006. Solutions to ellipsoidal boundary value problems for gravity field modelling, thesis for the degree of Doctor of Philosophy of Curtin University of Technology.

Heiskanen W A, Moritz H. 1967. Physical Geodesy. W. H. Freeman and Co., San Francisco.

附录 F 扰动位场量

F.1 扰 动 位

一点 P 的扰动位 T 定义为

$$T(P) = W(P) - U(P) \tag{F.1}$$

式中，$W(P)$ 为 P 点的重力位，为引力位 $V(P)$ 与离心力位 $\Phi(P)$ 之和，

$$W(P) = V(P) + \Phi(P) \tag{F.2}$$

$U(P)$ 为 P 点的正常重力位，由正常椭球在 P 点产生的正常重力位，等于正常椭球引力位 $V^e(P)$ 与正常椭球离心力位 $\Phi(P)$ 之和，

$$U(P) = V^e(P) + \Phi(P) \tag{F.3}$$

假设：①正常椭球与实际地球的质量相等；②正常椭球与地球一起旋转，而且它们的旋转角速度相等；③正常椭球的几何中心与地球的质量中心重合；④正常椭球的旋转轴与地球的自转轴重合。在这些假设下，我们有

$$T(P) = V(P) - V^e(P) \tag{F.4}$$

$T(P)$ 具有如下两个性质：

(1) $T(P)$ 在域 Ω 内调和

$$\nabla^2 T = 0 \tag{F.5}$$

因为在此范围不存在质量(假定重力已加大气改正)，V 和 V^e 都是调和的。

(2) 当 $r \longrightarrow \infty$ 时

$$T(P) = O\left(\frac{1}{r^3}\right) \tag{F.6}$$

下面我们给出此式的证明。根据定义，一点 P 的地球引力位是

$$V(P) = G \int_V \frac{\rho(Q)}{\ell_{PQ}} dV_Q \tag{F.7}$$

式中，G 为引力常数；dV_Q 为地球内部质量体积元；$\rho(Q)$ 为 Q 点的密度；ℓ_{PQ} 为 P 点与体积元 Q 之间的距离

$$\ell_{PQ} = \sqrt{r_P^2 + r_Q^2 - 2r_P r_Q \cos\psi_{PQ}} \tag{F.8}$$

当 $r_P \gg R_0 > r_Q$ 时（R_0 为完全包围地球的 Brillouin 球的半径）

$$\frac{1}{\ell_{PQ}} = \frac{1}{r_P}\left\{1 + \frac{r_Q}{r_P}\cos\psi_{PQ}\right\} + O\left(\frac{1}{r_P^3}\right) = \frac{1}{r_P} + \frac{\vec{r}_P \cdot \vec{r}_Q}{r_P^3} + O\left(\frac{1}{r_P^3}\right) \tag{F.9}$$

另外，地球质量中心的定义是

$$\vec{b} = \frac{1}{M} \int_{\Omega} \rho(Q) \vec{r}_Q \mathrm{d}\Omega \qquad (\text{F.10})$$

将式(F.9)代入式(F.7)，我们得到渐近关系

$$V(P) = \frac{1}{r_P} + \frac{GM\vec{r}_P}{r_P^3} \cdot \vec{b} + O\left(\frac{1}{r_P^3}\right) \qquad (\text{F.11})$$

注意到 $\vec{b} = \vec{0}$，则

$$V(P) = \frac{GM}{r_P} + O\left(\frac{1}{r_P^3}\right) \qquad (\text{F.12})$$

同理，对于 $V^e(P)$，我们有

$$V^e(P) = \frac{GM}{r_P} + O\left(\frac{1}{r_P^3}\right) \qquad (\text{F.13})$$

式(F.12)减去式(F.13)，渐近关系式(F.6)得证。注意，式(F.6)只有当地球质量中心、坐标系原点和椭球中心重合时才成立。

F.2　大地水准面高

粗略地说，大地水准面是平均海水面。大地水准面在海洋上与平均海水面重合，在陆地上是海洋沿假想的无摩擦微细管道的延伸。大地水准面是由地球引力和旋转合成的等位面。所以大地水准面的方程被定义为

$$W = W_0 = \text{const.} \qquad (\text{F.14})$$

W_0 可以利用卫星测高确定，也可通过测定海平面上一点的位置，并结合位模型计算得到。20 世纪 90 年代，Burša 等用 GEOSAT 卫星测高资料得到 $W_0 = (6263857.5 \pm 1.0)\,\mathrm{m}^2/\mathrm{s}^2$；IERS 规范的推荐值为 $W_0 = (6263856.0 \pm 0.5)\,\mathrm{m}^2/\mathrm{s}^2$。

大地水准面是一实际的物理面。在海水面，重力方向与水准仪的垂直轴均垂直于它，精密水准测量的是相对于它的高程。大地水准面被认为是物理大地测量的基本面。

就整个地球而言，大地水准面是最近似(平均)海水面的物理面，与地球的形状最为接近。大地水准面被认为代表地球的数学形状。大地水准面可用一个其短轴与地球的主惯性轴重合的两轴地心椭球面近似，其近似度达数十米。因此人们很自然地用相对地心参考椭球的起伏来描写大地水准面的形状。

这个地心参考椭球是一个旋转椭球体，通常被称为正常椭球，由 4 个常数定义。它们是：地心引力常数 GM，长半轴 a，短半轴 b(或扁率 f 或位系数 J_2)和旋转角速度 ω。这 4 个常数既定义了椭球的几何形状，也定义了它的正常重力场。正常重力场是实际地球重力场的近似。正常椭球面被定义为一个等位面，其正常位 U_0 由下式确定：

$$U_0 = \frac{GM}{E} \tan^{-1} \frac{E}{b} + \frac{1}{3} \omega^2 a^2, \quad E = \sqrt{a^2 - b^2} \qquad (\text{F.15})$$

设想大地水准面上一点 P_0 沿椭球面的法线投影到椭球面上一点 Q。大地水准面与椭球面之间的距离 P_0Q 称为大地水准面高，或大地水准面起伏，常用 N 表示（见图 F.1）。N 可为正或负。当 $W_0=U_0$，且当大地水准面和正常椭球面接近平均海水面时，$|N| \leqslant 120$ m。其均方值 ≈ 35m。

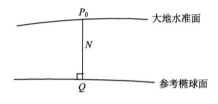

图 F.1　大地水准面高

N 对于大地高 h 与正高 H 之间的转换是一个必不可少的量。忽略微小的垂线偏差，h, H 和 N 之间的关系是（见图 F.2）

$$h = H + N \tag{F.16}$$

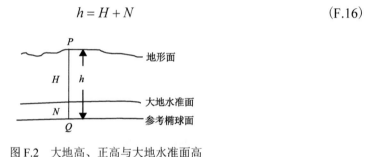

图 F.2　大地高、正高与大地水准面高

在第二大地边值问题中，以地心参考椭球面为边界面，大地水准面高 N 用下式计算：

$$N = \frac{T(Q)}{g_0} \tag{F.17}$$

式中，$T(Q)$ 为参考椭球面上 Q 点的扰动位，用 Hotine 公式计算定义；g_0 为大地水准面与参考椭球面之间一点的重力值，取参考椭球面上 Q 点的值。式（F.17）被称为似 Bruns 公式，其推导见正文。而熟知的 Bruns 公式的形式是，$N = T(P) / \gamma$，T 为大地水准面上 P 点的扰动位，由 Stokes 函数定义；γ 为参考椭球面上 Q 点的正常重力值。

F.3　高　程　异　常

设想将地面 S 一点 $P \in S$ 沿该点的椭球面法线投影到一点 $Q^* \in S^*$，使其正常位 $U(Q^*)$ 等于 P 点的重力位 $W(P)$，即 $U(Q^*)=W(P)$。地形面 S 的投影面 S^*，称为似地形面（telluroid）。似地形面到参考椭球面之间的垂直距离，称为 P 点的正常高 H^*。为了与大地水准面对比，设想 P 点和 Q^* 点均垂直向下平移一个距离 H^*，我们得到在参考椭球面之上的似大地水准面。似大地水准面到参考椭球面之间的垂直距离，即为高程异常 ζ（见图 F.3）。显然，似大地水准面对应于大地水准面，高程异常对应于大地水准面高，它们是大地水准面和大地水准面高从地球内部到外部空间的推广。但是，与大地水准面不同，似大地水准面没有任何物理意义。当用高程异常时，最好还是把它看做参考于地面的量(地面和似地形面之间的距离)，而不用似大地水准面的概念。

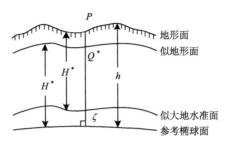

图 F.3 大地高、正常高与高程异常

由图 F.3 显见，

$$\zeta(P) = h(P) - H^*(P) \tag{F.18}$$

式中，h 为大地高，即 P 点至参考椭球面的法线距离；H^* 为正常高，即 P 点至似大地水准面的法线距离。

在以地心参考椭球面为边界面的第二大地边值问题中，高程异常的计算仍用标准的 Bruns 公式，即

$$\zeta(P) = \frac{T(P)}{\gamma} \tag{F.19}$$

式中，$T(P)$ 为 P 点的扰动位，用广义 Hotine 公式计算(见正文)；γ 为似地形面上的正常重力。

大地水准面高 N 与高程异常 ζ 之差由下式表示：

$$N - \zeta = \frac{\bar{g} - \bar{\gamma}}{\bar{\gamma}} H \tag{F.20}$$

式中，$\bar{g}$ 和 $\bar{\gamma}$ 分别为平均重力和平均正常重力；H 为正高。根据 Heiskanen and Moritz(1967)

$$\bar{g} = g - \left(\frac{1}{2} \frac{\partial \gamma}{\partial h} + 2\pi G\rho \right) H \tag{F.21}$$

$$\bar{\gamma} = \gamma - \frac{1}{2} \frac{\partial \gamma}{\partial h} H \tag{F.22}$$

将式(F.21)和式(F.22)代入式(F.20)，得

$$N - \zeta = \frac{H}{\bar{\gamma}} (\delta g - 2\pi G\rho H) = \frac{H}{\bar{\gamma}} (\delta g - \Delta g_B) \tag{F.23}$$

式中，$\delta g = g - \gamma$ 为地面重力扰动，$\Delta g_B = 2\pi G\rho H$ 为布格异常(布格板引力)。

F.4 垂线偏差

垂线偏差在不同的场合有不同的含义。在天文大地问题中，地面一点的垂线偏差指

该点实际铅垂线的切线与该点椭球法线之间的角度。在重力场问题中，垂线偏差通常指该点实际铅垂线的切线与该点正常铅垂线的切线之间的角度。前一种称为几何垂线偏差（geometric deflections of the vertical），后一种称为物理或动力垂线偏差（physical or dynamical deflections of the vertical）。Vening Meinesz 型公式计算的垂线偏差是物理或动力垂线偏差。我们这里主要关心动力垂线偏差。

动力垂线偏差的向量表示形式是

$$\vec{\varepsilon} = \vec{n} - \vec{v} \tag{F.24}$$

式中，$\vec{n}$ 为实际铅垂线单位向量

$$\vec{n} = \begin{bmatrix} \cos\Phi\cos\Lambda \\ \cos\Phi\sin\Lambda \\ \sin\Phi \end{bmatrix} \tag{F.25}$$

式中，Φ、Λ 为天文纬度、经度；$\vec{v}$ 为正常铅垂线的单位向量

$$\vec{v} = \begin{bmatrix} \cos\varphi\cos\lambda \\ \cos\varphi\sin\lambda \\ \sin\varphi \end{bmatrix} \tag{F.26}$$

式中，φ、λ 为正常纬度、正常经度（正常纬度定义为正常铅垂线切线与赤道面的夹角，正常经度定义为正常铅垂线所在子午面与初始子午面的夹角。注意，正常经度等于大地经度）。我们将式（F.25）线性化，得到

$$\vec{n} = \begin{bmatrix} \cos\varphi\cos\lambda \\ \cos\varphi\sin\lambda \\ \sin\varphi \end{bmatrix} + \begin{bmatrix} -\sin\varphi\cos\lambda \\ -\sin\varphi\sin\lambda \\ \cos\varphi \end{bmatrix} d\Phi + \cos\varphi \begin{bmatrix} -\sin\lambda \\ \cos\lambda \\ 0 \end{bmatrix} d\Lambda \tag{F.27}$$

该式中 $d\Phi$ 的系数向量为沿南北方向的单位向量 $\vec{e}_\varphi$，$d\Lambda$ 的系数向量为东西方向的单位向量 $\vec{e}_\lambda$，即

$$\vec{e}_\varphi = \begin{bmatrix} -\sin\varphi\cos\lambda \\ -\sin\varphi\sin\lambda \\ \cos\varphi \end{bmatrix}, \quad \vec{e}_\lambda = \begin{bmatrix} -\sin\lambda \\ \cos\lambda \\ 0 \end{bmatrix} \tag{F.28}$$

将式（F.26）和式（F.28）代入式（F.27），其结果代入式（F.24），我们得

$$\vec{\varepsilon} = \vec{n} - \vec{v} = \vec{e}_\varphi(\Phi - \varphi) + \vec{e}_\lambda \cos\varphi(\Lambda - \lambda) \tag{F.29}$$

另一方面，垂线偏差 ε 可以分解为在子午面投影的南北分量 ξ 和在卯酉面投影的东西分量 η（见图 F.4）。那么 $\vec{\varepsilon}$ 可以表示为

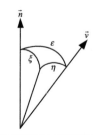

图 F.4　垂线偏差与其子午和卯酉分量

$$\vec{\varepsilon} = \xi \vec{e}_\varphi + \eta \vec{e}_\lambda \qquad (\text{F}.30)$$

比较式(F.29)和式(F.30)，有

$$\xi = \Phi - \varphi, \quad \eta = \cos\varphi(\Lambda - \lambda) \qquad (\text{F}.31)$$

此式解释了 ξ, η 的几何与物理意义。

由图 F.4 看出，垂线偏差 ε 与其分量 ξ 和 η 之间存在球面三角关系：

$$\cos\varepsilon = \cos\xi\cos\eta \qquad (\text{F}.32)$$

将式中小角度的余弦按泰勒级数展开，取至一次项，得

$$\varepsilon^2 = \xi^2 + \eta^2 \qquad (\text{F}.33)$$

以地心参考椭球面为边界面的第二大地边值问题，给出两个垂线偏差：一个是参考椭球面 Q 点的垂线偏差；另一个是地面 P 点的垂线偏差。前者是参考椭球面 Q 点的实际铅垂线与该点正常铅垂线之间的角度，由正文的式(3.65)定义；后者是地面 P 点的实际铅垂线与该点正常铅垂线之间的角度，由正文的式(3.61)定义。Q 点与 P 点的垂线偏差之差，与实际铅垂线在这两点间的曲率变化(或两点的水准面不平行)有关，也与两点间的正常铅垂线的曲率变化(或两点的正常水准面不平行)有关。

根据平面曲线的曲率定义，铅垂线投影的两相邻切线之间的角度是(Heiskanen and Moritz, 1967)

$$\mathrm{d}\varphi = -\kappa_1 \mathrm{d}h \qquad (\text{F}.34)$$

其中负号是约定。曲率 κ_1 是

$$\kappa_1 = \frac{1}{g}\frac{\mathrm{d}g}{\mathrm{d}x} \qquad (\text{F}.35)$$

这里 x 轴为水平轴，指向北。因此，在地面 P 点和它在参考椭球面上的投影 Q_2 之间铅垂线曲率变化引起的纬度变化为(参见图 F.5)

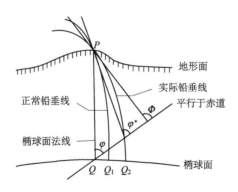

图 F.5　天文纬度与正常纬度

$$\delta\varphi = \int_{Q_2}^{P} d\varphi = -\int_{Q_2}^{P} \kappa_1 dh \tag{F.36}$$

或

$$\delta\varphi = -\int_{Q_2}^{P} \frac{1}{g}\frac{dg}{dx}dh \tag{F.37}$$

类似地，经度的变化为

$$\cos\varphi\delta\lambda = -\int_{Q_2}^{P} \frac{1}{g}\frac{dg}{dy}dh \tag{F.38}$$

这里 y 轴是水平轴，指向东。

正常铅垂线曲率的变化引起的地面 P 点和参考椭球面 Q_1 之间的正常纬度和正常经度之变化，也由上述关系表示，只是式中的实际重力 g 用正常重力 γ 代替即可。

式(F.37)和式(F.38)表明，纬度变化 $\delta\varphi$ 和经度变化 $\delta\lambda$ 与重力 g 及其水平梯度相关。由于实际重力及其水平梯度一般是未知的，所以实际铅垂线曲率变化的影响的数值计算是困难的。然而，正常重力及其水平梯度是可以计算的，所以正常铅垂线曲率变化的影响的数值计算并不困难。利用正常重力 γ 的公式

$$\gamma = \gamma_e\left(1 + f^*\sin^2\varphi - \frac{2}{a}h + \cdots\right) \tag{F.39}$$

式中，$f^* = (\gamma_p - \gamma_e)/\gamma_e$，$\gamma_e$ 和 γ_p 分别为赤道重力和极重力；a 为参考椭球长半轴；h 为参考椭球体以上的高程，得

$$\frac{\partial\gamma}{\partial x} \approx \frac{1}{R}\frac{\partial\gamma}{\partial\varphi} \approx \frac{2\gamma_e}{R}f^*\sin\varphi\cos\varphi \approx \frac{2\gamma}{R}f^*\sin\varphi\cos\varphi$$
$$\frac{\partial\gamma}{\partial y} \approx \frac{1}{R\cos\varphi}\frac{\partial\gamma}{\partial\lambda} = 0 \tag{F.40}$$

因此，式(F.37)中的被积函数 $(1/\gamma)(\partial\gamma/\partial x)$ 与 h 无关，所以立刻可以积分。得

$$\delta\varphi_{normal} = -\frac{f^*}{R}h\sin 2\varphi = -0.17''h_{[km]}\sin 2\varphi \tag{F.41}$$
$$\delta\lambda_{normal} = 0$$

假定已经得到实际铅垂线曲率引起的 P 和 Q 点之间纬度和经度变化 $\delta\varphi_{astron}$ 和 $\delta\lambda_{astron}$，那么由铅垂线曲率变化引起的 P 和 Q 点之间垂线偏差之差是

$$\delta\xi = \delta\varphi_{astron} - \delta\varphi_{normal}$$
$$\delta\eta = \cos\varphi(\delta\lambda_{astron} - \delta\lambda_{normal}) \tag{F.42}$$

需要说明，实际上，地面 P 点沿实际铅垂线和正常铅垂线在参考椭球面上的投影点 Q_2 和 Q_1 与 P 点的参考椭球面法线垂足 Q 点均不重合。但这三个点相距不过几个厘米，在现在的问题中，可以不加区分。

还需说明，前面提到，实际铅垂线与参考椭球面法线之间的夹角称为几何垂线偏差 ε_{geo}。显然，它的南北分量 ξ_{geo} 和东西分量 η_{geo} 分别是

$$\xi_{\text{geo}} = \Phi - \varphi, \quad \eta_{\text{geo}} = \cos\varphi(\Lambda - \lambda) \tag{F.43}$$

式中，Φ、Λ 表示天文纬度、天文经度；φ、λ 表示大地纬度、大地经度。几何垂线偏差与动力垂线偏差的关系是

$$\xi_{\text{geo}} = \xi + f^* \frac{h}{R} \sin 2\varphi$$

$$\eta_{\text{geo}} = \eta \tag{F.44}$$

参 考 文 献

Heiskanen W A, Moritz H. 1967. Physical Geodesy. W. H. Freeman and Co., San Francisco.

Hofmann-Wellenhof B, Moritz H. 2006. Physical Geodecy. second edition, Springer Wien New York.

Sansò F. 2013. The forward modelling of the gravity field. in: Geoid Determination, Theory and Methods, edited by Sansò F and M C Sideris. Springer-Verlag Berlin Heidelberg.